普通高等教育机械类“十四五”系列教材

国家一流专业建设配套系列教材

机电传动控制

JIDIAN CHUANDONG KONGZHI

主编 黄崇莉 侯红玲 副主编 翟任何

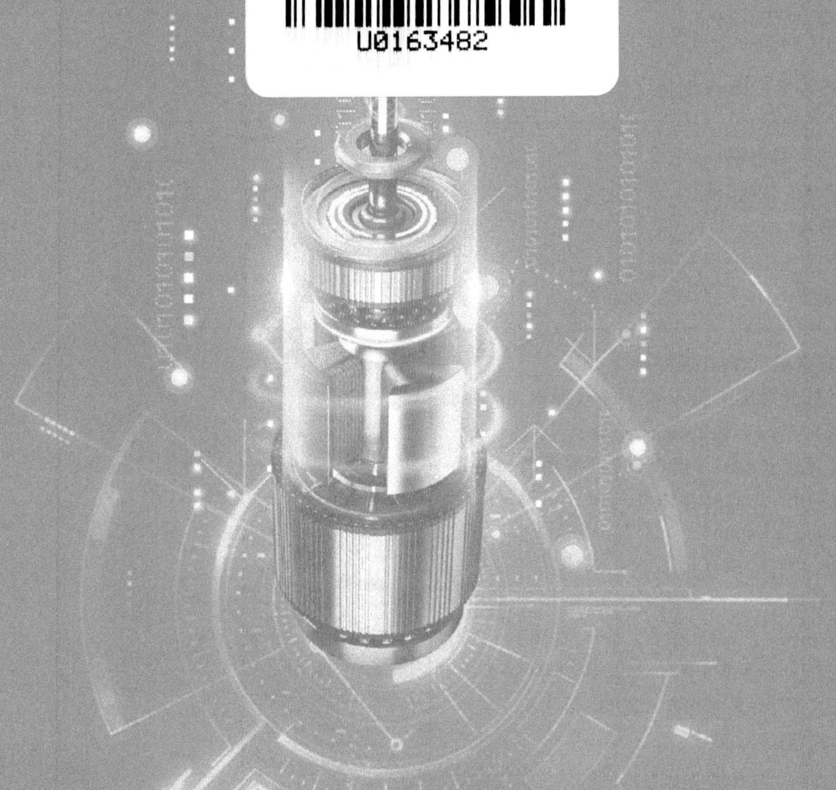

西安交通大学出版社
XI'AN JIAOTONG UNIVERSITY PRESS

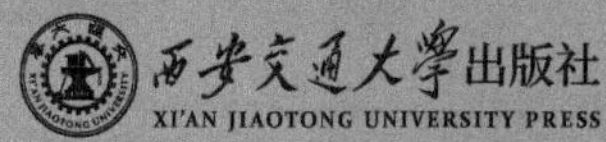

内容简介

本书以学习者为中心，从学习目标出发，强化课程思政和实际应用，主要介绍了机电传动控制技术相关内容和应用。全书分为8章，分别介绍机电传动控制基础：绪论和驱动电动机；继电器控制技术基础：低压电器和电动机基本控制电路；可编程序控制器(PLC)应用技术：PLC基本知识和三菱FX_{5U}系列PLC；电动机调速控制技术：异步电动机变频调速技术及控制应用；机电传动控制系统设计：以工程应用实例全面介绍继电器控制系统设计内容和PLC控制系统设计方法。本书内容上注重经典知识与前沿知识结合，形式上以学习目标为导向，学、思、练相融合，目标上强调工程应用实践，以期满足新工科背景下高校对教材的要求。

本书以初次接触机电控制技术的读者为主，知识体系由浅到深，循序渐进，涉及知识面宽，内容丰富。

本书既可作为高等学校机械工程类专业的课程教材，也可作为相关工程技术人员的参考文献。

图书在版编目(CIP)数据

机电传动控制 / 黄崇莉，侯红玲主编. —西安：西安交通大学出版社，2024.2(2025.1重印)

普通高等教育机械类"十四五"系列教材

ISBN 978-7-5693-3623-8

Ⅰ.①机… Ⅱ.①黄… ②侯… Ⅲ.①电力传动控制设备-高等学校-教材 Ⅳ.①TM921.5

中国国家版本馆CIP数据核字(2024)第010362号

书　　名　机电传动控制
主　　编　黄崇莉　侯红玲
责任编辑　郭鹏飞
责任校对　李　佳
封面设计　任加盟

出版发行　西安交通大学出版社
　　　　　　(西安市兴庆南路1号　邮政编码710048)
网　　址　http://www.xjtupress.com
电　　话　(029)82668357　82667874(市场营销中心)
　　　　　　(029)82668315(总编办)
传　　真　(029)82668280
印　　刷　西安日报社印务中心

开　　本　787 mm×1092 mm　1/16　**印张** 18.375　**字数** 470千字
版次印次　2024年2月第1版　2025年1月第2次印刷
书　　号　ISBN 978-7-5693-3623-8
定　　价　49.00元

如发现印装质量问题，请与本社市场营销中心联系。
订购热线：(029)82665248　(029)85667874
投稿热线：(029)82668818
读者信箱：19773706@qq.com

前　　言

本书是依据国家一流专业建设中对机械工程类专业应用型本科人才培养目标的要求开展编写工作的。在内容处理上，既注意反映机电控制领域的最新技术，又注意应用型本科学生的知识结构，强化课程思政，注重学生分析和解决实际问题的能力、工程设计能力和创新能力的培养，具有很强的实用性。本书具有保证基础、体现先进、加强应用的特点。

本书在编写安排上，依据应用型本科机械类专业机电传动控制课程认识、分析和应用机电控制系统的学习目标，着重于课程知识体系完整、知识面宽、工程实用性强的知识构架。在内容组织上，一方面采用简单完整的实例，重点体现知识点掌握与方法应用，使刚开始接触电气控制系统的初学者能够很快进入学科领域；另一方面将实际开发 PLC 软件应用于书中实例，使技术知识学习与实际应用相结合，并在扩展知识的基础上引入变频器和组态软件应用。在学习引导上，以学、思、练相融合，利用多种形式引导学生深度学习。

“机电传动控制”课程的主要研究对象是用于驱动生产机械的电动机，着重于在熟悉各类电动机特性的基础上，选择适宜的电动机并对之实施控制，从而使生产机械能够按照预期要求完成生产任务。现代的电动机控制要求有断续控制和连续控制功能，控制方式有继电器控制和 PLC 控制方式。随着电动机控制技术和 PLC 控制器应用技术的不断更新，本书加大了 PLC 应用部分和速度控制部分内容，以当今最具特色、极有代表性的日本三菱 FX_{5U} 系列 PLC 为目标机型，通过工程应用设计实例，使读者由浅及深地了解并掌握如何利用 PLC 来实现对电动机的控制，为进行机电传动控制系统设计奠定基础。本书配有在线课网站（http://coursehome.zhihuishu.com/courseHome/1000010888＃teachTeam），为学生提供课程学习与自评自测相结合的学习平台。

本书在使用过程中，可根据专业特点和课时安排选取教学内容，书中根据内容设置有交流、思考和练习内容，每章末尾附供学生课后对学习内容进行自测的练习题。

本书共 8 章。第 1 章绪论主要介绍机电传动控制基础知识和本课程学习方法。第 2 章驱动电动机，包括三相异步电动机和伺服电动机。第 3 章常见低压电器和第 4 章继电接触器基本控制电路，主要介绍三相异步电动机继电器控制电路分析。第 5 章可编程序控制器（PLC）基本知识和第 6 章三菱 FX_{5U} 系列 PLC 及应用，主要介绍 PLC 基本知识和三菱 FX_{5U} 系列可编程序控制器 PLC 编程软件应用。第 7 章三相异步电动机无级调速控制，主要介绍交流电动机无级调速控制技术。第 8 章机电传动控制系统设计，以工程应用设计为例，重点介绍 PLC 控制系统设计方法。

本书为陕西理工大学“机电传动控制”混合式国家一流课程的建设成果和配套教材，全书由黄崇莉统稿，何宁教授主审。第 1 章和第 4 章由侯红玲编著；第 3 章由何雅娟编著；第 6 章由翟任何编著；第 2、第 5、第 7 和第 8 章由黄崇莉编著；教材中部分插图由翟任何、研究生李猛和潘晓阳绘制。在课程和教材建设改革中，融入产学研成果，感谢来自汉江机床有限责任公司付晓燕工程师的指导和帮助，特别感谢何宁教授在退休后对课程和教材建设的关心、指导，以及参考文献中所列各位作者，也包括众多未能在参考文献中列出的作者，正是他们在这个领域的独特见解和特别贡献，为我们提供了丰富的参考资源，才能在编写中吸取各家之长，不断提升与凝练，最终形成这本教材。

机电传动控制技术应用广泛，内容丰富，限于编者的学识水平，书中存在的错误和不妥之处，由衷希望读者给予指正，在此表示感谢。

编　者

2022 年 10 月

目　录

第1章 绪　论

1. 学习目标

(1)了解机电传动系统的组成、功能和工程应用，培养学生的职业自豪感和勇于担当的社会责任感。

(2)回顾机电控制技术半个多世纪的发展历史，使学生了解我国在该领域面临的机遇和挑战，激发学生爱国热情，引导学生勇于创新，实现自我价值。

2. 学习重点与难点

(1)重点：机电传动系统的组成。

(2)难点：机电传动控制系统的发展和现状。

1.1 机电传动控制目的和任务

机电传动控制又称电力传动控制或电力拖动控制，其作用是将电能转化为机械能，并通过对其控制完成生产工艺过程的要求。狭义的机电传动控制，就是控制生产机械的启动、停止和速度调节，而广义的机电传动控制则是实现机械设备、生产线、车间乃至整个工厂的自动化。

在现代工业中，为了实现生产过程自动化的要求，机电传动不仅包括拖动生产机械的电动机，而且还包含控制电动机的一整套控制系统，也就是说，现代机电传动控制是由各种传感与检测元件、信息处理元件和控制元件组成的自动控制系统。从现代化生产的要求来说，机电传动控制系统所要完成的任务，就是要使生产机械设备、生产线、车间，甚至整个工厂都实现自动化。

随着科学技术的发展，人们对机电传动控制系统提出了越来越高的要求，例如，新一代计算机数控机床(Computerized number control, CNC)系统就是以“高速化、高精度、高效率、高可靠性”为要求而研发的。它采用 32 位或者 64 位 CPU 结构，以多总线连接，可进行高速数据传递。因而，在相当高的分辨力(0.1 μm)情况下，系统仍可高速度(100 m/min)运转，可控铣削加工中心及联动坐标达 16 轴，并有丰富的图形功能和自动程序设计功能。如瑞士米克朗五轴联动的主轴转速最高可达 45000 r/min，重复定位精度 1 μm。用于电子元件贴装的高速贴片机的贴片速度可达到 2000 片/min。又如法国 IBAG 公司的磁悬浮轴承支承的高速主轴最高转速可达 15×10^4 r/min；加工中心换刀速度快达 1.5 s 等，这些高性能都是依靠机电传动控制来实现的。

1.2 机电传动系统的学科划分和组成

机电传动系统是一个交叉学科。如图 1-1 所示中从电动机到传动装置,是传统的电力拖动学科,而从电源到控制设备,再到电动机,是满足工艺要求,使电动机实现启动、停止、制动、调速、反向等控制,是传统的电器自动控制学科。

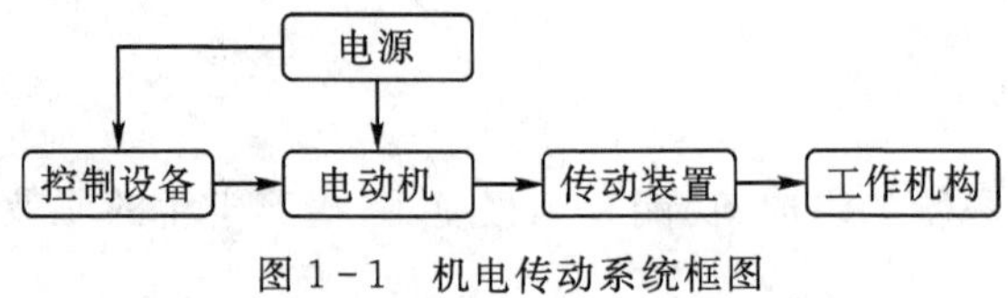

图 1-1 机电传动系统框图

1.2.1 机电传动系统组成

机电传动系统由五大要素构成。首先是控制系统(处于中间位置),然后是动力装置,执行机构,机械本体和检测装置。如图 1-2 所示,以人体的组成要素对比,就可以比较清楚地认识到机电传动系统的五大要素,以及它们的作用。控制系统相当于人的大脑,它是整个系统的指挥部,负责下达指令;而动力装置相当于人体的心脏,是提供动力的;执行机构相当于人体的四肢,完成生产所需的动作;机械本体就是人体的骨骼,支撑整个系统;而检测装置用于检测位移、速度、加速度、压力、温度等指标,相当于人体的五官。

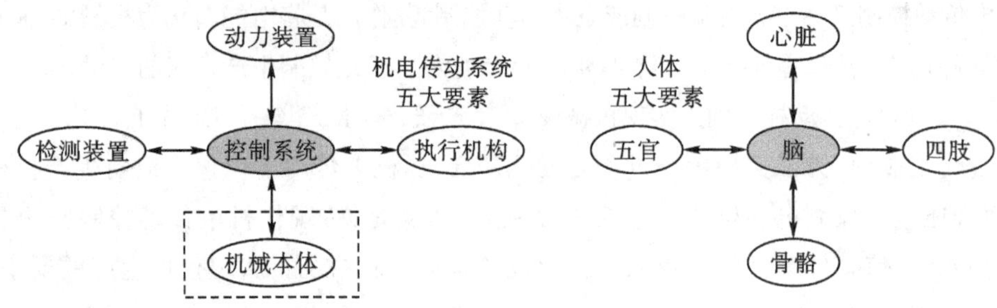

图 1-2 机电传动系统与人体组成对比

1.2.2 机电传动系统各组成部分的功能

1. 机械本体

机械是由机械零件组成的、能够传递运动并完成某些有效工作的装置。机械由输入部分、转换部分、传动部分、输出部分及安装固定部分等组成。通用的传递运动的机械零件有齿轮、齿条、链条、链轮、蜗杆、蜗轮、带、带轮、曲柄及凸轮等。为了实现机电传动控制系统控制的最佳效果,从系统动力学方面来考虑,传动链越短越好。另外,传动件本身的转动惯量也会影响系统的响应速度及系统的稳定性,应在满足强度和刚度的前提下,力求传动装置细、小、巧。

2. 执行机构

执行机构包括以电、气压和液压等作为动力源的各种元器件及装置,也叫执行装置。例如,以电作为动力源的直流电动机、直流伺服电动机、三相交流异步电动机、变频三相交流电动机、三相交流永磁伺服电动机、步进电动机、比例电磁铁、电磁粉末离合器/制动器、电动调节阀及电磁泵等;以气压作为动力源的气动马达和气缸;以油压作为动力源的液压马达和液压缸等。

选择执行装置时,要考虑执行装置与机械装置之间的协调与匹配,如在需要低速、大推力或大扭矩的场合下,可考虑选用液压缸或液压马达。近年来,出现了许多新型执行装置,如压电执行器、超声波执行器、静电执行器、机械化学执行器、光热执行器、光化学执行器、磁致伸缩执行器、磁性流体执行器、形状记忆合金执行器等。特别是一些微型执行器的出现,如直径为0.1 mm的静电执行器,这些新的机电传动技术大大促进了微电子机械的发展。

为了实现机电控制系统整体性能最佳的目标,实现各个要素之间的最佳匹配,各国已经研制出将电动机与专用控制芯片、传感器或减速器等合为一体的装置,如德国西门子公司的变频器与电动机一体化的高频电动机,日本东芝公司的电动机和传感器一体化的永磁电动机等。

3. 检测装置

对于机电传动控制系统的检测装置来说,其主要是通过传感器从被测对象中提取信息,用于检测机电控制系统工作时所要监视和控制的物理量、化学量和生物量。大多数传感器是将被测的非电量转换为电信号,用于显示和构成闭环控制系统。

为了实现机电传动控制系统的整体优化,在选用或研制传感器时,要考虑传感器与其他要素之间的协调与匹配。例如,集传感检测、变送、信息处理及通信等功能为一体的智能化传感器,这些已广泛用于现场总线控制系统。

4. 动力装置

动力装置即动力源,是驱动电动机的"电源"、驱动液压系统的液压源和驱动气压系统的气压源。驱动电动机常用的"电源"包括直流调速器、变频器、交流伺服驱动器及步进电动机驱动器等。液压源通常称为液压站,气压源通常称为空压站。使用时应注意动力与执行器、机械部分的匹配。

5. 控制系统

机电传动控制系统的核心是信息处理与控制。机电传动控制系统的各个部分必须以控制论为指导,由控制器(继电器、可编程控制器、微处理器、单片机、计算机等)实现协调与匹配,使整体处于最优工况,实现相应的功能。在现代机电一体化产品中,机电传动系统中控制部分的成本已占总成本的50%。目前,越来越多的控制器使用具有微处理器、计算机的控制系统,其输入/输出、通信功能也越来越强大。

1.3　机电传动控制的应用

制造业作为我国经济发展的基础性产业，对人类的贡献很大；自动化技术的应用和推广，对人类的生产、生活等方式产生了深远影响。机电传动控制应用于工业的各个领域，如图1-3所示，图(a)是航空发动机的机电控制；图(b)为现代化生产车间；图(c)是一条汽车自动化装配线；图(d)是一台卧式的车削中心，除了上下料，所有的工作循环包括换刀都是自动完成的。

(a)航空领域

(b)制造业领域

(c)汽车领域

(d)机床领域

图1-3　机电传动在工业中的应用

机电传动系统不光在工业应用中，在生活中也是随处可见的。我们经常在媒体报道中看到有电梯出现故障，造成人身安全事故。楼用电梯的控制包括了电梯的上下、轿厢门的开关、楼层门的开关，这些都有着严格的逻辑控制要求。比如，轿厢门没有关闭，电梯不能上下，以免人被挤伤。再比如，电梯没有到达相应的楼层，楼层门不能开，以免人员、物体等掉到电梯井中。这些都需要控制系统来保障。

日常生活中用的洗衣机、空调器、电视机，电风扇等都需要进行控制。以全自动洗衣机为例，外壳、洗衣桶、进排水管组成了洗衣机的工作部分，电动机是洗衣机的驱动部分，操作键和按钮组成洗衣机的控制部分。控制程序按照人们设定的洗衣要求，完成洗涤、漂洗、脱水等洗衣过程。

所以说机电传动控制不只和我们的衣食住行密切相关，而且渗透到了国民经济的各个领域。

1.4 机电传动控制技术的发展

自从以电动机作为源动力以来，机电传动控制技术的发展历经了以下几个阶段。

1. 继电接触器控制

最早的自动控制是20世纪20至30年代出现的传统继电接触器控制，它可以实现对控制对象的启动、停车、调速、自动循环及保护等控制。该方式的优点是所使用的控制器件结构简单、价格低廉、控制方式直观、易掌握、工作可靠、易维护等，因此在设备控制上得到了广泛的应用。但是，经过长期使用，人们发现这种控制方式存在许多不足之处，如体积大、功耗大、控制速度慢、改变控制程序困难。由于是有触点控制，在控制系统复杂时可靠性降低。所以，不适合用于对生产工艺及流程需要经常变化的控制要求。

2. 顺序控制器控制

20世纪60年代，随着半导体技术的发展，出现了顺序控制器。它是继电器和半导体元件综合应用的控制装置，具有程序改变容易、通用性好等优点，被广泛用于组合机床、自动生产线上。后来随着微电子技术和计算技术的发展，电气控制技术的发展出现了两个分支：即可编程序控制器和数字控制技术，今天它们已成为典型的机电一体化技术和产品。

3. 可编程逻辑控制器

可编程逻辑控制器(programmable logic controller，PLC)是计算机技术与继电接触器控制技术相结合的产物。它是以微处理器为核心，顺序控制为主的控制器，不仅具有顺序控制器的特点，而且具有微处理器的运算功能。PLC的设计以工业控制为目标，因而具有功率级输出、接线简单、通用性好、编程容易、抗干扰能力强、工作可靠等一系列优点。它一问世就以强大的生命力大面积地占领了传统的控制领域。PLC的一个发展方向是微型、简易、价廉，以适应单机控制和机电一体化相结合的控制器，这使PLC更广泛地取代了传统的继电器控制；而它的另一个发展方向是大容量、高速、高性能，实现PLC与管理计算机之间的通信网络，形成多层分布控制系统，以及对大规模复杂控制系统能进行综合控制。

4. 数字控制技术(NC)

电气控制技术发展的另一个分支为数字控制技术，它是通过数控装置(专用或通用计算机)实现控制的一种技术，其最典型的产品就是数控机床。数控机床集高效率、高柔性、高精度于一身，特别适合多品种、小批量的加工自动化。最初的数控装置实质上是一台专用计算机，由固定的逻辑电路来实现专门的控制运算功能，可以实现插补运算。在数字控制的基础上，又出现了以下几种高级的电气控制方式。

5. 计算机数字控制技术(CNC)

CNC又称微机数字控制技术，它是将数控装置的运算功能采用小型通用计算机来实现，运算功能更强，加工中心机床就是采用这种控制技术。

(1)加工中心机床。加工中心机床(machine center, MC)是采用计算机数字控制技术,集铣床、镗床、钻床三种功能于一体的加工机床。它配有刀库和自动换刀装置,大大地提高了加工效率,是多工序自动换刀数控机床。

(2)自适应数控机床。自适应数控机床(adaptive control, AC)可针对加工过程中,加工条件的变化(材料变化、刀具磨损、切削温度变化等),做自动适应调整,使加工过程处于最佳状态。自适应数控机床基于最优控制及自适应控制理论,可在扰动条件下实现最优。

6. 柔性制造系统

柔性制造系统(flexible manufacture system, FMS)将一群数控机床与工件、刀具、夹具以及自动传输线、机器人、运输装置相配合,并由一台中心计算机(上位机)统一管理,使生产多样化,生产机械赋予柔性,可实现多级控制。FMS 是适应中小批量生产的自动化加工系统,有些较大的 FMS 是由一些很小的 FMS 组成,而这些较小的 FMS 系统就称为柔性加工单元。

7. 计算机集成制造系统

柔性制造系统虽具有柔性,但不能保证"及时生产"(边设计边生产),因为缺少计算机辅助设计等环节。在柔性制造系统基础上,再加上计算机辅助环节,使设计与制造一体化,便形成了集成制造系统。它是用计算机对产品的初始构思设计、加工、装配和检验的全过程实行管理,从而保证生产既多样化,又能"及时生产",从而使整个生产过程完全自动化。计算机集成制造系统(computer integrated manufacturing systems, CIMS)是根据系统工程的观点将整个车间或工厂作为一个系统,用计算机对产品的设计、制造、装配和检验的全过程实行管理和控制。因此,只要对 CIMS 系统输入所需产品的有关信息和原始材料,就可以自动地输出经过检验合格的产品。可以说,CIMS 是机电传动控制发展的方向。

综上所述,可以看到当今的机电传动控制技术是微电子、电力电子、计算机、信息处理、通信、检测、过程控制、伺服传动、精密机械及自动控制等多种技术相互交叉、相互渗透、有机结合而成的一种机电一体化综合性技术。因此,不仅要学好本专业的基础知识,也要拓展其他学科的基础知识,社会需要的是学科融合的复合型人才。

1.5 课程目标

"机电传动控制"课程是机械设计制造及其自动化专业、电气工程、自动化等专业的一门实用性很强的专业课,实践性强,具有重要的工程意义。它是学生学习和掌握机械设备电气传动与控制类知识的主要途径。通过本课程的教学,可激发学生对机械设备控制领域的兴趣,使学生了解继电器控制和 PLC 控制的基础知识和一般原理,掌握机电传动控制系统的设计和分析方法,获得机电工程师必备的知识和技能。通过本课程的学习,学生应达到以下要求。

1. 工程知识

了解低压电器在工程中的应用,掌握机电传动控制中常用低压电器的工作原理和基本特性;了解可编程控制器(PLC)工作原理、性能参数和基本结构,掌握PLC内部软元件工作原理和编程使用方法,熟悉机电传动的基本控制电路。

2. 工程与社会

具有机电系统设计方面健康、安全的意识,能够分析继电器和PLC控制典型电路的原理及功能,对复杂机电传动系统的解决方案能进行相关理论和实践应用分析。

3. 设计开发解决方案

掌握机电传动控制电路的特点和设计方法,具备分析并设计复杂机电传动控制线路的能力,能结合社会、健康、安全等因素对机电系统控制系统提出解决方案并进行方案论证和选择。

1.6 如何学好本课程

1.6.1 课程的作用和地位

1. 生产过程的专业需求

制造业涉及的范围很广,不同的制造业,需要的主专业不同。机械制造厂需要的就是机制专业的学生,汽车厂需要的是汽车制造专业的学生,石化厂需要化工工艺专业的学生,钢铁厂需要冶炼工艺专业的学生。除了这些主专业之外,土建、机械、电器仪表、计算机、自动化、给排水、暖通、技术经济,其他专业也需要控制技术,在这些企业中控制技术起着辅助专业的作用。

2. 机电传动系统的专业需求

在机电传动系统中,系统负责总体设计的是工艺专业方向的学生;从电动机到传动装置,需要的是设备专业方向的学生;电源到控制设备需要电器、仪表、计算机、自动化、电子技术专业的学生。由此看来,仅具备单一专业知识的学生难以胜任机电传动系统总体设计要求。

3. 课程的性质和任务

"机电复合型"人才,应该掌握机、电、液、计算机等综合控制系统的技术。在综合控制系统中的电控系统,主要包含弱电控制(如计算机控制技术)和强电控制(如伺服驱动控制技术)。强电控制的内容,一般有以下几门课程:

电气控制技术、电工学、电动机与电力拖动、电力电子技术、伺服驱动技术、自动控制系统。"机电传动控制"课程建立了一门崭新的课程,其把机电一体化技术的强电控制知识都集中在这一门课程中。

4. 本课程在课程体系的位置(学科融合)

从图1-4所示可以看出,机电传动控制这门课在课程体系中的位置,它体现了学科融合。最底层是学科基础课:高等数学、英语、机械制图等。中间左侧是机械类:理论力学、材料力学、机械设计、机械零件。右侧是电控类:电工电子学、单片机、控制原理等。机电传动控制是在专业课程层面把两个学科融合起来的课程。

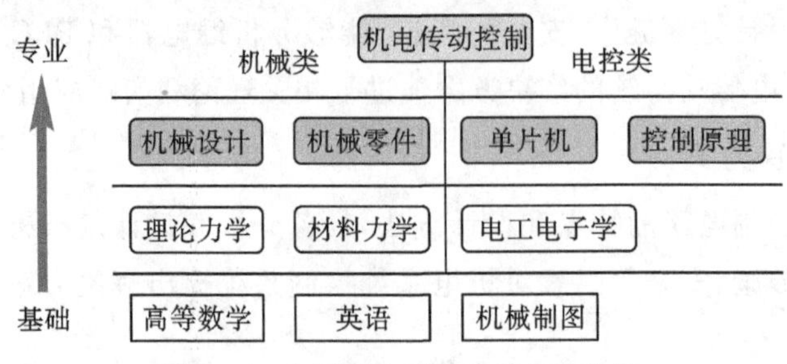

图 1-4　本课程在课程体系中的位置

机电传动控制课程是机械设计制造及其自动化专业、电气工程、自动化等专业培养学生机电一体化能力和创新能力的一门主干技术基础课,是学习后续专业课程和从事机电产品设计的必备基础。

1.6.2　学习中要处理好五个关系

(1)元件与系统。元件注重外部特性和工作原理,为系统中的应用服务。

(2)定性与定量。本课程研究的是逻辑量的控制,所以以定性为主。定量控制主要在数控技术这门课中学习。

(3)原理与应用。注意理论与实践的结合,重在应用。

(4)继承与创新。在继承的基础上,学习新的技术,树立创新意识,辩证地分析具体问题。

(5)局部与全局。要树立全面、辩证地看待工程问题的意识,局部最优的合成不一定是全局最优。

学习成果检测

一、基础习题

1. 机电传动控制的目的和任务是什么?

2. 机电传动控制技术的发展经历了哪几个阶段,今后发展的方向是什么?

3. 简述机电传动控制系统的基本要素和功能。

二、思考题

1. 自动控制与人工控制的主要区别是什么?

2. 请查阅资料,了解机电传动控制在工程中的应用。

三、自测题(请登录课程网址进行章节测试)

第 2 章　驱动电动机

数字资源

1. 学习目标

(1)理解三相异步电动机的机械特性。

(2)了解伺服电动机的类型、控制方法与发展趋势。

(3)掌握步进电动机驱动和控制方法。

(4)理解电动机能耗控制对“双碳”目标的贡献,树立工程师的社会责任。

2. 学习重点与难点

(1)重点:三相异步电动机的机械特性和步进电动机驱动与控制方法。

(2)难点:伺服电动机的选用和控制方法。

用电动机带动生产机械运动的传动方式称为机电传动。机电传动系统一般由电动机、工作机构、传动装置、控制设备等部分组成。电动机把电能转换为机械能,用以拖动工作机构完成生产机械所规定的某一任务。传动装置用来实现电动机与工作机构的运动连接,并根据工作机构的需要完成速度和方向的变换。控制设备由各种电器元件组成,用以控制电动机的运转。

电动机自动控制方式大致可分为断续控制、连续控制和数字控制三种。在断续控制方式中,控制系统处理的信号为断续变化的开关量,主要控制对象是普通三相异步电动机和电磁阀等,如三相异步电动机的继电器、接触器控制系统。在连续控制方式中,控制系统处理的信号为连续变化的模拟量,主要控制对象是控制类电动机,如某些设备的电动机无级调速系统。在数字控制方式中,控制系统处理的信号为离散的数字量,如机床的数控系统。

本章主要介绍工业应用广泛的驱动用的三相异步电动机和伺服电动机。

2.1　电动机类型与分类

电动机的种类很多,如伺服电动机根据工作原理分为直流伺服电动机和交流伺服电动机。这里从电动机的用途、电源种类、结构型式、运转特点等多个角度对电动机进行分类。

1. 按照电动机的用途分类

按照电动机的用途,可将电动机进行如图 2-1 所示分类。

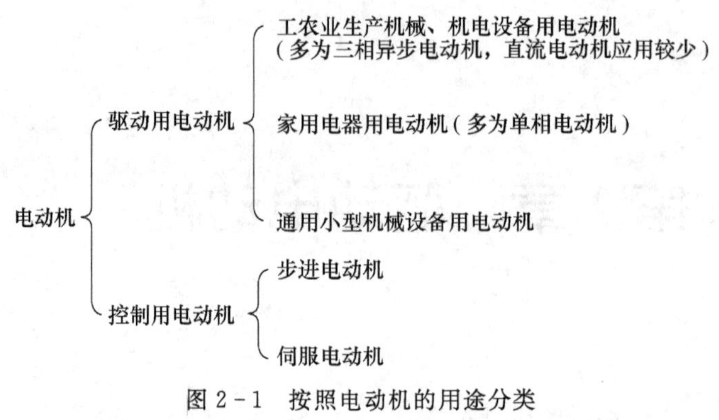

图 2-1 按照电动机的用途分类

2. 按照电动机的工作电源种类分类

按照电动机的工作电源种类，可将电动机进行如图 2-2 所示分类。

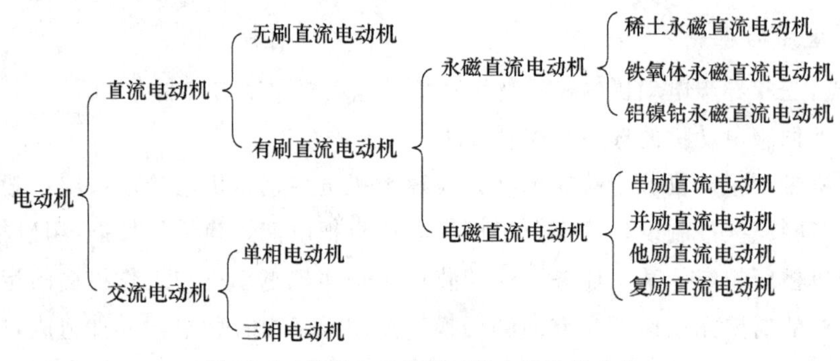

图 2-2 按照电动机的工作电源种类分类

3. 按照电动机的结构和工作原理分类

按照电动机的结构和工作原理，可将电动机进行如图 2-3 所示分类。

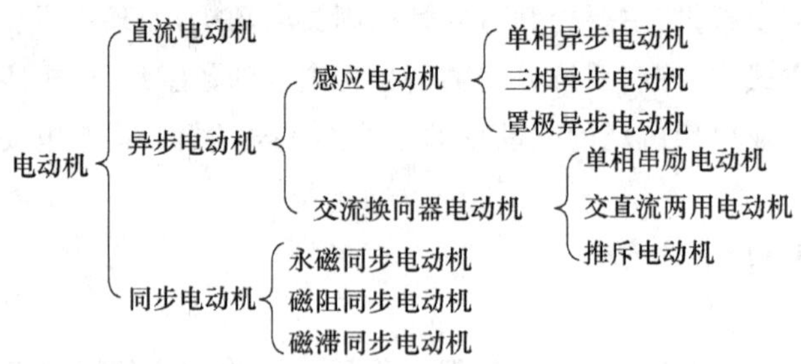

图 2-3 按照电动机的结构和工作原理分类

4. 按照电动机的转子结构分类

按照电动机的转子结构，可将电动机进行如图 2-4 所示分类。

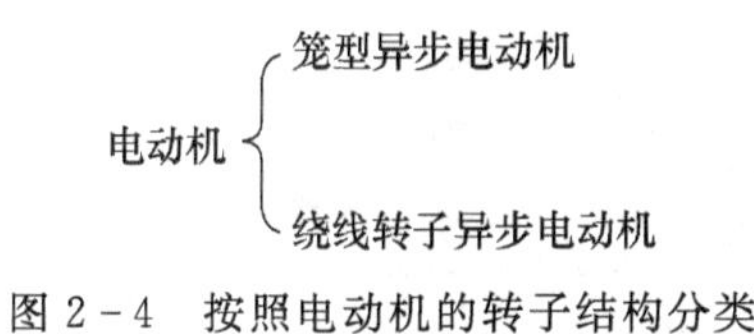

图 2－4　按照电动机的转子结构分类

5. 按照电动机的运转速度分类

按照电动机的运转速度，可将电动机进行如图 2－5 所示分类。

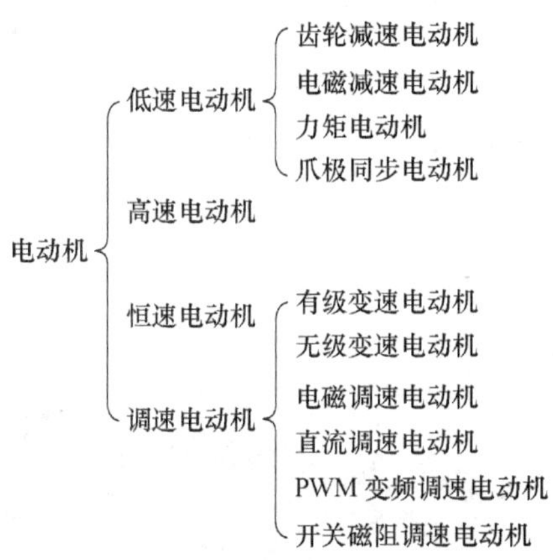

图 2－5　按照电动机的运转速度分类

上述分类方法，是在宏观上从不同角度对电动机进行的类别划分。对于一台具体的电动机，可能同时隶属多个类别。例如，在机电传动系统中广泛应用的、用于驱动生产机械工作的异步电动机，就属于三相交流笼型恒速异步电动机。

2.2　三相交流异步电动机

三相异步电动机结构简单、运行可靠、价格低廉、维修方便，是各类电动机中应用最为广泛的一种。在我国，异步电动机的用电量约占总负荷的 60％以上。在工业生产领域，三相异步电动机作为生产机械的驱动用电动机（原动机），应用十分普遍。

2.2.1 三相异步电动机的工作原理

1. 三相异步电动机的基本结构

由于异步电动机（asynchronous machines）的转子绕组电流是基于电磁感应原理产生的，因此异步电动机又称感应电动机（induction machines）。

三相异步电动机由定子和转子两个基本部分组成，异步电动机按照转子的结构不同，分为笼型异步电动机和绕线转子异步电动机两种，如图 2－6 所示。图 2－7 为三相异步电动机主要部件的拆分图。

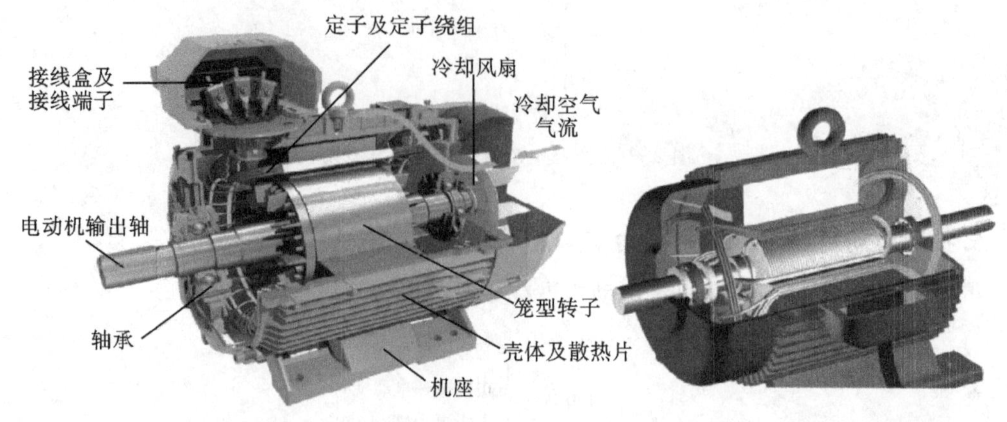

(a) 三相笼型异步电动机结构图　　(b) 绕线转子异步电动机结构图

图 2-6　三相异步电动机的结构

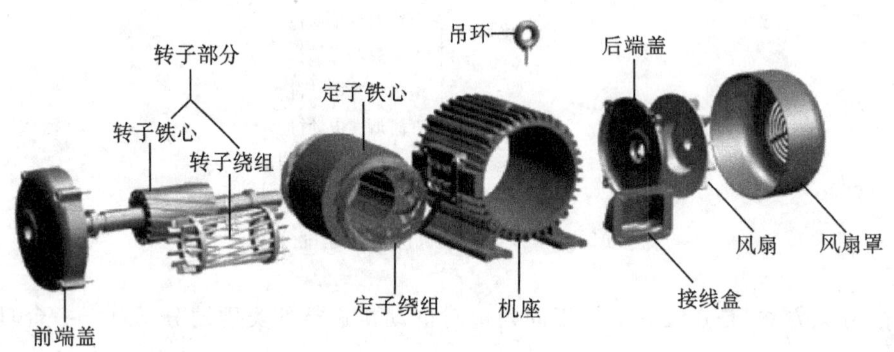

图 2-7　三相异步电动机主要部件的拆分图

定子铁心为圆桶形，由互相绝缘的硅钢片叠成，铁心内圆表面的槽中放置着对称的三相绕组 U1U2、V1V2、W1W2。转子铁心为圆柱形，也用硅钢片叠成，表面的槽中有转子绕组。转子绕组有笼型和绕线型两种型式。笼型的转子绕组做成笼状，就在转子铁心的槽中放入铜条，其两端用环连接。或者在槽中浇铸铝液，铸成一笼型。绕线型的转子绕组同定子绕组一样，也是三相，每相终端连在一起，始端通过滑环、电刷与外部电路相连。

2. 异步电动机的工作原理

鼠笼型与绕线型只是在转子的结构上不同，它们的工作原理相同，即在定子绕组中通入三相交流电，产生的圆形旋转磁场，与转子绕组中的感应电流相互作用，产生的电磁力，形成电磁转矩驱动转子转动，从而使电动机工作。

电动机定子三相绕组 U1U2、V1V2、W1W2 可以连接成星形也可以连接成三角形，如图 2-8 所示。

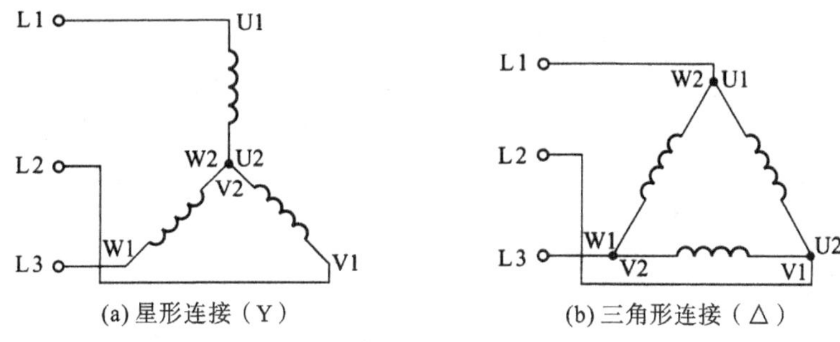

(a) 星形连接（Y）　　(b) 三角形连接（△）

图 2－8　电动机定子三相绕组联接

假设将定子绕组连接成星形，并接在三相电源上，绕组中接入三相对称电流，其波形如图 2－9 所示。

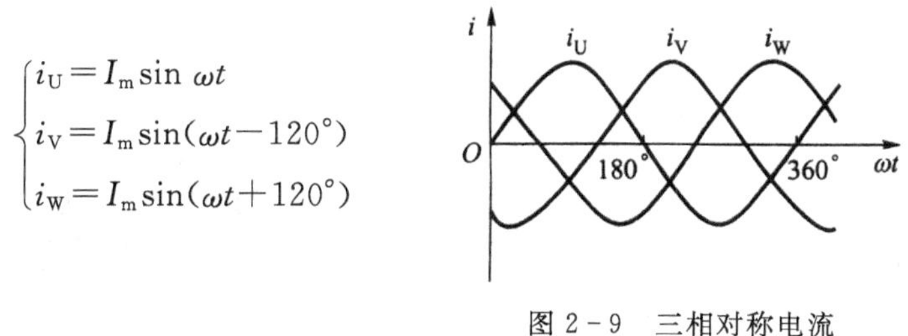

$$\begin{cases} i_U = I_m \sin \omega t \\ i_V = I_m \sin(\omega t - 120°) \\ i_W = I_m \sin(\omega t + 120°) \end{cases}$$

图 2－9　三相对称电流

当将电动机的三相定子绕组通入对称的三相电流时，在不同时刻，三相电流共同产生的合成磁场将随着电流的交变而在空间不断地旋转，形成的旋转磁场，如图 2－10 所示。

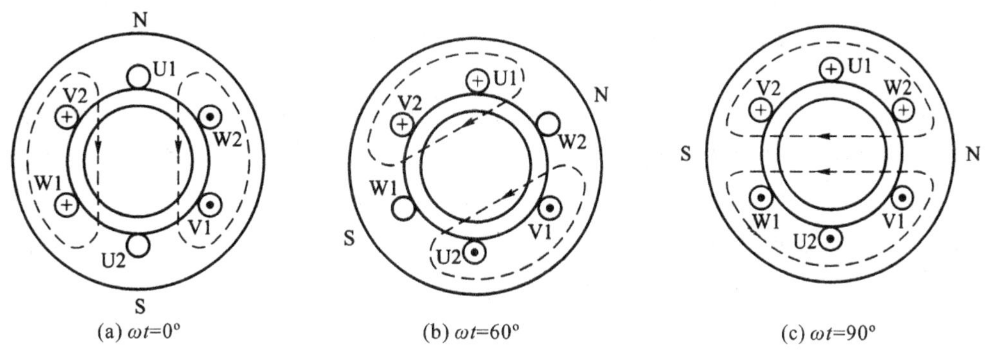

(a) ωt=0°　　(b) ωt=60°　　(c) ωt=90°

图 2－10　三相电流产生旋转磁场

由图 2－10 可知，三相交流电流产生的合成磁场是一个旋转的磁场，在一个电流周期内，旋转磁场在电磁空间内转过 360°。旋转磁场的旋转方向，取决于三相电流的相序。任意调换两个定子绕组电源进线，旋转磁场的方向即发生改变，相应地，电动机转子轴的旋转方向也就发生改变。

旋转磁场的转速 n 称为同步转速，其大小取决于电流频率 f_1 和磁场的极对数 p。当定子每相绕组只有一个线圈时，绕组的始端之间相差 120°空间角，如图 2－11 所示，则产生的旋转磁场具有一对极，即 $p=1$。

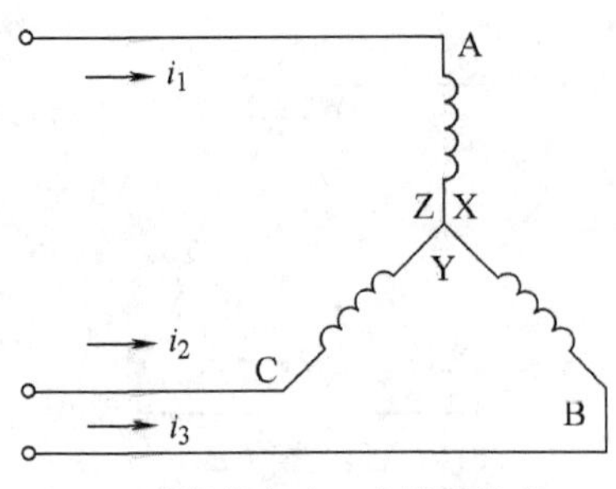

(a) 三相绕组各由一个线圈构成

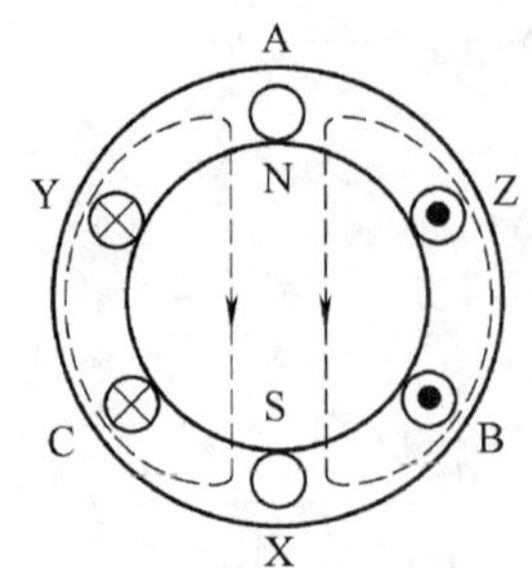

(b) 形成具有两个磁极（1对磁极）的旋转磁场

图 2-11　每相绕组只有一个线圈时的磁场分布情况

若将每相绕组都改用两个线圈串联组成，如图 2-12 所示。将定子绕组按图 2-12(b) 放入定子槽内，合成的旋转磁场形成两个 N 极、两个 S 极，共有两对磁极，则磁极对数为 2，即 $p=2$。

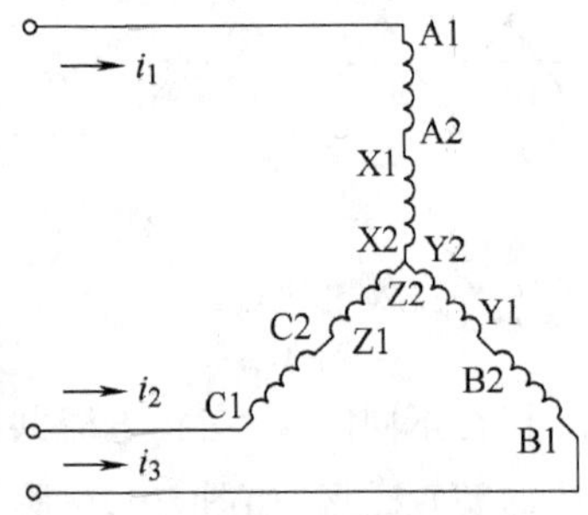

(a) 三相绕组各由两个线圈串联而成

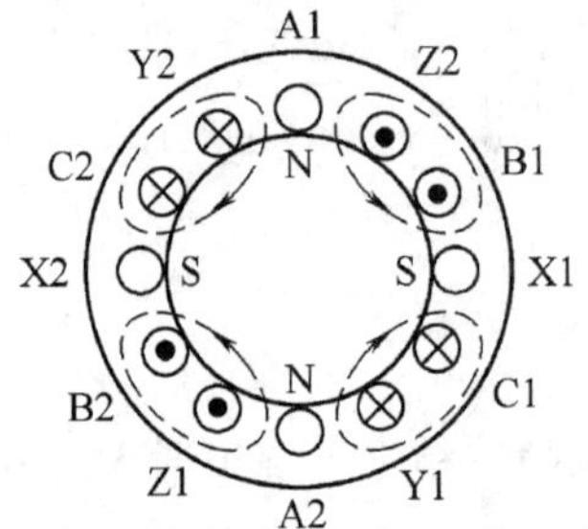

(b) 形成具有四个磁极（2对磁极）的旋转磁场

图 2-12　每相绕组由两个线圈串联而成时的磁场分布情况

当磁极对数 $p=1$ 时，电流变化一周→旋转磁场转一圈；电流每秒钟变化 50 周(即电源频率为 50 Hz)→旋转磁场转 50 圈；电流每分钟变化(50×60)周→旋转磁场转 3000 圈。

当磁极对数 $p=2$ 时，电流变化一周→旋转磁场转半圈；电流每秒钟变化 50 周(即电源频率为 50 Hz)→旋转磁场转 25 圈；电流每分钟变化(25×60)周→旋转磁场转 1500 圈。

由此可以推导出，当磁极对数 p 为任意整数值时，三相异步电动机的同步转速：

$$n_0=\frac{60f}{p}$$

式中，n_0 为旋转磁场的同步转速 (r/min)；f 为电源频率(Hz)；p 为磁极对数(简称极对数)。

在我国，工频 $f_1=50$ Hz，电动机常见极对数 $p=1\sim4$。

由工作原理可知，转子的转速 n 必然小于旋转磁场的转速 n_0(即所谓"异步")。二者相差的 n_0-n 程度用转差率 s 来表示

$$s=\frac{n_0-n}{n_0}\times100\%$$

式中，s 为转差率；n_0 为旋转磁场的同步转速 (r/min)；n 为电动机转子的实际转速 (r/min)。

异步电动机刚起动时，$n=0$，$s=1$；电动机在额定工况下运行时，$s=(1\sim9)\%$。

交流与思考　为什么改变电动机的极对数可以改变电动机的转速？这个变速方式是有级变速还是无级变速，适用什么场合？

2.2.2　三相异步电动机特性

三相异步电动机的定子绕组和转子绕组之间的电磁关系同变压器类似，其每相等效电路如图 2-13 所示。图中 u_1 为定子相电压，R_1、X_1 为定子每相绕组电阻和漏磁感抗，R_2、X_2 为转子每相绕组电阻和漏磁感抗。

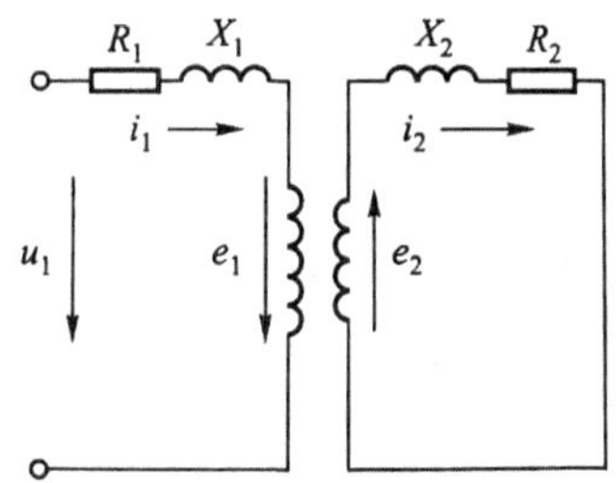

图 2-13　三相异步电动机每相电路图

在定子电路中，旋转磁场通过每相绕组的磁通为 $\Phi=\Phi_m \sin\omega t$，其中 Φ_m 是通过每相绕组的磁通最大值。

定子每相绕组中由旋转磁通产生的感应电动势为

$$e_1=-N_1\frac{\mathrm{d}\Phi}{\mathrm{d}t}$$

式中，N_1 为定子每相绕组匝数。

感应电动势的有效值为

$$E_1=4.44f_1N_1\Phi \tag{2-1}$$

式中，f_1 是 e_1 的频率。

由于绕组电阻 R_1 和漏磁感抗 X_1 较小，其上电压降与电动势 E_1 比较可忽略不计，因此 $U_1\approx E_1$。

在转子电路中，旋转磁场在每相绕组中感应出的电动势为

$$e_2=-N_2\frac{\mathrm{d}\Phi}{\mathrm{d}t}$$

式中，N_2 为转子每相绕组匝数。

电动势的有效值为

$$E_2=4.44f_2N_2\Phi \tag{2-2}$$

式中，f_2 是转子电动势 e_2 的频率。

因为旋转磁场和转子间的相对转速为 (n_0-n)，所以

$$f_2=\frac{p(n_0-n)}{60}=sf_1$$

将上式代入式 (2-2)得

$$E_2 = 4.44 s f_1 N_2 \Phi \tag{2-3}$$

转子每相绕组漏磁感抗 X_2 与转子频率 f_2 有关，即

$$X_2 = 2\pi f_2 L_2 \tag{2-4}$$

式中，L_2 为转子每相绕组漏磁电感。

在 $n=0$，即 $s=1$ 时，转子绕组漏磁感抗为

$$X_{20} = 2\pi f_1 L_2 \tag{2-5}$$

由式 (2-4)和式 (2-5)得出 $X_2 = sX_{20}$

转子每相绕组的电流为

$$I_2 = \frac{E_2}{\sqrt{R_2^2 + X_2^2}} = \frac{E_2}{\sqrt{R_2^2 + (SX_{20})^2}} \tag{2-6}$$

由于转子绕组存在漏磁感抗 X_2，因此 I_2 比 E_2 滞后 φ_2 角。转子功率因数为

$$\cos\varphi_2 = \frac{R_2}{\sqrt{R_2^2 + X_2^2}} = \frac{R_2}{\sqrt{R_2^2 + (SX_{20})^2}} \tag{2-7}$$

异步电动机的电磁转矩 T(以下简称转矩)可由转子绕组的电磁功率 P_2 与转子相对于旋转磁场的角速度 ω_2 之比求出

$$T = \frac{P_2}{\omega_2} = \frac{m_1 E_2 I_2 \cos\varphi_2}{s\omega_0} \tag{2-8}$$

式中，m_1 为定子绕组的相数，旋转磁场的角速度 $\omega_0 = 2\pi f_1/\rho$。

将式 (2-4)、式(2-5)、式(2-6)、式(2-7)代入式 (2-8)得

$$T = \frac{Km_1 \rho U_1^2 R_2 s}{2\pi f_1 [R_2^2 + (sX_{20})^2]} \tag{2-9}$$

式中，比例常数 $K = \left(\frac{N_2}{N_1}\right)^2$

当电动机结构参数固定，电源电压不变时，可由式 (2-9)得到转矩与转差率的关系曲线 $T=f(s)$，称为电动机的机械特性曲线，如图 2-14 所示。图中，与转矩最大值 T_{max} 对应的转差率 s_C 称为临界转差率。可令 $dT/ds=0$，求出

$$s_C = \frac{R_2}{X_{20}} \tag{2-10}$$

把式 (2-10)代入式(2-9)得到

$$T_{max} = \frac{Km_1 \rho U_1^2}{4\pi f_1 X_{20}} \tag{2-11}$$

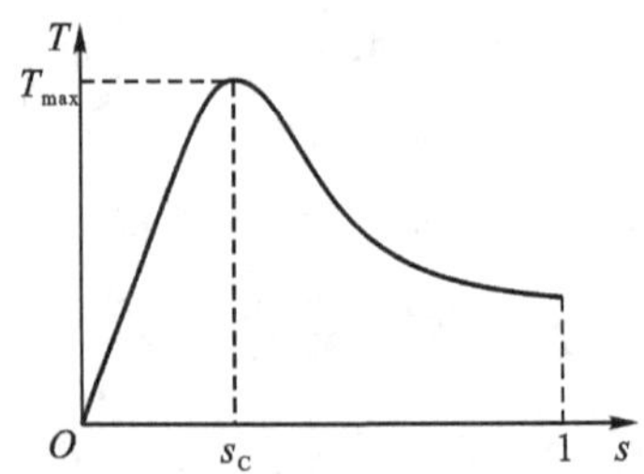

图 2-14 电动机的 $T=f(s)$ 曲线

1. 固有机械特性

三相异步电动机的固有机械特性是指异步电动机在额定电压和额定频率下，按规定的接线方式接线，定子和转子电路外接电阻和电抗为零时转速 n 与电磁转矩 T 之间的关系。考虑到 $n=n_0(1-s)$，则用 $n=f(T)$ 表示三相异步电动机的固有机械特性，如图 2-15 所示。

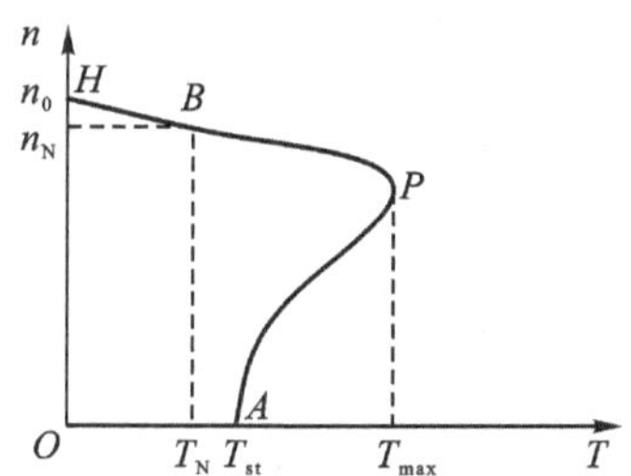

图 2-15　三相异步电动机的固有特性

三相异步电动机机械特性的几个特殊运行点：

(1)起动点 A 。对应这一点的转速 $n=0(s=1)$，电磁转矩 T 为起动转矩 $T_a(T=T_a)$，起动转矩 T_a 反映异步电动机直接起动时的带负载能力。起动电流 I_a 为 4～7 倍的额定电流 I_N。

(2)额定工作点 B。对应于这一点的转速 n_N、电磁转矩 T_N、电流 I_N 都是额定值。这是电动机平稳运转时的工作点。

(3)同步转速点 H 。在该点电动机以同步转速 n_0 运行($s=0$)，转子的感应电动势为零，$I_2=0$，$T=0$。电动机不输出转矩，它以 n_0 转速运转，需在外力下克服空载转矩方能实现。该点不但所带负载为零，电动机转子电流也为零，是理想空载点。

(4)最大电磁转矩点。电动机在这一点时电动机能提供最大转矩，这是电动机能提供的极限转矩。这点也叫临界点，转矩为临界转矩，转差率为临界转差率。

2. 人为机械特性

在实际应用中，往往需要人为地改变某些参数，可得到电动机不同的机械特性，以适应负载的变化。这样改变参数后得到的机械特性称为人为机械特性，由式 (2-9)可知，电动机的电磁转矩 T 是由某一转速 n 下的电压 U_1、电源频率 f_1、定子极对数 p 以及转子电路的参数 R_2、X_{20}决定的。因此人为改变这些参数就可得到各种不同的机械特性。下面介绍几种常用的人为机械特性。

(1)降低定子电压。由于异步电动机受磁路饱和以及绝缘、温升等因素的限制，因而只能降低定子电压的人为特性。

将 $s=1$ 代入式 (2-9)得电动机起动转矩表达式为

$$T_{st}=\frac{Km_1pU_1^2R_2}{2\pi f_1[R_2^2+X_{20}^2]} \tag{2-12}$$

由上式及式 (2-11)可见，当其他参数不变只降低电压 U_1 时，电动机的最大转矩 T_{max} 和起动转矩 T_{st} 与 U_1 成正比下降。又由式 (2-10)可知，临界转差率 s_C 与定子电压 U_1 无关，且

电动机的同步转速 n_0 也与电压 U_1 无关。可知降低定子电压的人为特性是一组过同步转速点 n_0 的曲线簇，如图 2－16 所示。

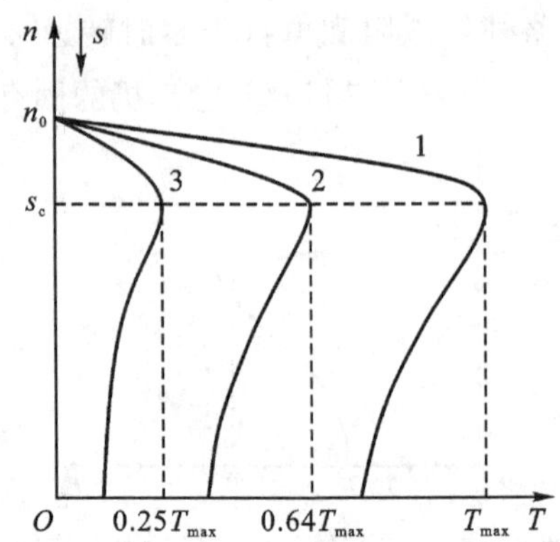

图 2－16　对应于不同电源电压的人为特性

值得注意的是，若电压降低过多，使最大转矩 T_{max} 小于负载转矩，则会造成电动机停止运转。另外，因负载转矩不变，电磁转矩也不变，降低电压将使电动机转速降低，转差率增大使得转子电流因转子电动势的增大而增大，从而引起定子电流的增大；若电流超过额定值并长时间运行将使电动机寿命降低。

(2)转子电路串接对称电阻。在绕线型异步电动机三相转子电路中分别串接电阻值，由式 (2－10)知临界转差 s_C 是随外串电阻 R_s 增大而增大的，而由式 (2－11)知最大转矩 T_{max} 不随外串电阻变化，又电动机的同步转速 n_0 与转子外串电阻无关，所以人为特性是一组过同步转速 n_0 点的一簇曲线，如图 2－17所示。

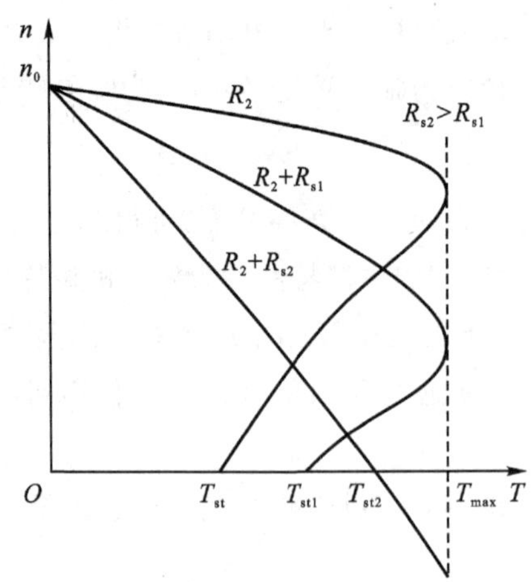

图 2－17　对应于不同转子电阻的人为特性

由式 (2－12)知，起动转矩 T_{st} 随外串电阻的增大而增大。可选择适当电阻 R_s 接入转子电路，使 T 发生在 $s_C=1$ 时刻，即最大转矩发生在起动瞬时，以改善电动机的起动性能。但如果再增大电阻，起动转矩反而要减小，这是因为过大的电阻接入将使转子电流下降过大所致。

(3)改变定子电源频率。若保持电动机极对数 p 不变,改变电源频率时,同步转速 $n_0=60f_1/p$ 将随电源频率而变化。频率越高 n_0 则越高,反之 n_0 则减小。而由式 (2－11)和式(2－12)可知,如果减小 f_1 则最大转矩 T_{max} 和起动转矩 T_{st} 都将随 f_1 减小而增大,临界转差率 s_C 将成反比地增大。不同频率的人为特性如图 2－18 所示。

(4)改变极对数。在保持电源频率 f_1 不变的情况下,改变极对数 p,同步转速 n_0 随 p 的增大而减小。普通三相异步电动机的极对数是固定不变的。但为了满足某些生产机械实现多级变速的要求,专门生产有极对数可变的多速异步电动机。变极多速异步电动机是利用改变绕组的接法来改变电动机的极对数的,下面以常用的双速异步电动机为例加以说明。

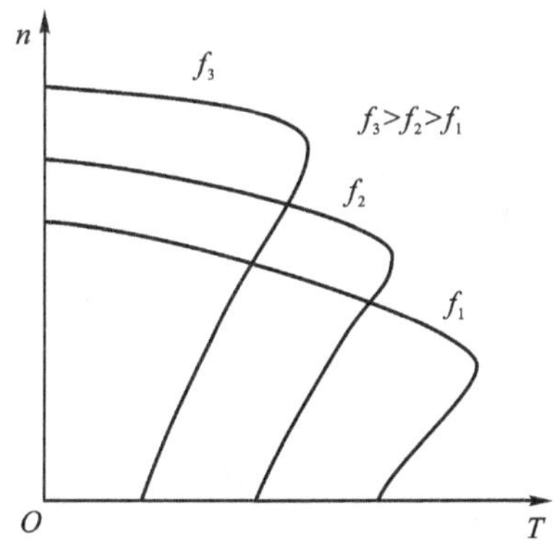

图 2－18　改变频率 f 的人为特性

双速异步电动机的定子绕组每相均由两个相同的绕组组成,这两个绕组可以并联,也可以串联。串联时极对数是并联时的两倍,如图 2－19 所示。

图 2－19(a)表示电动机三相绕组呈三角形连接,运行时 1、2、3 接电源,4、5、6 空着不接,电动机低速运行;而当 1、2、3 连接在一起,中间接线端 4、5、6 接电源时,如图 2－19(b)所示,电动机为高速运转。为保证电动机旋转方向不变,从一种接法变为另一种接法时,应改变电源的相序。

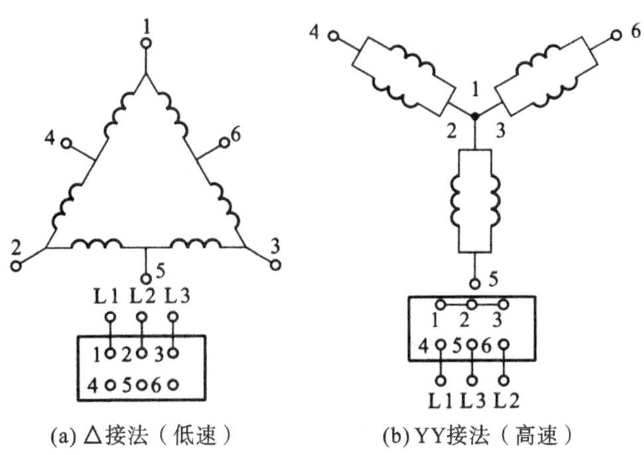

(a) △接法（低速）　(b) YY接法（高速）

图 2－19　电动机低速和高速接法

当电动机由△变为 YY 接法时，极对数减少一半。相电压 $U_{YY}=\frac{1}{\sqrt{3}}U_{\triangle}$，将这些关系式代入式 (2-12)、式 (2-13)和式 (2-14)中，可得如下关系式：

$$S_{CYY}=S_{C\triangle};T_{maxYY}=\frac{1}{6}T_{max\triangle};T_{stYY}=\frac{1}{6}\ T_{st\triangle}$$

即电动机的临界转差率不变，而 YY 接法时的最大转矩和起动转矩均为△接法时的 1/6，其机械特性的变化如图 2-20 所示。

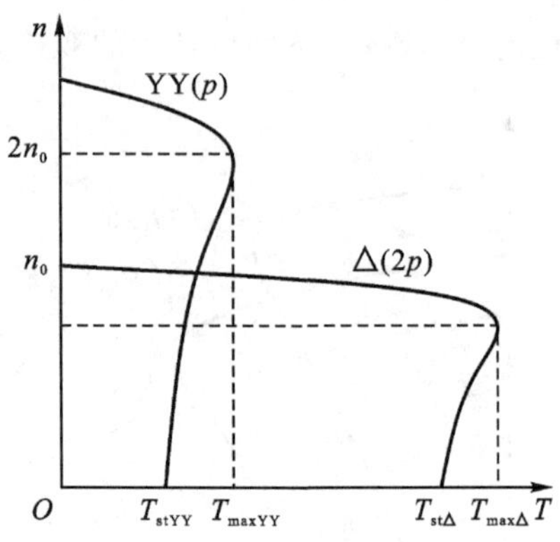

图 2-20 YY/△变换的人为特性

2.2.3 异步电动机的起动

电动机从静止状态一直加速到稳定转速的过程叫起动。最简单的起动方法是将异步电动机直接接到具有额定电压的电网上使它转动起来，但这时起动电流很大，因为这时转差率 $s=1$，转子电动势和转子电流很大，对应的定子电流也必然很大，所以电动机起动的关键是限制起动电流。

下面分别介绍鼠笼型异步电动机和绕线型异步电动机的起动方法。

鼠笼型异步电动机有直接起动和降压起动两种起动方法，绕线型异步电动机有转子串电阻起动方法。

1. 直接起动

直接起动即直接给定子绕组加额定电压起动，也叫全压起动。这是一种简便的起动方法，不需要复杂的起动设备，但起动电流大，一般可达额定电流的 4～7 倍，只适用于小容量电动机的起动。

这里所指的"小容量"，不仅取决于电动机本身容量的大小，而且还与供电电源的容量有关，电源容量越大允许直接起动的电动机容量也就越大。电源允许的起动电流倍数可用下面的经验公式估算：

$$\frac{I_{st}}{I_N}=\frac{3}{4}+\frac{\text{电源总容量}/(\text{kVA})}{4\times\text{电动机容量}/(\text{kW})}$$

式中，I_{st}为电源允许的起动电流；I_N为电动机定子额定电流。

只有当电动机的起动电流倍数小于或等于电源允许的起动电流倍数时，才允许采用直接起动的方法。

2. 降压起动

为了限制起动电流，可以在定子电路中串联电阻或电抗，用降低每相绕组上电压的方法来限制起动电流，称为降压起动，下面分析降压起动的起动电流和起动转矩如何变化。

由异步电动机的工作原理可知，异步电动机定子电流近似等于转子电流的折算值，即

$$I_1 \approx \frac{N_2}{N_1} I_2 = \frac{KsU_1}{\sqrt{R_2^2 + (SX_{20})_2}}$$

起动瞬时 $s=1$，此时的定子起动电流为

$$I_{st} = \frac{KU_1}{\sqrt{R_2^2 + X_{20}^2}} \tag{2-13}$$

设全压起动时的起动电流和起动转矩分别为 I_{st} 和 T_{st}。串入 R_{st} 或 X_{st} 后，定子上所承受的电压减小为 U_1'，对应的起动电流和起动转矩分别为 I_{st}' 和 T_{st}'。设 α 为全压起动电流 I_{st} 与降压起动电流 I_{st}' 的比值，从式 (2-13)可知，起动瞬间的电流与此时定子上所加的电压成正比，即

$$\alpha = \frac{I_{st}}{I_{st}'} = \frac{U_1}{U_1'} \rightarrow I_{st}' = \frac{1}{\alpha} I_{st}; U_1' = \frac{1}{\alpha} U_1 \tag{2-14}$$

又由式 (2-12)可知，起动转矩与定子电压的平方成正比，即

$$\frac{T_{st}}{T_{st}'} = \frac{U_1^2}{U_1'^2} = \alpha^2; T_s' t = \frac{1}{\alpha^2} T_{st} \tag{2-15}$$

从上述可知，降压起动时，起动电流降低到全压起动时的 $1/\alpha$，起动转矩降低到全压起动时的 $1/\alpha^2$。这说明，降压起动虽然可以减小起动电流，但同时使起动转矩减小得更多。因此串电阻或电抗起动只适用于轻载起动。

如果电动机工作时定子绕组的接法为三角形，可采用星形－三角形(Y－△)的降压起动方法。起动时可先将定子绕组接成星形接法，这样定子每相绕组电压减为额定电压的 $\frac{1}{\sqrt{3}}$，从而实现了降压起动，等到转速接近额定值时再将定子绕组换成三角形接法。下面分析其起动电流和起动转矩。

采用三角形接法直接起动时，每相绕组的相电压 $U_{\triangle}=U_N$，U_N 为电源线电压；相电流 $I_{\triangle}=I_{st}/\sqrt{3}$，$I_{st}$ 为电源线电流。

采用星形接法降压起动时，每相绕组相电压 $U_Y=U_N/\sqrt{3}$，相电流 $I_Y=I_{st}$。由于相电流正比于相电压，则有

$$\frac{I_Y}{I_{\triangle}} = \frac{U_Y}{U_{\triangle}} = \frac{1}{\sqrt{3}} \tag{2-16}$$

所以 $\frac{I_{st}'}{I_{st}/\sqrt{3}} = \frac{1}{\sqrt{3}}; \frac{I_{st}'}{I_{st}} = \frac{1}{3}$

两种情况下起动转矩之比为

$$\frac{T'_{st}}{T_{st}}=\frac{U_Y^2}{U_\triangle^2}=\frac{(U_N/\sqrt{3})^2}{U_N^2}=\frac{1}{3} \tag{2-17}$$

由上两式可见，用Y－△降压起动时，起动电流和起动转矩都降为直接起动时的1/3，所以只适用于轻载起动。

3. 绕线型电动机转子绕组串电阻起动

绕线型电动机转子绕组串电阻分级起动既可增大起动转矩，又可限制起动电流，可实现大中容量电动机重载起动，绕线型三相异步电动机转子串对称电阻分级起动的接线图以及相应的机械特性如图 2－21 所示。

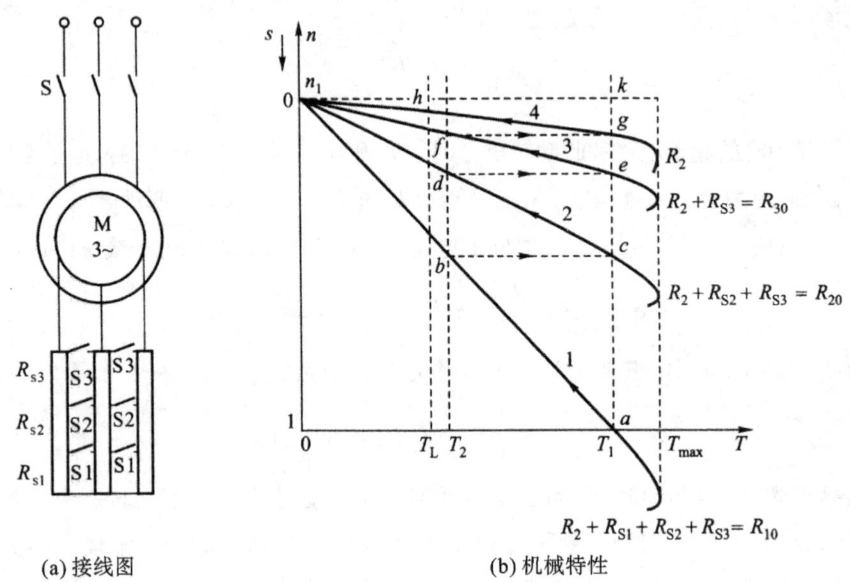

图 2－21　三相绕线型异步电动机转子绕组串电阻分级动

当起动时，在转子电路中接入起动电阻 R_s，以提高起动转矩，同时也限制了起动电流。

起动电阻分成 n 段，在起动过程中逐步切换。在图 2－21 中，曲线 1 对应于转子电阻 $R_{10}=R_2+R_{s3}+R_{s2}+R_{s1}$ 的人为特性；曲线 2 对应于转子电阻为 $R_{20}=R_2+R_{s3}+R_{s2}$ 的人为特性；曲线 3 对应于电阻 $R_{30}=R_2+R_{s3}$；曲线 4 为固有机械特性。

开始起动时，$n=0$，全部电阻接入。这时的起动电阻为 R_{10}，随转速上升，转速沿曲线 1 变化，转矩 T 逐渐减小，当减到 T_2 时，接触器触点 S1 闭合，R_{S1} 被切除，电动机的运行点由曲线 1(b 点)跳变到曲线 2(c 点)，转矩由 T_2 跃升为 T_1；电动机的转速和转矩又沿曲线 2 变化，待转矩又减到 T_2 时，触点 S2 闭合，电阻 R_{S2} 被切除，电动机运行点由曲线 2(d 点)跳变到曲线 3(e 点)。电动机的转速和转矩又沿着曲线 3 变化，最后 S3 闭合，起动电阻全部切除，电动机转子绕组直接短路，电动机运行点沿固有特性变化，直到电磁转矩 T 与负载转矩 T_L 相平衡，电动机稳定运行，如图 2－21 中的 h 点。

由于异步电动机的转矩与电压的平方成正比，考虑电源的电压允许降落，一般选最大起动转矩 T_1 为

$$T_1 \leqslant 0.85T_{max}$$

考虑起动时的带负载能力和快速性，选切换转矩 T_2 为

$$T_2=(1.1\sim1.2)T_L$$

起动级数越多，起动越平稳，而且起动过程中的平均转矩越大，起动越快。常采用 3 级或 4 级。

交流与思考　机电设备对电动机起动特性有什么要求？分析三相异步电动机能否满足这些要求。

2.2.4　三相异步电动机的制动

异步电动机制动的目的是使拖动系统快速停车或使拖动系统尽快减速，对于位能性负载，用制动可获得稳定的下降速度。制动运行的特点：电磁转矩与转速 n 反方向，转矩 T 对电动机起制动作用。制动时电动机将轴上吸收的机械能转换成电能。该电能将消耗于转子电路或反馈回电网。

异步电动机制动方法有能耗制动，反接制动和回馈制动三种。

1. 能耗制动

所谓能耗制动，就是在断开交流电之后，在定子绕组中通入直流电，形成恒定磁场，由于转子导体切割磁场，而产生与转向相反的制动力矩使转速急剧下降。图 2－22 为能耗制动时的机械特性曲线，从图可见：

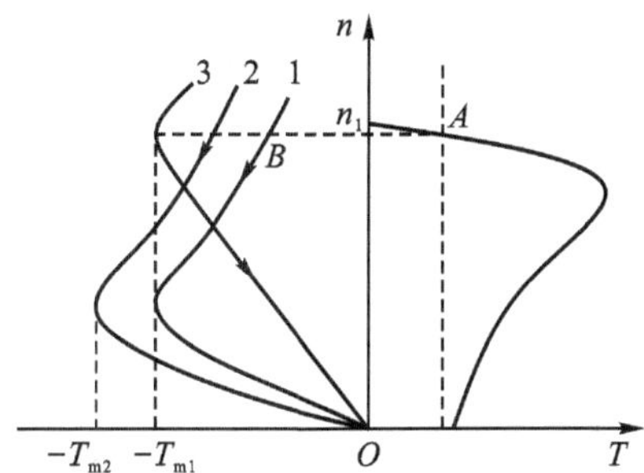

图 2－22　异步电动机能耗制动时的机械特性曲线

(1)当直流励磁一定而转子电阻增加时，产生最大制动转矩时的转速也随之增加，但所产生的转矩最大值不变。如图中曲线 1 和曲线 3 所示。

(2)转子电路电阻不变，当增大直流励磁时，产生的最大制动转矩增大。但产生最大转矩时的转速不变。如图中曲线 1 和曲线 2 所示。能耗制动时最大转矩 T_{max} 与定子输入的直流电流平方成正比。

比较图中三条制动特性曲线可见，转子电阻较小时，在高速时的制动转矩较小，因此对鼠笼型异步电动机，为了增大高速时的制动转矩，就需增大直流励磁电流；而对绕线型异步电动机，则采用转子串电阻的方法。

异步电动机能耗制动的工作过程：设电动机原来在 A 点稳定运行，能耗制动时，若转子

不串接附加电阻，机械特性为曲线 1。电动机由于机械惯性，转速来不及变化，工作点 A 平移至特性曲线 1 上的 B 点，对应的转矩为制动转矩，使电动机沿曲线 1 减速，直到转速 $n=0$ 时，转矩 $T=0$。如果负载是反抗性的，则电动机停转；如果负载是位能性的，则需要在制动到 $n=0$ 时及时地切断电源才能保证停车，否则电动机将在位能性负载转矩的拖动下反转，特性曲线延伸到第四象限，直到电磁转矩与负载转矩相平衡时，获得稳定的设备下降速度。

2. 反接制动

所谓反接制动有两种情况：一是保持定子旋转磁场不变，使转子反转，称作转子反转的反接制动；二是转子转向不变，将定子绕组两相电源反接，使定子旋转磁场方向改变，称作定子反接的反接制动。

(1)转子反转的反接制动。异步电动机带有位能负载，如果加大转子回路电阻，使其机械特性斜率加大，如图 2-23 所示。随着转子电阻的加大，特性斜率也越加越大。由特性曲线 1 变到特性曲线 2，以至变到特性曲线 3。电动机的起动转矩 T_{st} 小于负载转矩 T_L。负载转矩拖着电动机反转，使电动机转矩与转速方向相反，起到制动作用。

(2)定子反接的反接制动。异步电动机在电动状态运行时，若将定子两相绕组端的接线对调，则定子旋转磁场的方向改变，电动机转矩和转速方向相反，起到制动作用。机械特性如图 2-24 所示。

电动机原来工作在电动状态，工作点为 A。定子两相绕组接线反接后，移到反接制动特性曲线的 B 点上，由于电动机转矩为制动转矩，使电动机转速下降，当转速接近 $n=0$ 时必须及时切断电源，否则电动机将自行反转。图 2-24 中特性曲线 1 是鼠笼型异步电动机的机械特性。特性曲线 2 是绕线型异步电动机的特性曲线。

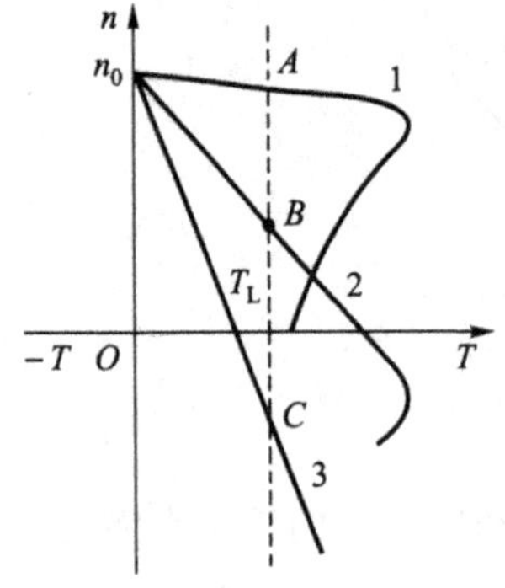

图 2-23　异步电动机转子反转的反接制动机械特性

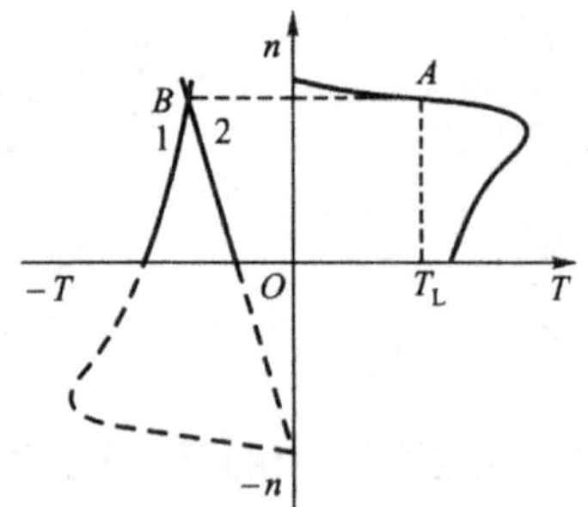

图 2-24　异步电动机定子反接的反接制动机械特性

(3)发电反馈制动。如果用一原动机或者其他转矩(如位能性负载)去拖动异步电动机，使电动机转速高于同步转速，即 $n>n_0$，$s<0$，这时异步电动机的电磁转矩 T 将和转速 n 的方向相反，起制动作用。因异步电动机转速超过旋转磁场速度时，转子绕组导体的运动速度大于旋转磁场速度，转子中感应电动势方向改变，从而转子电流方向也改变，电动机转矩 T 的方向也随着改变，和转速 n 的方向相反而起制动作用。这时异步电动机把轴上的机械能或

系统储存的动能变成电能反馈到电网上，这既是反馈制动，也称再生发电制动。异步电动机发电回馈制动机械特性如图 2－25 所示。

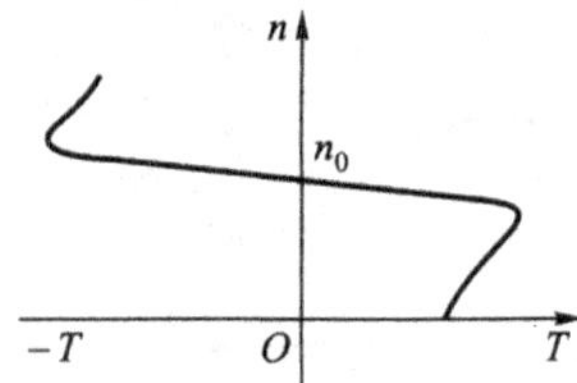

图 2－25　异步电动机发电反馈制动机械特性

交流与思考　普通车床进给运动和主轴运动对电动机制动特性各有什么要求？分析三相异步电动机能否满足这种要求。

2.2.5　三相异步电动机的选用

在设计机电传动系统时，应根据不同场合和使用要求，选用机械特性不同的电动机。在金属切削机床的机电传动系统中，应选用机械特性较硬的电动机；而在重载起动状态下工作的机电传动系统（如起重设备、卷扬机等）中，则应选用机械特性较软的电动机。

根据相关国家标准的规定，在国产三相异步电动机的壳体上，均钉有电动机铭牌，在电动机的风扇护罩上，均贴有电动机的能效标识（见图 2－26）。通过铭牌和能效标识，即可了解电动机的主要技术参数和能效等级。正确识读铭牌数据和能效标识，对于合理选择和使用电动机具有重要意义。

图 2－26　三相异步电动机实物图

1. 电动机的铭牌数据

在电动机的外壳上都会钉有铭牌（见图 2－27）。铭牌上注明该电动机的主要技术数据，是选择、安装、使用和修理（包括重新绕制定子绕组）电动机的重要依据，铭牌的主要内容如下。

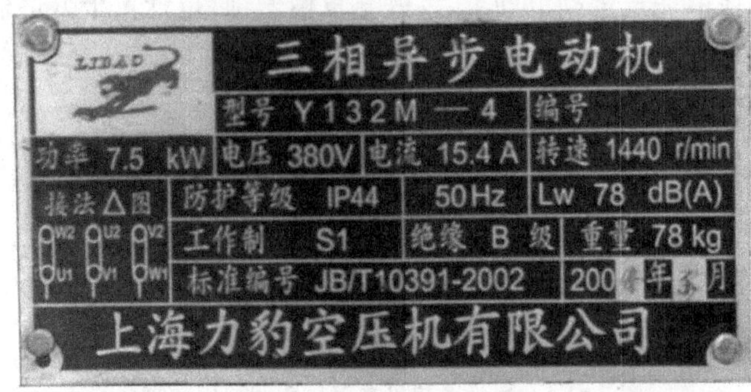

图 2-27　电动机的铭牌

(1)型号。电动机的型号用以表明电动机的系列、几何尺寸和极数等主要技术参数。GB/T 4831—2016《旋转电动机产品型号编制方法》对国产异步电动机产品名称代号做出了明确规定,见表 2-1。其详细的型号含义可以参照电动机说明书 。

表 2-1　异步电动机产品名称代号

产品名称	现行代号	汉字含义	老代号	汉字含义
异步电动机	Y	异	J 、JO	交
绕线转子异步电动机	YR	异绕	JR 、JRO	交绕
防爆式异步电动机	YB	异爆	JB、JBO	交爆
高起动转矩式异步电动机	YQ	异起	JQ、JQO	交起

(2)接法。异步电动机三相定子绕组的连接方法有星形(Y)联结和三角形(△)联结之分。在电动机出厂时,容量小于 3 kW 的电动机,通常采用星形联结;容量大于 4 kW 的电动机,通常采用三角形联结。

异步电动机三相定子绕组的联结方法并不是一成不变的,用户可以根据使用要求,有意识地改变三相定子绕组的联结方法,以确保机电传动系统的正常工作。例如在针对大容量电动机做 Y—△降压起动控制电路中,借助继电器控制电路,在电动机起动时,将三相定子绕组接成星形(Y),使电动机顺利起动;待完成起动之后,再将三相定子绕组接成三角形(△),以利于电动机输出较大转矩。

(3)额定值。额定值是指电动机在额定工况下运行时的值,包括额定频率、额定电压、额定电流、额定功率、额定转速等。

一般规定,电动机的运行电压不能高于或低于额定值的 5%。因为在电动机满载或接近满载情况下运行时,电压过高或过低都会使电动机的工作电流大于额定值,从而使电动机过热。

额定电流:电动机在额定运行时定子绕组的线电流的有效值,称为三相异步电动机的额定电流,用 I_N 表示,以安培(A)为单位。例如,Y /△ 6.73/11.64A 表示。

额定功率是指在额定运行时电动机转子轴上所输出的机械功率，用 P_N 表示，以千瓦(kW)或瓦(W)为单位。

电动机的效率是指电动机转子轴输出功率与电网输入电动机功率的比值。电动机的效率越高，说明电动机将电能转换为机械能的比例越高，在能量转换过程中的损失越小。

额定转速：电动机在额定工况下运行时的转速，称为电动机的额定转速，用 n_N 表示。

(4)功率因数与效率。电动机是电感性负载，定子相电流比相电压滞后一个 φ 角，$\cos\varphi$ 称为功率因数。在数值上，功率因数是有功功率 P 与视在功率 S 的比值，即 $\cos\varphi = P/S$ 。

功率因数是衡量交流电气设备(如交流电动机、变压器等)效率高低的一个系数。功率因数低，说明交流电气设备用于交变磁场转换的无功功率大，增加了电能损失。因此，国家标准对交流电气设备的功率因数有一定的要求。

三相异步电动机的功率因数较低，在额定负载时为 0.7 ～ 0.9 。空载时的功率因数很低，只有 0.2～0.3 。在额定负载时，电动机的功率因数最高。为提高有效功率，应尽可能使电动机工作在额定工况。在实际使用中，应选择容量合适的电动机，防止出现“大马拉小车”的现象。

鼠笼型三相异步电动机的效率一般为 $\eta = 75\% \sim 96\%$ 。在条件允许的情况下，应优先选用高效率的电动机。

交流与思考 功率因数高低对电动机运行影响；提高功率因数的措施。

(5)绝缘等级。绝缘等级是指电动机绝缘材料能够承受的极限温度等级。绝缘等级表征电动机允许的最高工作温度。GB/T 11021—2014《电气绝缘—耐热性和表示方法》将电动机的绝缘等级分为 Y、A、E、B、F、H、N、R 等多个级别(见表 2-2)。

表 2-2 电动机的绝缘等级

绝缘等级	Y	A	E	B	F	H	N	R	暂未规定
极限温度/℃	90	105	120	130	155	180	200	220	250 及以上

以前国产电动机最常用的绝缘等级为 B 级，随着电动机制造工艺水平的提高，目前最常用的绝缘等级为 F 级，H 级也正在逐步推广中。

(6)工作制。工作制(Duty)又称工作方式，是指电动机的运转状态，即允许连续使用的时间。GB755—2008《旋转电动机一定额和性能》将电动机的工作制分为 S1—S10 共 10 种，常用的有 S1、S2、S3 三种。S1 为连续工作制，S2 为短时工作制，S3 为断续周期工作制。

(7)电动机的结构型式和安装型式。GB/T 997—2008《旋转电动机结构型式、安装型式及接线盒位置的分类(IM 代码)》对国产三相异步电动机的结构型式和安装型式做出了明确规定。

电动机的结构型式和安装型式代号由“国际安装”(International Mounting)的缩写字母“IM”、代表“卧式安装”的“B”和代表“立式安装”的“V”连同 1 位或 2 位阿拉伯数字组成，如 IM B35 或 IM V15 等。B 或 V 后面的阿拉伯数字代表不同的结构和安装特点。

除上述数据之外，电动机铭牌上还有电动机稳定运行噪声用声功率级、IP 防护等级、冷却方法、产品商标、产品执行标准、产品生产日期、产品编号以及制造商名称等其他信息。

2. 电动机的能效标识

(1)高效率电动机。高效率电动机出现于 20 世纪 70 年代第一次能源危机时期时，与一般电动机相比，高效率电动机的损耗下降约 20％ 。由于能源供应的持续紧张，近年来又出现了所谓超高效率电动机，其损耗又比高效率电动机低 。

我国 1982 年定型并广泛生产、使用的 Y 系列(IP44)三相异步电动机，其效率平均值仅为 87.3％ ，后续开发的 YX3 系列(IP55) 高效率三相异步电动机，其效率平均值已经提高到了 90.3％。目前，我国正在大力推广 YE3 系列(IP55)超高效率三相异步电动机，其效率平均值已经高达 91.7％ 。

高效率电动机和超高效率电动机在效率方面具有明显的优势，但其产品型谱、功率等级划分、安装尺寸系列以及其他使用要求则与传统的电动机完全相同。因此，高效率电动机和超高效率电动机既继承了传统电动机型谱齐全、覆盖面广、使用方便的优点，又具有突出的效率优势，对于节能减排、促进环保，推动人类社会和谐、健康发展具有重要意义。

(2)提高电动机效率的技术措施。当电能输入电动机后，电动机先将电能转换为磁能，再将磁能转换为机械能输出，同时在运转过程中，电动机自身还会产生一定的定子铜耗、铁耗、转子损耗、通风摩擦损耗及其他杂散损耗，这些损耗会以热能的形式散发出去。正是由于这些损耗的存在，才使得电动机的效率下降。统计数据表明，各种类型的损耗所占电动机总损耗的比例如图 2 - 28 所示。就目前的技术水平而言，只能在一定程度上对电动机的损耗加以控制，尚不能从根本上消除。

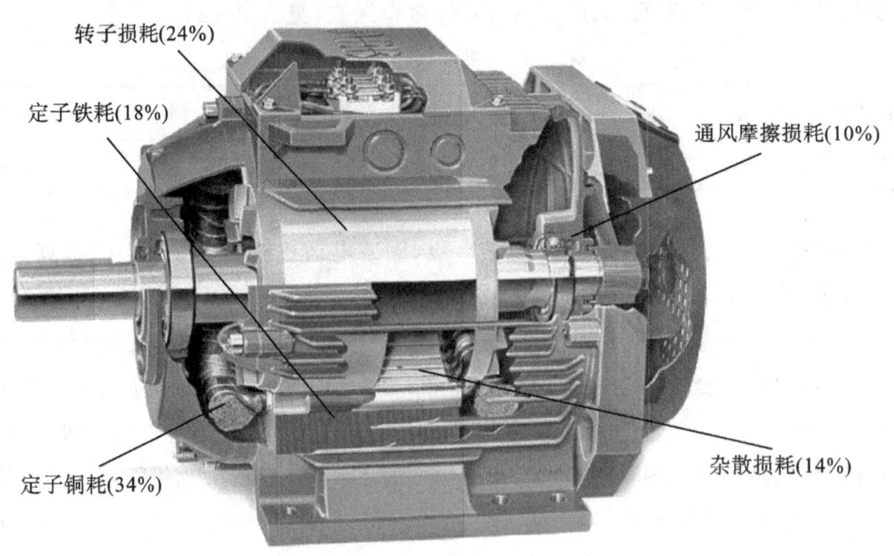

图 2 - 28　各种类型的损耗所占电动机总损耗的比例

提高电动机运行效率的关键就是最大限度地降低电动机自身的损耗，从而获得最大的机械能输出。为解决这一关键问题，高效率电动机采取了新理论、新结构、新材料、新工艺等一系列先进技术措施。

①“以冷代热”，即以冷轧电工硅钢板制造定子、转子铁心冲片，取代热轧电工硅钢板，以降低铁耗。生产实践表明，对于高效率电动机的生产，只有采用质量稳定、损耗较低的冷轧片，才能保证较大幅度而且稳定地降低电动机的铁耗。

②定子绕组采用低谐波绕组，以降低铜耗和杂散损耗。虽然低谐波绕组理论早已成熟，但由于电动机的杂散损耗不易实际测量，应用效果不明显，因而在电动机制造企业应用较少。但对于高效率电动机的生产而言，应采用低谐波绕组来改善电动机的磁动势波形，从而降低电动机的杂散损耗和定子、转子绕组的铜耗。

③采用先进合理的通风结构，以降低机械损耗。高效率电动机均采用锥形风罩和带锥形挡风板的风扇结构，具有优良的通风效果，可以在通风损耗和摩擦损耗很小的情况下产生足够的风量，取得良好的冷却效果，并且可以有效降低机械噪声。

④先进的工艺措施，以降低电动机的杂散损耗。在采用适当的定子、转子槽配合和转子槽斜度的同时，适当调整定子、转子间的气隙值并对加工后的转子进行多项技术处理，可以有效地降低和控制杂散损耗。

高效率电动机适用于耗能量大，负载长期连续运行的设备。设备运行时间越长，节能效果越显著。高效率电动机特别适合以下几种情况：新设计、新开工项目的选用；旧电动机损坏需要大修或更新时选用；淘汰老产品实施以高效电动机的替换时选用；节能、减排、降耗技术改造时选用。

(3)电动机能效标准。目前世界上已有中国、美国、欧盟、国际电工委员会(IEC)等十余个国家和地区/组织颁布了电动机能效标准，对电动机能效等级的划分作出了明确规定。

我国于 2002 年颁布了针对中小型三相感应电动机的能效标准，并于 2005 年对 GB 18613—2006《中小型三相异步电动机能效限定值及节能评价值》进行了修订，规定自 2011 年 7 月 1 日起，中小型异步电动机实施国家二级能效标准(即 IE2 高效电动机)。

我国现行的国家标准 GB18613－2012《中小型三相异步电动机能效限定值及能效等级》规定，自 2016 年 9 月 1 日，中小型异步电动机实施新的国家二级 (IE3 超高效电动机)标准。各种标准的对应关系见表 2－3。

表 2－3　各种电动机能效标准的对应关系

组织/ 地区/ 国家		IEC	欧盟	中国		美国	能效限定值年限
				GB 18613—2006	GB 18613—2012		
效率分级	超超高效	IE4	—	—	1 级	—	正在研发，产品尚不成熟
	超高效	IE3	—	1 级	2 级	NEMA Premium	YE3 系列/ 2016 年 9 月 1 日
	高效	IE2	EFF1	2 级	3 级	EPAct	YX3 系列/ 2011 年 7 月 1 日
	标准效率	IE1	EFF2	3 级	—	—	Y 系列/ 2007 年 7 月 1 日
	低效率	—	EFF3	—	—	—	—

(4)我国电动机的能效等级。为进一步促进电动机制造商提高产品技术水平,提高电动机的机械效率,推动整个社会的节能减排。GB18613—2012《中小型三相异步电动机能效限定值及能效等级》将国产电动机的能效等级分为三级,能效等级为 1 级的电动机其能效最高。同时 GB18613—2012 规定了中小型三相异步电动机的能效等级、能效限定值、目标能效限定值、节能评价值和试验方法。GB18613－2012 适用于 1000 V 以下电压,以 50 Hz 三相交流电源供电,额定功率在 0.75 ～ 375 kW 范围内,极数为 2 极、4 极、6 极,单速全封闭自扇冷式、N 设计、连续工作制的一般用途电动机或一般用途防爆电动机。

(5)能效标识。国家发展和改革委员会(简称国家发改委)、原国家质量监督检验检疫总局(简称国家质检总局)2004 年第 17 号令和 2016 年第 35 号令《能源效率标识管理办法》均明确规定,新生产的电动机必须在机身上张贴中国能效标识(见图 2－29),以促进节能减排意识的提高,推广高效率电动机的应用,推动全社会的和谐发展。

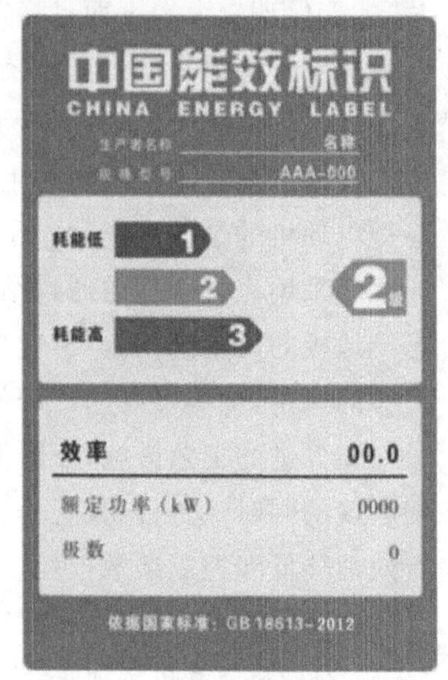

图 2－29　中国能效标识

节能环保意识我国在 2016 年规定,新生产的电动机必须张贴能效标识,以促进节能减排意识提高。我们作为未来的工程师,应理解能效标识的含义,在产品设计、制造和使用过程中贯彻节能减排思想,为中国实现碳排放达标贡献自己的力量。

3. 三相异步电动机的选用

电动机是机电传动系统的原动机,其工作能力、工作特性必须满足驱动机械负载的要求。因此,在选择电动机时,要综合考虑各方面的要求,如负载类型、机械转矩特性、工作制类型、起动频度、负载的转动惯量大小、是否需要调速、机械的起动和制动方式、是否需要反转、使用场合、能耗标准等。

(1)电动机种类的选择。选择电动机的种类是从交流或直流、机械特性、调速与起动性能、维护及价格等方面来综合考虑的。如果没有特殊要求,首选三相交流异步电动机。

绕线转子电动机的基本性能与鼠笼型电动机相同,其特点是起动性能较好,并可在不大的范围内平滑调速,但是绕线转子电动机的价格较鼠笼型电动机贵,维护也较麻烦。因此,一般应用场合应尽可能选用鼠笼型电动机,只有在需要重载起动或串电阻调速的场合才选用绕线转子电动机。见附表 2－1(请扫二维码)。

(2)能效等级的选择。低碳环保、节能减排已经成为全社会的共识,在选用电动机时,应顺应这一潮流,优先选用能效等级高的电动机。

随着电动机制造工艺水平的提高,以前使用的 Y 系列、Y2 系列、Y3 系列三相异步电动机逐步被淘汰,目前广泛使用的电动机有 YX3 系列、YE2 系列高效率三相异步电动机和 YE3 系列超高效率三相异步电动机等产品,其中,YE3 系列超高效率三相异步电动机以能耗低、效率高、型号全为突出特点,代表着我国电动机行业的最高水平,也是设计电动机传动系统过程中的首选产品。YE3 系列超高效率三相异步电动机的技术数据见附表 2-2、附表 2-3 和附表 2-4(请扫二维码)。

对于以变频器为电源的、需要进行变频调速的电动机，则应优先选用 YVF2 系列、YVF3 系列变频调速专用的三相异步电动机。

(3)电动机功率的选择。功率选得过大，则运行不经济；功率选得过小，则电动机容易因过载而损坏。对于连续运行的电动机，所选功率应等于或略大于生产机械的功率。对于短时工作的电动机，允许在运行中有短暂的过载，故所选功率可等于或略小于生产机械的功率。

(4)结构型式的选择。可根据工作环境的具体条件选择电动机的结构型式。如矿井、油库和煤气站等场所选择防爆式电动机；在灰尘多、潮湿、有腐蚀性气体、易引起火灾等恶劣环境中选择封闭式电动机；需要浸在液体中使用的选择密封式电动机。

(5)冷却方式选择。对于 2000 kW 以下的电动机采用空气冷却方式较好，结构简单，安装维护也方便；功率大于 2000 kW 的电动机，由于自身损耗发热量大，如采用空气冷却，需要有较大的冷却风量，导致噪声过大，如采用内风路为自带风扇循环空气，外部冷却介质为循环水，冷却效果很好，但要求有循环水站和循环水路，维护较复杂。

(6)电压和转速的选择。可根据电动机的类型、功率以及使用场所的电源电压来决定电动机的电压。

可根据机电传动系统的负载特点、传动系统是否有减速器等因素选择电动机的转速。

(7)安装型式的选择。各种生产机械因整体设计和传动方式不同，因而在安装形式上对电动机也有不同的要求。尽管国产三相异步电动机的安装形式多种多样，但常用的安装形式主要有卧式和立式两种，可根据机电传动系统的具体情况选用。

交流与思考　*在电动机选择过程中，如何理解电动机满足最佳性能比？*

2.3　伺服电动机

在雷达控制系统、数控机床主轴和进给系统中要求输出量能够以一定准确度跟随输入量的变化而变化，这些系统称为随动系统，也称为伺服系统，伺服系统中的电气驱动元件称为伺服电动机。伺服系统通常要求：①在额定力矩变化时伺服电动机转速要有好的稳定性；②输出量跟随输入量精度高；③响应快；④低速大转矩和调速范围宽。传动驱动电动机主要是将电能转换为机械能，以达到拖动生产机械的目的，因此需要具有较高的力能指标，如输出转矩、传动效率和功率因数等；而控制电动机则主要用来完成控制信号的传递和变换，要求技术性能稳定可靠、动作灵敏、精度高、体积小、质量轻、耗能少等。事实上，传动电动机与控制电动机之间并无严格的界限，同一台电动机有时既起到控制电动机的作用，也起到传动电动机的作用，伺服电动机又称为执行电动机，是控制电动机中的一种。

机电传动控制系统中常用的控制电动机有伺服电动机和步进电动机，其电动机将输入的控制信号转换成电动机轴上的角位移或角速度等机械信号输出。按控制电压种类来分，伺服电动机分为直流伺服电动机和交流伺服电动机两大类。

2.3.1 直流伺服电动机特点及其驱动方式

1. 直流伺服电动机的种类和结构

直流伺服电动机的种类很多，按励磁方式，直流伺服电动机可分为电磁式和永磁式两种；按控制方式，可分为磁场控制和电枢控制；按电枢形式，可分为一般电枢式、无槽电枢式、绕线盘式和空心杯电枢式等。

(1)普通型直流伺服电动机。普通型直流伺服电动机与普通直流电动机结构相同，其转子一般由硅钢片叠压而成。转子外圆有槽，槽内装有电枢绕组，绕组通过电刷和换向器与电枢控制电路相连。为了提高控制精度和响应速度，直流伺服电动机的电枢铁芯长度与直径之比要比普通直流电动机的大，定子和转子空气间隙也较小。

根据励磁方式不同，普通型直流伺服电动机分为电磁式和永磁式两种：电磁式直流伺服电动机的定子磁极上装有励磁绕组，励磁绕组接励磁控制电压产生磁通，它实质上就是他励直流电动机；永磁式直流伺服电动机的定子磁极由永久磁铁或磁钢制成，其磁通不可控。这两种直流伺服电动机的性能接近，其惯性比其他类型直流伺服电动机大。

(2)无槽电枢直流伺服电动机。无槽电枢直流伺服电动机的电枢铁芯上不开齿槽，是光滑圆柱，电枢绕组直接用环氧树脂粘在电枢铁芯表面，气隙较大，其结构如图 2-30 所示。

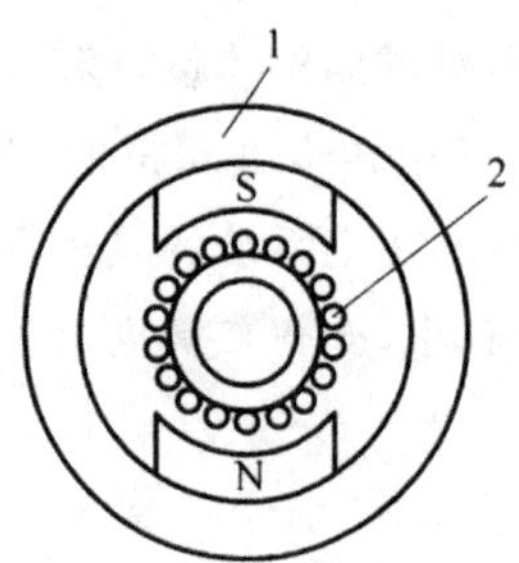

1—定子；2—转子电枢。

图 2-30 无槽电枢直流伺服电动机结构示意图

(3)空心杯电枢直流伺服电动机。空心杯电枢直流伺服电动机有两个定子，一个是由软磁材料制成的内定子，另一个是由永磁材料制成的外定子，外定子用于产生磁通，而内定子主要起导磁作用。电枢绕组用环氧树脂浇注成空心杯形，在内、外定子间的气隙中旋转。图 2-31 是空心杯电枢直流伺服电动机的结构图。

(4)盘形电枢直流伺服电动机。盘形电枢直流伺服电动机的电枢由线圈沿转轴的径向圆周排列而成，并用环氧树脂浇成圆盘形。定子由永久磁铁和前、后铁轭共同组成，磁铁可以在圆盘电枢的一侧或两侧。盘形绕组中通过的电流是径向的，而磁通是轴向的，二者共同作用产生电磁转矩，从而使伺服电动机旋转。图 2-32 是盘形电枢直流伺服电动机的结构图。

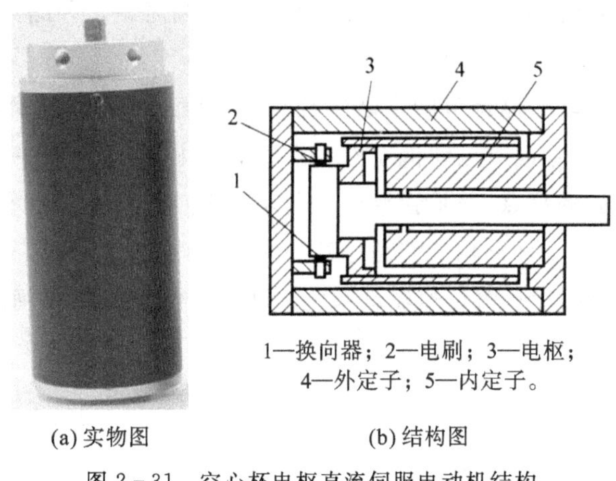

(a) 实物图　　(b) 结构图

图 2-31　空心杯电枢直流伺服电动机结构

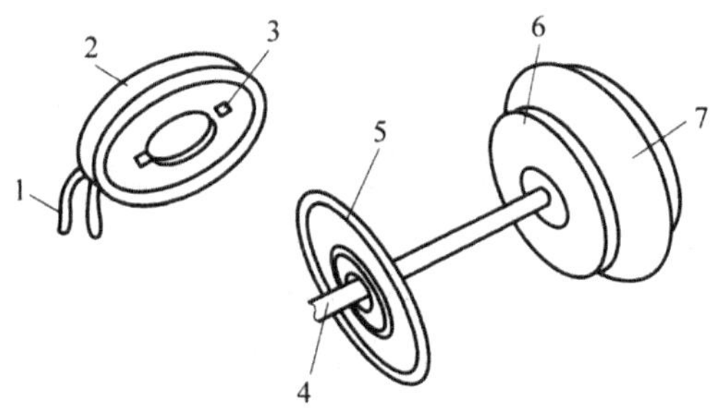

1—引线；2—前盖；3—电刷；4—轴；5—盘形电枢；6—磁钢；7—后盖。

图 2-32　盘形电枢直流伺服电动机结构

与普通型直流伺服电动机相比，无槽电枢、空心杯电枢和盘形电枢直流伺服电动机的转动惯量和机电时间常数小，因此动态特性较好，适用于需要快速动作的直流伺服系统。

2. 直流伺服电动机的特点。

直流伺服电动机主要有以下优点：

(1)稳定性好。直流伺服电动机具有较硬的机械特性，因此能够在较宽的速度范围内稳定运行。

(2)可控性好。直流伺服电动机具有线性的调节特性，通过控制电枢电压的大小和极性，可以控制直流伺服电动机的转速和转动方向；当电枢电压为零时，由于转子惯量很小，因此直流伺服电动机能立即停止。

(3)响应迅速。直流伺服电动机具有较大的启动转矩和较小的转动惯量，在控制信号输入增加、减小或消失的瞬间，直流伺服电动机能够快速启动、增速、减速或停止。但直流伺服电动机由于使用换向器和电刷产生整流作用，故寿命较低，需要定期维修，影响其应用。

3. 直流伺服电动机的驱动方式

直流伺服电动机是直流供电，为了调节电动机的转速和转向，需要对直流电压的大小和方向进行控制。目前,直流伺服电动机常用晶闸管直流调速驱动和晶体管脉宽调制(PWM)调速驱动两种方式。

晶闸管直流调速驱动通过调节触发装置控制晶闸管的导通角来移动触发脉冲的相位,改变整流电压的大小,使直伺服电动机电枢电压发生变化,从而实现平滑调速。由于晶闸管本身的工作原理和电源的特点,晶闸管导通后利用交流(50 Hz)过零来关闭,因此低整流电压时其输出是很小的尖峰值(三相全波是每秒 300 个)的平均值,导致了电流不连续。

图 2-33 所示为晶闸管直流调速驱动系统原理图,图中 CF 为晶闸管触发电路,KZ 为晶闸管整流电路,L 为整流线圈。

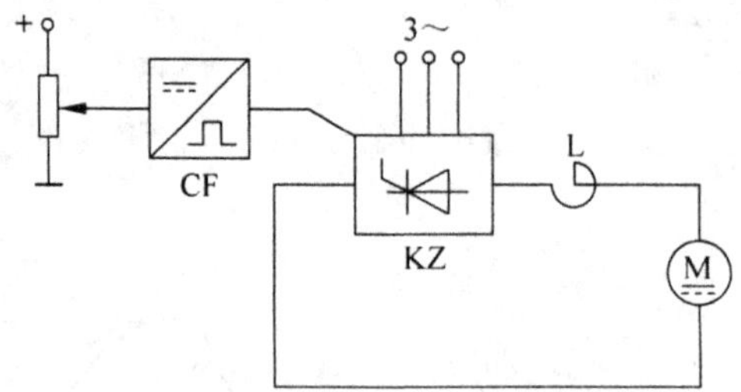

图 2-33 晶闸管直流调速驱动系统原理

PWM 直流调速驱动原理图如图 2-34(a)所示,图中 KZ 为整流电路,L 为整流线圈。在电枢回路中串入功率晶体管或晶闸管,功率晶体管或晶闸管工作在开关状态。当输入一个直流电压 U 时就可以得到一定宽度与 U 成正比的脉冲方波给直流伺服电动机的电枢回路供电,通过改变脉冲宽度或周期,就可以改变电枢回路的平均电压,从而得到不同大小的电压值 U_d,使电动机平滑调速。

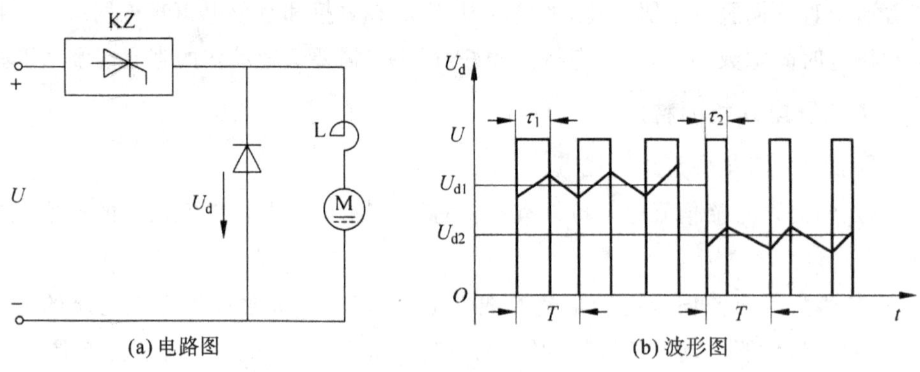

(a) 电路图 (b) 波形图

图 2-34 PWM 直流调整驱动系统原理

设功率晶体管 KZ 周期性地闭合、断开,闭合周期为 T,在一个周期 T 内,闭合的时间是 τ,断开的时间是 $T-\tau$,若外加电源电压 U 为常数,则电源加到电动机电枢上的电压波形将是一个方波列,其高度为 U,宽度为 τ,而一个周期内电压的平均值为

$$U_d=\frac{\tau}{T}U=\rho U \tag{2-18}$$

式中，ρ 为占空比。当 T 不变时，只要连续地改变 $\tau(0\sim T)$ 就可以连续地使 U_d 由 0 变化到 U，从而达到连续改变电动机转速的目的。实际应用的 PWM 系统，大功率开关晶体管的开关频率一般为 2000 Hz，即 $T=0.5$ ms，它比电动机的机械时间常数小得多，故不至于引起电动机转速脉动。

常选用功率管的开关频率为 500～3000 Hz。图中的二极管为续流二极管，当开关管断开时，由于电感的存在，电动机的电枢电流 I 可通过它形成回路而继续流动，因此尽管电压呈脉动状，而电流还是连续的。

改变占空比 $\rho(0\leqslant\rho\leqslant 1)$，即可改变电动机电枢两端电压，如图 2 - 34(b)所示的 U_{d1}、U_{d2}，从而实现调速。

采用 PWM 调速驱动系统，开关频率较高，伺服机构能够响应的频带范围较宽，与晶闸管直流驱动相比，其输出电流脉动较小，接近于纯直流，所以在小功率的直流伺服电动机中广泛应用。

2.3.2　交流伺服电动机特点及其驱动方式

1. 交流伺服电动机的种类和特点

交流伺服电动机外观图和驱动器接口功能(请扫二维码)。

交流伺服电动机有同步型和感应型伺服电动机两大类，其基本原理是检测气隙磁场的大小和方向，用电力电子变换器代替整流子和电刷，并通过与气隙磁场方向相同的有效电流来控制其主磁通量和转矩。

同步型交流伺服系统，相当于把直流电动机的电刷和换向器置换成由功率半导体器件构成的开关，也称为无刷直流伺服电动机。交流伺服电动机单指采用三相异步感应电动机的伺服电动机，为了区分两类交流伺服电动机，通常称三相永磁同步电动机为同步型交流伺服电动机，称三相异步感应电动机为感应型交流伺服电动机。

(1)同步型交流伺服电动机。交流伺服电动机中最为普及的是同步型交流伺服电动机，其励磁磁场由转子上的永磁体产生，通过控制三相电枢电流，使其合成电流矢量与励磁磁场正交而产生转矩。由于只需控制电枢电流就可以控制转矩，因此比感应型交流伺服电动机控制简单，而且利用了永磁体产生励磁磁场，特别是数千瓦的小容量同步型交流伺服电动机比感应型效率更高。同步型伺服电动机根据有无检测磁铁转子位置的传感器又分为有传感器无刷直流电动机和无传感器无刷直流电动机。根据电动机具体结构、驱动电流波形和控制方式不同，永磁同步电动机具有两种驱动模式：一种是方波电流驱动的永磁同步电动机；另一种是正弦波电流驱动的永磁同步电动机。前者又称为无刷直流电动机，后者又称为永磁同步交流伺服电动机。

永磁同步伺服电动机的应用范围非常广泛，在不同的应用场合对其运行性能的要求是不一样的，因此就出现了性能指标、功率范围、控制结构和复杂程度都有很大区别的各种各样的驱动控制系统，但这些驱动控制系统都有一个基本的共同点，那就是它们内部都有电子换相控制电路。电子换相控制电路接收电动机本体的转子位置传感器的信号，经过逻辑电路的处理，发出换相控制信号。近年来也出现了无位置传感器的无刷电动机控制系统，转子位置通过估计方法获得，常用的估计方法有反电动势法、定子三次谐波法和电流通路监视法。

(2)感应型交流伺服电动机。随着电力电子技术、微处理器技术与磁场定向控制技术的快速发展，使感应电动机可以达到与他励式直流电动机相同的转矩控制特性，再加上感应电动机本身价格低廉、结构坚固及维护简单，因此感应电动机逐渐在高精密速度及位置控制系统中得到越来越广泛应用。感应电动机的定子电流包含相当于直流电动机励磁电流与电枢电流两个成分，把这两个成分分解成正交矢量进行控制的新型控制理论-矢量控制理论出现之后，感应电动机作为伺服电动机才开始实用化。感应型交流伺服电动机的转矩控制比同步型复杂，但是电动机本身具有很多优点，作为伺服电动机主要应用于较大容量的伺服系统中。

感应型交流伺服电动机在空载状态也需要励磁电流，这点与同步型不同。异常时的制动需要通过机械式制动或由预先准备好的直流电源进行直流制动。

(3)两种交流伺服电动机的特点。

①同步型交流伺服电动机特点。

· 正弦波电流控制稍复杂，转矩波动小。

· 方波电流控制较为简单，转矩波动较大。

· 采用稀土永磁体励磁，功率密度高。

· 电子换相，无需维护，散热好，惯量小，峰值转矩大。

· 弱磁控制难，不适合恒功率运行。

· 要注意高温及大电流可能引起的永磁体去磁。

② 感应型交流伺服电动机特点。

· 采用磁场定向控制，转矩控制原理类似直流伺服。

· 需要无功的励磁电流，损耗稍大。

· 设计上要减小漏感及磁路饱和的影响。

· 利用弱磁控制，适合高速及恒功率运行。

· 结构简单、坚固，适合大功率应用。

· 控制复杂，参数易受转子温升影响。

近年来，随着数字控制技术发展与应用，以稀土永磁正弦波伺服电动机为控制对象的全数字交流伺服系统正逐渐取代了以直流伺服电动机为控制对象的直流伺服系统和采用模拟控制技术的模拟式交流伺服系统。数字式交流伺服系统不仅其控制性能是以往的模拟式伺服系统和直流伺服系统无法比拟的，而且它具有一系列新的功能，如电子齿轮、自动辨识电动机参数、自动整定调节器控制参数、自动诊断故障等。

数字式交流伺服系统在数控机床、机器人等领域中已经获得了广泛应用，是制造业实现自动化和信息化的基础构件。

2. 同步型交流伺服电动机的驱动方式

永磁同步型交流伺服电动机是由电励磁三相同步电动机发展而来的，它用永磁体代替了电励磁系统，从而省去了励磁系统、集电环和电刷，定子部分与电励磁三相同步电动机基本相同，故称为永磁同步电动机(Permanent Magnet Synchronous Motor，PMSM)。永磁体一般采用稀土材料，用矢量控制，要求其永磁励磁磁场在气隙中为正弦分布，或者说电动机在稳态运行时能够在相绕组中产生正弦波感应电动势，这也是 PMSM 的一个基本特征。

永磁同步型交流伺服电动机驱动和控制框图如图 2－35 所示，主电路为电动机驱动电路，由三相整流器 CONV、电容吸收电路 P. B. U 以及电流可控的 PWM 逆变器 INV 组成，控制电路由速度给定值 REF、速度调节器 SC、电流函数发生器 IFG、电流调节器 CC、速度变换器 RD 和脉宽调制器 PWM 组成，PS 为转子速度和位置检测装置。由于不需要磁化电流控制，转矩产生机理与直流伺服电动机相同，利用速度调节器和电流调节器串联控制方式来调节电动机速度和转矩。

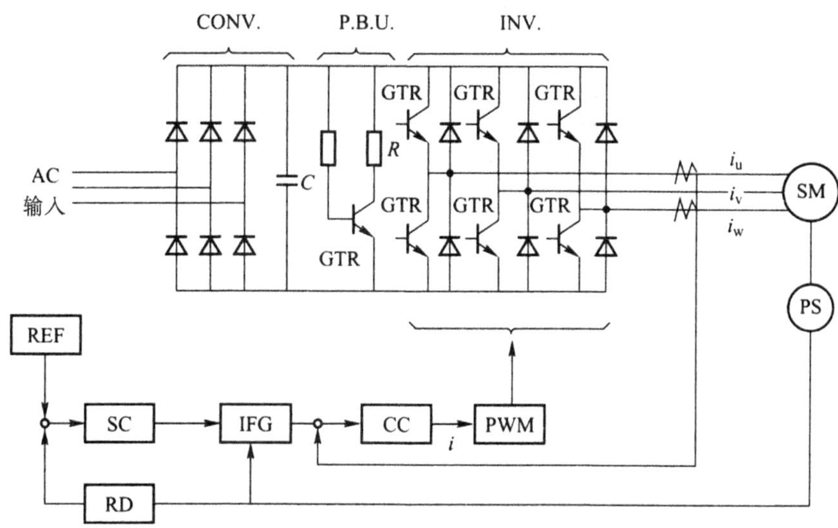

图 2－35　永磁同步型交流伺服电动机驱动和控制框图

3. 感应型交流伺服电动机的驱动方式

感应型交流伺服电动机结构与鼠笼型异步感应电动机相似，工作原理相同，由于为旋转磁场，气隙磁场难以直接检测控制，可以用转子位置和转速等效控制来代替，控制方式有矢量控制和直接转矩控制。

感应型交流伺服电动机矢量控制是关键，可以利用微型计算机对电动机磁场做矢量控制，从而获得对感应型交流伺服电动机的最佳控制。

矢量控制思想就是把交流电动机模拟成直流电动机进行控制，根据磁场及其正交的电流乘积就是转矩这一最基本的原理，从理论上将交流电动机定子侧电流分解成建立磁场的励磁分量和产生转矩的转矩分量的两个正交矢量，分别控制这两个矢量，即称为矢量控制。

矢量控制基于交流电动机的动态数学模型，通过控制定子电流的幅值和相位，分别控制电动机的转矩电流和励磁电流，具有与直流电动机调速相似控制性能，是一种高性能异步电动机控制方式。

矢量控制原理：交流电动机的等效电路如图 2－36 所示，图 2－36(a)中 X_1、R_1 为定子绕组的电阻和漏抗；R_2、X_2 分别为归算到定子侧的转子绕组的电阻和漏抗；r_m 代表与定子铁芯相对应的等效电阻；X_m 为与主磁通相对应的铁芯电路的电抗；s 为转差率，其电流矢量如图 2－36(b)所示。为了简化控制电路，在忽略 R_1、X_1、R_2、r_m 时，电动机等效电路图可简化成图 2－37(a)，电流矢量如图 2－37(b)所示。从电流矢量图知 $I_1 = \sqrt{I_m{}^2 + I_2{}^2}$，而 I_m（励磁电流）可以认为在整个负载范围内保持不变，而电磁转矩 T 正比于 I_2。当要求转矩加大为原来的两倍时，只需要 I_2 也为原来的两倍。由此可知，矢量控制就是同时控制电动机定子的输入电流 I_1 的幅值和相位就能得到交流电动机的最佳控制。

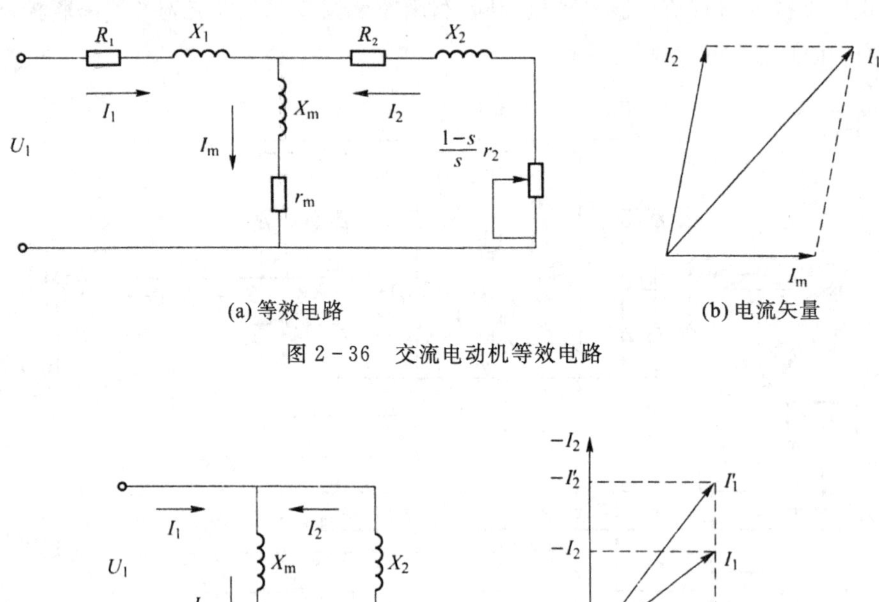

(a) 等效电路　　(b) 电流矢量

图 2－36　交流电动机等效电路

(a) 简化等效电路　　(b) 电流矢量

图 2－37　交流电动机简化等效电路

实现矢量控制方式有多种，其思想就是设法在三相交流异步电动机上模拟直流电动机控制转矩规律，使交流电动机控制性能接近直流电动机的控制性能。图 2－38 为一种矢量控制的交流伺服电动机驱动和控制框图，其工作原理：由位置指令信号与检测器输出的位置信号比较运算后发出速度指令，速度指令与检测器输出的速度信号在比较器运算后通过放大电路输出转矩指令值送到矢量处理电路，矢量处理电路一方面通过转角计算电路计算出电动机要求的转角，另一方面接收来自检测器检测的电动机实际转角，通过坐标变换和运算，矢量处理电路输出相位相差 120°的三相电流与检测来的电动机三相实际运行电流相比较，经脉宽调制电路(PWM)放大后控制逆变器中晶体管的导通和关断频率，使交流电动机按规定的转速旋转，并输出所需要的转矩值。检测器检测的位置信号送到位置控制回路，与位置指令信号比较完成位置环的控制。

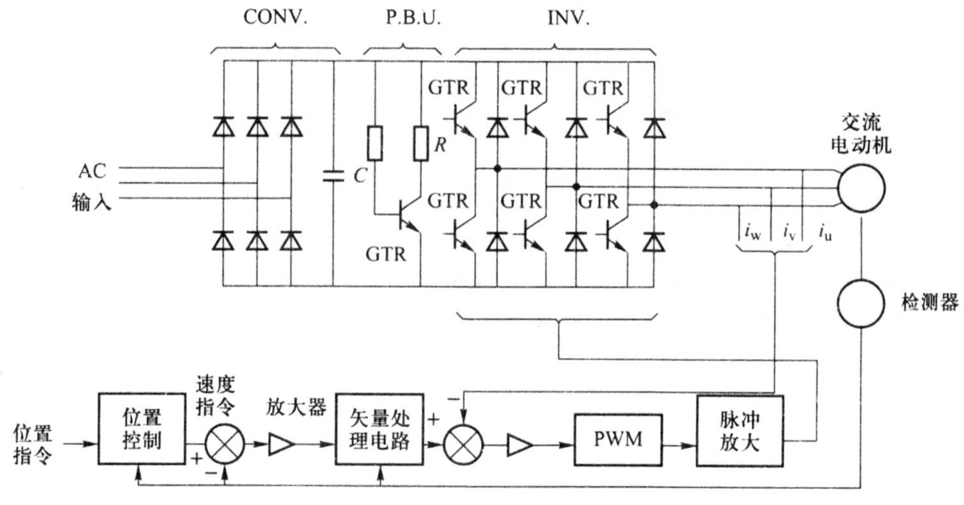

图 2 - 38　矢量控制的交流伺服电动机驱动和控制框图

直接转矩控制也是一种矢量控制方式，矢量控制是通过定子电流转矩分量来控制电磁转矩，而直接转矩控制是通过定子磁链和转矩作为控制对象，无需磁场定向、矢量变换和电流控制，更加简捷快速，可以进一步提高伺服系统的动态响应能力，但直接转矩控制使电动机输出转矩产生转矩脉动，特别在低速时更加明显，影响其使用。由于篇幅有限，直接转矩控制原理等大家参阅相关专著。

交流与思考　分析直流伺服电动机和交流伺服电动机的特点，在机电设备中如何选择直流伺服电动机和交流伺服电动机？

2.3.3　步进电动机特点及其控制方式

步进电动机是一种将电脉冲信号转换成直线或角位移的执行元件。对这种电动机施加一个电脉冲后，其转轴就转过一个角度，称为一步。脉冲数增加，直线或角位移随之增加；脉冲频率高，则电动机旋转速度就高，反之则慢；分配脉冲的相序改变后，电动机便逆转。这种电动机的运行状态与通常均匀旋转的电动机有一定的差别，是步进形式的运动，故称为步进电动机。从电动机绕组所加的电源形式来看，与一般的交直流电动机也有区别，既不是正弦波，也不是恒定电压，而是脉冲电压，所以有时也称为脉冲电动机。

步进电动机受其输入信号，即一系列的电脉冲控制而动作。脉冲发生器所产生的电脉冲信号，通过环形分配器按一定的顺序加到电动机的各相绕组上。为使电动机能够输出足够的功率，经环形分配器产生的脉冲信号还需进行功率放大。环形分配器、功率放大器以及其他控制线路组合称为步进电动机的驱动电源，它对步进电动机来说是不可分割的部分。步进电动机、驱动电源和控制器构成步进电动机传动控制系统，如图 2 - 39 所示。

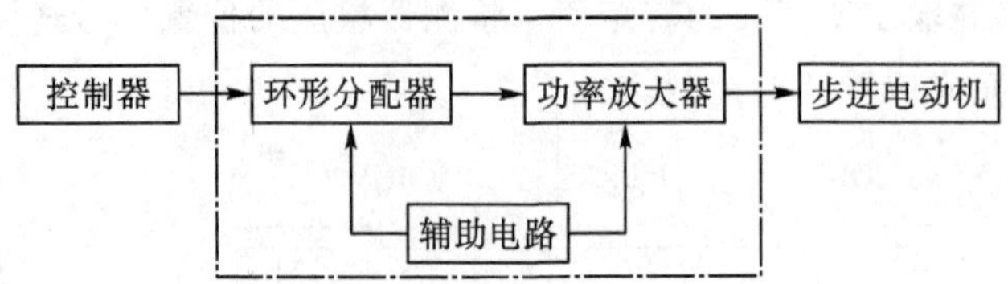

图 2-39　步进电动机传动控制系统图

步进电动机具有独特的优点：①控制特性好；②误差不长期积累；③步距值不受各种干扰因素的影响。由于它可以直接接受计算机输出的数字信号，所以步进电动机广泛应用于控制系统中。步进电动机的角位移与控制脉冲精确同步，若将角位移的改变转变为线性位移、位置、体积、流量等物理量的变化，实现对它们的控制。例如，在机械结构中，可以用丝杠把角度变成直线位移，也可以用它带动螺旋定位器，调节电压和电流，实现对执行机构的控制。

1. 步进电动机的分类

(1)按运动方式：分为旋转运动、直线运动、平面运动和滚切运动式步进电动机。

(2)按工作原理：分为反应式(磁阻式 VR)、永磁式 PM 和永磁感应式(混合式 HB)步进电动机。

(3)按其工作方式：分为功率式和伺服式。前者输出转矩较大，能直接带动较大的负载；后者输出转矩较小，只能带动较小的负载，对于大负载需通过液压放大元件来传动。

(4)按结构：分为单段式(径向式)、多段式(轴向式)和印刷绕组式。

(5)按相数：分为三相、四相、五相和六相等。

(6)按使用频率：分为高频步进电动机和低频步进电动机。

不同类型的步进电动机，其工作原理、驱动装置也不完全一样，但其工作过程基本是相同的。

2. 步进电动机工作原理

步进电动机的结构分为定子和转子两大部分。定子由硅钢片叠成，装上一定相数的控制绕组，由环形分配器送来的电脉冲对多相定子绕组轮流进行励磁。转子用硅钢片叠成或用软磁性材料做成凸极结构；转子本身没有励磁绕组的叫作“反应式步进电动机”；用永久磁铁做转子的叫作“永磁式步进电动机”。步进电动机的结构形式很多，但其工作原理都大同小异，下面仅以三相反应式步进电动机为例说明其工作原理。

(1)步进电动机的工作原理。步进电动机工作原理如图 2-40 所示，由环形分配器送来的控制脉冲信号，对定子绕组轮流通电。设先对 A 相绕组通电，B 相和 C 相都不通电。由于磁通具有力图沿磁阻最小路径通过的特点，图 2-40(a)中转子齿 1 和齿 3 的轴线与定子 A 极轴线对齐，即在电磁吸力作用下，将转子齿 1 和 3 吸引到 A 极下。此时，因转子只受径向力而无切向力，故转矩为零，转子被自锁在这个位置上；而 B、C 两相的定子齿则和转子齿在不同方向各错开 30°，随后，若 A 相断电，B 相绕组通电，则转子齿就和 B 相定子齿对齐，转子顺时针方向旋转 30°，如图 2-40(b)所示。然后使 B 相断电，C 相通电，转子齿就和 C 相定子齿对齐，转子又顺时针方向旋转 30°，如图 2 - 40(c)所示。由此可见，当通电顺序为 A-B-C-A 时，转子便按顺时针方向一步一步地转动。每换相接一次，则转子前进一步，一步所对应的角度称为步距角。电流换接三次，磁场旋转一周，转子前进一个齿距的位置，一个齿距所对应的角度称为齿距角(此例中转子有四个齿，齿距角为 90°)。欲改变旋转方向，则只要改变通电顺序即可。例如，通电顺序改为 A-B-C-A，转子就逆时针转动。

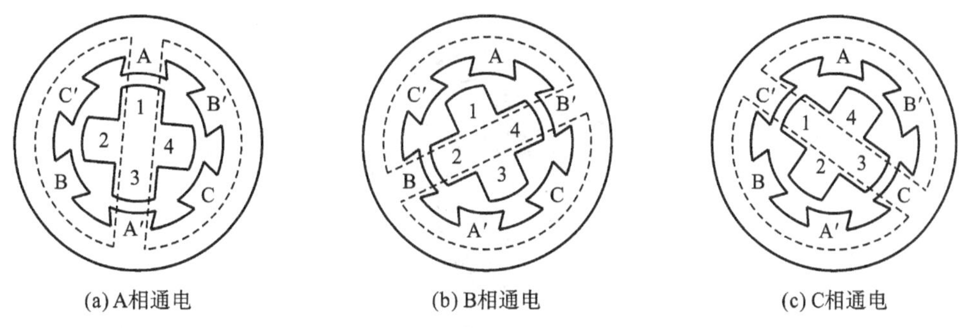

(a) A相通电　　(b) B相通电　　(c) C相通电

图 2 - 40　三相单三拍通电方式时转子的位置

(2)通电方式。步进电动机的转速既取决于控制绕组通电的频率，又取决于绕组通电方式。步进电动机的通电方式一般如下。

①三相单三拍通电方式："单"是指每次切换前后只有一相绕组通电，通电方式改变一次为"一拍"。通电顺序为 A-B-C-A，在这种通电方式下，电动机工作的稳定性较差，容易失步，因而实际上很少采用这种通电方式。

②双三拍通电方式："双"是指每次有两相绕组通电，通电顺序为 AB-BC-CA-AB。由于两相通电，力矩就大些，静态误差小，定位精度高而不易失步。

③三相六拍通电方式：是单和双两种通电方式的组合应用，通电顺序为 A-AB-B-BC-C-CA-A，如图 2 - 41 所示。它具有双三拍的特点，且通电状态增加一倍，而步距角减少一半。三相六拍通电方式步距角为 15°，这种反应式步进电动机的步距角较大，不适合一般用途的要求。实际上采用的步进电动机是一种小步距角的步进电动机。

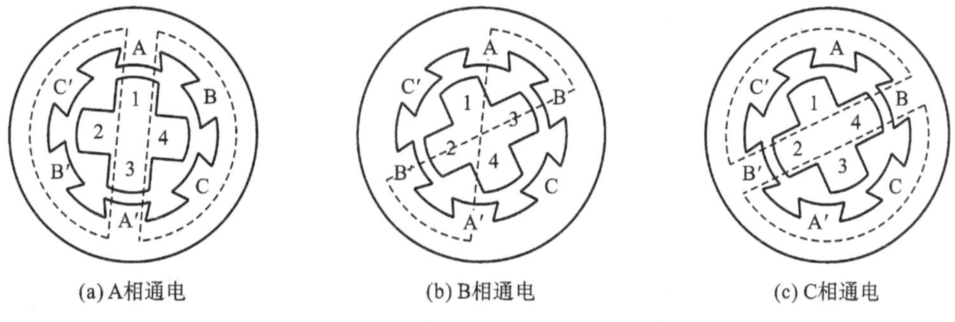

(a) A相通电　　(b) B相通电　　(c) C相通电

图 2 - 41　三相六拍通电方式时转子的位置

(3)小步距角步进电动机。实际的小步距角步进电动机如图 2-42 所示。它的定子内圆和转子外圆上均有齿和槽，而且定子和转子的齿宽和齿距相等。定子上有三对磁极，分别绕有三相绕组，定子极面小齿和转子上的小齿位置符合下列规律：当 A 相的定子齿和转子齿对齐时，B 相的定子齿应相对于转子齿顺时针方向错开 1/3 齿距，而 C 相的定子齿又应相对于转子齿顺时针方向错开 2/3 齿距。

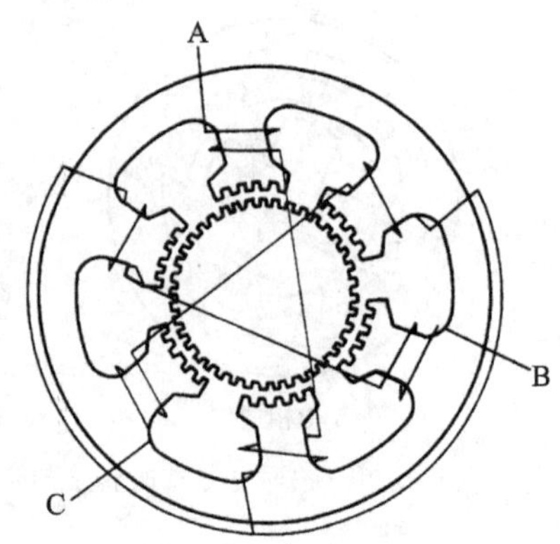

图 2-42 小步距角三相反应式步进电动机

每通电一次(即运行一拍)，转子就走一步，各相绕组轮流通电一次，转子就转过一个齿距称为步距角。

步进电动机的步距角 θ 与转子齿数、控制绕组的相数、通电方式有关，可由下式计算：

$$\theta = \frac{360^\circ}{KmZ} \tag{2-19}$$

式中，θ 为步距角(°)；K 为通电状态系数，对三相步进电动机，单三拍或双三拍时，$K=1$，六拍时，$K=2$；m 为步进电动机的相数，对于三相步进电动机，$m=3$；Z 为步进电动机转子的齿数。

步进电动机的相数和转子齿数越多，步距角就越小，控制越精确。故步进电动机可以做成三相，也可以做成二相、四相、五相、六相或更多相数。

若步进电动机通电的脉冲频率为 f(脉冲数/s)，则步进电动机的转速 n(r/min)为

$$n = \frac{60f}{KmZ} \tag{2-20}$$

由式 (2-20)可知，步进电动机在一定脉冲频率下，电动机的相数和转子齿数越多，转速就越低；而且相数越多，驱动电源也越复杂，成本也就越高。

步进电动机应用在机床上一般是通过减速器和丝杠螺母副带动工作台移动。所以，步距角 θ 对应工作台的移动量便是工作台的最小运动单位，也称脉冲当量 δ(mm/脉冲)，则

$$\delta = \frac{\theta P_h}{360i} \tag{2-21}$$

式中，P_h 为丝杠导程(mm)；θ 为步距角(°)；i 为减速装置传动比。

工作台的进给速度 v(mm/min)。

$$v = 60\delta f \tag{2-22}$$

反应式步进电动机具有控制方便，步距角小，价格低廉等优点，但带负载能力差，高速时易失步、断电后无定位转矩等缺点。为了克服反应式步进电动机的缺点，实际应用中可以选择混合式步进电动机。

3. 步进电动机的驱动方法与驱动电源

步进电动机的运行特性，不仅与步进电动机本身的特性和负载有关，而且与其配合使用的驱动电源(即驱动电路)有着十分密切的关系。选择性能优良的驱动电源对于充分发挥步进电动机的性能是十分重要的。

步进电动机的驱动方法与驱动电源有关。驱动电源按供电方式分类，有单电压供电、双电压供电和调频调压供电；按功率驱动部分所用元件分类，有大功率晶体管，快速晶闸管驱动、门极关断晶闸管驱动和混合驱动。图 2-43 所示为步进电动机驱动系统构成框图。

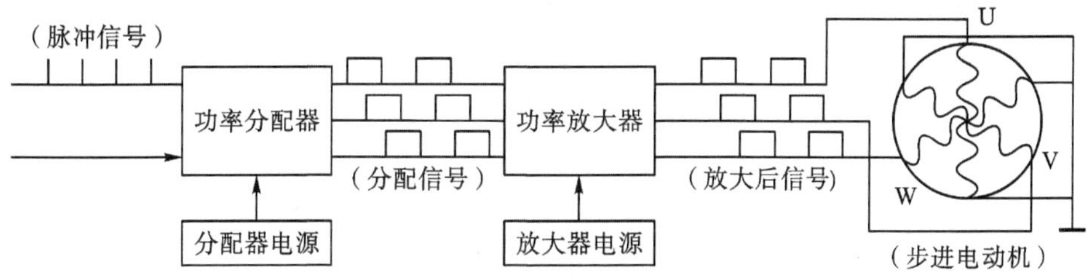

图 2-43 步进电动机驱动系统构成框图

步进电动机(外观图和驱动器图请扫本书二维码)的控制方法可归纳为两点：第一，按预定的工作方式分配各个绕组的通电脉冲；第二，控制步进电动机的速度，使它始终遵循加速—匀速—减速的运动规律工作。控制绕组是按一定的通电方式工作的。为了实现这种轮流通电，必须依靠环形分配器将控制脉冲按规定的通电方式分配到各相控制绕组上。环形分配可以用硬件电路来实现，也可以由微机通过软件进行。

经分配器输出的脉冲，未经放大时，其驱动功率很小，而步进电动机绕组需要相当大的功率，即需要较大的电流才能工作，所以由分配器输出的脉冲还需进行功率放大才能驱动步进电动机。

驱动电源主要包括脉冲发生器(变频信号源)、环形分配器(又称脉冲分配器)和功率放大器几个基本部分。变频信号源是一个频率可从几十赫兹到几万赫兹连续变化的脉冲发生器，在计算机控制系统中一般由软件实现。如在经济型数控系统中，脉冲的产生和分配均由微机来完成。下面主要介绍环形分配器和功率放大器。

(1)环形分配器。步进电动机的每相绕组不是恒定地通电，而是按照一定的规律轮流通电。环形分配器的作用是将控制脉冲按规定方式分配到各相绕组上。环形分配器是根据步进电动机的相数和要求通电的方式来设计的。环形分配器有硬件环形分配器和软件环形分配器。

①硬件环形分配器。硬件环形分配器可分为分立元件的、集成触发器的、单块 MOS 集成块的和可编程门阵列芯片的等。集成元器件的使用，使得环形分配器的体积大大缩小，可靠性和抗干扰能力提高，且具有较好的响应速度。随着元器件的发展，已经有各种专用集成环形分配器芯片可供选用。

(a)集成环形分配器芯片。目前市场上有很多可靠性高、尺寸小、使用方便的集成脉冲分配器供选择。按其电路结构不同可以分为 TTL 集成电路和 CMOS 集成电路，如国产 TTL 脉冲分配器有三相(YB013)、四相(YB014)、五相(YB015)和六相(YB016)，均为 18 个管脚的直插式封装。CMOS 集成脉冲分配器也有不同型号，如 CH250 型是专为三相反应式步进电动机设计的环形分配器。封装形式为 16 脚直插式，图 2-44 所示为 CH250 三相六拍工作时的接线图。

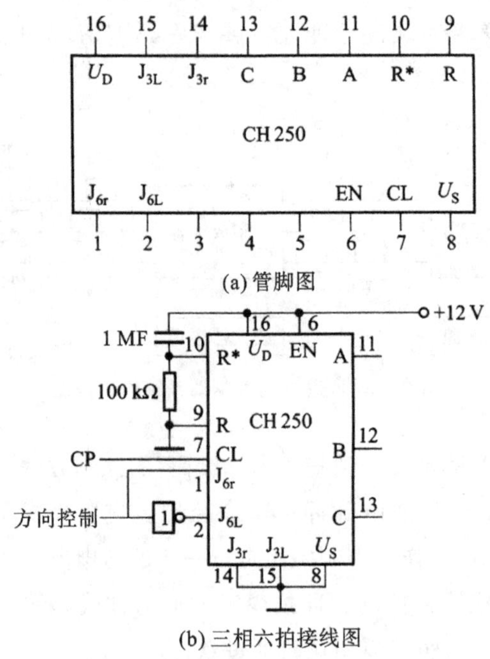

图 2-44　CH250 三相六拍接线图

(b)用可编程器件设计的环形分配器。步进电动机按类型、相数等划分，种类繁多，相应地就有不同的环形分配器。采用 EPROM 可编程器件设计的环形分配器，可以实现多种通电方式，并且硬件电路不变，只需要改变软件内部存储器的地址即可。图 2-45 所示为含有 EPROM 的环形分配器，其可根据驱动要求，求出环形分配器的输出状态表，以二进制即可实现正、反向通电的顺序。对不同通电方式，状态表也不同。可将存储器地址划为若干区域，每个区域存储一个状态表，运行时，用 EPROM 高位地址线选通这些不同区域，这样就能用同样的计数器输出运行不同的通电状态。

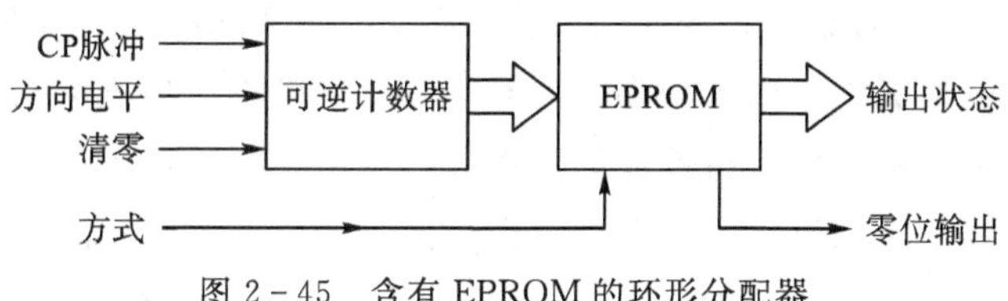

图 2-45　含有 EPROM 的环形分配器

目前市场上出售的环形分配器的种类很多，功能也十分齐全，有的还具有其他功能，如斩波控制等。常见的环形分配器有用于两相步进电动机两相控制的 L297(L297A)、PMM8713 和用于五相步进电动机的 PMM8714 等。

采用了硬件脉冲分配器，控制器只需提供步进脉冲，进行速度控制和转向控制，脉冲分配的工作交给硬件器来自动完成，这个控制器可以选用单片机、微型计算机、可编程序控制器(PLC)或工控机等实现。

②软件环形分配器。不同种类、不同相数、不同通电方式的步进电动机都必须配备不同的环形分配器。而硬件环形分配器只能适用于某种相数或某种通电方式的步进电动机，在使用时有很大的局限性。为了充分利用计算机软件资源，降低硬件成本，可采用软件环形分配器。软件环形分配器是指完全用软件编制的方式进行脉冲分配，按照给定的通电换相顺序，通过计算机的 I/O 口向驱动电路发出控制脉冲的分配器，控制步进电动机按不同的通电方式工作。采用不同的计算机及接口器件有不同的环形分配程序。

以三相步进电动机为例，三相六拍通电方式所对应的环形脉冲分配状态如表 2-5 所示。将表中的状态代码 01H—06H 放在顺序存储单元中，通过软件依次访问这些存储单元，这样就可以将表中的状态代码顺序提取出来，并通过输出接口输出，以控制步进电动机运动。通过正向或反向顺序读取代码，可控制步进电动机正转或反转；通过控制读取时间间隔，即可控制步进电动机的转速。

表 2-5　三相六拍环形脉冲分配表

电动机转向	A	B	C	代码(控制字)	通电相	电动机转向
正转 ↓	1	0	0	01H	A	↑ 反转
	1	1	0	03H	AB	
	0	1	0	02H	B	
	0	1	1	06H	BC	
	0	0	1	04H	C	
	1	0	1	05H	CA	
	1	0	0	01H	A	

软件设计法在步进电动机运行中要不断地产生控制脉冲，占用大量 CPU 时间，可能使计算机无法进行其他工作(如监测等)，所以在实际应用中多采用硬件法或软硬件相结合方法。

(2)步进电动机的驱动电路。步进电动机的驱动电路实际上是一种脉冲放大电路，使脉冲具有一定的功率驱动能力。由于功率放大器的输出直接驱动步进电动机绕组，因此，功率放大器的性能对步进电动机的运行性能影响很大。对驱动电路要求的核心问题是如何提高步进电动机的快速性和平稳性。步进电动机常用的驱动电路主要有以下几种。

①单电压限流型驱动电路。图 2-46 所示是步进电动机一相的驱动电路，单电压驱动电路的特点是线路简单，成本低，低频时响应较好；缺点是效率低，尤其在高频工作的电动机效率更加低，外接电阻的功率消耗大。高频时带载能力迅速下降。单电压驱动由于性能较差，在实际中应用较少，只在小功率步进电动机且在简单应用中才用到。

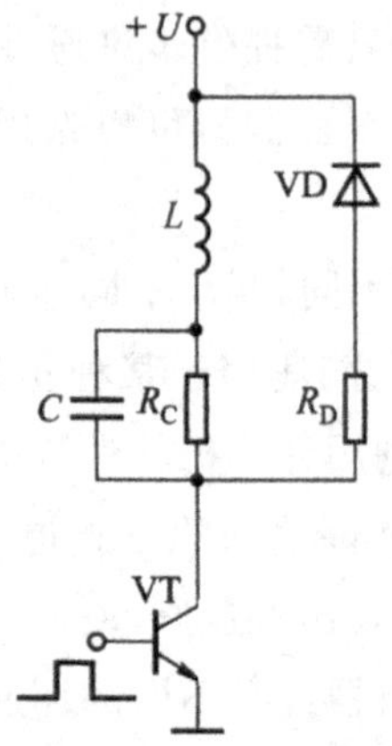

图 2-46　电动机一相单电压驱动电路

②高低压(双电压)驱动电路。如图 2-47(a)所示，这种电路的特点是电动机绕组主电路中采用高压和低压两种电压供电，一般高压为低压的数倍。其基本思想是，不论电动机工作频率如何，在绕组开始通电时接通高电压以保证电动机绕组中有较大的冲击电流流过，然后截断高电压，由低压来维持绕组的电流，保证电动机绕组中稳定电流等于额定值。高压为 80～150 V；低压为 5～20 V。其控制波形与电动机绕组电流运行波形如图 2-47(b)所示。

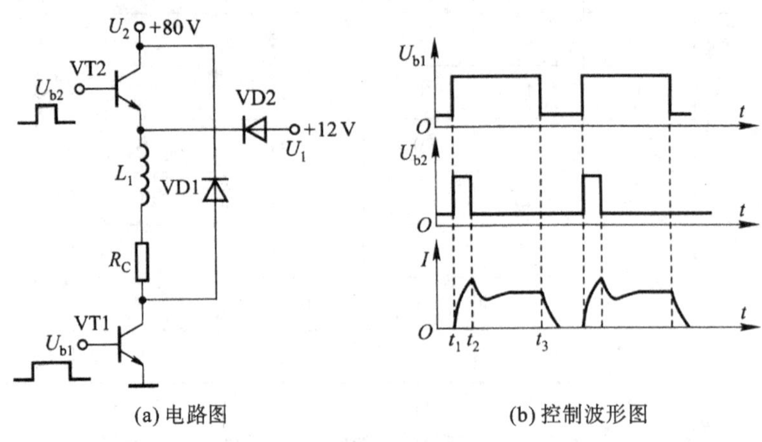

图 2-47　高低压(双电压)驱动电路

双电压驱动加大了绕组电流的注入量，以提高其功率，适用于大功率和高速的步进电动机。但由于高压的冲击作用在低频工作时也存在，这会使低频输入能量过大而造成低频振荡加剧。同时，高低压衔接处的电流波动呈凹形[见图 2－47(b)]，会使步进电动机输出转矩下降。斩波驱动电路的出现是为了弥补双电压电路波形呈现凹形的缺陷，可以改善输出转矩下降的情况，使励磁绕组中的电流维持在额定值附近。斩波驱动电路有斩波恒流驱动电路和斩波平滑驱动电路，斩波恒流驱动电路应用广泛，它是利用斩波方法使电流恒定在额定值附近，这种电路也称为定电流驱动电路或波峰补偿电路。其电路图和输出波形图如图 2－48 所示。

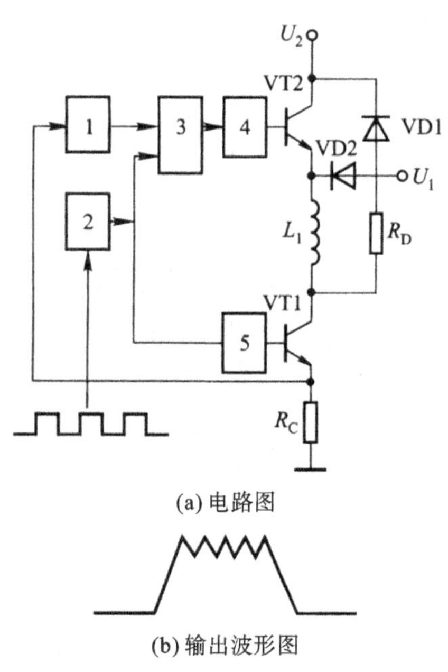

(a) 电路图

(b) 输出波形图

1—整形电路；2—分配器；3—控制门；4—高压前置放大器；5—低压前置放大器。

图 2－48　斩波驱动电路

③调频调压驱动电路。前面介绍的双电压功率驱动电路和斩波功率驱动电路，都能使流入电动机的电流有较好的上升沿和幅值，提高了电动机的高频工作能力。但在低频时，低频振荡较高。采用调频调压的控制方法，即低频时工作在低压状态，减少能量的流入，从而抑制了振荡；在高频时工作在高频状态，电动机将有足够的驱动能力。

调频调压的控制方式很多，简单的方式是分频段调压。一般把步进电动机的工作频率分成几段，每段的工作电压不同。在理想条件下，保持步进电动机力矩不变，则电源电压应随工作频率的升高而升高，随工作频率的下降而下降。

图 2－49 所示为调频调压功率放大电路，整个电路分成三部分：开关调压、调频调制和功率放大。调频调压控制部分由微型计算机构成。根据要求由 I/O 接口输出步进控制信号和调压信号，步进控制信号再到功率放大电路，调压信号输出到开关调压部分。

单片微机控制从 I/O 口输出步进信号频率和脉冲时间，步进信号频率高，从 I/O 口输出的负脉冲 t_{on}变大，U_2 也随之变大。这样起到了调频调压的作用，使步进电动机工作在平滑良好的工作状态。

④细分驱动电路。上述提到的步进电动机驱动电路都是按照环形分配器决定的分配方式，控制电动机各相绕组的导通或截止，从而使电动机产生步进运动，步距角的大小只有两种，即整步工作或半步工作，步距角已由步进电动机结构限定。如果要求步进电动机有更小的步距角或者为减小电动机振动、噪声等原因，可以在每次输入脉冲切换时，不是将绕组全部通入或切除，而是只改变相应绕组中额定的一部分，则电动机转子的每步运动也只有步距角的一部分，这时绕组电流不是一个方波，而是阶梯波。电动机额定电流是台阶式的投入或切除，电流分成多少个台阶，则转子就以同样的个数转过一个步距角。这样将一个步距角细分成若干个步的驱动方法称为细分驱动。细分驱动有如下特点。

- 不改动电动机结构参数的情况下，能使步距角减小，但细分后的齿距角精度不高，且驱动电源的结构也相应复杂。
- 使步进电动机运行平稳，提高均匀性，并能减弱或消除振荡。

目前实现阶梯波供电的方法如下。

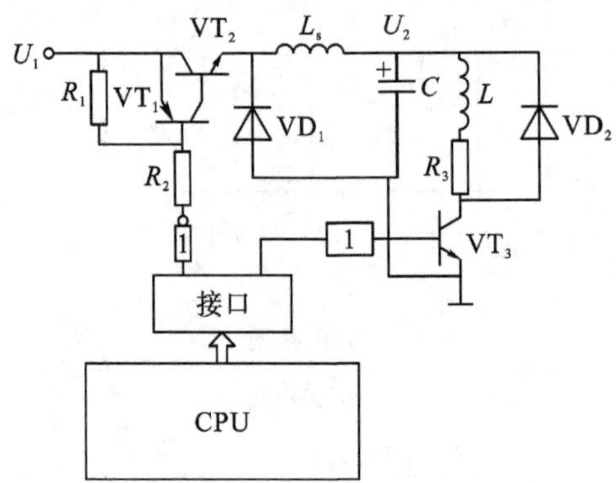

图 2-49　调频调压功率放大电路

(a)先放大后叠加。这种方法就是将通过细分环形分配器所形成的各个等幅等宽的脉冲，分别进行放大，然后在电动机绕组中叠加起来形成阶梯波，如图 2-50(a)所示。

(b)先叠加后放大。这种方法利用运算放大器来叠加，或采用公共负载的方法，把方波合成变成阶梯波，然后对阶梯波进行放大再去驱动步进电动机，如图 2-50(b)所示。其中的放大器可采用线形放大器或恒波斩波放大器等。

目前实现阶梯波供电的方法有以下几种。

(a)利用多片专用集成电路芯片构成细分电路。采用三片三相六拍环形分配芯片可实现三相十八拍细分驱动。假如三相步进电动机的步距角为 3°/1.5°，即单三拍或双三拍通电方式时的步距角为 3°，而六拍时的步距角为 1.5°，那么十八拍时的步距角则减小为 0.5°。

(b)用微机实现细分驱动。若要利用微型计算机实现细分，必须增加接口电路的 I/O 口，以步进电动机的三相六拍 15 细分控制为例，由 4 个 I/O 口并联控制一相绕组。由于要在每相绕组中产生 15 个等间距的上升或下降阶梯电流波形，在这 4 个 I/O 口需要分别串联 1∶2∶4∶8 的权电阻，并联后接于某一相，这样按照特定的逻辑顺序来接通不同的权电阻，便可产生所需要的波形。三相六拍 15 细分时有与之对应的 90 个特殊组合的逻辑状态，在硬件线路确定后，相应 90 个四位数据及其顺序也就确定了，将计算好的这些数据按一定的顺序存储在存储器中，即建立了一个脉冲分配表，利用查表指令将各个数据依次顺序取出，改变地址指针增减的方向，即可改变读取数据的方向，从而达到控制电动机正反转的目的。

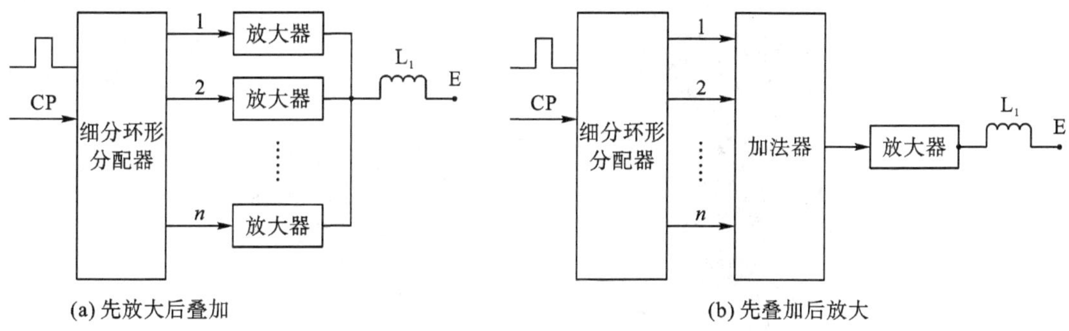

(a) 先放大后叠加　　(b) 先叠加后放大

图 2-50　阶梯波合成框图

(3)步进电动机驱动器。目前，随着步进电动机在实际生产中的广泛应用，步进电动机的驱动装置已经系列化和模块化，这样大大简化了步进电动机控制系统的设计过程，提高了系统的工作效率及系统运行的可靠性。

不同厂家生产的步进电动机驱动器虽然标准并不统一，但工作原理基本相同。只要掌握了驱动器的接线端子、标准接口及拨动开关的定义和使用，就可以利用驱动器构成步进电动机系统。下面对日本山社电动机两相混合式步进电动机驱动器 MA-2204 进行介绍。

MA-2204 系列两相步进电动机驱动器是基于 PID 电流控制算法设计的高性价比细分型驱动器，具有优越的性能表现，高速大力矩输出，低噪声、低振动，许多配置参数为拨码开关设置。

①特性。

- 先进的数字电流控制提供卓越的高速力矩。
- 自动设置电动机参数和电动机电流控制配置与抗共振阻尼设置。
- 使用通用的交流输入 80～265 V。
- 速度可高达 50 r/s。
- 16 种细分设置，可拨码开关选择。
- 16 种运行电流，具有峰值设置，拨码开关可选。
- 空闲电流，电动机在停止 1 s 后自动减少供给电动机的电流，拨码开关选择，4 种空闲电流设置：25%、50%、70%、90%。
- 抗共振。驱动器根据所选择的电动机与负载的惯量比参数进行电流控制以提高系统的稳定性，提高电动机整个速度范围内的运行平稳性。拨码开关选择。
- 控制模式；步进脉冲方向输入或 CW/CCW 输入，拨码开关可选。
- 输入信号滤波，滤除脉冲信号噪声，可有效防止误动作发生，拨码开关可选，2 MHz 或 150 kHz。
- 细分插补，拨码开关选定，可降低电动机运行振动，提高运行平滑性。
- 自检，执行 2 圈，0.5 r/s，CW/CCW 移动测试，拨码开关可选，ON 或 OFF。
- 电动机库，16 位旋钮开关用来选择电动机所需的数据库。

②驱动器控制面板。MA－2204 步进电动机驱动器控制面板如图 2－51 所示。驱动器控制信号的定义如下。

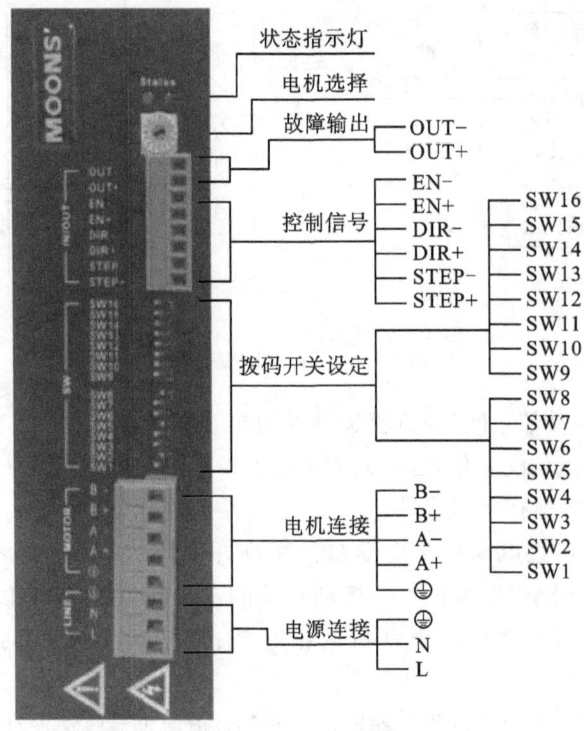

图 2－51　步进电动机驱动器控制面板

(a)脉冲方向输入口。驱动器有 2 个高速输入口 STEP 和 DIR，光电隔离，可以接受 5～24 VDC 单端或差分信号，最高电压可达 28 V，信号下降沿有效。信号输入口有高速数字滤波器，滤波频率为 2 MHz 或 150 kHz，拨码开关可选。

电动机运转方向取决于 DIR 电平信号，当 DIR 悬空或为低电平时，电动机顺时针运转；DIR 信号为高电平时，电动机逆时针运转。

(b)使能输入口。EN 输入使能或关断驱动器的功率部分，信号输入为光电隔离，可接受 5～24 VDC 单端或差分信号，信号最高可达 28 V。

EN 信号悬空或低电平时(光耦不导通)，驱动器为使能状态，电动机正常运转；EN 信号为高电平时(光耦导通)，驱动器功率部分关断，电动机无励磁。

当电动机处于报错状态时，EN 输入可用于重启驱动器。首先从应用系统中排除存在的故障，然后输入一个下降沿信号至 EN 端，驱动器可重新启动功率部分，电动机励磁运转。

(c)报错输出口。OUT 口为光电隔离输出，最高承受电压 30 VDC，最大饱和电流 100 mA。驱动器正常工作时，输出光耦不导通。

(d)开关选择。MA－2204 驱动器许多配置参数可以设置或改变位置开关，由一个 ON/OFF 或者开关组合进行设定，如图 2－52 所示。SW1—SW16 开关具体功能请查阅驱动器使用手册。

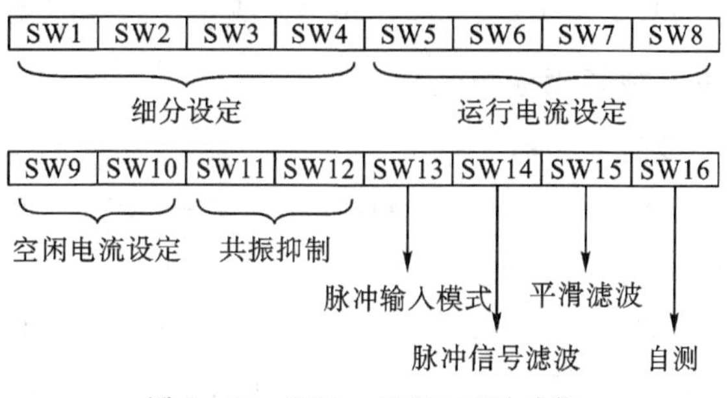

图 2-52　SW1—SW16 开关功能

(e)电动机参数选择。每 16 位旋转开关的位置可以选择不同的马达，并自动设置驱动器中的配置参数。驱动器编程配有多达 16 个作为典型的电动机出厂默认值。当需要时，驱动器可以定制特殊的电动机。

(f)错误代码。驱动器用两个(红/绿)LED 灯显示状态。正常状态为绿色 LED 闪烁。如果红色 LED 闪烁表示报警或发生错误。错误代码可通过红灯和绿灯的闪烁组合来表示，具体表示的含义见驱动器说明书。

③MA-2204 驱动器与电动机连接。MA-2204 驱动器可以驱动 4 线双极型、6 线双极型、8 线双极型两相步进电动机，其电动机绕组接线图如图 2-53 所示。4 线电动机只能用一种方式连接。6 线电动机可以用两种方式连接：串联、中心抽头。在串联模式下，电动机在低速下运转具有更大的转矩，但是不能像接在中心抽头那样快速运转。串联运转时，电动机需要以低于中心抽头方式电流的 30%运行以避免过热。8 线电动机可以用两种方式连接：串联、并联。串联方式在低速时具有更大的转矩，而在高速时转矩较小。串联运转时，电动机需要以并联方式电流的 50%运行以避免过热。

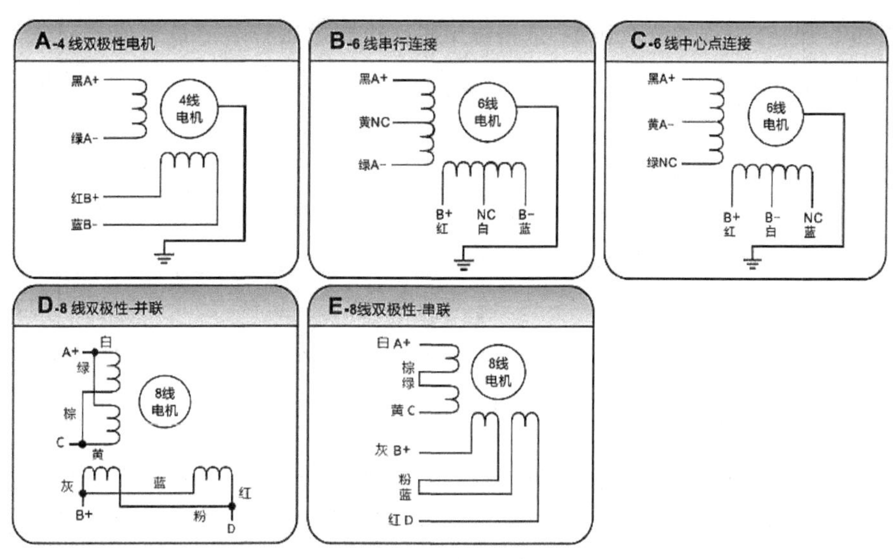

图 2-53　步进电动机绕组接线图

步进电动机驱动器型号类型很多，具体应用参照驱动器的使用说明书。

4. 步进电动机的主要性能指标与选用

(1)步进电动机的主要性能指标。

①步距角。步距角是步进电动机的主要性能指标之一，步距角越小，步进电动机的位置精度越高。步进电动机的步距角一般为 0.6°/1.2°，0.75°/1.5°，0.9°/1.8°，1°/2°，1.5°/3°，而采用微机控制，由变频器三相正弦电流供电的混合式步进电动机的步距角可达到 0.036°，这就意味着电动步机每旋转一转需要 10 000 步。不同的应用场合，对步距角大小的要求不同。因此，在选择步进电动机的步距角时，若通电方式和系统的传动比已初步确定，则步距角应满足：

$$\theta \leqslant i\delta$$

式中，i 为传动比；δ 为负载轴要求的最小位移增量(或称脉冲当量，即每一个脉冲所对应的负载轴的位移增量)。

②精度。步进电动机的精度有两种表示方法：一种用步距误差最大值来表示；另一种用步距累积误差最大值来表示。

最大步距误差是指电动机旋转一步相邻两步之间最大步距和理想步距角的差值，用理想步距的百分数表示。

最大累积误差是指任意位置开始经过任意步之后，角位移误差的最大值。

步距误差和累积误差是两个概念，在数值上也就不一样，这就是说精度的定义没有完全统一起来，从使用的角度看，对大多数情况来说，用累积误差来衡量精度比较合理。

对于所选用的步进电动机，其步距精度为

$$\Delta\theta = i\theta_L$$

式中，θ_L为负载轴上所允许的角度误差。

③转矩。保持转矩(或定位转矩)是指绕组不通电时电磁转矩的最大值或转角不超过一定值时的转矩值。通常反应式步进电动机的保持转矩为零，而永磁式步进电动机具有一定的保持转矩。

静转矩是指不改变控制绕组通电状态，即转子不转情况下的电磁转矩。它是绕组内的电流及失调角(转子偏离空载时的初始稳定平衡位置的电角度)的函数。当绕组内的电流值不变时，静转矩与失调角的关系称为矩角特性，如图 2－54 所示。

从矩角特性可知，失调角 θ_e在$-\pi \sim +\pi$ 范围内，若去掉负载，转子仍能回到初始稳定平衡位置。区域$-\pi < \theta_e < +\pi$ 称为步进电动机的静态稳定区。失调角 θ_e超出这个范围，转子则不能自动回到初始零位。当 $\theta = \pm \frac{\pi}{2}$ 时静态转矩最大，称为最大静转矩 T_{jmax}。

最大静转矩是步进电动机最主要的性能指标之一，它反映了步进电动机带负载的能力，T_{jmax}越大，电动机带负载能力越大，运动的快速性和稳定性就越好。步进电动机的负载转矩必须小于 T_{jmax}，否则将无法带动负载。使用步进电动机时，一般电动机轴上的负载转矩应满足 $T_L = (0.3 \sim 0.5) T_{max}$，起动转矩 T_s(即最大负载转矩)总是小于最大静态转矩 T_{jmax}。

(a)矩频特性。当步进电动机的控制绕组的电脉冲时间间隔大于电动机机电过渡过程所需的时间时，步进电动机进入连续运行状态，这时电动机产生的转矩称为动态转矩。步进电动机的最大动态转矩和脉冲频率的关系，即 $T_{dm}=F(f)$，称为矩频特性，如图 2-55 所示。由图可知，步进电动机的动态转矩随着脉冲频率的升高而降低。

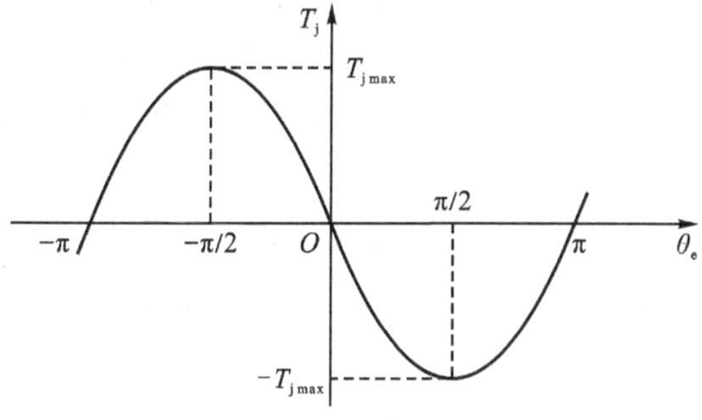

图 2-54　步进电动机的矩角特性

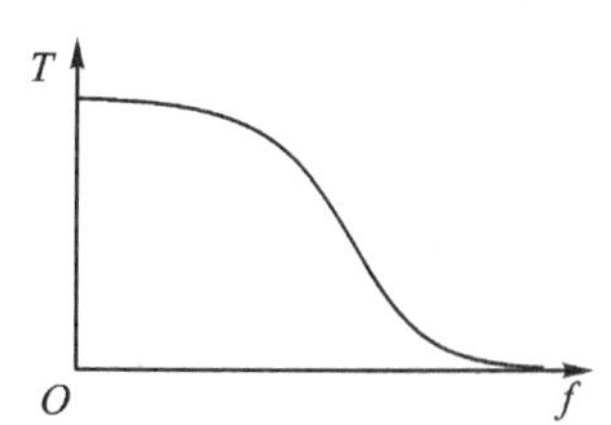

图 2-55　步进电动机的矩角特性

对于某一频率，只有当负载转矩小于它在该频率时的最大动态转矩，电动机才能正常运转。

(b)起动频率和连续运行频率。步进电动机的工作频率一般包括起动频率、制动频率和连续运行频率。对同样的负载转矩来说，正、反向的起动频率和制动频率是一样的，所以一般技术数据中只给出起动频率和连续运行频率。

步进电动机的起动频率 f_{st}是指在一定负载转矩下能够不失步地起动的最高脉冲频率。起动频率 f_{st}的大小与驱动电路和负载大小有关。步距角 θ_e 越小，负载(包括负载转矩与转动惯量)越小，则起动频率越高。

步进电动机的连续运行频率 f_c是指步进电动机起动后，当控制脉冲频率连续上升时，能不失步运行的最高频率。它的值也与负载有关。步进电动机的运行频率比起动频率高得多，这是因为在起动时除了要克服负载转矩外，还要克服轴上的惯性转矩。起动时转子的角加速度大，它的负担要比连续运转时的重。若起动时脉冲频率过高，电动机就可能发生丢步或振荡。所以起动时，脉冲频率不宜过高。起动以后，再逐渐升高脉冲频率。由于这时的角加速度较小，就能随之正常升速。这种情况下，电动机的运行频率就远大于起动频率。

④步进电动机的振荡、失步及解决方法。步进电动机的振荡和失步是一种普遍存在的现象，它影响系统的正常运行，因此要尽力避免。下面对振荡和失步的原因进行分析，并给出解决方法。

(a)振荡。步进电动机的振荡现象主要发生于以下几个时段：步进电动机工作在低频区；步进电动机工作在共振区；步进电动机突然停车时。

当步进电动机工作在低频区时，由于励磁脉冲间隔的时间较长，步进电动机表现为单步运行。当励磁开始时，转子在电磁力的作用下加速转动。在到达平衡点时，电磁驱动转矩为零，但转子的转速最大，由于惯性，转子冲过平衡点。这时电磁力产生负转矩，转子在负转矩的作用下，转速逐渐为零，并开始反向转动。当转子反转过平衡点后，电磁力又产生正转矩，迫使转子又正向转动，形成转子围绕平衡点的振荡。由于有机械摩擦和电磁阻尼的作用，这个振荡表现为衰减振荡，最终稳定在平衡点。

当步进电动机工作在共振区时，步进电动机的脉冲频率接近步进电动机的振荡频率 f_0 或振荡频率的分频或倍频，这会使振荡加剧，严重时造成失步。

振荡失步的过程可描述如下：在第一个脉冲到来后，转子经历了一次振荡。当转子回摆到最大幅值时，恰好第二个脉冲到来，转子受到的电磁转矩为负值，使转子继续回摆。接着第三个脉冲到来，转子受正电磁转矩的作用回到平衡点。这样，转子经过三个脉冲仍然回到原来的位置，也就是丢了三步。

当步进电动机工作在高频区时，由于换相周期短，转子来不及反冲。同时绕组中的电流尚未上升到稳定值，转子没有获得足够的能量，所以在这个工作区中不会产生振荡。减小步距角可以减小振荡幅值，以达到削弱振荡的目的。

(b)失步。步进电动机的失步原因有两种。第一种是转子的转速慢于旋转磁场的速度，或者说慢于换相速度。例如，步进电动机在起动时，如果脉冲的频率较高，由于电动机来不及获得足够的能量，使其无法令转子跟上旋转磁场的速度，所以引起失步。因此步进电动机有一个起动频率，超过起动频率起动时，肯定会产生失步。需要注意的是，起动频率不是一个固定值。提高电动机的转矩、减小电动机转动惯量、减小步距角，都可以提高步进电动机的起动频率。第二种是转子的平均速度大于旋转磁场的速度。这主要发生在制动和突然换相时，转子获得过多的能量，产生严重的过冲，引起失步。

(c)阻尼方法。消除振荡是通过增加阻尼的方法来实现的，主要有机械阻尼法和电子阻尼法两大类。机械阻尼法比较单一，就是在电动机轴上加阻尼器；电子阻尼法有多种、主要有多相励磁法、变频变压法、细分步法和反相阻尼法等。

(2)步进电动机的选用。合理选用步进电动机是比较复杂的问题，需要根据步进电动机在整个系统中的实际工作情况，经过分析计算后才能正确使用。为使步进电动机正常运行(不失步，不越步)、正常起动并满足对转速的要求，必须保证步进电动机的输出转矩大于负载所需的转矩。所以应计算机械系统的负载转矩，并使所选电动机的输出转矩有一定的余量，以保证可靠运行。故必须考虑以下问题。

①起动转矩选择。根据步进电动机相数、拍数、最大静转矩选择步进电动机起动转矩，使步进电动机能够可靠起动。

②在要求的运行范围内，电动机运行转矩应大于电动机的静载转矩与电动机转动惯量(包括负载的转动惯量)引起的惯性矩之和。

③应使步进电动机的步矩角与机械负载相匹配，以得到步进电动机所驱动部件需要的脉冲当量，步矩角应满足步进电动机一周内最大的步矩角积累误差符合其精度的要求。

④最后使被选电动机能与机械系统的负载惯量及所要求的起动频率相匹配，并留有一定余量，还应使其最高工作频率满足机械系统移动部件加速移动的要求。

⑤驱动电源的优劣对步进电动机控制系统的运行影响极大，使用时要特别注意，需根据运行要求，尽量采用先进的驱动电源，以满足步进电动机的运行性能。

⑥若所带负载转动惯量较大，则应在低频下起动，然后再上升到工作频率；停车时也应从工作频率下降到适当频率再停车；在工作过程中，应尽量避免由于负载突变而引起的误差。

⑦在工作中发生失步现象，首先应检查负载是否过大，电源电压是否正常，再检查驱动电源输出波形是否正常，在处理问题时不应随意变换元件。

⑧在应用步进电动机中，选用步进电动机的关键参数还有传动比，合理选择传动比是正确应用步进电动机的前提，也必须给予重视。

5. 步进电动机的控制

各种单片机的迅猛发展和普及，为设计功能很强而价格低廉的步进电动机控制器提供了可能。

(1)步进电动机的开环控制。

串行控制：具有串行控制功能的单片机系统与步进电动机驱动电源之间具有较少的连线。这种系统中，驱动电源中必须含有环形分配器。这种控制方式的功能框图如图 2－56 所示。

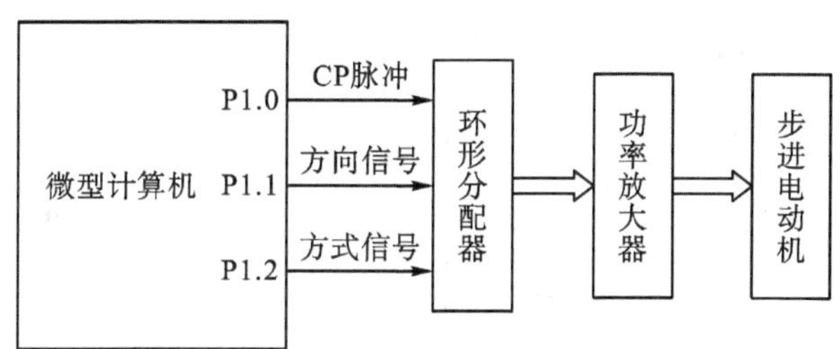

图 2－56　步进电动机串行控制框图

并行控制：用微机系统的数条端口线直接去控制步进电动机各相驱动电路的方法称为并行控制。在电动机驱动电源内，不包括环形分配器，而其功能必须由微机系统完成。由系统实现脉冲分配器的功能又有两种方法：一种是纯软件方法，即完全用编程来实现相序的分配，直接输出各相导通或截止的控制信号，主要有寄存器移位法和查表法；第二种是软硬件相结合的方法，有专门设计的编程器接口，计算机向接口输出简单形式的代码数据，而接口输出的是步进电动机各相导通或截止的控制信号。并行控制方案的功能框图如图 2－57 所示。

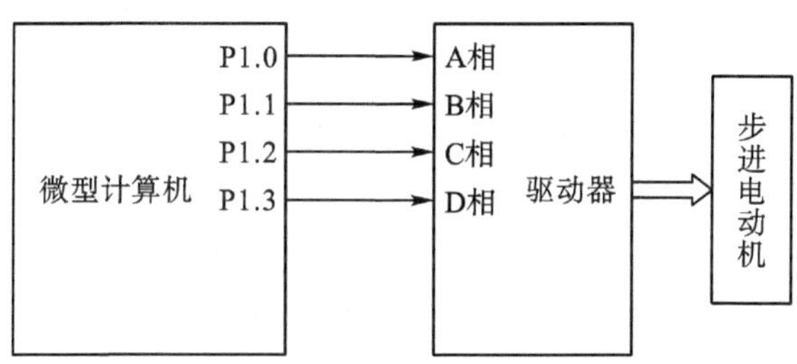

图 2－57　步进电动机并行控制框图

开环速度控制：控制步进电动机的运行速度，实际上就是控制系统发出脉冲的频率或者换相的周期。系统可用两种方法来确定脉冲的周期:一种是软件延时，另一种是用定时器。软件延时的方法是通过调用延时子程序的方法实现的，它占用 CPU 时间，实用没有价值；定时器方法是通过设置定时时间常数的方法来实现的。当定时时间到，定时器产生溢出时发出中断信号，在中断程序中进行改变 I/O 的状态操作，改变定时常数，就改变了输出方波的频率，从而实现了电动机调速。

(2)步进电动机的闭环控制。在开环控制的步进电动机系统中，其输入的脉冲不依赖转子的位置，而是事先按一定规律安排的。电动机的输出转矩在很大程度上取决于驱动电源和控制方式。对于不同的步进电动机或同一种步进电动机而负载不同，若励磁电流和失调角发生改变，输出转矩就会随之发生改变，很难找到通用的控速规律，因此也难以提高步进电动机的技术性能指标。

闭环系统是直接或间接地检测转子的位置和速度，通过反馈和适当处理自动给出驱动脉冲串。因此采用闭环控制可以获得更加精确的位置控制和更高、更平稳的转速，从而提高步进电动机的性能指标，使步进电动机在其他领域获得更大的通用性。

步进电动机的闭环控制方案有多种，主要有核步法、延迟时间法和使用位置传感器的闭环系统等。采用光电脉冲编码器作为位置检测元件的闭环控制原理框图如图 2-58 所示。其中编码器的分辨力必须与步进电动机的步矩角相匹配。步进电动机由微机发出一个初始脉冲启动，后续控制脉冲由编码器产生，编码器直接反映切换角这一参数。

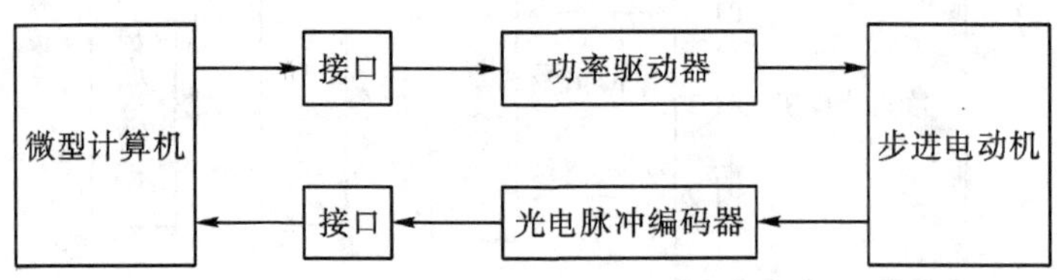

图 2-58　步进电动机闭环控制原理框图

编码器相对于电动机的位置是固定的，因此发出的相切换信号具有一个固定的切换角。改变切换角(采用时间延时方法可获得不同切换角)，可使电动机产生不同的平均转速。在闭环系统中，为了扩大切换角的范围，有时还要插入或删去切换脉冲。通常在加速时要插入脉冲，在减速时要删除脉冲，从而实现电动机的迅速加减速控制。

在固定切换角的情况下，增加负载，电动机转速将下降。要实现匀速控制，可用编码器测出电动机的实际转速(编码器两次发生脉冲信号的时间间隔)，以此作为反馈信号不断地调节切换角，补偿由负载变化所引起的转速变化。

(3)步进电动机的点-位控制。对于步进电动机的点-位控制系统，从起点至终点的运行速度都有一定要求。如果要求运行的速度小于系统极限起动频率，则系统可以按要求的速度直接起动，运行至终点后可直接停发脉冲串而令其停止。系统在这样的运行方式下速度可认为是恒定的。但在一般的情况下，系统的极限起动频率是比较低的，而要求的运行速度往往很高。如果系统以要求的速度直接起动，因为该速度已经超过极限起动频率而不能正常起动，可能发生丢步或根本不运行的情况。系统运行起来之后，如果到达终点时突然停发脉冲串，令其立即停止，则因为系统的惯性原因，会发生冲过终点的现象，使点-位控制发生偏差。因此在点-位控制过程中，运行速度都需要有一个“加速-恒速-减速-低恒速-停止”的加减速过程，如图 2-59 所示。

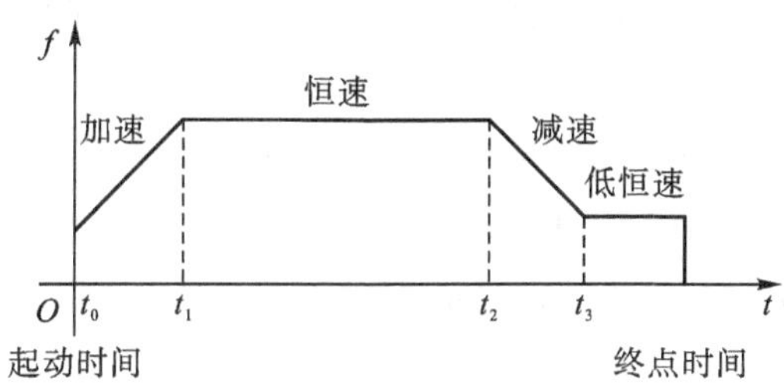

图 2-59 点-位控制的加减速过程

各种系统在工作过程中，都要求加减速过程时间尽量短，而恒速时间尽量长。特别是在要求快速响应的工作中，从起点至终点运行的时间要求最短，这就必须要求加速、减速的过程最短，而恒速时的速度最高。

升速规律一般可有两种选择：一是按照直线规律升速；二是按指数规律升速。按直线规律升速时加速度为恒定，因此要求步进电动机产生的转矩为恒值。从电动机本身的矩频特性来看，在转速不是很高的范围内，输出的转矩将有所下降，如按指数规律升速，加速度是逐渐下降的，接近电动机输出转矩随转速变化的规律。

用微型计算机对步进电动机进行加减速控制，实际上就是改变输出脉冲的时间间隔。升速时使脉冲串逐渐加密，减速时使脉冲串逐渐稀疏。微机用定时器中断方式来控制电动机变速时，实际上就是不断改变定时器装载值的大小。一般用离散方法来逼近理想的升降速曲线。为了减少每步计算装载值的时间，系统设计时就把各离散点的速度所需的装载值固化在系统的 ROM 中，系统运行中用查表方法查出所需的装载值，从而大大减少占用 CPU 的时间，提高系统响应速度。

系统在执行升降速的控制过程中，对加减速的控制还需准备下列数据：①加减速的斜率；② 升速过程的总步数；③恒速运行总步数；④减速运行的总步数。

要想使步进电动机按一定的速率精确地到达指定的位置(角度或线位移)，步进电动机的步数 N 和延时时间是两个重要的参数。前者用来控制步进电动机的精度，后者用来控制步进电动机的速率。如何确定这两个参数，是步进电动机控制程序设计中十分重要的问题。

(1)步进电动机步数的确定。步进电动机常用来控制角度和位移。例如，用步进电动机控制旋转变压器或多圈电位器的转角及数控机床的进给机构、软盘驱动系统、光电阅读机、打印机等的精确定位。若用步进电动机带动一个 10 圈的多圈定位器来调整电压，假定其调节范围为 0～10 V，现在需要把电压从 2 V 升到 2.1 V，此时，步进电动机的行程角度为

$$10\ \text{V} : 3600' = (2.1\ \text{V} - 2\ \text{V}) : X \qquad X = 36'$$

如果用三相三拍控制方式，步距角为 $3'$，由此可计算步进电动机的步数 $N=36'/3'=12$。如果用三相六拍的通电方式，则步距角为 $1.5'$，其步数为 $N=36'/1.5'=24$。由此可见，改变步进电动机的控制方式，可以提高精度，但在同样的脉冲周期下，步进电动机的速率

将减慢。同理，可求出任意位移量与步数之间的关系。

(2)步进电动机控制速率的确定。步进电动机的步数是精确定位的重要参数之一。在某些场合，不但要求能精确定位，而且还要求在一定的时间内到达预定的位置，这就要求控制步进电动机的速率。

步进电动机速率控制的方法就是改变每个脉冲的时间间隔，即改变速度控制程序中的延时时间。例如，若步进电动机转动 10 圈需要 2000 ms，则每转动一圈需要的时间为 $T=2000\ \text{ms}/10=200\ \text{ms}$，每进一步需要的时间为

$$t=\frac{T}{mZk}=\frac{200\ \text{ms}}{3\times40\times2}=833\ \mu\text{s}$$

所以，只要在输出一个脉冲后，延时 833 μs，即可达到上述目的。

(3)步进电动机的变速控制。前面两种计算，在整个控制过程中，步进电动机是以恒定的转速进行工作的。然而，对于大多数任务而言，希望能尽快地达到控制终点，即要求步进电动机的速率尽可能快一些。但如果速度太快，则可能产生失步。此外，一般步进电动机对空载最高起动频率有所限制。所谓空载最高起动频率，是指电动机空载时，转子从静止状态不失步地起动的最大控制脉冲频率。当步进电动机带有负载时，它的起动频率要低于最高空载起动频率。根据步进电动机矩频特性可知，起动频率越高，起动转矩越小。变速控制的基本思想是，起动时，以低于响应频率的速度慢慢加速，到一定速率后恒速运行，快到达终点时慢慢减速，以低于响应速率的速度运行，直到走完规定的步数后停机。这样，步进电动机便可以最快的速度走完所规定的步数，而又不出现失步。变速控制的方法如下。

①改变控制方式的变速控制。最简单的变速控制可利用改变步进电动机的控制方式来实现。例如，在三相步进电动机中，在起动或停止时，用三相六拍，大约在 0.1 s 以后，改用三相三拍，在快达到终点时，再采用三相六拍控制，以达到减速控制的目的。

②均匀地改变脉冲时间间隔的变速控制。步进电动机的加速(或减速)控制，通过均匀地改变脉冲时间间隔来实现。例如，在加速控制中，可以均匀地减少延时时间间隔；在减速控制中，则可均匀地增加延时时间间隔。具体说，就是均匀地减少(或增加)延时程序中的延时时间常数。由此可见，所谓步进电动机控制程序，实际上就是按一定的时间间隔输出不同的控制字。所以，改变传送控制字的时间间隔，即可改变步进电动机的控制频率。这种方法的优点是，由于延时的长短不受限制，因此，使步进电动机的工作频率变化范围较宽。

③用定时器的变速控制。微型单片机控制系统中，用单片机内部的定时器来提供延时时间。方法是将定时器初始化后，每隔一定的时间，由定时器向 CPU 申请一次中断，CPU 响应中断后，便发出一次控制脉冲。此时，只要均匀地改变定时器的时间常数，即可达到均匀加速(或减速)的目的。这种方法可以提高控制系统的效率。

对变速过程的控制有很多种方法，软件编程也十分灵活，技巧很多，大家只有多实践才能掌握控制方法 。

交流与思考　如何通过控制方式来提高步进电动机的控制精度。

2.3.4 直线电动机特点及其控制策略

随着超高速切削、超精密加工等先进制造技术的发展，机床的各项性能指标又被赋予更高的要求。特别是对机床进给系统的伺服性能提出了更高的要求：要有很高的驱动推力、快速进给速度和极高的快速定位精度。尽管当前世界先进的交直流伺服（旋转电动机）系统性能已大有改进，但由于受到传统机械结构（即旋转电动机＋滚珠丝杠）进给传动方式的限制，其有关伺服性能指标（特别是快速响应性）难以突破。于是，一种崭新的进给传动方式——直线电动机直接驱动方式应运而生。由于它取消了源动力和工作台部件之间的一切中间传动环节，使得机床进给传动链的长度为零，所以这种传动方式也称为“直接驱动”方式或“零传动”方式。

1. 直线电动机的分类

直线电动机在不同的场合有不同的分类方法。例如在考虑外形结构时，往往以结构型式将其进行分类；当考虑其功能用途时，则又以其功能用途进行分类；而在分析或阐述电动机的性能或机理时，则是以其工作原理进行分类。下面就几种主要分类方式简单予以介绍。

平板直线电动机模组（请扫二维码）；轴式直线电动机模组（请扫二维码）。

（1）按结构型式分类。直线电动机按其结构型式主要可分为平板型、圆筒型（或管型）、圆弧型和圆盘型四种。

平板型直线电动机就是一种扁平的矩形结构的直线电动机，它有单边型和双边型，每种型式下又分别有短初级、长次级或长初级、短次级。单边型直线电动机结构形式如图 2－60 所示，双边型结构型式如图 2－61 所示。

由于在运行时初级与次级之间要做相对运动，假定在运动开始时，初级和次级正好对齐，在运动过程中，初级和次级之间相互电磁耦合的部分就越来越少，影响正常运行。为了保证在所需的行程范围内，初级和次级之间电磁耦合始终不变，在实际应用时，必须把初级和次级制造成不同长度。既可以是初级短、次级长，也可以是初级长、次级短。前者称为短初级，后者称为长初级，由于短初级结构比较简单，制造成本和运行费用均较低，所以除特殊场合外，一般均采用短初级。

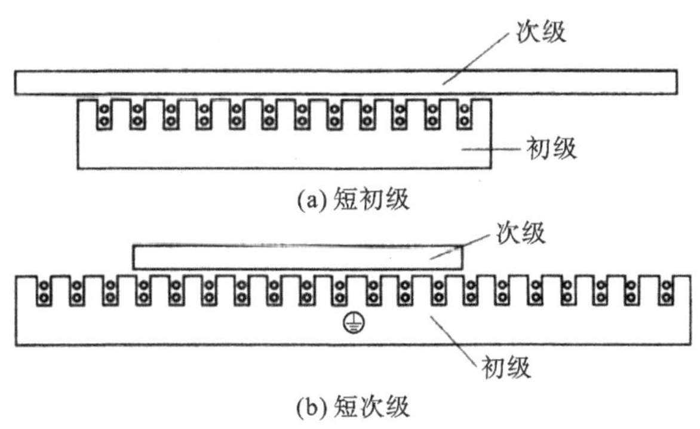

图 2－60 单边型直线电动机结构形式

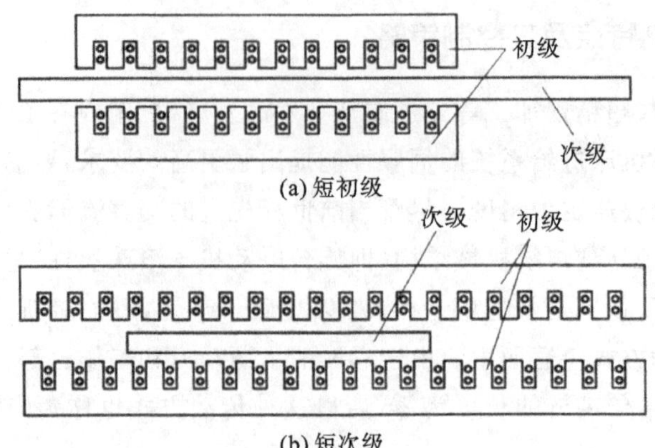

图 2-61　双边型直线电动机结构型式

单边型直线电动机最大的特点是在初级和次级之间存在着较大的法向磁拉力,这在大多数场合下是不希望存在的。若在次级的两边都装上初级,那么这个法向磁拉力就可以互相抵消,这种就是双边型直线电动机。

圆筒型直线电动机,即一种外形如旋转电动机的圆柱形的直线电动机,其结构型式如图 2-62 所示。这种直线电动机一般均为短初级、长次级型式。在需要的场合,我们还可以将这种电动机做成既有旋转运动又有直线运动的旋转直线电动机,至于旋转直线的运动部件既可以是初级,也可以是次级。

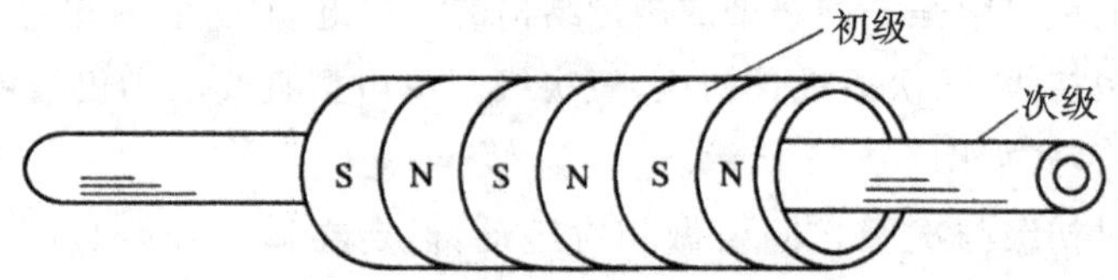

图 2-62　圆筒型直线电动机结构型式

圆弧型直线电动机,就是将平板型直线电动机的初级沿运动方向改成弧型,并安放于圆柱形次级的柱面外侧,其结构型式如图 2-63 所示。

圆盘型直线电动机,该电动机的次级是一个圆盘,不同型式的初级驱动圆盘次级做圆周运动,其结构型式如图 2-64 所示。其初级可以是单边型,也可以是双边型。

图 2-63　圆弧型直线电动机结构型式

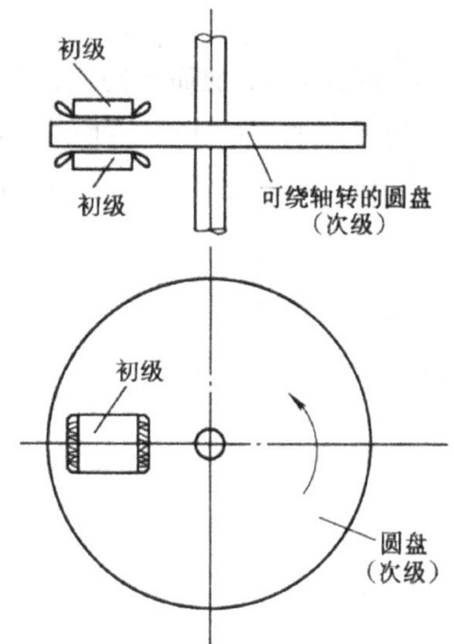

图 2-64　圆盘型直线电动机结构型式

(2)按功能用途分类。直线电动机，特别是直线感应电动机，按其功能用途主要可分为力电动机、功电动机和能电动机。力电动机主要是在静止物体上或低速的设备上施加一定推力的直线电动机。它以短时运行、低速运行为主，例如阀门的开闭，门窗的移动，机械手的操作、推车等。功电动机主要作为长期连续运行的直线电动机，其性能衡量的指标与旋转电动机基本一样，即可用效率、功率因数等指标来衡量其电动机性能的优劣。例如高速磁悬浮列车用直线电动机，各种高速运行的输送线等。能电动机是指运动构件在短时间内能产生极高能量的驱动电动机，它主要是在短时间、短距离内提供巨大的直线运动能，例如导弹、鱼雷的发射，飞机的起飞、冲击和碰撞，试验机的驱动等。

(3)按工作原理分类。从原理上讲，每种旋转电动机都有相应的直线电动机，直线电动机按其工作原理主要可分为直线感应电动机、直线同步电动机、直线直流电动机、直线步进电动机以及直线复合型电动机等，这些电动机都是基于电磁感应原理工作的，属于电磁型直线驱动装置。图 2-65 表示了直线电动机的分类。

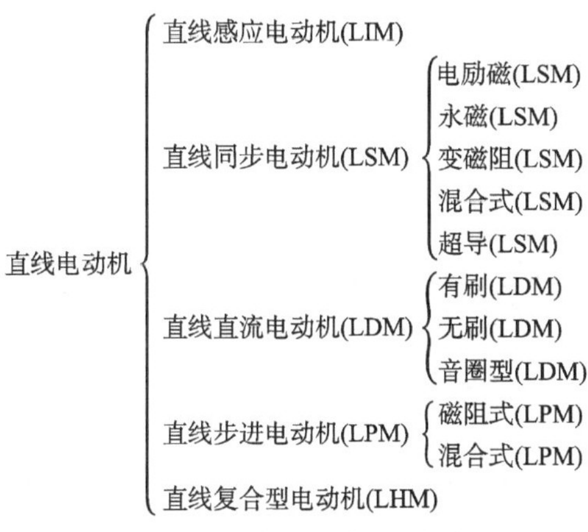

图 2-65　直线电动机的分类

2. 直线电动机工作原理

直线电动机可以看作是由旋转电动机演变而来的。设想把图 2-66(a)所示的旋转感应电动机沿径向剖开，并将圆周展开成直线，即可得到图 2-66(b)所示的平板型直线感应电动机。在直线感应电动机中，装有三相绕组并与电源相接的一侧称为初级，另一侧称为次级。初级既可作为定子，也可以作为运动的"动子"。在实际应用时，将初级和次级制造成不同的长度，以保证其在所需行程范围内初级与次级之间的耦合保持不变。从降低制造成本和运行费用考虑，直线感应电动机通常采用短初级的形式。在此简述直线电动机工作原理。

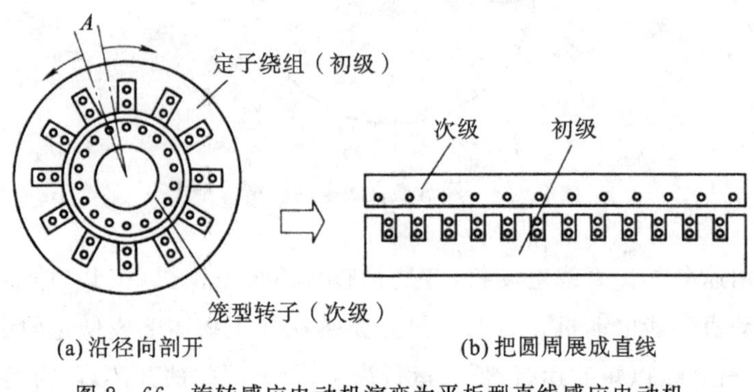

图 2-66　旋转感应电动机演变为平板型直线感应电动机

(1)直线感应电动机的工作原理。直线感应电动机的工作原理如图 2-67 所示。当直线感应电动机的初级三相(或多相)绕组通入对称正弦交流电时，会产生气隙磁场。当不考虑由于铁芯两端开断而引起的纵向边缘效应时，这个气隙磁场的分布情况与旋转电动机相似，沿着直线方向按正弦规律分布，但它不是旋转而是沿着直线平移，因此称为行波磁场，如图 2-67 中曲线 1 所示。显然，行波磁场的移动速度与旋转磁场在定子内圆表面上的线速度是一样的。行波磁场移动的速度称为同步速度，即

$$v_s = \frac{D}{2}\frac{2\pi}{60}\frac{60 f_1}{p} = 2 f_1 \tau \tag{2-23}$$

式中，D 为旋转电动机定子内圆周的直径；τ 为极距，$\tau = \pi D/2p$；p 为极对数；f 为电源频率。

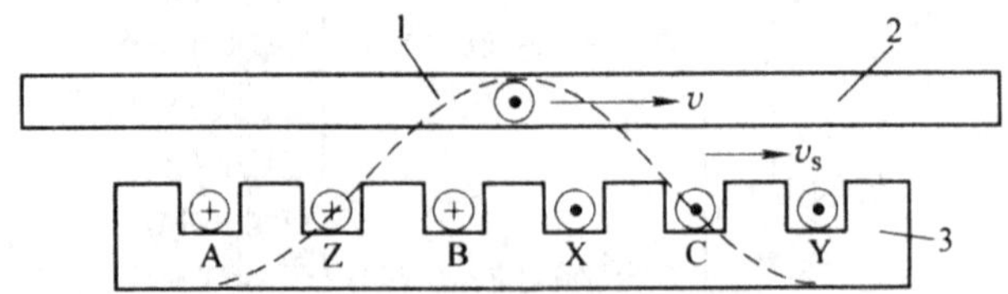

图 2-67　旋转感应电动机演变为平板直线感应电动机

行波磁场切割次级导条，将在导条中产生感应电动势和电流，所有导条的电流(图中只

画出其中一根导条)和气隙磁场相互作用,产生切向电磁力。如果初级是固定不动的,那么次级便在这个电磁力的作用下,顺着行波磁场的移动方向做直线运动。若次级移动的速度用 v 表示,滑差率用 s 表示,则有

$$s = \frac{v_s - v}{v_s} \tag{2-24}$$

在电动运行状态时,s 在 0 和 1 之间。

次级的移动速度

$$v = (1-s)v_s = 2\tau f_1(1-s) \tag{2-25}$$

由式 (2-25)可见,改变极距或电源频率,均可改变次级移动的速度。改变初级绕组中通电相序,可改变次级移动的方向。

直线感应电动机的优势:其次级结构简单,坚固耐用,适应性强,安装、维修和除屑容易。因为不使用昂贵的永磁体,在长行程(如传送装置)的应用场合有降低成本的可能性。缺点是采用电励磁且气隙较大,因此效率和功率因数低,发热大,次级有时也需要冷却;气隙公差严格,通常只有 0.01 mm,工艺性较差,加工成本高;需要复杂的矢量变换技术,控制算法比永磁直线同步电动机的控制算法复杂。

(2)直线永磁同步电动机的工作原理。以图 2-68 所示的单边平板型为例介绍直线永磁同步电动机结构,直线永磁同步电动机的初级由多相绕组和铁芯构成,多相绕组由在同一平面上按照一定规律沿纵向排列并互连在一起的多组线圈构成;铁芯通常由冷轧无取向硅钢片叠成,在面向气隙侧开有齿槽,绕组按照某种规律嵌放在铁芯槽中;铁芯既是绕组的支撑结构,也是电动机的磁路组成部分,具有汇聚磁通,减少漏磁,提高气隙磁密、推力以及推力密度的作用。

直线永磁同步电动机的次级采用永磁体励磁,根据直线电动机初级的宽度,永磁体可以单排,也可多排。永磁体在同一平面上极性交替地沿纵向以一定间隔排列,并贴装在导磁轭板上,且充磁方向垂直于贴装平面。导磁轭板既是贴装水磁体的结构,也是直线电动机磁路的重要组成部分,通常采用高磁导率的电工钢。

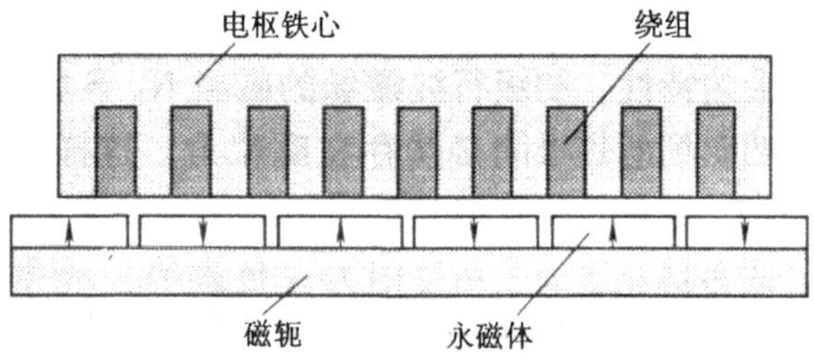

图 2-68　直线永磁同步电动机的基本结构

直线永磁同步电动机不仅在结构上与旋转电动机相类似,而且工作原理也是相似的。图 2-69 所示为一直线永磁同步电动机的工作原理示意图。

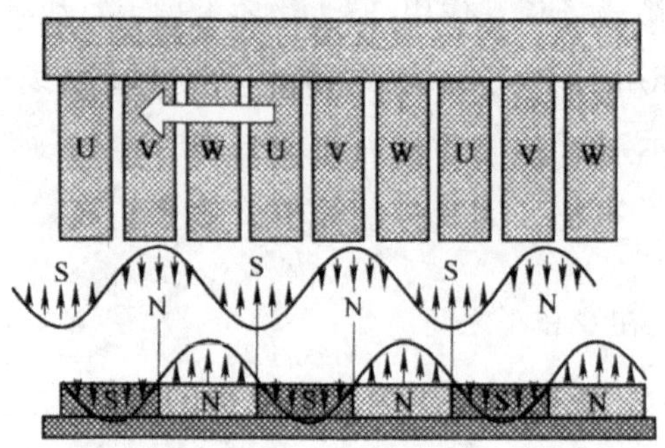

图 2-69　直线永磁同步电动机工作原理

直线永磁同步电动机的定子铁芯中嵌有三相对称绕组，因此，如果由逆变器向此绕组中通入三相交流电流

$$\begin{cases} i_U = \sqrt{2} I\cos\omega t \\ i_U = \sqrt{2} I\cos(\omega t - 120°) \\ i_W = \sqrt{2} I\cos(\omega t - 240°) \end{cases} \tag{2-26}$$

将产生如下合成磁动势

$$f_1(\theta_s, t) = F_1\cos(\omega t - \theta_s) \tag{2-27}$$

式中，f_1 为绕组基波磁动势幅值；θ_s 为空间位置角。

由式 (2-27)和电动机结构可知，合成磁动势是一沿电动机运动方向移动的行波，其移动速度为

$$v_s = \frac{\omega}{\pi}\tau = 2f\tau \tag{2-28}$$

式中，f 为逆变器输出电流的频率；τ 为直线电动机极距。

当不考虑由于铁芯两端开断而引起的纵向边端效应时，这个气隙磁场的分布情况与旋转电动机相似，即可以看成沿展开的直线方向呈正弦分布。

此合成磁动势产生的行波磁场是直线永磁同步电动机的动力。根据磁极异性相吸的特性，初级行波磁场的磁极 N、S 将分别与次级永磁体的磁极 S、N 相吸，两磁场的磁极间必然存在磁拉力。这样，当定子行波磁场的磁极以一定的速度运动时，在各对相互吸引的磁极间的磁拉力共同作用下，次级将得到一合成作用力，该力将克服动子所受阻力(负载等)而带动次级做直线运动。直线同步电动机的速度与电源频率始终保持准确的同步关系，控制电源的频率就能控制电动机的速度。

直线永磁同步电动机具有结构简单、运行可靠；推力密度高、响应快；体积小、重量轻；效率高、易冷却；电动机的形状和尺寸灵活多样，可控性好、精度高等显著优点，因此成为直线交流伺服电动机中的主流。

(3) 直线步进电动机的工作原理。直线步进电动机有多种结构类型，按其电磁推力产生原理主要可分为磁阻式和混合式两种。在此以磁阻式直线步进电动机为例简单介绍直线步

进电动机的工作原理。

图 2－70 为一台三相磁阻式直线步进电动机的结构原理图。它的定子和动子铁芯都由硅钢片叠成，定子上下表面都有均匀的齿，动子极上套有三相控制绕组，每个极面也有均匀的齿，动子与定子的齿距相同。为了避免槽中积聚异物，在槽中填满非磁性材料（如塑料或环氧树脂等），使定子和动子表面平滑。磁阻式直线步进电动机的工作原理与旋转步进电动机完全相同。当某相控制绕组通电时，该相动子的齿与定子齿对齐，使磁路的磁阻最小，相邻相的动子齿轴线与定子齿轴线错开 1/3 齿距。显然，当控制绕组按 A－B－C－A 的顺序轮流通电时，动子将以 1/3 齿距的步距移动。当通电顺序改为 A－C－B－A 时，动子则向相反方向步进移动。若为六拍则步距减小一半。

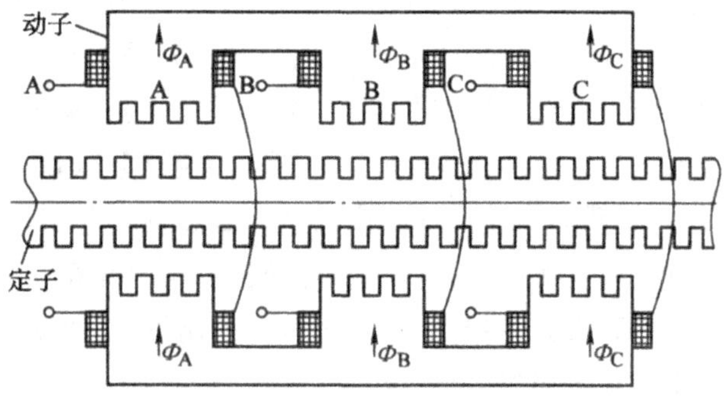

图 2－70　三相磁阻式直线步进电动机

磁阻式直线步进电动机结构简单，由于没有永磁体，加工工艺简单，在控制方面，只需要单极性驱动电源，因此控制电路比较简易，总的成本也低，可靠性高，由于电动机始终处于开关运行状态，耗电也少。因此，在不需要微步距的场合，通常要优先考虑成本低廉的磁阻式直线步进电动机。

混合式直线步进电动机虽然结构要复杂一些，特别是使用永磁材料的，在加工上也比磁阻式的要困难一些，但混合式直线步进电动机容易实现微步控制。其细分电路简单，当需要高分辨率定位的场合，混合式直线步进电动机具有很大的优点。在相同体积的情况下，混合式产生的最大推力比磁阻式的大。可见，在空间限制的条件下，在需要小步距、大推力、高精度的应用中，混合式直线步进电动机是必需的选择。混合式直线步进电动机在不加控制电流的情况下，永磁体磁通产生一定的锁定力，能够使动子静止在所希望的步距位置上，这对于失电时必须保持在定位的用户来说，是一种很有用的特性。

3. 直线电动机控制策略

在一般伺服驱动系统中，直线电动机控制系统按照工作原理相似的旋转伺服电动机的控制方式构建控制系统。在高精度的伺服驱动系统中，对于直线交流伺服电动机控制要求很高，必须考虑一些更细微的因素对于系统性能的影响。由于直线交流伺服电动机直接驱动负载，诸如系统的非线性、耦合性、动子质量和黏滞摩擦系数变化、负载扰动、永磁体充磁的不均匀性、动子磁链分布的非正弦性、动子槽内的磁阻的变化、环境温度和湿度的变化、电流时滞谐波，特别是边端效应引起的推力变化，都将使伺服系统性能变差，以致难以满足高精度的要求。因此必须采取有效的控制策略抑制这些扰动。一个成功的控制策略总是基于对象模型结构基本且清楚的认识，从某一具体对象的特性出发，针对产生扰动的不同原因，采取相应的控制技术，实现有效控制。在满足主要要求的同时，兼顾伺服系统对指令的跟踪能力和抗干扰能力。总体来说，控制器的设计要达到以下要求：稳态跟踪精度高、动态响应快、抗干扰能力强、鲁棒性好。

在直线交流伺服控制系统中，主要采用以下控制策略。

(1) 传统的控制策略。在对象模型确定、不变化且为线性，操作条件、运动环境不变的情况下，采用传统控制策略是一种有效的控制方法。传统的控制策略如 PID 反馈控制、解耦控制、Smith 预估控制算法等在交流伺服系统中得到了广泛应用。其中 PID 控制算法包含了动态控制过程中的过去、现在和将来的信息，而且其配置几乎为最优，具有较强的鲁棒性，与其他新型控制思想相结合，可形成许多有价值的控制策略，是交流伺服电动机驱动系统中最基本的控制形式，控制应用广泛。Smith 预估计器与控制器并联，对解决伺服系统中逆变器电力传输延迟和速度测量滞后所造成的速度反馈滞后影响十分有效，与其他控制算法结合，可形成更有效的控制策略。而针对直线伺服电动机系统中存在的多个电磁变量和机械变量之间较强的耦合作用，利用矢量控制，用动态解耦控制算法，可使各变量间的耦合减小到最低限度，从而使各变量都能得到单独的控制。

(2)现代控制策略。在高精度微进给的加工领域，必须考虑控制对象的结构和参数变化、各种非线性的影响、运行环境的改变和干扰等时变和不确定因素，才能得到满意的控制结果。因此，将现代控制技术应用于直线伺服电动机的控制研究得到了专家学者们的高度重视。

①自适应控制。对于直线交流伺服电动机和特性参数缓慢变化的这一类扰动及其他外界干扰对系统伺服性能的影响，可以采用自适应控制策略加以降低或消除。自适应控制大体可分为模型参考自适应和自校正控制两种类型。模型参考自适应控制的基本思想是在控制器-控制对象组成的基本回路外，再建立一个由参考模型和自适应机构组成的一个附加调节回路。自适应机构的输出可以改变控制器的参数或对控制对象产生附加的控制作用，使伺服电动机的输出(如速度)和参考模型的输出保持一致。自校正器的附加调节回路由辨识器和控制器设计组成。辨识器根据对象从输入和输出信号在线估计对象的参数，以其对象参数的估计值作为对象的真值送入控制器的设计机构，按设计好的控制规律进行计算，计算结果送入可调控制器，形成新的控制输出，以补偿对象的特性变化。

②变结构控制。变结构控制本质上是一类特殊的非线性控制，其非线性表现为控制的不连续性。由于滑动模态可以进行设计，且与控制对象参数和扰动无关，这就使得变结构控制具有快速的响应，对参数及扰动变化不敏感，无需在线辨识与设计等优点，因而在直线交流伺服系统中得到了成功应用。但其的抖振问题限制了它在某些场合的应用。

③鲁棒控制。针对伺服系统中控制对象模型存在的不确定性(包括模型不确定性，降阶近似，非线性的线性化，参数与特性的时变、漂移、外界扰动等)，须设法保持系统的稳定鲁棒

性和品质鲁棒性，主要方法有代数方法和频域方法。频域方法是从系统的传递函数矩阵出发设计系统，H_∞ 控制是其中较为成熟的方法，其实质是通过使系统由扰动至偏差的传递函数矩阵的 H_∞ 范数取极小或小于某一给定值，并据此来设计控制器，对抑制扰动具有良好的效果。

④预见控制。预见控制不但根据当前目标值，而且根据未来目标值及未来干扰来决定当前的控制方案，使目标值与受控量偏差整体最小。这是属于全过程控制期间某一评价函数取最小值的最优控制理论框架。预见控制伺服系统是在普通伺服系统的基础上，附加了使用未来信息的前馈补偿环节，它能极大地减小目标值与被控制量的相位延迟，从而使预见控制成为伺服系统真正实用的控制方法。

⑤智能控制策略。对控制对象、环境与任务复杂的伺服系统宜采用智能控制方法。模糊逻辑控制、神经网络和专家控制是当前比较典型的智能控制策略。其中，模糊控制器已有商品化的专用芯片，因其实时性好、控制精度高，在伺服系统中已得到应用。神经网络从理论上讲具有很强的信息综合能力，在计算速度能够保证的情况下，可以解决任意复杂的控制问题。但目前缺乏相应的神经网络计算机的硬件支持，在直线伺服中的应用有待于神经网络集成电路芯片生产的成熟，而专家控制一般用于复杂的过程控制中，在伺服系统中的研究较少。可以预计，未来智能控制策略必将成为直线伺服驱动控制系统中重要的控制方法之一。

交流与思考　分析目前制约直线电动机驱动技术发展和应用的原因。

4. 直线电动机驱动技术的发展趋势

直线电动机作为一种机电系统，其机械结构简单，电气控制相对复杂，符合现代机电技术的发展趋势。目前直线电动机直接驱动技术的发展呈现以下趋势。

(1)部件模块化：包括初级、次级、控制器、反馈元件、导轨等部件模块化，用户可以根据需要(如推力、行程、精度、价格等)自由组合。

(2)性能系列化：由于直接驱动不像旋转电动机那样可以通过减速器的减速比、丝杠螺距等环节调节性能，单一性能的直线电动机应用范围比较窄，因此性能的系列化需更丰富，直线电动机在向着长行程、大推力、高精度、高速度、高加速度方向发展。

(3)结构多样化：直线电动机一般直接和被驱动部件连接，为适应不同的安装要求，结构必须多样化。

(4)控制数字化：直线电动机的控制是直接驱动技术的一个难点，全数字控制技术是解决这一难点的有效方案。

(5)应用多元化：直线电动机的应用范围在不断拓展，不仅在机械加工与自动化方面，在电子制造装备、办公自动化等领域的应用也在迅速普及。

本章小结

本章介绍了工业中广泛应用的驱动电动机，主要有两大类：通用型三相异步电动机和精密控制系统中的伺服电动机，是机电传动控制系统中的控制对象。具体包括以下内容。

(1)电动机的类型与分类,应明确在机电传动控制系统的被控电动机的类型和特点。

(2)三相异步电动机作为机电传动断续控制中的控制对象,以三相鼠笼型异步电动机为主,应理解电动机的起动特性、运行特性和制动特性,掌握三相异步电动机的选用方法和应用。

(3)伺服电动机作为机电传动连续控制中的控制对象,以步进电动机开环控制为主,应掌握步进电动机的类型、运行特性和控制方式。

(4)直线电动机作为“零传动”系统的驱动电动机,应了解直线电动机类型、应用和控制策略。

学习成果检测

一、基础习题

1.什么是三相异步电动机的固有机械特性和人为机械特性?试用公式说明。

2.三相异步电动机有哪几种起动和制动方法?

3.直流伺服电动机和交流伺服电动机常用的控制方法有哪几种?试分别简述其调速原理。

4.步进电动机一般分为哪3种类型?各自的特点是什么?

5.简述反应式步进电动机的工作原理。

6.步进电动机对功率放大电路有何要求?其作用是什么?常用的功率放大电路有哪几种?各自的优缺点是什么?

7.简述步进电动机升降速控制的方法。

8.若一台BF系列四相反应式步进电动机,其步距角为1.8°/0.9°。试问:

(1)1.8°/0.9°表示什么意思?

(2)转子齿数为多少?

(3)写出四相八拍运行方式的一个通电顺序。

(4)在A相测得电源频率为400 Hz时,其每分钟的转速为多少?

9.简述直线感应式电动机的工作原理。

10.简述直线永磁同步电动机的工作原理。

11.简述直线步进电动机的类型和工作原理。

12.直线步进电动机的控制方式有哪些?

二、思考题

1.电动机的能耗标志有什么意义?

2.直流伺服电动机和交流伺服电动机各有何特点?

3.什么是电动机自转?对于直流伺服电动机和交流伺服电动机,哪一种电动机会产生自转现象?为克服自转,应采取何种措施?

4.步进电动机连续运行时,为什么频率越高,电动机所能带动的负载越小?

5.步进电动机的驱动电路主要有哪几种?各有什么特点?

6. 如何减小或消除步进电动机的振荡现象？如何改善步进电动机的高频性能和低频性能？

7. 步进电动机有哪些主要运行特性和性能指标？了解这些特性和性能指标，对于选择和使用步进电动机有何指导意义？

8. 步进电动机环形脉冲分配器的作用是什么？实现脉冲分配的方法有哪些？各有何优缺点？

9. 步进电动机细分驱动的基本原理及其特点是什么？可以用哪些方法实现细分驱动？

10. 什么是直接驱动方式？这种驱动方式有什么优点？

11. 简述直线电动机应用场合。

12. 功率因数高低对电动机运行有什么影响？

三、讨论题

1. 举例说明如何选用电动机和讨论电动机运行一天的能耗损失。

2. 普通三相感应式异步电动机和三相感应式交流伺服电动机有什么区别？

四、自测题

1. 改变三相异步电动机转向的方法是(　　)。

A. 改变电源频率　　B. 改变电源电压

C. 改变定子绕组中电流的相序　　D. 改变电动机的极数

2. U_N、I_N、η_N、$\cos\varphi_N$分别是三相异步电动机的额定线电压、线电流、效率和功率因数，则三相异步电动机的额定功率 P_N 为(　　)。

A. $\sqrt{3}\,U_N\,I_N\cos\varphi_N\,\eta_N$　　B. $\sqrt{3}\,U_N\,I_N\cos\varphi_N$

C. $\sqrt{3}\,U_N\,I_N$　　D. $\sqrt{3}\,U_N\,I_N\,\eta_N$

3. 三相鼠笼型异步电动机降压起动与直接起动时相比，(　　)。

A. 起动电流、起动转矩均减少　　B. 起动电流减少、起动转矩增加

C. 起动电流、起动转矩均增加　　D. 起动电流增加、起动转矩减少

4. 当绕线式异步电动机的电源频率和端电压不变，仅在转子回路中串入电阻时，最大转矩 T_m和临界转差率 S_m将(　　)。

A. T_m和 S_m均保持不变　　B. T_m减小，S_m不变

C. T_m不变，S_m增大　　D. T_m和 S_m均增大

5. 直流电动机运行在电动机状态时，端电压 U 与反电动势 E_a关系为(　　)。

A. $E_a>U$　　B. $E_a=0$

C. $E_a<U$　　D. $E_a=U$

6. 以下选项，哪项可以实现直流伺服电动机调速方法(　　)。

A. 只改变励磁绕组电源的正负端

B. 只改变电枢绕组电源的正负端

C. 同时改变励磁绕组电源和电枢绕组电源的正负端

D. 改变励磁绕组电流的大小

7. 伺服电动机将输入的电压信号变换成（　　），以驱动控制对象。

A. 动力　　B. 位移

C. 电流　　D. 转矩和速度

8. 空心杯非磁性转子交流伺服电动机，当只给励磁绕组通入励磁电流时，产生的磁场为（　　）磁场。

A. 脉动　　B. 旋转

C. 恒定　　D. 不变

9. 步进电动机的步距角是由（　　）决定的。

A. 转子齿数　　B. 脉冲频率

C. 转子齿数和运行拍数　　D. 运行拍数

10. 通过（　　）方式可以进一步减少步进电动机的步距角，从而提高运行精度。

A. 细分　　B. 提高频率

C. 减少电源电压　　D. 改变控制算法

第 3 章　常见低压电器

数字资源

1. 学习目标

(1)熟悉常用低压电器的工作原理、特点和应用；

(2)熟练掌握常用低压电器的文字及图形符号；

(3)能够根据需求选择合适的低压电器；

(4)培养学生辩证思维,全面看待问题和分析问题的方法。

2. 学习重点与难点

(1)重点：

①电磁机构组成和原理；

②电器元件的文字符号和图形符号。

(2)难点：

①根据实际要求,选用合适的电器元件；

②理解接触器与继电器的异同点。

3.1　低压电器基本知识

电器就是根据外界施加的信号和要求,能手动或自动地断开或接通电路,断续或连续地改变电路参数,以实现对电或非电对象的切换、控制、检测、保护、变换和调节的电工器械。这类电器按照电压等级可以分为高压电器和低压电器。其中低压电器,指的是连接额定电压交流不超过 1000 V 或直流不超过 1500 V 的电路。

3.1.1　低压电器分类

低压电器功能多样,用途广泛,其种类较多,分类方法也有多种形式,按用途可分为以下几类,如图 3－1 所示。

(1)控制电器:用于控制电器和控制系统的电器,如开关电器、信号电器、接触器、继电器等。

(2)保护电器:用于对电路及用电设备进行保护的电器,如熔断器、电压继电器、热继电器等。

(3)执行电器:用于完成某种动作或传送功能的电器,如电磁阀、电磁制动器等。

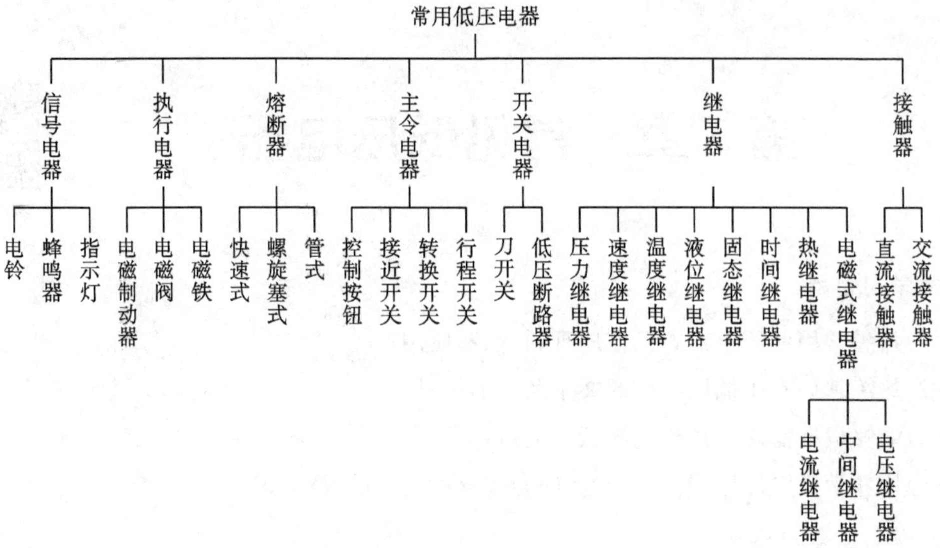

- 常用低压电器
  - 信号电器
    - 电铃
    - 蜂鸣器
    - 指示灯
  - 执行电器
    - 电磁制动器
    - 电磁阀
    - 电磁铁
  - 熔断器
    - 快速式
    - 螺旋塞式
    - 管式
  - 主令电器
    - 控制按钮
    - 接近开关
    - 转换开关
    - 行程开关
  - 开关电器
    - 刀开关
    - 低压断路器
  - 继电器
    - 压力继电器
    - 速度继电器
    - 温度继电器
    - 液位继电器
    - 固态继电器
    - 时间继电器
    - 热继电器
    - 电磁式继电器
      - 电流继电器
      - 中间继电器
      - 电压继电器
  - 接触器
    - 直流接触器
    - 交流接触器

图 3-1　低压电器分类

3.1.2　电磁式低压电器

电磁式低压电器是最常用的低压电器,由电磁机构、触点和灭弧装置三个主要部分组成,其中电磁线圈根据通入电流类型分为直流线圈和交流线圈两种。

1. 电磁机构

电磁机构的作用是将电磁能量转换成机械能量,带动触点动作使之闭合或断开,从而实现电路的接通或分断。

(1)电磁机构的结构。电磁机构由电磁线圈、铁芯和衔铁组成。交流电磁机构的铁芯由硅钢片叠加而成,为了增加散热面积,一般做得短而胖;直流电磁机构的铁芯由整块铸铁或铸钢制成,为了使线圈散热正常,一般做得长而瘦。

电磁线圈通入电流后,线圈会产生磁通,而磁通会在铁芯和衔铁中产生电磁吸力,吸引衔铁下移,带动触点系统接通或断开受控电路。

电磁线圈断电后,衔铁失去电磁吸力,在回位弹簧的作用下复位,触点系统则随即复位。

电磁机构的结构型式按照衔铁的运动形式可分为转动式和直动式,如图 3-2 所示。图 3-2(a)所示为衔铁沿棱角转动的拍合式铁芯,主要应用于直流接触器;图 3-2(b)为衔铁沿轴转动的拍合式铁芯,主要应用于触点容量较大的交流电器;图 3-2(c)为双 E 形直动式铁心,衔铁在电磁线圈内做直线运动,多用于中小容量的交流接触器、继电器。

(2)吸力特性与反力特性。电磁机构的动作过程体现作用在衔铁上的力有两个,其一是由电磁机构产生的电磁吸力，其二是由复位弹簧和触点弹簧产生反力。当电磁吸力大于反力时，电磁机构将吸合；当电磁吸力小于反力时，电磁机构将释放。

吸力特性：电磁机构使衔铁吸合的力与气隙的关系曲线称为吸力特性 。

反力特性：电磁机构使衔铁释放（复位）的力与气隙的关系曲线称为反力特性。

剩磁吸力特性：电磁机构断电后仍有一定的磁性吸力存在，称为剩磁吸力。剩磁吸力随气隙 δ 增大而减小。

要使衔铁吸合，应使吸力始终大于反力，如图 3－3 所示，要保证吸力特性在反力特性的上方；衔铁释放时，反力特性必须大于剩磁吸力。

（3）交流电磁机构短路环的作用对于单相交流电磁机构，由于电磁吸力的周期性变化，衔铁吸合时，会产生振动和噪声，容易损坏铁芯。可在铁芯端面上，取一部分截面嵌入一个闭合的短路环（见图 3－4），从而将端面分为两部分，产生不同相位的磁通 Φ_1 和 Φ_2，其产生的电磁吸力之和始终大于反力，从而消除了振动和噪声，确保电磁机构稳定工作。

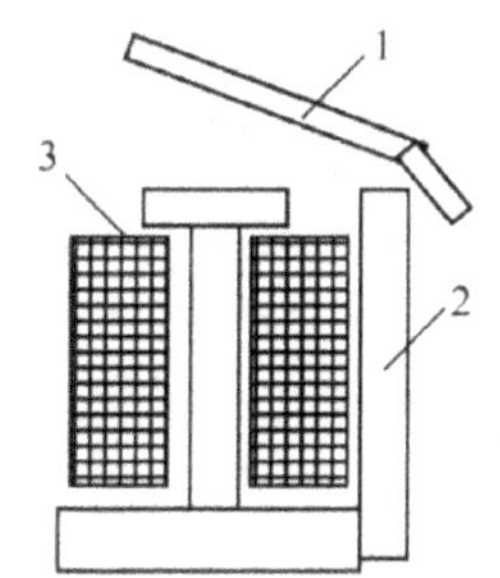

(a) 衔铁沿棱角转动的拍合式铁芯

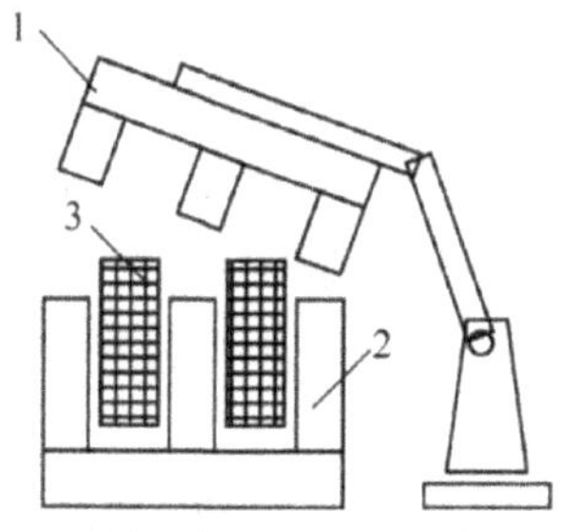

(b) 衔铁沿轴转动的拍合式铁芯

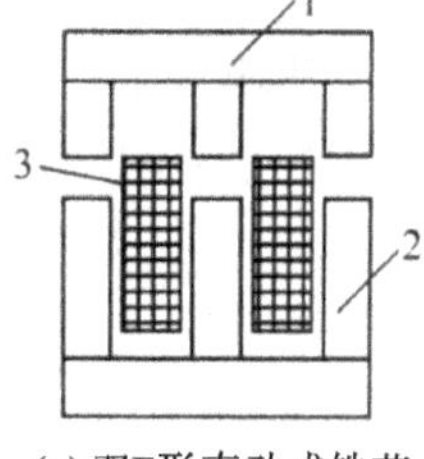

(c) 双E形直动式铁芯

1—衔铁；2—铁心；3—吸引线圈。

图 3－2　电磁机构的结构模式

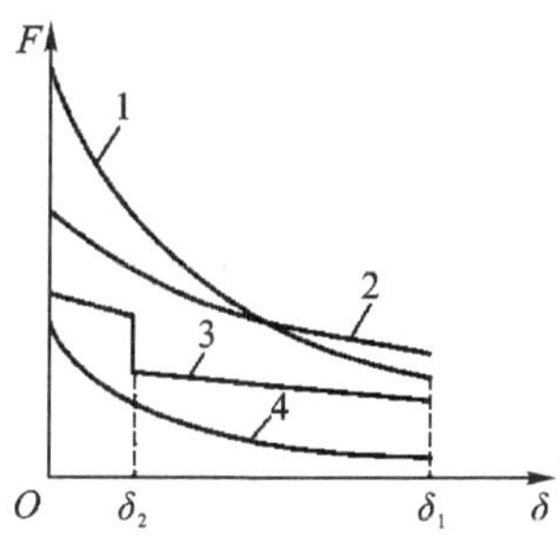

1—直流吸力特性与反力特性；2—交流吸力特性；3—反力特性；4—剩磁吸力特性。

图 3－3　吸力特性与反力特性

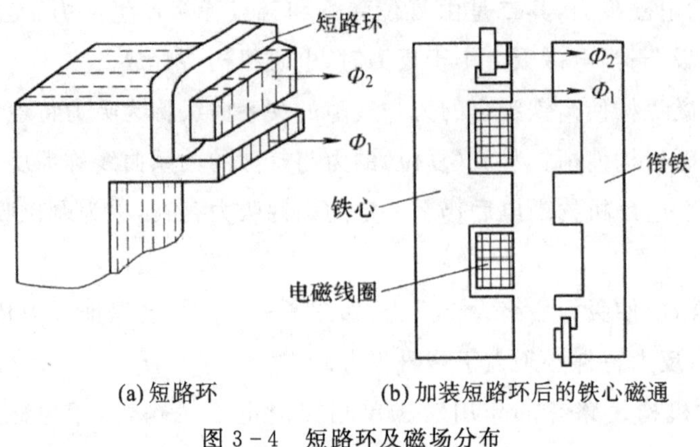

(a) 短路环　　(b) 加装短路环后的铁心磁通

图 3-4　短路环及磁场分布

2. 触点系统

触点系统是电器的主要执行部分，通过触点的开合可实现电路的接通和分断。常用的触点材料有铜、银、铂等，银质触点质量最好。低压电器的触点系统工作好坏直接关系到开关电器质量特性指标。

(1)接触形式。触点有点接触、面接触和线接触三种(见图 3-5)，一般来说，接触面越大则通电电流越大。点接触常用于电流小，接触压力小的电器中；线接触适用于通电次数多、电流大的场合；面接触一般用于大电流的场合。

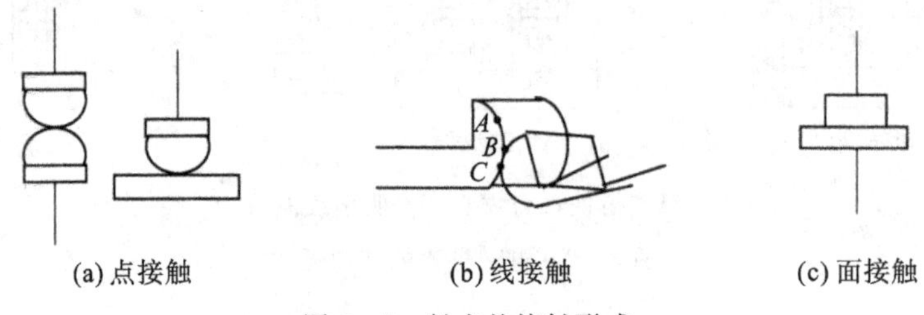

(a) 点接触　　(b) 线接触　　(c) 面接触

图 3-5　触点的接触形式

(2)结构形式。触点的结构形式主要有桥式触点和指形触点，如图 3-6 所示，按控制的电路可分为主触点和辅助触点。主触点接在控制对象的主电路中(常串接在低压断路器之后)控制其通断，辅助触点一般容量较小，用来切换控制电路。

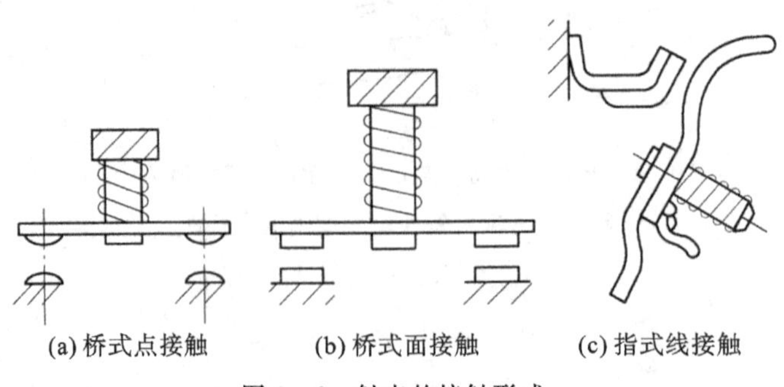

(a) 桥式点接触　　(b) 桥式面接触　　(c) 指式线接触

图 3-6　触点的接触形式

触点按原始状态可分为常开触点和常闭触点，线圈不带电时，动、静触点分开的称为常开触点，动、静触点闭合的称为常闭触点。

(3)接触电阻。触点闭合且有工作电流通过时，触点间的电阻称为接触电阻，其大小直接影响电路工作状态。接触电阻主要与触点的接触形式、接触压力、触点材料和触点表面状况等有关。

接触压力越大，接触电阻越小。为了消除触点在接触时的振动，减小接触电阻，在触点上装有压力弹簧，该弹簧在触点刚闭合时产生较小的压力，闭合后压力增大。

3. 灭弧装置

(1)电弧的产生。在通电的状态下，低压电器的动、静触点分开的瞬间，动静触点间微小间隙中的空气被击穿，由此引发电弧。电弧的本质是触点间隙中的气体在强电场作用下的放电现象。电弧的出现，会导致：原本应该断开的电路继续保持导通状态，延长了切断时间；会产生大量的热能和光能，使得触点材料被融化烧蚀，甚至出现触点粘连而不能断开；电源短路等问题，造成严重事故。因此，应当采取措施迅速熄灭电弧。

辩证思维方法论：任何事物都包含矛盾的两个方面，我们既要看到事物的一方面，也要看到事物的另一方面。电弧会产生大量的热能和光能，对电器元件造成伤害。但在我们机械制造行业，利用电弧快速产生的高热能可以加工和制造产品，如电弧焊接设备、电弧切割设备。在日常生活中，各位同学要学会能辩证地看待问题，“塞翁失马，焉知非福”，转变思路，将劣势转化为优势，利用和放大优势，消除或淡化劣势。

(2)灭弧方法。灭弧思路：利用电动力、磁力、机构等方法使得电弧被拉长/电弧被变短；降低弧柱温度；增加维持电弧所需的临界电压降。

方法一　磁吹灭弧

利用电弧在磁场中受力将电弧拉长，吹入灭弧罩后，电弧被冷却熄灭。磁吹灭弧广泛应用于直流灭弧装置中，其灭弧原理如图 3－7 所示。

在触点电路中串入一个磁吹线圈，当触点电流通过磁吹线圈时产生磁场，该磁场由导磁夹板 5 引向触点周围。由左手定则可知，电弧在吹弧线圈磁场中受一向上方向的力 F 的作用，电弧向上运动，被拉长并被吹入灭弧罩 6 中。引弧角 4 与静触点 8 相连接，其作用是引导电弧向上运动，将热量传递给灭弧罩罩壁，促使电弧熄灭。

不难看出，磁吹灭弧装置是利用电弧电流本身实现灭弧的，故电弧电流越大，其灭弧能力越强。

方法二　利用灭弧栅使得电弧降温灭弧

利用电磁力使得电弧进入到绝缘材料制作的灭弧窄缝中，让电弧强制降温，减小离子运动速度，加速等离子体中离子的复合作用。图 3－8 所示为灭弧栅灭弧示意图。

灭弧栅是一系列间距为 2～3mm 的钢片，它们被安放在低压开关电器的灭弧室中，彼此之间相互绝缘。

当动、静触点分开后，可能会产生原始电弧。一旦产生电弧，电弧周围就会产生磁场，导磁的钢片将电弧吸入栅片，电弧被栅片分割成许多串联的短电弧。虽然每两片灭弧栅片可以看作是一对电极，因为灭弧栅电极之间是相互绝缘的，故其绝缘效果极强，使得这些短电弧段在受到灭弧栅的绝缘和冷却作用下强制降温熄灭。

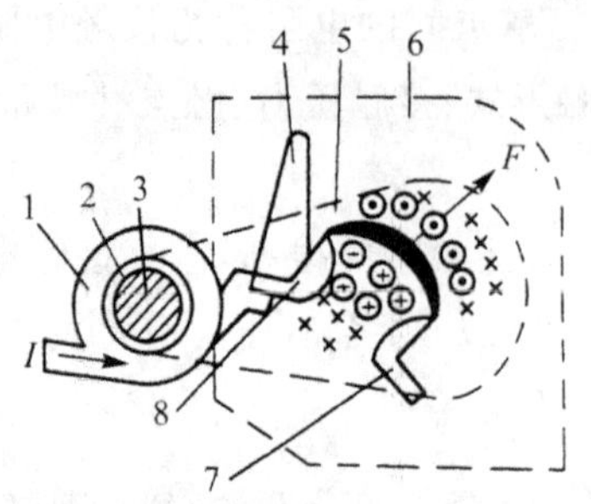

线圈；2—绝缘套；3—铁芯；4—引弧角；
夹板；6—灭弧罩；7—动触点；8—静触点。

图 3－7　磁吹灭弧示意图

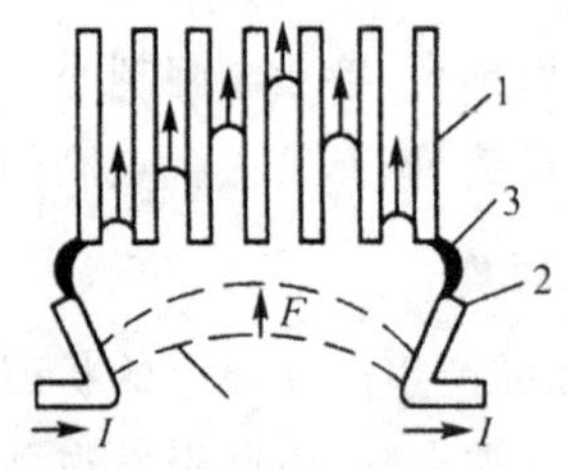

1—灭弧栅片；2—触头；3—电弧。

图 3－8　灭弧栅灭弧示意图

交流与思考　电弧具有导电性，总结低压电器灭弧的方法，其共性技术是什么？

3.2　接触器

接触器(见图 3－9)是一种能用来频繁地、远距离地接通或分断电动机主电路或其他负载电路的自动控制电器，还可以配合继电器实现定时操作、联锁操作、各种定量控制和失电压、欠电压保护等。

图 3－9　CJX2 系列交流接触器

根据主触点通过电流种类不同，接触器分为交流接触器和直流接触器。交流接触器的主要控制对象是电动机，也可以用来控制其他电力负载。交流接触器具有控制容量大、过载能力强、寿命长、设备简单经济等特点，是电力拖动与自动控制电路中使用最为广泛的低压电器之一。

3.2.1　接触器的结构和工作原理

接触器主要由电磁机构、触点系统(主触点和辅助触点)、灭弧系统、反力装置、支架和底座组成，如图 3 - 10 所示。

工作原理：当线圈带电后，衔铁向下运行带动动触点拍合在静触点上。由于动、静触点中的电流方向相反，所以电流在两者之间会产生电动斥力。动触点的压力弹簧片用于消除电动斥力的影响。当线圈失电后，动、静主触点在缓冲弹簧、触点弹簧和电动斥力的共同作用下返回到释放位置。

简单地说，接触器的工作原理就是通过通断控制电路的辅助触点来实现主电路主触点的通断。接触器的图形和文字符号如图 3 - 11 所示。

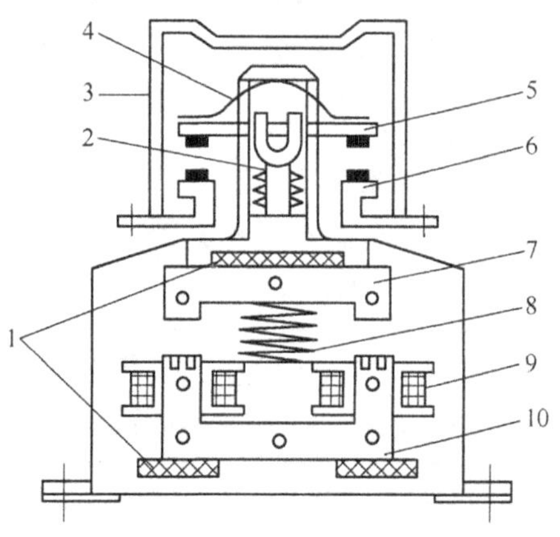

1—毡垫；2—触点弹簧；3—灭弧罩；
4—触点压力弹簧；5—动触点；6—静触点；
7—衔铁；8—弹簧；9—电磁线圈；10—铁芯

图 3 - 10　交流接触器结构示意图

交流接触器结构原理

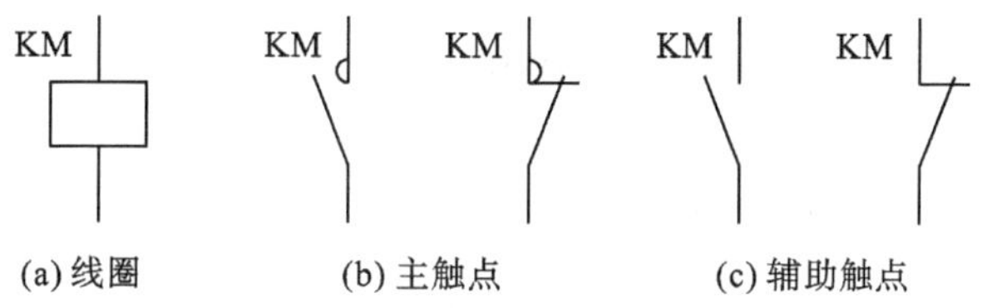

(a) 线圈　(b) 主触点　(c) 辅助触点

图 3 - 11　接触器的图形、文字符号

3.2.2　接触器的技术参数

接触器的技术参数是标明其应用场合和使用范围的重要技术指标，通常直接标识在接触器外壳上，包括：额定工作电压、额定工作电流、电磁线圈的额定电压、接通与分断能力和机械寿命和电气寿命等。

1. 额定工作电压

接触器的额定工作电压是指规定条件下允许主触点正常工作的电压值。

交流接触器的额定工作电压主要有 110 V、220 V、380 V、500 V、660 V、1140 V 等。

直流接触器的额定工作电压主要有 110 V、220 V、440 V、660 V 等。

2. 额定工作电流

接触器的额定工作电流是指规定条件下允许主触点正常工作的电流值。

交流接触器的额定工作电流有 10 A、15 A、25 A、40 A、60 A、100 A、150 A、250 A、400 A、600 A。

直流接触器的额定工作电流有 25 A、40 A、60 A、100 A、150 A、250 A、400 A、600 A。

3. 电磁线圈的额定电压

交流电磁线圈的额定电压等级有 36 V、110 V、220 V、380 V。

直流电磁线圈的额定电压等级有 24 V、48 V、220 V 等。

4. 接通与分断能力

接通与分断能力指接触器的主触点在规定的条件下，能可靠地接通和分断的电流值。一般情况下，主触点的接通与分断能力与接触器的负载类型有关，如表 3-1 所示。

表 3-1 主触点的接通与分断能力与接触器的负载类型

接触器种类	使用类别	控制对象(负载)	接通和分断能力
交流(AC)	AC-1	无感或微感负载、电阻炉、钨丝灯	允许接通和分断额定电流
	AC-2	绕线型电动机启动和运转中的分断控制	允许接通和分断 4 倍额定电流
	AC-3	笼型电动机启动和运转中的分断控制	允许接通 6 倍额定电流和分断额定电流
	AC-4	笼型电动机启动、反接制动、反向和点动控制	允许接通和分断 6 倍额定电流
直流(DC)	DC-1	无感或微感负载、电阻炉	允许接通和分断额定电流
	DC-2	并励电动机启动、反接制动、反向和点动控制	允许接通和分断 4 倍额定电流
	DC-3	串励电动机启动、反接制动、反向和点动控制	

5. 机械寿命和电气寿命

接触器是频繁操作电器，应有较长的机械寿命和电气寿命。目前，有些接触器的机械寿命已达一千万次以上；电气寿命一般是机械寿命的 5%～20%。

3.2.3 接触器的选用

接触器的选用应考虑被控制设备的使用要求，除负载类型外，还要考虑负载功率、操作频率、工作寿命、经济性和安装要求等。

1. 选择接触器的类型

根据接触器所控制的负载性质选择接触器的类型。一般情况下，交流负载应使用交流接触器，直流负载应使用直流接触器，具体类别可参考表 3－1。如果控制系统中主要是交流电动机，也可以选用交流接触器控制容量比较小的直流负载，但触点的额定电流应选大些。

2. 选择接触器的额定参数

根据被控对象和工作参数（如电压、电流、功率、频率及工作制等）确定接触器的额定参数，CJ20 系列交流接触器的主要技术参数如表 3－2 所示。

（1）根据负载的大小选择额定工作电流。负载的计算电流要小于接触器的额定工作电流。实际选择时还要考虑环境及工况要求。

（2）接触器吸引线圈的额定电压、电流及辅助触点的数量、电流容量应满足控制回路接线要求。根据控制要求，对照产品参数和样本手册进行选择。

表 3－2　CJ20 系列交流接触器的主要技术参数

型号	频率/Hz	辅助触点额定电流/A	吸引线圈电压/V	主触点额定电流/A	额定电压/V	可控制电动机最大功率/kW
CJ20－10	50	5	～36、127 220、380	10	380/220	4/2.2
CJ20－16				16		7.5/4.5
CJ20－25				25		11/5.5
CJ20－40				40		22/11
CJ20－63				63		30/18
CJ20－100				100		50/28
CJ20－160				160		85/48
CJ20－250				250		132/80
CJ20－400				400		220/115

3. 选择交流接触器的经验

（1）不同负载下交流接触器的选用。为了使接触器不会发生触点粘连烧蚀，延长接触器寿命，接触器要避开负载启动最大电流，还要考虑到启动时间的长短等不利因素，因此要对接触器通断运行的负载进行分析，根据负载电气特点和此电力系统的实际情况，对不同的负载启停电流进行计算校和。

（2）控制电热设备用交流接触器的选用。这类设备有电阻炉、调温设备等，其电热元件负载中用的是绕线电阻元件，接通电流可达额定电流的 1.4 倍，如果考虑电源电压升高等，电流还会更大。选用接触器时只要按照接触器的额定工作电流等于或大于电热设备工作电流的 1.2 倍即可。

(3)控制照明设备用的接触器的选用。照明设备的种类很多,不同类型的照明设备、启动电流和启动时间也不一样。如果启动时间很短,可选择其发热电流等于照明设备工作电流的 1.1 倍。启动时间较长以及功率因数较低时,可选择其发热电流比照明设备工作电流大一些。

(4)控制电焊变压器用接触器的选用。当接通低压变压器负载时,变压器因为二次侧的电极短路而出现短时的陡峭电流,在一次侧出现较大电流,可达额定电流的 15~20 倍,它与变压器的绕组布置及铁芯特性有关。电焊机会频繁地产生突发性的强电流,从而使变压器的初级侧的开关承受巨大的应力和电流,所以必须按照变压器的额定功率下电极短路时一次侧的短路电流及焊接频率来选择接触器。

(5)电动机用接触器的选用。电动机用接触器根据电动机使用情况及电动机类别来进行选用,可采用查表法及选用曲线法,根据样本及手册选用,不用再计算。

绕线式电动机接通电流及分断电流都是 2.5 倍额定电流,一般启动时在转子中串入电阻以限制启动电流,增加启动转矩,可选用转动式接触器。

对于一般设备用电动机,工作电流小于额定电流,启动电流虽然达到额定电流的 4~7 倍,但时间短,对接触器的触点损伤不大,接触器在设计时已考虑此因数,一般选用触点容量大于电动机额定容量的 1.25 倍即可。

交流与思考 *以不同车床为例,说明主轴电动机的控制用接触器如何选择?*

3.3 继电器

继电器是根据某种输入信号来接通或断开小电流控制电路,实现远距离控制和保护自动控制电器的。其输入量可以是电流、电压等电量,也可以是温度、时间、速度、压力等非电量,而输出则是触点的动作或者是电路参数的变化。

无论继电器的输入量是电气量还是非电气量,继电器工作的最终目的都是控制触点的分断或闭合,从而控制电路的通断。从这一点来看继电器与接触器的作用是相同的,但它与接触器又有区别,主要表现在以下两方面。

(1)所控制的线路不同。继电器主要用于小电流电路,反映控制信号。其触点通常接在控制电路中,触点容量较小,且无灭弧装置,不能用来接通和分断负载电路;而接触器用于控制电动机等大功率、大电流电路及主电路,一般需要加有灭弧装置。

(2)输入信号不同。继电器的输入信号可以是各种物理量,如电压、电流、时间、速度、压力等,而接触器的输入量只有电压。

继电器的种类很多,按输入信号的性质可分为电压继电器、电流继电器、时间继电器、温度继电器、速度继电器、压力继电器等;按工作原理可分为电磁式继电器、感应式继电器、电动式继电器、热继电器和电子式继电器等;按输出形式可分为有触点和无触点两类;按用途可分为控制用和保护用继电器等。

3.3.1　电磁式继电器

电磁式继电器是应用较多的一种继电器，其结构、工作原理与接触器类似，主要由电磁机构和触点系统组成，其没有灭弧装置，也没有主触点和辅助触点之分，如图 3 - 12 所示。电磁式继电器按继电器反映的参数可分为电压继电器、电流继电器、中间继电器等，其文字与图形符号如图 3 - 13 所示。

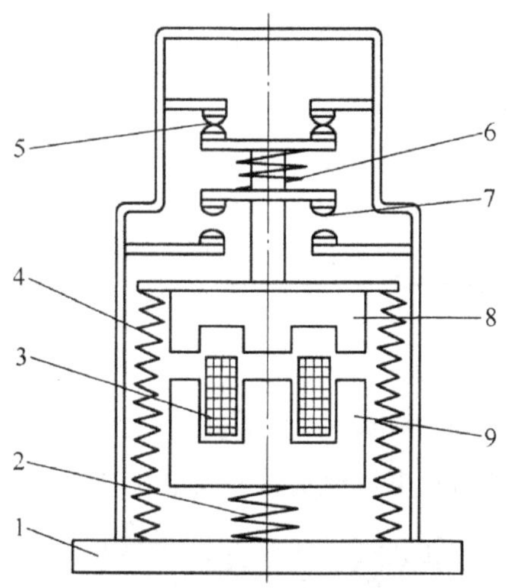

1—底座；2—铁心弹簧；3—电磁线圈；4—衔铁弹簧；5—动断触点；
6—触点弹簧；7—动合触点；8—衔铁；9—铁芯。

图 3 - 12　普通电磁式继电器结构简图

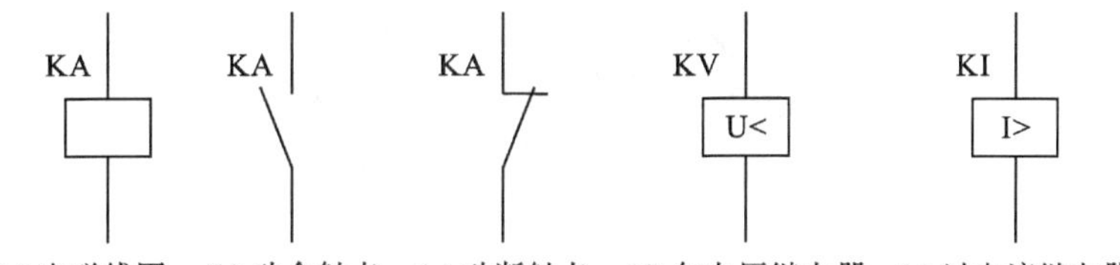

(a) 电磁线圈　(b) 动合触点　(c) 动断触点　(d) 欠电压继电器　(e) 过电流继电器

图 3 - 13　电磁式继电器的文字和图形符号

1. 电压继电器

根据电压大小而动作的继电器称为电压继电器。按线圈中电流的种类可分为交流电压继电器和直流电压继电器，按吸合电压大小不同，电压继电器有过电压、欠电压和零电压继电器之分。过电压继电器是当电压超过规定电压高限时，衔铁吸合；欠电压继电器是当电压小于所规定的电压低限时，衔铁释放；零电压继电器是当电压降低到接近零时，衔铁释放。电压继电器常用型号如 JT4，适用于交流 50 Hz，380 V 及以下的自动控制电路，具体技术参数如表 3 - 2 所示。

表 3-2　JT4 系列交流继电器技术参数

继电器类型	额定电压	参数可调范围	返回系数	触点数量	复位方式	机械寿命/(万次)	电寿命/(万次)
JT4-□□A 过电压继电器	110 220 380	吸合电压 105%～120%U_n	0.1～0.3	1 动合 1 动断	自动	1.5	1.5
JT4-□□P 零电压继电器	110 127 220 380	吸合电压 60%～85%U_n，或释放电压 10%～30% U_n	0.2～0.4	2 副任意组合		10	10

2. 电流继电器

根据电流值的大小而动作的继电器称为电流继电器，实物如图 3-14 所示。根据实际应用的要求，电流继电器可分为过电流继电器和欠电流继电器。

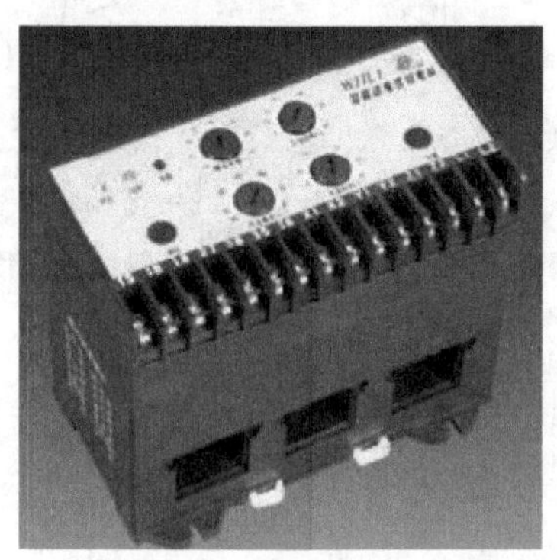

图 3-14　电流继电器实物图

过电流继电器在电路工作正常时不动作，而当电流超过某一整定值时衔铁才产生吸合动作，带动触点动作。通常，交流过电流继电器的吸合电流整定范围通常为 1.1～4 倍额定电流，直流过电流继电器的吸合电流整定范围通常为 0.7～3.5 倍额定电流。

由于过电流继电器在正常情况下（即电流在额定值附近）是释放的，只有当电路发生过电流时才动作。

欠电流继电器是当通过线圈的电流降低到某一整定值时，衔铁动作（被释放）。

3. 中间继电器

中间继电器是将一个输入信号变成一个或多个输出信号的继电器。实质上为电压继电器，它作为转换控制信号的中间元件，起到传递、放大、分路、翻转信号等作用。它的输入信号为线圈的通电或断电，输出信号是触点的动作，不同动作状态的触点分别将信号传给几个元件或回路。

中间继电器的基本结构及工作原理与接触器完全相同，输入信号都是电压，都是利用电磁机构的工作原理进行工作的；所不同的是，中间继电器用于小电流的控制电路，主要用来扩展触点数量，实现逻辑控制。接触器用于频繁地、远距离地接通或分断电动机主电路或其他负载电路。中间继电器是一种执行电器，它的触点分为主触点和辅助触点，大部分情况下其还带有灭弧装置。

中间继电器的触点对数较多，并且没有主、辅之分，实物如图 3－15 所示。

图 3－15　中间继电器实物图

交流与思考　中间继电器、过电流继电器、欠压继电器在电路中如何应用？

3.3.2　热继电器

当三相交流电动机出现长期带负荷欠电压运行、长期过载运行以及长期单相运行等不正常情况时，会导致电动机绕组严重过热乃至烧坏，热继电器是利用电流的热效应原理实施电动机的过载保护。当出现电动机不能承受的过载时，过载电流流过热继电器的热元件引起热继电器产生保护动作，配合交流接触器切断电动机电路。

热继电器分为单相、两相和三相式共三种类型，其中三相式热继电器常用于三相交流电动机做过载保护。按功能来分，三相式热继电器又有不带断相保护和带断相保护两种类型。

热继电器主要用来对异步电动机进行过载保护，它的工作原理是过载电流通过热元件后，使双金属片加热弯曲去推动动作机构来带动触点动作，从而将电动机控制电路断开实现电动机断电停车，起到过载保护的作用。鉴于双金属片受热弯曲过程中，热量的传递需要较长的时间，因此，热继电器不能用作短路保护，而只能用作过载保护热继电器的过载保护。

1. 热继电器的结构和工作原理

热继电器的形式多样，目前使用最多的是双金属片式，同时有的规格还带有断相保护功能。

双金属片热继电器主要由主双金属片、热元件、复位按钮、动作机构、触点系统、电路调节旋钮、复位机构和温度补偿元件等构成，结构如图 3－16 所示。

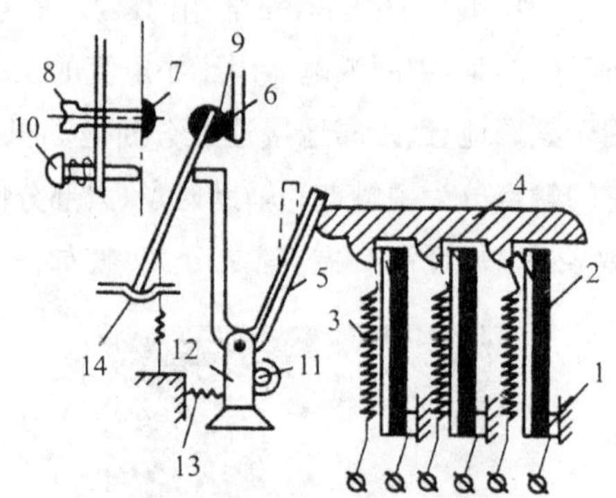

1—接线端子;2—主双金属片;3—热元件;4—推动导板;5—补偿双金属片;6—常闭触点;7—常开触点;8—复位调节螺钉;9—动触头;10—复位按钮;11—调节旋钮;12—支撑件;13—弹簧;14—推杆。

图 3-16 三相热继电器的结构示意图

继电器的形式多样,常用的有双金属片式和热敏电阻式,目前使用最多的是双金属片式,同时有的规格还带有断相保护功能。

双金属片热继电器主要由主双金属片、热元件、复位按钮、动作机构、触点系统、电路调节旋钮、复位机构和温度补偿元件等构成。

双金属片由两种不同热膨胀系数的金属片紧密地贴合在一起,膨胀系数大的称为主动层,膨胀系数小的称为被动层。图 3-16 中所示的双金属片,下层为主动层,上层为被动层。当电动机过载时,通过发热元件的电流超过整定电流,双金属片 2 受热变形,形成向图示左边翘曲,推动导板 4 向左运动,使常闭触点断开。由于常闭触点是接在电动机控制电路中的,它的断开会使得与其相接的接触器线圈断电,从而接触器主触点断开,电动机的主电路断电,实现了过载保护。

当电动机正常运行时,热元件产生的热虽然能使主双金属片弯曲,但是弯曲位移不足以使热继电器的触点动作。当电动机过载时,双金属片的弯曲位移加大,推动导板使常闭触点断开,从而切断电动机的工作电源,因此,热继电器不能用于瞬时过载保护,更不能做短路保护,只能用于电动机或其他用电设备的长期过载保护。热继电器动作后,双金属片经过一段时间冷却,自动/手动按下复位按钮即可复位。

热继电器的图形和文字符号如图 3-17 所示,实物如图 3-18 所示。

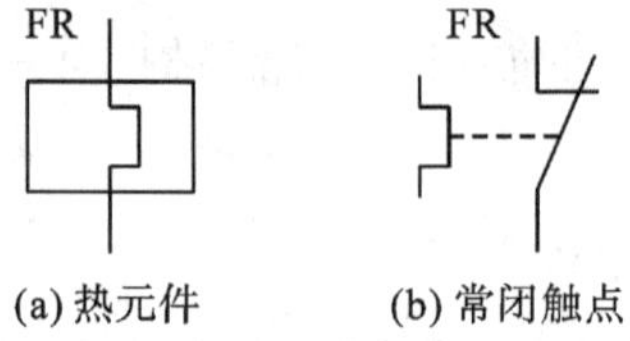

图 3-17 热继电器的图形和文字符号

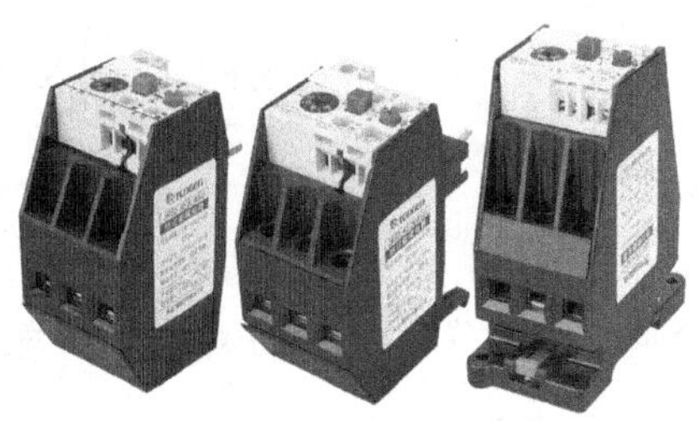

图 3-18　热继电器实物图

2. 热继电器的选择

(1)热继电器类型选择。热继电器从结构形式上可分为两极式和三极式。三极式又分为带断相保护和不带断相保护,选择哪种主要根据被保护电动机的定子接线情况决定。

当电动机定子绕组为三角形接法时,必须采用三极式带断相保护的热继电器;但若电动机定子绕组采用星形接法时,热继电器用两极式或三极式都可以。当电网的均衡性较差,三相负载不平衡时,应选用三相热继电器。当电动机的电流、电压均衡性较差、工作环境恶劣或较少有人看管时,可选用三相结构的热继电器。

热继电器工作原理

特殊工作制电动机的保护,如正反转及通断密集工作的电动机,可选用埋入电动机绕组的温度继电器的方法来保护。

(2)热继电器额定电流的选择。在正常的启动电流和启动时间、非频繁启动的场合,必须保证电动机的启动不致使热继电器误动。一般可按电动机的额定电流来选择热继电器,实际中,热继电器的额定电流可略大于电动机的额定电流。

电动机的绝缘材料允许的温升各不相同,因而其承受过载的能力也不相同,在选择热继电器时应引起注意。虽然热继电器的选择从原则上讲是按电动机的额定电流来考虑,但对于过载能力较差的电动机,它所配的热继电器(或热元件)的额定电流就应适当小些。

(3)热元件整定电流选择。整定电流就是热继电器动作设定值,运行电流低于整定电流时热继电器不会工作,高于整定电流时热继电器会动作,保护控制设备。

根据热继电器型号和热元件额定电流,即可查出热元件整定电流的调节范围。通常将热继电器的整定电流调整到电动机的额定电流。对承受过载能力差的电动机,可将热元件整定电流调整到电动机额定电流的 0.6～0.8 倍。当电动机启动时间较长、拖动冲击负载或不允许停车时,可将热元件整定电流调节到电动机额定电流的 1.1～1.15 倍。

3.3.3　时间继电器

时间继电器是一种利用电磁原理、机械动作原理或电子电路原理实现触点延时接通(闭合)或断开的自动控制电器。按延时方式的不同,时间继电器可分为通电延时型、断电延时型,其文字与图形符号如图 3-19 所示。时间继电器按工作原理分类,有电磁式、电动机式、空气阻尼式、电子式等,目前最常用的是电子式时间继电器,如图 3-20 所示。

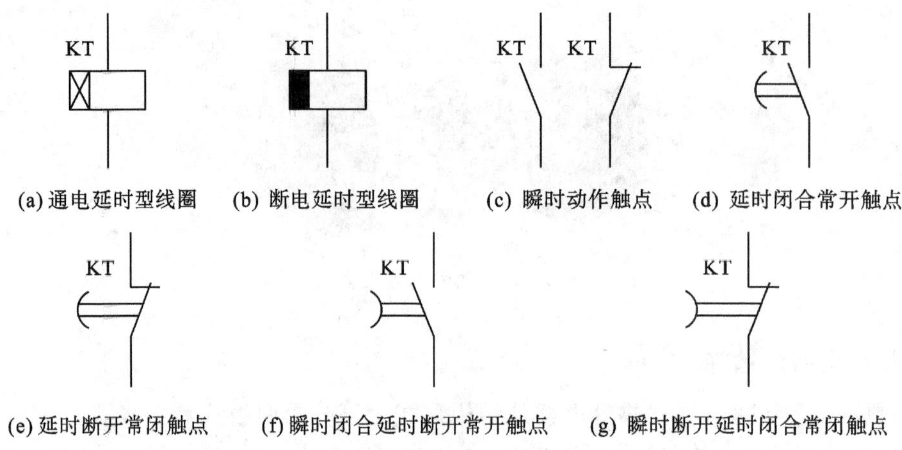

(a) 通电延时型线圈　(b) 断电延时型线圈　(c) 瞬时动作触点　(d) 延时闭合常开触点

(e) 延时断开常闭触点　(f) 瞬时闭合延时断开常开触点　(g) 瞬时断开延时闭合常闭触点

图 3-19　时间继电器文字、图形符号

图 3-20　电子式时间继电器

通电、断电延时型继电器

通电延时型时间继电器在其感测部分得到输入信号后即开始延时，延时完毕通过执行部分，即触点系统输出开关量信号以操纵控制电路。当输入信号消失时，继电器就立即恢复到动作前的状态。

与通电延时型相反，断电延时型时间继电器在其感测部分得到输入信号后，执行部分立即动作；当线圈电压消失后，继电器必须经过一定的延时，才能恢复到原来(即动作前)的状态，并且有信号输出。

电子式时间继电器常用的有阻容式时间继电器，它是利用电容对电压变化的阻尼作用来实现延时的。这类产品具有延时范围广、精度高、体积小、耐冲击、耐振动、调节方便以及寿命长等优点。这类产品有 JSl3、JSl4、JSl5 及 JS20 系列，其中 JS20 系列(见图 3-21)为全国推广的统一设计产品，与其他系列相比，具有通用性强，工作稳定可靠，精度高，延时范围广，输出触点容量大等特点。它的改进型产品采用了可编程定时器集成电路，且增加了脉动型产品，进一步提高了延时精度和延时范围。

JS20 系列晶体管时间继电器适用于交流 50 Hz、电压 380 V 及以下或直流 110 V 及以下的控制电路，作为时间控制元件，按预定的时间延时，或周期性地接通或分断电路。JS20 系列晶体管时间继电器具有保护式外壳，全部元件装在印制电路板上，然后与插座用螺钉紧固，装入塑料壳中。外壳表面装有铭牌，其上有延时刻度，并有延时调节旋钮。它有装置式和面板式两种型式，装置式具有带接线端子的胶木底座，它与继电器本体部分采用插座连接，然后用底座上的两只尼龙锁扣锚紧。面板式采用的是通用的八大脚插座，可直接安装在控制台的面板上。

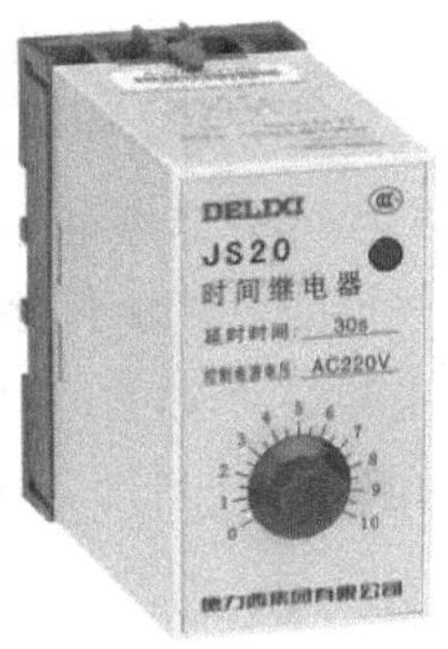

图 3－21　JS20 时间继电器

4. 时间继电器的选用

时间继电器的选用主要是延时方式和参数配合问题，选用时要考虑以下几个方面。

(1)根据控制系统的延时范围和延时精度要求选择时间继电器的类型和系列。

(2)根据控制电路的要求选择时间继电器的延时方式。

(3)根据控制电路的电压选择时间继电器的工作电压。

5. 时间继电器的安装与使用

(1)时间继电器应按说明书规定的方向安装。

(2)时间继电器的整定值应预先在不通电时整定好。

(3)时间继电器金属底板上的接地螺钉必须与接地线可靠连接。

(4)通电延时型和断电延时型时间继电器的延时时间可在整定范围内自行调换。

交流与思考　电子式时间继电器能否完全替代电磁式时间继电器。

3.3.4　速度继电器

速度继电器又称为反接制动继电器，是用来反映转速与转向变化的继电器，主要用于三相鼠笼型异步电动机的反接制动控制，图 3－22 所示为速度继电器的实物图。

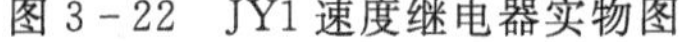

图 3－22　JY1 速度继电器实物图

速度继电器

1. 速度继电器的结构与工作原理

速度继电器主要由转子、定子及触点三部分组成(见图 3-23)。转子是一个圆柱形永久磁铁,定子是一个鼠笼型空心圆环,由硅钢片叠成,并装有鼠笼型绕组。当电动机运转时,与电动机转子同轴连接的速度继电器转子也随之旋转。此时,速度继电器笼型转子中就会产生感应电动势和感应电流,该感应电流与磁场作用而产生电磁转矩。在该电磁转矩的作用下,摆锤 5 顺着电动机运转方向偏转一定角度,随着转速的提高偏转角度越来越大,当达到一定转速时摆锤 5 推动簧片使速度继电器的常闭触点断开,常开触点闭合。当电动机转速低于某一数值时,定子产生的转矩减小,触点在簧片作用下复位。一般速度继电器都具有两对转换触点,一对用于正转时动作,另一对用于反转时动作。

速度继电器的文字和图形符号如图 3-24 所示。常用的速度继电器有 JY1 型和 JFZO 型两种。

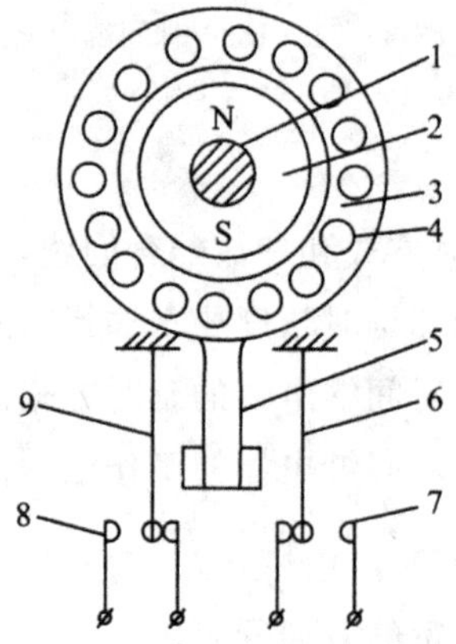

1—转轴;2—转子;3—定子;4—绕组;5—摆锤;6、9—簧片;7、8—静触点。

图 3-23 感应式速度继电器的原理示意图

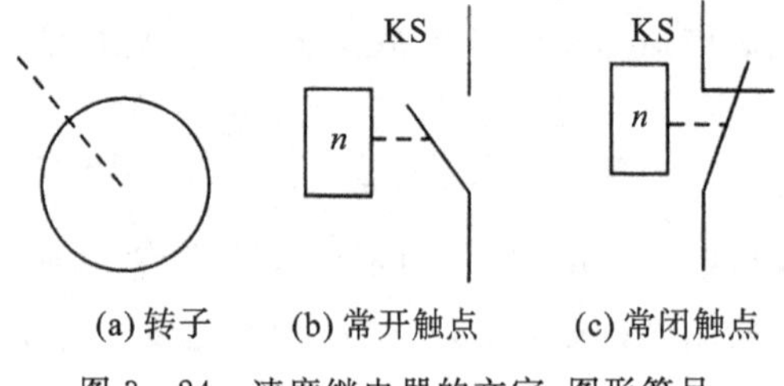

(a) 转子　(b) 常开触点　(c) 常闭触点

图 3-24 速度继电器的文字、图形符号

3.3.5 其他继电器

1. 温度继电器

温度继电器主要应用于温度检测和保护,以及精度要求不高的场合。温度继电器的文字、图形符号如图 3-25 所示。

温度继电器原理示意图如图 3－26 所示，用双金属片作为感温组件的温控开关，将两种热膨胀系数相差悬殊的金属或合金彼此牢固地复合在一起形成双金属片，电器正常工作时，双金属片处于自由状态。当温度升高到一定值，双金属片就会由于下层金属膨胀伸长大，上层金属膨胀伸长小而产生向上弯曲的力，弯曲到一定程度便能带动电触点，实现接通或断开负载电路的功能；温度降低到一定值，双金属片逐渐恢复原状，恢复到一定程度便反向带动电触点，实现断开或接通负载电路的功能，从而起到控温作用。

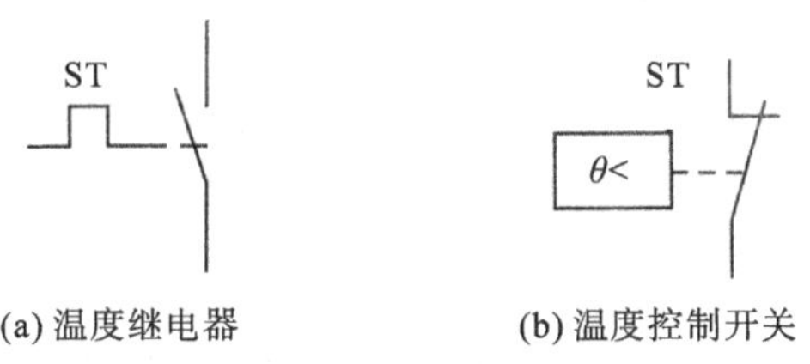

图 3－25　温度继电器和温度控制开关

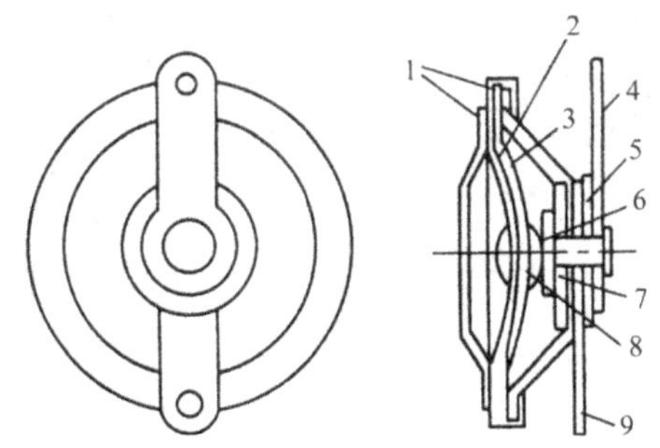

1—外壳；2—双金属片；3—导电片；4、9—连接片；
5、7—绝缘垫片；6—静触点；8—动触点。

图 3－26　温度继电器的原理示意图

2. 液位继电器

液位继电器主要用于对液位的高低进行检测并发出开关量信号，以控制电磁阀、液泵等设备对液位的高低进行控制，实物如图 3－27 所示，液位继电器文字和图形符号如图 3－28 所示，其应用于精度要求不高的场合。对于精度要求高的，有差压式液位传感器等产品。

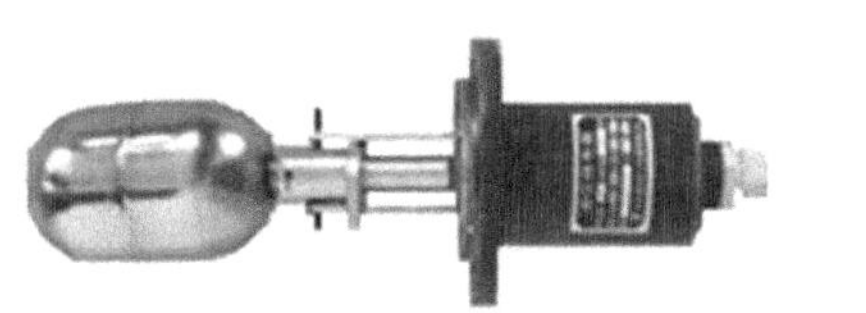

图 3－27　液位继电器实物图

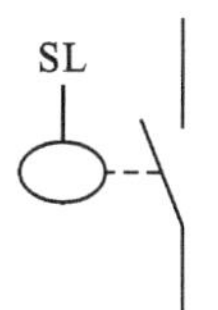

图 3－28　液位继电器文字和图形符号

液位继电器工作原理如图 3－29 所示，浮筒置于液体内，浮筒的另一端为一根磁钢，靠近磁钢的液体外壁也装一根磁钢，并和动触点相连，当水位上升时，受浮力上浮而绕固定支点上浮，带动磁钢条向下，当内磁钢 N 极低于外磁钢 N 极时，由于液体壁内外两根磁钢同性相斥，壁外的磁钢受排斥力迅速上翘，带动触点迅速动作。

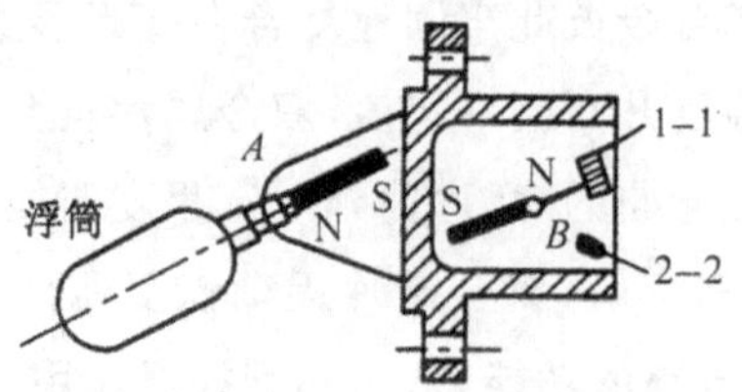

图 3-29　液位继电器的原理示意图

同理，当液位下降，内磁钢 N 极高于外磁钢 N 极时，外磁钢受排斥力迅速下翘，带动触点迅速动作。液位高低的控制是由液位继电器安装的位置来决定的。

3. 压力继电器

压力继电器用于检测各种气体和液体压力的变化，实物图如图 3-30 所示，文字和图形符号如图 3-31 所示。

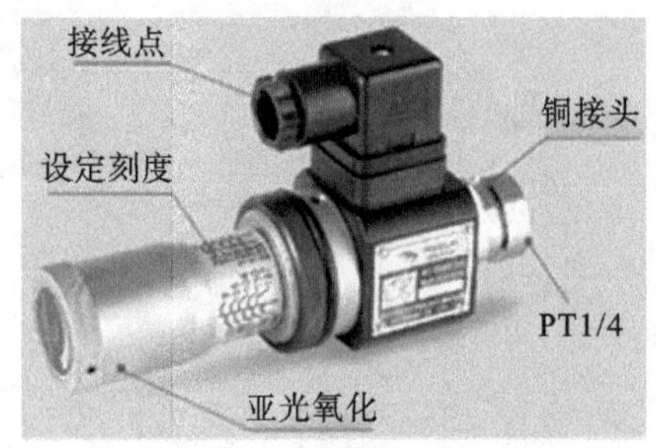

图 3-30　压力继电器实物图

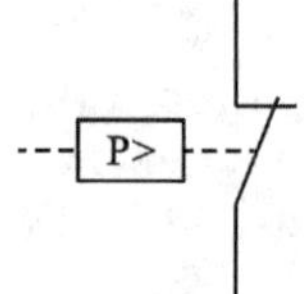

图 3-31　压力继电器的文字和图形符号

压力继电器是利用液体的压力来启闭电气触点的液压电气转换元件。当系统压力达到压力继电器的调定值时，发出电信号，使电气元件(如电磁铁、电动机、时间继电器、电磁离合器等)动作，使油路卸压、换向，执行元件实现顺序动作，或关闭电动机使系统停止工作，起安全保护作用等。

压力继电器有柱塞式、膜片式、弹簧管式和波纹管式四种结构形式。柱塞式压力继电器(见图 3-32)的工作原理如下。

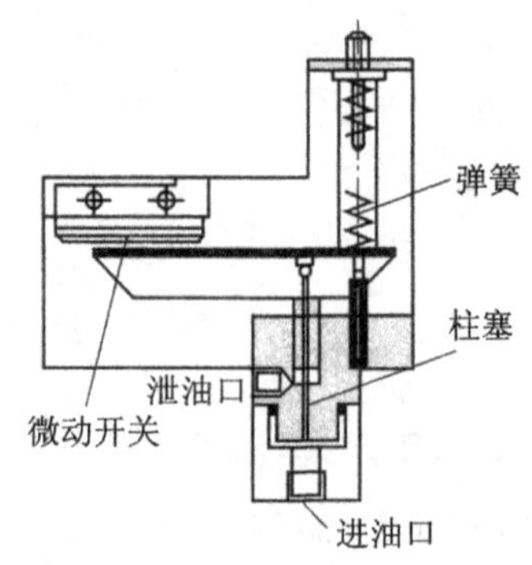

图 3-32　柱塞式压力继电器的原理示意图

当从继电器下端进油口进入的液体压力达到调定压力值时，将推动柱塞上移，此位移通过杠杆放大后推动微动开关动作。改变弹簧的压缩量，可以调节继电器的动作压力。

应用场合：用于安全保护、控制执行元件的顺序动作、用于泵的启闭、用于泵的卸荷。

注意　压力继电器必须放在压力有明显变化的地方才能输出电信号。若将压力继电器放在回油路上，由于回油路直接接回油箱，压力也没有变化，所以压力继电器也不会工作。

压力继电器的主要性能有以下几个方面。

(1)调压范围。压力继电器能够发出电信号的最低工作压力和最高工作压力的范围称为调压范围。

(2)灵敏度与通断调节区间。系统压力升高到压力继电器的调定值时，压力继电器动作接通电信号的压力称为开启压力；系统压力降低，压力继电器复位切断电信号的压力称为闭合压力。开启压力与闭合压力的差值称为压力继电器的灵敏度。差值小则灵敏度高。为避免系统压力波动时压力继电器时通时断，要求开启压力与闭合压力有一定的差值，此差值若可调，则称为通断调节区间。

(3)升压或降压动作时间。压力继电器入口侧压力由卸荷压力升至调定压力时，微动开关触点接通发出电信号的时间称为升压动作时间，反之，压力下降，触点断开发出断电信号的时间称为降压动作时间。

(4)重复精度。在一定的调定压力下，多次升压(或降压)过程中，开启压力或闭合压力本身的差值称为重复精度，差值小则重复精度高。

4. 固态继电器

固态继电器是一种无触点继电器，是全部由固态电子元件组成的新型无触点开关器件，它利用电子元件的开关特性，可达到无触点无火花地接通和断开电路的目的。它既有放大驱动作用，又有隔离作用，很适合驱动大功率开关式执行机构，较之电磁继电器可靠性更高，且无触点、寿命长、速度快，对外界的干扰也小，目前主要应用于自动控制装置、微型计算机数据处理系统的终端装置、可编程控制器的输出模块、数控机床的数控装置以及用在线控制的测量仪表中。

固态继电器有多种产品，按照负载电源类型可分为直流型固态继电器和交流型固态继电器。工作时只要在 A、B 上加上一定的控制信号，就可以控制 C、D 两端之间的“通”和“断”，实现“开关”的功能，工作原理如图 3－33 所示。

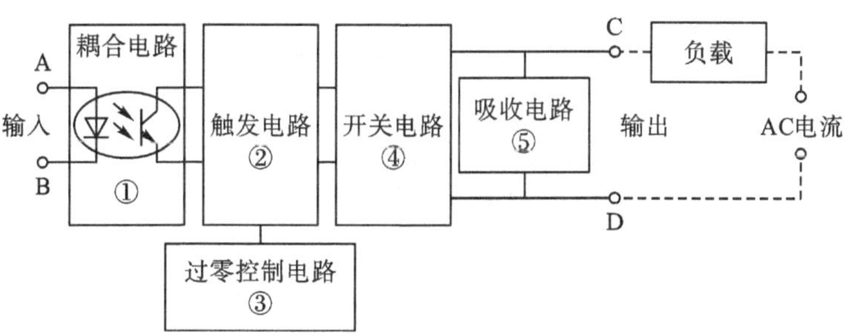

图 3－33　固态继电器的工作原理

固态继电器的选用，首先，要考虑的是负载电压是AC还是DC，以确定是否选择AC-SSR或DC-SSR。其次，应考虑负载电源的电压，该电压不能大于输出额定电压且不能小于固态继电器的最小电压。第三，考虑负载电压的大小和瞬态电压。最后，考虑固态继电器的输出电流，对于一般的电阻负载，可以基于标称值的60%选择额定有效工作电流值。此外，可以考虑使用快速熔断器和空气开关来保护输出回路。固态继电器实物如图3-34所示，文字和图形符号如图3-35所示。

图3-34　固态继电器实物图

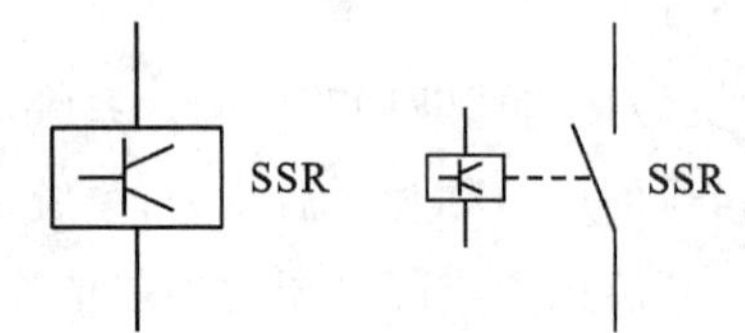

图3-35　固态继电器的文字和图形符号

3.4　信号电器

信号电器用于指示电气控制系统的工作状态，或发出报警信息。常用的信号电器有指示灯、蜂鸣器和电铃等。

3.4.1　指示灯

指示灯[见图3-36(a)]在各类电器设备及电气线路中用于做电源指示及指挥信号、预告信号、运行信号、事故信号及其他信号的指示。

指示灯主要是以颜色变换的方式引起操作者注意或者指示操作者进行某种操作，并作为某一种状态或指令正在执行或已被执行的指示。

指示灯的文字和图形符号如图3-36(b)所示。不同颜色的指示灯，用于表征控制系统的不同状态，如红色——紧急情况/危险，绿色——状态正常，黄色——异常状态等。

(a) 指示灯实物　　(b) 文字、图形符号

图3-36　指示灯实物及文字图形符号

3.4.2　蜂鸣器和电铃

蜂鸣器和电铃常用于发出声响报警信号。蜂鸣器(见图 3－37)多用于控制系统的报警，而电铃(见图 3－38)多用于比较空旷或比较嘈杂的工作现场。

按构造方式的不同，蜂鸣器可分为电磁式蜂鸣器和压电式蜂鸣器。压电式蜂鸣器使用的是压电材料，即当受到外力导致压电材料发生形变时压电材料会产生电荷。电磁式蜂鸣器主要是利用通电导体会产生磁场的特性，用一个固定的永久磁铁与通电导体产生磁力推动固定在线圈上的鼓膜。

两种蜂鸣器发声原理不同，压电式结构简单耐用但音调单一，适用于报警器等设备，而电磁式由于音质好，所以多用于语音、音乐等设备。

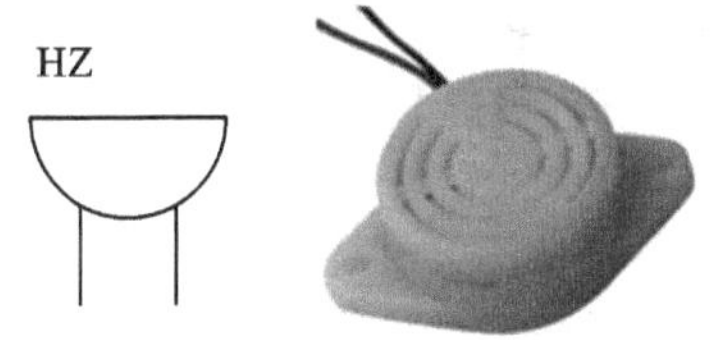

图 3－37　蜂鸣器实物及文字图形符号

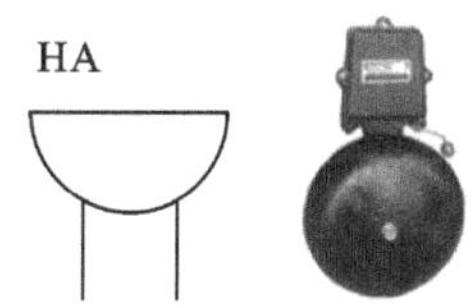

图 3－38　电铃实物及文字图形符号

3.5　低压断路器

3.5.1　结构和工作原理

低压断路器俗称空气开关，是一种自动开关，如图 3－39 所示。它是一种既有手动开关作用，又能自动进行失压、欠压、过载和短路保护的电器。用于分配电能、不频繁地启动异步电动机和对电源线路及电动机等的保护。当发生严重的过载、短路或欠电压等故障时能自动切断电路，而且在分断故障电流后一般不需要变更零部件，是低压配电线路应用非常广泛的一种保护电器。

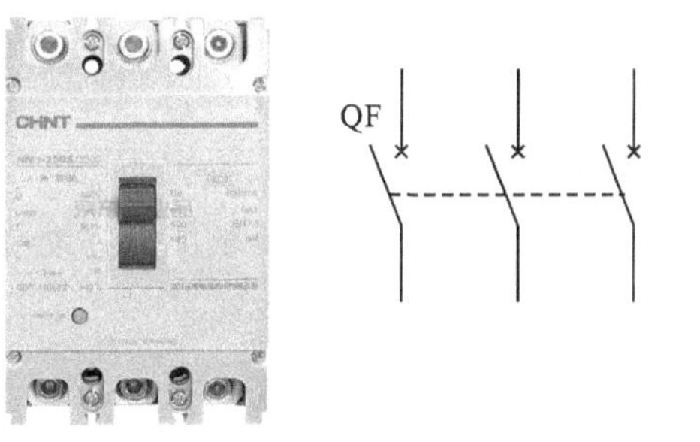

(a) 低压断路器实物　　(b) 文字图形符号

图 3－39　低压断路器实物及文字图形符号

低压断器

低压断路器由触点、灭弧系统和各种脱扣器(过电流脱扣器、失压脱扣器、热脱扣器、远程控制脱扣器)组成。

低压断路器的主触点是靠手动操作或电动合闸的。主触点闭合后,自由脱扣机构将主触点锁在合闸位置上,如图 3-40 所示。过电流脱扣器的线圈和热脱扣器的热元件与主电路串联,欠电压脱扣器的线圈和电源并联。

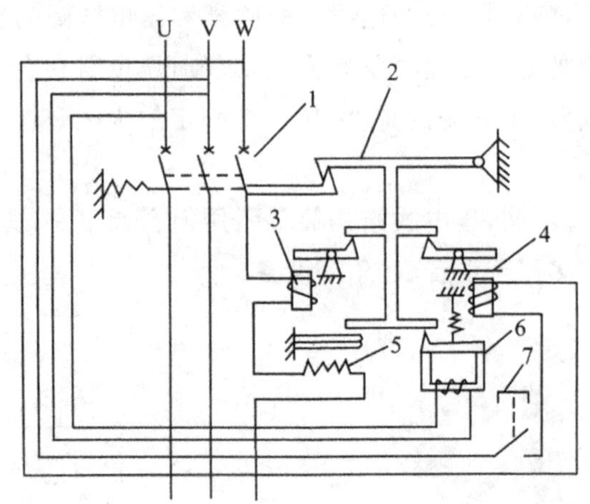

1—主触头;2—自由脱扣器;3—过电流脱扣器;4—分励脱扣器;
5—热脱扣器;6—欠电压脱扣器;7—分励脱扣器按钮。

图 3-40 低压断路器工作原理

当电路发生短路或严重过载时,过电流脱扣器 3 的衔铁吸合,使自由脱扣机构 2 动作,主触点断开主电路。当电路过载时,热脱扣器 5 的热元件发热使双金属片上弯曲,推动自由脱扣机构 2 动作。当电路欠电压时,欠电压脱扣器 6 的衔铁释放,也使自由脱扣机构动作。分励脱扣器 7 则作为远距离控制使用,在正常工作时,其线圈是断电的,在需要远距离控制时,按下启动按钮,使线圈通电,衔铁带动自由脱扣机构 2 动作,使主触点断开。

若去掉脱扣器,当电路发生故障后,脱扣机构无法动作,会使故障范围扩大。

3.5.2 分类

低压断路器按结构形式可分为开启式和装置式两种。开启式又称为框架式或万能式,装置式又称为塑料壳式,低压断路器命名规则如图 3-41 所示。

(1)装置式断路器。装置式断路器有绝缘塑料外壳,内装触点系统、灭弧室及脱扣器等,可手动或电动(对大容量断路器而言)合闸。有较高的分断能力和动稳定性,有较完善的选择性保护功能,广泛用于配电线路。目前常用的有 DZ15、DZ20、DZX19 和 C65N 等系列产品。

(2)框架式低压断路器 。框架式断路器一般容量较大,具有较高的短路分断能力和较高的动稳定性。适用于在交流 50 Hz,额定电流 380 V 的配电网络中作为配电干线的主保护。

框架式断路器主要由触点系统、操作机构、过电流脱扣器、分励脱扣器及欠压脱扣器、附件及框架等部分组成，全部组件进行绝缘后装于框架结构底座中。目前我国常用的有DW15、ME、AE、AH 等系列的框架式低压断路器。

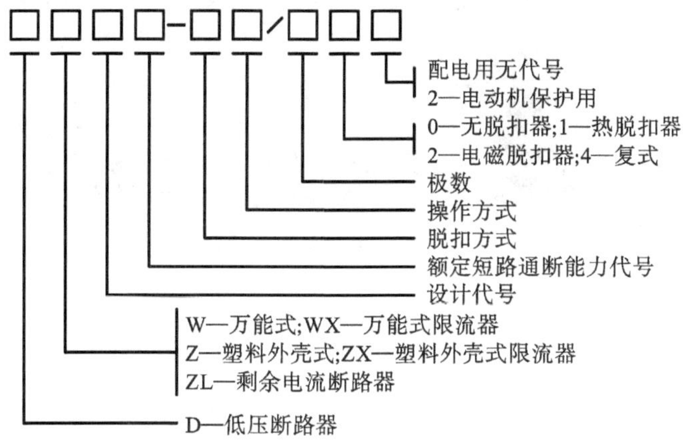

图 3 - 41　低压断路器型号命名规则

3.5.3　主要技术参数

低压断路器的主要技术参数包括额定电压、额定电流、额定(短路)分断电流、极数等。

1. 额定电压(kV)

额定电压指断路器正常工作时，系统的额定(线)电压。这是断路器的标称电压，断路器应能保持在这一电压的电力系统中使用，最高工作电压可超过额定电压 15% 。

2. 额定电流(kA)

额定电流指断路器在规定使用和性能条件下可以长期通过的最大电流(有效值)。当额定电流长期通过高压断路器时，其发热温度不应超过国家标准中规定的数值。

3. 额定(短路)分断电流(kA)

额定(短路)分断电流指在额定电压下，断路器能可靠切断的最大短路电流周期分量有效值，该值表示断路器的断路能力。

4. 级数

断路器极数就是断路器能接和能分断的相线和零线数量，一般用 P 表示，单极是 1P，以此类推，极数就是指切断线路的导线根数。1P 也叫单极，接线头只有一个，只能断开一根相线，这种开关适用于控制一相火线；1P＋N 也叫 1P 带零，这种开关接线头有 2 个，但是和 2P 开关的区别是它只断开火线而不会断开零线；2P 也叫双极或两极，这种开关适用于控制一相线一零线；3P 也叫三极，适用于控制三相 380V 的电压线路；3P＋N 也叫三相带零，接线头有四个，和 4P 开关的主要区别是它只断开三相火线，而不会断开零线；4P 也叫四极，适用于控制四相四线制线路，如图 3 - 42所示。

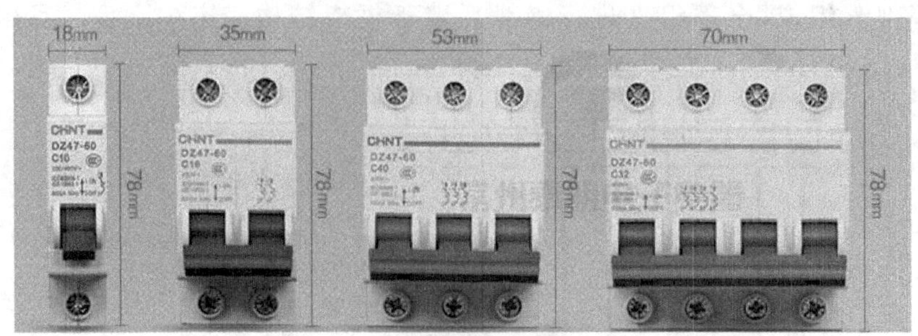

图 3-42　低压断路器极数

3.5.4 选用原则

(1)根据线路对保护的要求确定断路器的类型和保护形式——确定选用框架式、装置式或限流式等。

(2)断路器的额定电压 U_N 应等于或大于被保护线路的额定电压。

(3)断路器欠压脱扣器额定电压应等于被保护线路的额定电压。

(4)断路器的额定电流及过流脱扣器的额定电流应大于或等于被保护线路的计算电流。

(5)断路器的极限分断能力应大于线路的最大短路电流的有效值。

(6)配电线路中的上、下级断路器的保护特性应协调配合,下级的保护特性应位于上级保护特性的下方且不相交。

(7)断路器的长延时脱扣电流应小于导线允许的持续电流。

3.6　主令电器

主令电器是自动控制系统中用于发送和转换控制命令的电器,主要用于控制电路,不能直接分合主电路。常见类型有控制按钮、位置开关、万能转换开关、主令控制器和指示灯等。

主令电器是在控制系统中发出指令的电器,一般用来控制接触器、继电器等。

主令电器的种类繁多,按功能分,有控制按钮、位置开关、行程开关、选择开关和万能转换开关、微动开关、接近开关和主令开关等,还有信号灯。

3.6.1　控制按钮

控制按钮是一种手动操作且可以自动复位的主令电器,其结构简单,使用广泛,可以与接触器或继电器配合,对电动机实现远距离的自动控制,用于实现控制线路的电气联锁。

按钮开关的结构较多,有嵌压式、紧急式、钥匙式、旋钮式、带信号灯式、带灯揿钮式等,如图 3-43 所示。按钮开关的颜色有红、绿、黑、黄、蓝、白等,按国家标准规定,红色按钮做停止按钮,绿色按钮做启动按钮。按钮开关内的触点对数及类型可根据需要组合,一般有动合(常开)触点、动断(常闭)触点及复合触点三种类型,其图形和文字符号如图 3-44 所示。

图 3-43　控制按钮实物图

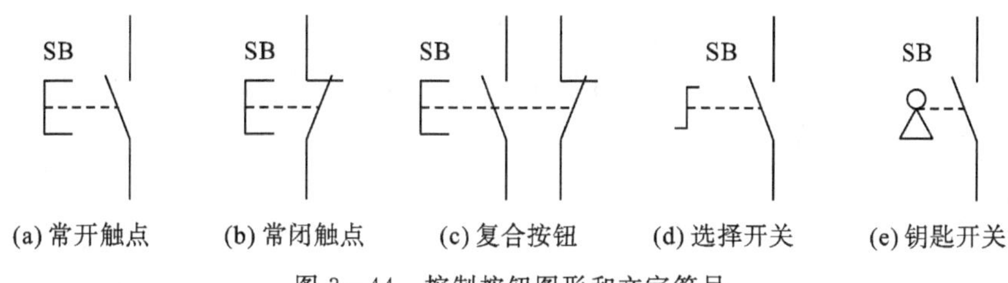

(a) 常开触点　(b) 常闭触点　(c) 复合按钮　(d) 选择开关　(e) 钥匙开关

图 3-44　控制按钮图形和文字符号

1. 结构组成及工作原理

如图 3-45 所示，控制按钮由按钮帽、复位弹簧、桥式触点和外壳等组成，通常做成复合式，即具有常闭触点和常开触点。按下按钮时，先断开常闭触点，后接通常开触点；按钮释放后，在复位弹簧的作用下，按钮触点自动复位。通常，在无特殊说明的情况下，有触点电器的触点动作顺序均为“先断后合”。注意：常开触点未闭合而常闭触点分离的瞬间。

按钮开关结构

1—按钮帽；2—复位弹簧；3—动触点；4—动断触点；5—动合触点。

图 3-45　控制按钮结构图

2. 型号及选用

控制按钮的型号及含义如图 3-46 所示，其中结构形式代号的含义：K—开启式，适用于嵌装在操作面板上；H—保护式，带保护外壳，可防止内部零件受机械损伤或人偶然触及带电部分；S—防水式，具有密封外壳，可防止雨水浸入；F—防腐式，能防止腐蚀性气体进入；J—紧急式，带有红色大蘑菇钮头(突出在外)，作紧急切断电源用；X—旋钮式，用旋钮旋转进行操作，有通和断两个位置；Y—钥匙操作式，用钥匙插入进行操作，可防止误操作或供专人操作；D—光标按钮，按钮内装有信号灯，兼作信号指示。

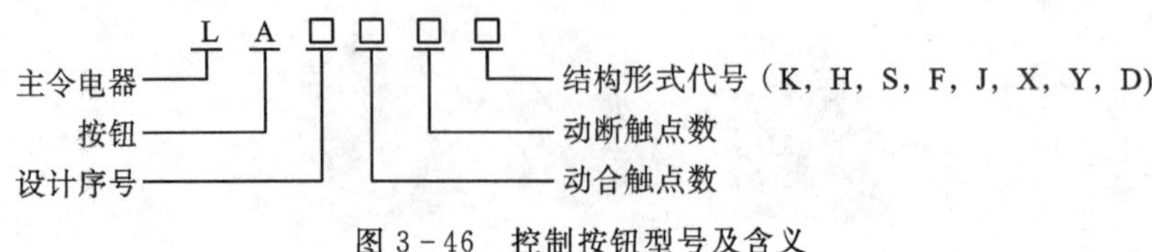

图 3-46　控制按钮型号及含义

常用的按钮开关有 la2、la4、la10、la18、la19、la20、la25、la32、la38、lay1、lay3、lay4、lay6、lay37 等系列产品。例如，lay37 按钮适用于在交流 50 Hz、电压最大 380 V、电流 3 A 的控制电路中作控制、信号、连锁等用途。选用按钮开关时，主要根据使用场合、触点类型和数量、按钮的尺寸、额定电压、额定电流、颜色等来决定。

3.6.2　万能转换开关

万能转换开关(见图 3-47)是一种多档式、控制多回路的主令电器，广泛应用于各种配电装置的电源隔离、电路转换、电动机远距离控制等，也常作为电压表、电流表的换相开关，还可用于控制小容量的电动机。

万能转换开关的手柄操作位置是以角度表示的。不同型号的万能转换开关的手柄有不同万能转换开关的触点，电路图中的图形符号如图 3-48(a)所示，由于其触点的分合状态与操作手柄的位置有关，所以除在电路图中画出触点图形符号外，还应画出操作手柄与触点分合状态的关系。图 3-48(b)中当万能转换开关打向左 45°时，触点 1—2、3—4、5—6 闭合，触点 7—8 打开；打向 0°时，只有触点 5—6 闭合，右 45°时，触点 7—8 闭合，其余打开。

图 3-47　万能转换开关

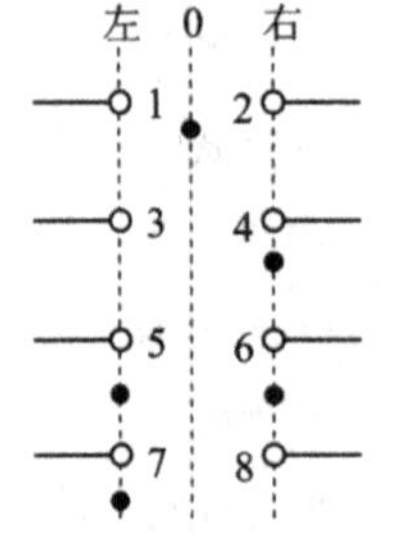

(a) 画“·”标记表示

触　点	位　置		
—	左	0	右
1–2		×	
3–4			×
5–6	×		×
7–8	×		

(b) 接通表表示

图 3-48　万能转换开关图形符号及接通表

3.6.3　行程开关

1. 原理

行程开关(见图 3－49)是控制生产机械的运动方向、速度、行程大小或位置的一种自动控制器件。其利用机械中某些运动部件碰撞行程开关的滚轮,使开关内的限位触点动作接通或断开,以达到自动控制电气(器)或机床的往返行程。行程开关的作用原理与按钮的原理相同,区别是按钮借用外力(手指)按压。行程开关是利用机械运动部件的碰撞、顶压使其触点动作。实际就是机械互相碰撞使输出的信号变成控制电气(器)信号的一种控制方法,其电气符号如图 3－50 所示。

图 3－49　行程开关实物

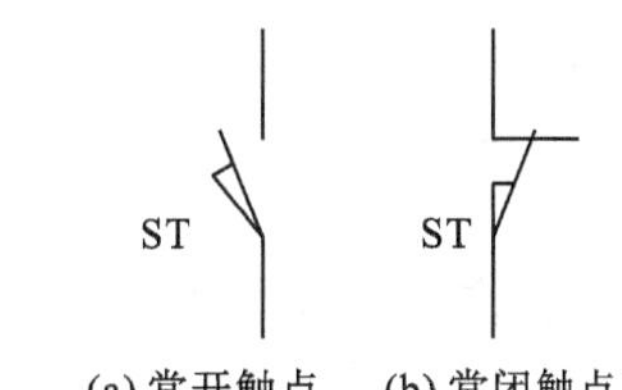

(a) 常开触点　(b) 常闭触点

图 3－50　行程开关图形和文字符号

微动行程开关
滚轮式行程开关

2. 种类

行程开关的种类很多,按其控制方式可分为机械式和电子式;按其结构可分为直动式(按钮式)、转动式(滚轮式)和微动式;按其复位方式可分为自动复位和非自动复位;按其触点性质可分为有触点式和无触点式等。机械式行程开关的型号有多种,它所具有的触点对数也有多有少,但基本结构大致相同,区别仅为使行程开关动作的传动装置有所不同。由于机械触点易磨损,反应速度慢,所以在重要场合已不再使用有触点的行程开关了。

3. 选择原则

行程开关主要根据机械运动和位置对其触点的数目和要求来选择:当机械运动部件即撞块的运动较快时,可选用直动式(按钮式)行程开关;当机械运动部件即撞块的运动较慢时,可选用转动式(滚轮式)行程开关;当机械运动部件的动作极限行程和动作压力均很小时,或在一些小型机构中,可选用微动式行程开关;当要求精确控制机械运动部件的运动和位置时,可选用电子式无触点行程开关。

(1)应按照使用场所的外界环境选择其防护形式(开启式、防护式)。

(2)根据控制回路的电压和电流选择采用何种系列的行程开关。

(3)根据机械与行程开关的受力与位移关系选取合适的头部结构形式。

(4)根据所需触点数量来选择行程开关的触点数量。

(5)安装时,应将生产机械运动部件上的挡块和滚轮的安装距离调整在适当的位置,使行程开关受力后能可靠动作,又不至于因受力过猛而损坏。

3.6.4 接近开关

接近开关(见图 3－51)不仅用于行程控制和限位保护,还用于高速计数、测速、液面控制,检测金属体的存在、零件尺寸以及有无触点按钮等。由于其具有非接触、无触点的特点,即使用于一般行程控制,其定位精度、操作频率、使用寿命和对恶劣环境的适应能力也优于一般机械式行程开关,但接近开关测量距离短,抗电磁干扰能力差。

接近开关是一种开关,其通断是利用位移传感器对接近物体的敏感特性来达到目的。如一般数控机床上作为限位的接近开关是利用其金属挡块在感应面的接近和远离而控制其通断的。根据用途不同,感应物可以是金属、非金属或人。感应开关按引线可分二线式和三线式,按极性又可分为 PNP 式和 NPN 式,按触点通断状态分为常开式和常闭式,其文字图形符号如图3－52所示。

图 3－51　接近开关实物图

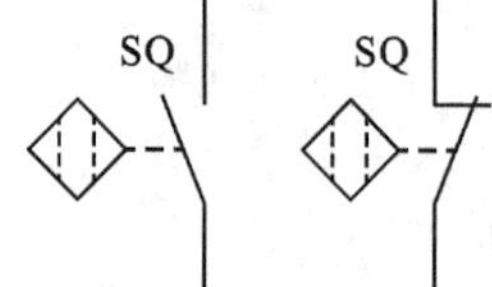

图 3－52　接近开关图形和文字符号

接近开关按其外形可分为圆柱型、方型、沟型、穿孔(贯通)型和分离型。圆柱型比方型安装方便,但其检测特性相同,沟型的检测部位是在槽内侧,用于检测通过槽内的物体。

3.6.5 光电开关

光电开关(见图 3－53)在不与被测物体接触情况下,通过被测物体对光束的反射/阻断来检测被测物体,并将光信号转换成电信号后传输至自动化系统,光电开关的检测距离一般在零点几米至数十米。可用于非接触、无损伤地检测和控制各种固体、液体、透明体、黑体、柔软体和烟雾等物质的状态和动作。它具有体积小、功能多、寿命长、精度高、响应速度快、检测距离远,以及抗电磁干扰能力强等优点。目前,光电开关已被用作物位检测、液位控制、产品计数、宽度判别、速度检测、定长剪切、孔洞识别、信号延时、自动门传感、色标检出以及安全防护等诸多领域。

图 3－53　光电开关实物

光电开关是以光辐射来驱动的电子开关,若有一定强度的光辐射投射到光电开关的光敏器件上,其就会产生开关动作。因此光电开关被广泛应用到各种生产设备中,用于液位检测、产品计数、物位检测等。

光电开关的检测模式有多种，例如漫反射式、对射式、镜反射式、槽式、光纤式等光电开关。

漫反射式光电开关的工作原理：利用物体对投光器辐射出来的光线所产生的反射有无或强弱来检测物体是否存在或是否有反射率。例如镜反射式和对射式光电开关工作原理：根据光轴是否被物体遮挡或阻断来检测物体是否存在或者是否有透射率。

槽型光电开关也是单个使用，红外发射管和红外接收管装在槽的不同端。当被检测物经过检测槽时，红外光被阻挡，槽型光电开关就会输出开关信号。用的红外线传感器就是漫反射式光电开关，要让其稳定工作，则需要将其置于在照度高的条件下工作。

光电开关使用注意事项：

(1)在光电开关使用时，须保证使用场合的洁净。

(2)对于强酸强碱的环境，以及化学腐蚀较强的场合严禁使用，以免发生危险。

(3)在户外或者是阳光直射的地方尽量避免使用。

(4)在恶劣的天气或是温度环境变化比较大的地方最好不要使用，一些容易发生冲击和振动的区域也需要及时避开。

(5)在使用光电开关时，对于水、油飞溅的环境，也要尽量地避免。

交流与思考 举例说明接近开关、光电开关和限位开关的应用场合，在什么条件下能用无触点开关替代相位开关？

3.7 智能电器

所谓智能电器，是指在某一方面或整体上具有人工智能的电器元件或系统。随着现代信息电子技术、电力电子技术、微机控制技术、现代传感器技术、数字通信技术及计算机网络技术的多学科交叉和融合，电器逐渐向智能化发展，出现了各种智能电器。在智能电器领域，各种开关电器、控制电器和保护电器在配电和用电系统、供电小区或智能大厦的电气设备等方面得到广泛应用，以实现监测、控制及保护等方面的自动化和智能化。本节以智能断路器、智能接触器为例对智能电器进行简单介绍。

3.7.1 智能断路器

智能断路器除了具备原有的断路器功能以外，还新增了感知功能，判断功能以及执行功能，能够在快速准确地收集大量范围内的信息之后，通过对信息数据的分析处理，然后再根据数据发出操作指令，实现自动的监控与操作功能。

智能断路器通常有框架式和塑料外壳式两种。框架式主要用于智能化自动配电系统中的主断路器，塑料外壳式主要用于配电网络中分配电能和作为线路及电源设备的控制与保护，亦可用作三相笼型异步电动机的控制。智能断路器的特征是采用了以微处理器或单片机为核心的智能控制器(智能脱扣器)，它不仅具备普通断路器的各种保护功能，同时还具备实时显示电路中的各种电气参数(电流、电压、功率、功率因数等),对电路进行在线监视、自行调节、测量、试验、自诊断、可通信等功能;其能对各种保护功能的动作参数进行显示、设定和修改;保护电路动作时的故障参数能够存储在存储器中以便查询。

新型智能断路器在现有断路器的基础上引入了智能控制单元,其由数据采集、智能识别和调节装置三个基本模块构成。智能识别模块是智能控制单元的核心,由微处理器构成的微机控制系统能根据操作前所采集到的电网信息和主控制室发出的操作信号,自动地识别操作时断路器所处的电网工作状态,根据对断路器仿真分析的结果决定出合适的分合闸运动特性,并对执行机构发出调节信息,待调节完成后再发出分合闸信号;数据采集模块主要由新型传感器组成,随时把电网的数据以数字信号的形式提供给智能识别模块,以进行处理分析;执行机构由能接收定量控制信息的部件和驱动执行器组成,用来调整操动机构的参数,以便改变每次操作时的运动特性。此外,还可根据需要加装显示模块、通信模块以及各种检测模块,以扩大智能操作断路器的智能化功能。

3.7.2 智能接触器

智能接触器的主要特征是装有智能化电磁系统,并具有与数据总线及其他设备之间相互通信的功能,其本身还具有对运行工况自动识别、控制和执行的能力。智能型交流接触器的主要特征是装有智能型电磁系统,其控制回路包括电压检测电路、吸合信号发生电路和保持信号发生电路;它能判别门槛吸合电压,当控制电源电压低于接触器门槛吸合电压时,不发出吸合信号,接触器不能合闸并有相应显示;接触器吸合后能降低激磁电流,达到节能的目的。

智能接触器一般由基本系列的电磁接触器及附件构成。附件包括智能控制模块、辅助触点组、机械联锁装置、报警模块、测量显示模块、通信接口模块等,所有智能化功能都集成在一块以微处理器或单片机为核心的控制板上。从外形结构上看,智能接触器与传统产品不同的是在出线端位置增加了一块带中央处理器及测量线圈的,机电一体化的电路板。

1. 智能化电磁系统

智能接触器的核心是具有智能化控制的电磁系统,对接触器的电磁系统进行动态控制。由接触器的工作原理可见,其工作过程可分为吸合过程、保持过程、分断过程三部分,是一个变化规律十分复杂的动态过程。电磁系统的动作质量依赖于控制电源电压、阻尼机构和反力弹簧等,并不可避免地存在不同程度的动、静铁芯的“撞击”“弹跳”等现象,甚至造成触点熔焊和线圈烧损等,即传统的电磁接触器的动作具有被动的“不确定”性。

智能接触器能对接触器的整个动态工作过程进行实时控制,根据动作过程中检测到的电磁系统的参数,如线圈电流、电磁吸力、运动位移、速度和加速度、正常吸合门槛电压和释放电压等参数,进行实时数据处理,并依此选取事先存储在控制芯片中的相应控制方案以实现确定的动作,从而同步吸合、保持和分断三个过程,保证触点开断过程的电弧能量最小,可实现最佳实时控制。检测元件主要采用高精度的电压互感器和电流互感器,这种互感器与一般的互感器不同,如电流互感器是通过测量一次电流周围产生的磁通量并使之转化为二次侧的开路电压，依此确定一次侧的电流，再通过计算，从而获取与控制对象相匹配的保护特性，并具有记忆、判断功能，能够自动调整与优化保护特性。经过对被控制电路的电压和电流信号的检测、判别和变换过程，实现对接触器电磁线圈的智能控制，并可实现过载、断相或三相不平衡、短路、接地故障等保护功能。

2. 双向通信与控制接口

智能接触器能通过通信接口直接与自动控制系统的通信网络相连，通过数据总线可输出工作状态参数、负载数据和报警信息等，还可接收上位计算机及 PLC 的控制指令，其通信接口可与当前工业上应用的大多数低压电器数据通信协议兼容。

3. 新型智能接触器产品介绍

目前智能接触器的产品有日本富士电动机公司的交流接触器、美国西屋公司的 A 系列智能接触器、ABB 公司的 AF 系列智能接触器、金钟-默勒公司的 DIL－M 系列智能接触器。国内也有不少厂家将微处理器、单片机作为控制器，研制开发了各种交、直流智能接触器。智能接触器的具体应用大家参考产品说明书。

本章小结

本章介绍机电传动控制系统常用低压电器的工作原理、用途、型号规格、符号等知识。具体包括以下内容：

(1)低压电器的概念和分类，应明确控制电器、保护电器、执行电器的用途。

(2)常用低压电器的工作原理、动作特点及技术参数，能够根据需求选择合适的低压电器。

(3)常用低压电器的图形和文字符号，能够识别电气控制电路中常用低压电器的图形和文字符号。

学习成果检测

一、基础习题

1. 常用低压电器怎样分类？它们各有哪些用途？
2. 电磁式电器由哪几部分组成？各有何作用？
3. 电磁机构的吸力特性与反力特性应如何配合？
4. 低压电器中常见的灭弧方法有哪些，其原理是什么？
5. 过电流继电器和欠电流继电器有什么作用？
6. 时间继电器的文字图形符号？
7. 简述热继电器的组成和工作原理。说明热继电器是怎样保护电动机的？
8. 低压断路器主要由哪些部分构成？它的热脱扣器、失电压脱扣器是怎样工作的？
9. 速度继电器主要由哪几部分组成？简述其工作原理。

二、思考题

1.在电气控制线路中，既装设熔断器，又装设热继电器，各起什么作用？能否互相代用？

2.中间继电器和接触器有何异同？在什么条件下中间继电器可以替代接触器？

三、讨论题

1.从结构和功能上比较接触器和低压断路器的区别。

2.交流接触器和直流接触器的结构有哪些不同？

3.正在工作的电动机，如何实现失电保护(断电后再来电不会继续工作)？

4.时间继电器的触点状态和动作。

四、自测题(请登录课程网址进行章节测试)

第 4 章　基本控制线路

本章数字资源

1. 学习目标

(1)按照国标规定的文字符号和图形符号,能够阅读电气控制线路。

(2)掌握典型电气控制电路关键环节和控制原理。

(3)了解基本控制电路对可靠性、安全性的要求,在分析电路时能综合考虑安全、环境、健康、与人和谐等因素。

(4)通过学习让学生懂得学习要善于继承、勇于创新。

2. 学习重点与难点

(1)重点。掌握常见的典型继电器控制电路:如电动机正反转电路、顺序控制电路及降压启动电路等。

(2)难点。掌握电气原理图的分析方法,能全面、辩证地看待电气控制系统等相关技术问题。

在各行各业广泛使用的电气设备和生产机械中,大多是以电动机作为动力来拖动生产机械的,不同的生产机械和电气设备的控制要求不同,必须配备各种电气控制设备和保护设备,组成一定的电气控制电路,以满足生产工艺的要求,实现生产过程的自动化。

电气控制设备的种类繁多、功能各异,但就其控制原理、基本电气控制电路、设计方法等方面都相差不大。电气控制系统中,把各种有触点的接触器、继电器、按钮、行程开关等元器件通过导线按一定的控制方式连接起来的组合电路,称为电气控制电路。这类电路组成的电气控制系统也称为继电器-接触器控制系统。

各种生产机械的电气控制电路无论是简单的还是复杂的,都是由一些比较简单的基本控制环节有机地组合而成的。在设计、分析控制电路和判断故障时,一般都是从这些基本控制环节入手的。因此,掌握电气控制电路的基本环节以及一些典型电路的工作原理、分析方法和设计方法,将有助于我们掌握复杂电气控制电路的分析和设计方法。

本章主要以电动机或其他执行器件(如电磁阀)为控制对象,介绍由各种低压电器构成的基本电气控制电路,包括三相笼型异步电动机的起动、运行、制动等基本控制电路及顺序控制、行程控制、多地控制等典型控制电路。尽管这种有触点的控制方式在灵活性和可靠性方面不及后续介绍的 PLC 控制,但它以其逻辑清楚、结构简单、价格便宜、抗干扰能力强等优点而被广泛使用。本章是分析和设计机械设备电气控制电路的基础,要求大家熟练掌握,这样对后续学习 PLC 控制系统将会有很大帮助。

4.1 电气控制电路的绘图原则及标准

为了表达生产机械电气控制系统的结构、原理等，将各电气元件及其连接关系用一定的图形符号和文字符号表达出来，这就是电气控制电路。简单地说：就是用导线将按钮、接触器等低压电器连接起来的继电器控制系统，实现一定的控制要求。电气控制系统图的特点：结构简单、价格低廉、容易掌握，是最广泛最基本的电气控制，在工业生产中一直广泛应用。

电气控制系统图一般有三种：电气原理图、电气安装接线图和电气元器件布置图。它们用统一的图形符号及文字符号绘制而成。在图上用不同的图形符号来表示各种电气元器件，并用不同的文字符号来说明电气元器件的名称、用途，主要特征等。其图纸尺寸一般选用：297 mm×210 mm、297 mm×420 mm、297 mm×630 mm、297 mm×840 mm 四种幅面。

4.1.1 电气图中的图形符号及文字符号

电气图形符号是电气技术领域必不可少的工程语言。只有正确识别和使用电气图形符号和文字符号，才能阅读电气图和绘制符合标准的电气图。

在电气控制系统图中，电器元件的图形符号和文字符号必须使用国家统一规定的图形符号和文字符号。

当前执行的最新标准：GB/T4728—2005—2008《电气简图用图形符号》，GB/T5465—2008—2009《电气设备用图形符号》。

4.1.2 电气原理图的绘制原则

1. 绘制电气原理图的基本原则

电气原理图是电气控制系统设计的核心，是用来表示各电气元器件中导线部分的连接关系和工作原理的图。其不考虑实际安装位置和实际接线，只是把元器件按顺序用符号展开在平面图上，用直线将各元件连接起来，具有结构简单、层次分明、便于研究和分析电路的工作原理等优点。

原理图一般分为主电路和辅助电路两部分，主电路是电气控制电路中大电流通过的部分，包括从电源到电动机之间的电气元器件，一般由组合开关、熔断器、接触器主触点、热继电器热元件和电动机等组成。辅助电路是电气控制电路中除主电路以外的电路，包括控制电路、照明电路、信号电路和保护电路，辅助电路中流过的电流较小。其中控制电路由按钮、接触器和继电器的电磁线圈以及辅助触点、热继电器触点、保护电器触点等组成。现以图4－1所示的 CW6132 型车床电气原理图为例来说明绘制电气原理图的基本原则和注意事项。

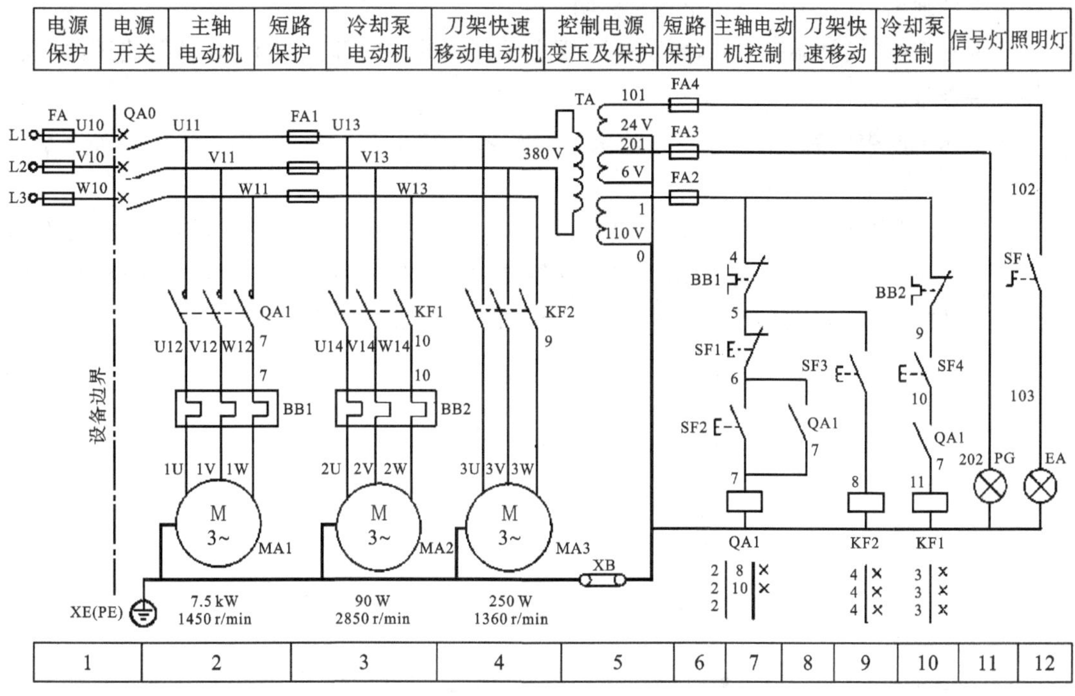

图 4-1　CW6132 型车床电气原理图

读电气原理图的主要原则如下。

(1)布局。分析图的顺序,按照主电路—控制电路—辅助电路依次分析,负载在主电路的最右端或者在最下端。

(2)负载。常见的负载有电动机、线圈、指示灯等。

(3)电器元件都处于原始状态。通电元件未通电、受力元件未受力、保护类元件正常。

(4)原理图中,无论是主电路还是辅助电路,各电气元件一般按动作顺序从上到下,从左到右依次排列,可水平布置也可者垂直布置。

绘制电气原理图的基本原则如下。

(1)电气原理图绘制标准。图中所有的元器件都应采用国家统一规定的图形符号和文字符号。

(2)电气原理图的组成。电气原理图可分为主电路和辅助电路。

主电路:从电源到电动机或线路末端的电路,是强电流通过的电路。

辅助电路:包括控制电路、照明电路、信号电路及保护电路等,是小电流通过的电路。

一般要求:主电路绘制在图面的左侧或上方,辅助电路绘制在图面的右侧或下方。

(3)电源线的画法。原理图中直流电源用水平线画出,正极在上,负极在下。

三相交流电源线水平画在上方,相序从上到下依 L1、L2、L3、中性线(N 线)和保护地线(PE 线)的顺序画出。主电路要垂直于电源线画出,控制电路和信号电路垂直在两条水平电源线之间。

(4)电气元件的画法。元器件均不画实际外形,只画出带电部件。必须用国家标准规定的图形符号画出，且要用同一文字符号标明。

同一元件(如接触器有线圈、触点等)，要在原理图的不同部分使用时，必须使用同一名称的文字符号。

对于几个同类电器，在表示名称的文字符号之后加上数字序号，以示区别。如 KM1、KM2；M1、M2。

(5)原理图中电气触点的画法——自然状态。原理图中所有电气触点均按无外力作用时或未通电时触点的自然状态画出。当电气触点的图形符号垂直放置时，以“左开右闭”原则绘制(见图 4-2)；当图形符号为水平放置时，以“下开上闭”原则绘制(见图 4-3)。

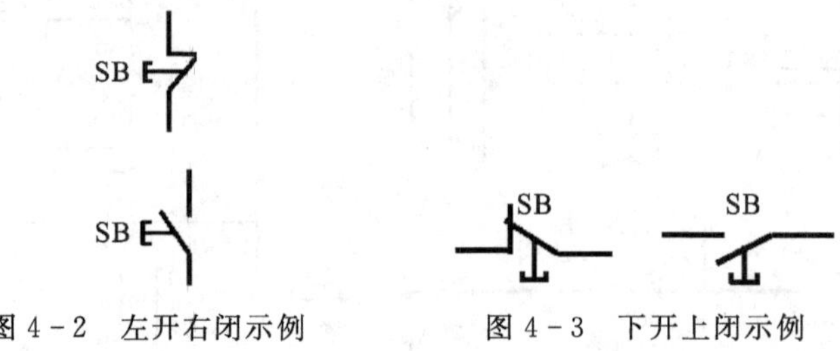

图 4-2　左开右闭示例　　　　图 4-3　下开上闭示例

(6)原理图的布局。电气原理图按功能布置，即同一功能的电气元件集中画在一起。

尽可能按电路动作顺序从上而下或自左至右的原则绘制。根据图面布置需要，可将图形符号旋转，但文字符号不可倒置。

(7)原理图的绘制要求。原理图的绘制要层次分明，各电器元件及触点的安排要合理。既要做到所用元件、触点最少，耗能最少，又要保证电路运行可靠，节省连接导线，以及安装、维修方便。

(8)连接点、交叉点的绘制。尽可能减少线条和避免交叉；有电交叉连接的交叉点用小黑点表示。

(9)有机械联系的元器件用虚线连接。电气控制电路图中各电器的接线端子用规定的字母、数字符号标记。三相交流电源的引入线用 L1、L2、L3、N、PE 标记，直流系统电源正、负极与中线分别用 L+、L-与 M 标记，三相动力电器的引出线分别按 U、V、W 顺序标记。

辅助电路中连接在一点上的所有导线因具有同一电位而标注相同的线号，线圈、指示灯等以上线号标注奇数，线圈、指示灯等以下线号标注偶数。

此外，还有其他应遵循的绘图原则，可详见电气制图国家标准的有关规定。以上就是电气原理图的绘制原则，具体绘制时可以使用一些专门的软件，如 Elecworks、Visio、Autocad electrical 、Caxa 等都可以，这些软件可以帮助设计人员，快速绘制各种复杂的电气电路图，提高工作效率，节省时间，让整个绘图过程更轻松、简单。

2. 图面区域的划分

电气原理图中，在继电器、接触器线圈的下方标注有该继电器、接触器相应触点所在图中位置的索引代号，索引代号用图区号表示。当一个控制系统有多页图纸时，就显得很有用。对未使用的触点用“×”表明，也可采用省略的表示方法。

电气原理图下方的数字(1、2、3,…)是图区编号,是为了便于检索电气线路、方便阅读分析而设置的。图区编号也可以设置在图的上方。图幅大时可以在图纸左侧加入字母(a、b、c、…)进行编号。

图区编号下方的文字表明对应区域下方元器件或电路的功能,使读者能清楚地知道某个元器件或某部分电路的功能,以利于理解整个电路的工作原理。

3. 符号位置的索引

符号位置的索引采用图号、页次和图区编号的组合索引法。

图号是指某设备的电气原理图按功能多册装订时,每册的编号,一般用数字表示。

当某图仅有一页图样时,只写图号和图区的行、列号;一个图有多页图样时,则图号和分隔符可以省略;而元器件的相关触点只出现在一张图样上时,只标出图区号(无行号时,只写列号)。

对于接触器,附图中各栏的含义如图 4-4 所示。对于继电器,附图中各栏的含义如图 4-5所示。

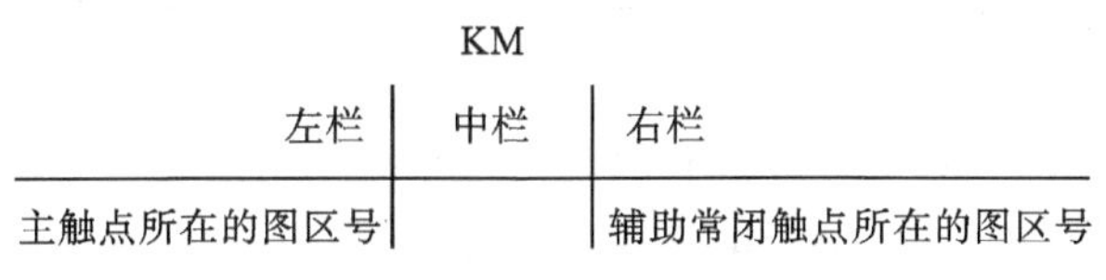

图 4-4　接触器在附图中各栏的含义

图 4-5　继电器在附图中各栏的含义

4. 电气原理图中技术数据的标注

电气图中各电气元器件的型号,常在电气元器件文字符号下方标注出来。电气元器件的技术数据,除了在电气元器件明细表中标明外,也可用小号字体标注在其图形符号的旁边。

4.1.3　电气安装接线图

电气安装接线图是表明电气设备中各电器元件的空间位置,连接情况的图,是电气设备进行施工配线、敷线和校线工作时所应依据的图样之一。它必须符合电气设备原理图的要求,并清晰地表示出各个电气元器件和装备的相对安装与敷设位置,以及它们之间的电连接关系。其中电器元件的连接情况应严格按照电气原理图进行。它是检修和查找故障时所需的技术文件,根据表达对象和用途不同,接线图有单元接线图、互连接线图和端子接线图等。其主要编制规则如下。

(1)各电气元器件按实际安装位置绘出,元器件所占图面按实际尺寸以统一比例绘制。

(2)一个元器件中所有的带电部件均画在一起,并用点画线框起来,即采用集中表示法。

(3)各电气元器件的图形符号和文字符号必须与电气原理图一致,并符合国家标准。

(4)各电气元器件上凡是需要接线的部件端子都应绘出,并给以编号,各接线端子的编号必须与电气原理图上的导线编号相一致。

(5)不在同一安装板或电气柜上的电气元器件或信号的电气连接一般应通过端子排连接,并按照电气原理图中的接线编号连接。

(6)走向相同、功能相同的相邻多根导线可用单线或线束表示。画连接线时,应标明导线的规格、型号、颜色、根数和穿线管的尺寸。

4.1.4 电气元器件布置图

电气元器件布置图用来表明电气原理图中各元器件的实际安装位置,为机械电气控制设备的制造、安装、维护、维修提供必要的资料。可视电气控制系统的复杂程度采取集中绘制或单独绘制。在绘制电气元器件布置图时,应遵循以下几条原则:

(1)体积大和较重的电气元器件应安装在电气安装板的下方,而发热元器件应安装在电气安装板的上方。

(2)强电、弱电应分开,弱电应屏蔽和隔离,防止外界干扰。

(3)需要经常维护、检修、调整的电气元器件安装位置不宜过高或过低。

(4)电气元器件的布置应考虑整齐、美观、对称的方针。外形尺寸与结构类似的电器应安装在一起,以利安装和配线。

(5)电气元器件布置不宜过密,应留有一定间距。若用线槽,应加大各排电器间距,以利布线和维修。

图 4-6 所示为 CW6132 型车床的电气元器件布置图,图 4-7 所示为 CW6132 型车床电气设备安装布置图。

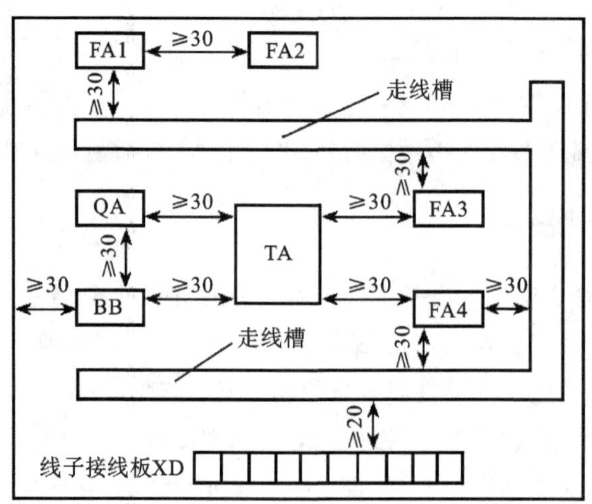

图 4-6 CW6132 型车床电器元件布局图

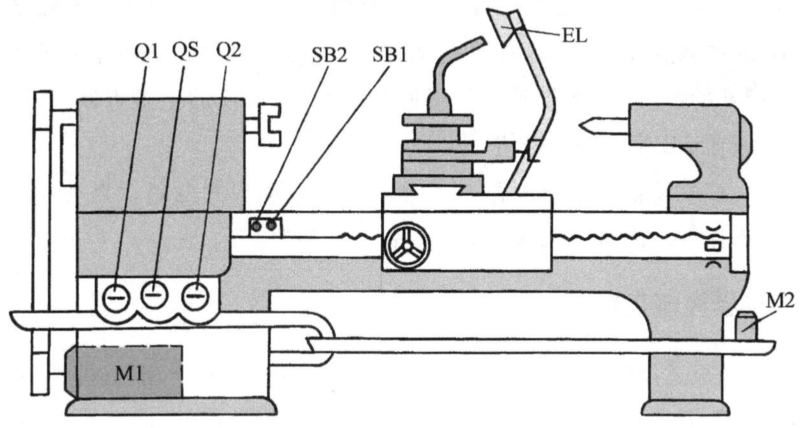

图 4-7　CW6132 型车床电气设备安装布置图

4.2　三相异步电动机的直接启动控制线路

三相异步电动机由于结构简单、运行可靠、使用维护方便，价格便宜等优点得到了广泛应用。三相异步电动机的起动、停止、正反转、调速、制动等电气控制电路是最基本的控制电路。本节以三相异步电动机为控制对象，介绍基本电气控制电路。

4.2.1　点动控制电路

在生产过程中，有时不仅要求生产机械运动部件连续运动，还需要点动控制，例如机床刀架、横梁、立柱等快速移动和机床对刀等场合，机器设备的调试、要求物体微弱移动的设备等，这些场合均需要点动控制。

图 4-8 所示为三相异步电动机点动控制电路。它是一个最简单的控制电路，由隔离开关 QS、熔断器 FU1 和 FU2、接触器 KM 的常开主触点与电动机构成主电路。FU1 作为电动机 M 的短路保护。按钮 SB、熔断器 FU2、接触器 KM 的线圈构成控制电路。FU2 作为控制电路的短路保护。

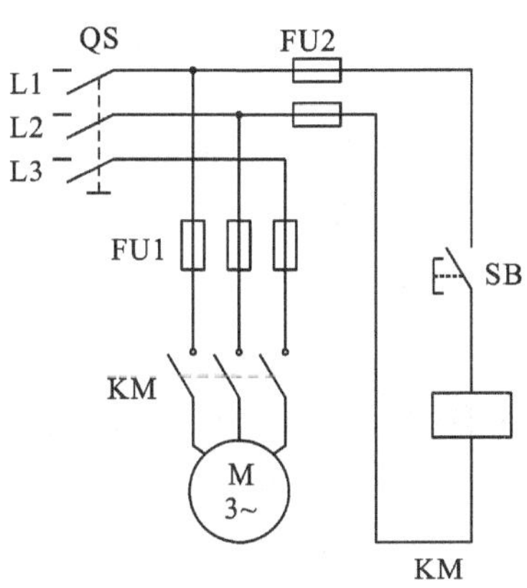

图 4-8　单向点动控制电路

工作原理：起动时，合上开关 QS，接入三相电源，按下启动按钮 SB，接触器 KM 的线圈得电吸合，KM 的主触点闭合，电动机 M 起动运转。松开按钮 SB，按钮就在自身弹簧的作用下恢复到原来断开的位置，接触器 KM 的线圈失电释放，KM 的主触点断开，电动机失电停止运转。可见，按钮 SB 兼作停止按钮。

这种"一按(点)就动，一松(放)就停"的电路称为点动控制电路。点动控制电路常用于调整机床、对刀操作等。因短时工作，电路中可不设热继电器。

4.2.2 单向连续控制电路

点动控制电路只适用于设备调整、快速移动、机床刀具对刀等，而机械设备工作时，要求电动机做连续运行，即按下启动按钮并且松开后，电动机就能起动并连续运行直至加工结束为止。单向连续控制电路就是具有这种功能的电路。

图 4-9 所示为三相异步电动机单向连续控制电路。隔离开关 QS、熔断器 FU1、接触器 KM 的主触点、热继电器 FR 的热元件与电动机 M 构成主电路。

启动按钮 SB2、停止按钮 SB1、接触器 KM 的线圈及常开辅助触点、热继电器 FR 的常闭触点和熔断器 FU2 构成控制电路。其中 FU1、FU2 起短路保护作用，FR 起过载保护作用，KM 起失压保护作用。

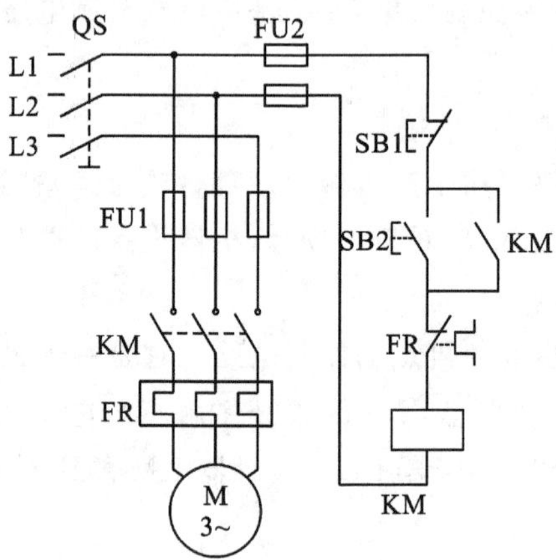

图 4-9　单向连续运动控制电路

工作原理：起动时，合上 QS，接入三相电源，按下启动按钮 SB2，交流接触器 KM 的线圈通电，接触器的主触点闭合，电动机起动运转。同时，与 SB2 并联的 KM 常开辅助触点闭合，这样当按钮 SB2 松开并自动复位后，接触器 KM 的线圈仍可通过自身 KM 的常开辅助触点使接触器线圈继续通电，从而保持电动机的连续运行。这种依靠接触器自身辅助触点而使其线圈保持通电的现象称为自锁，起自锁作用的辅助触点称为自锁触点。

要使电动机 M 停止运转，只要按下停止按钮 SB1，将控制电路断开即可。这时 KM 的线圈断电，主电路中 KM 的主触点将三相电源切断，电动机 M 停止运转。当松开 SB1 按钮后，常闭触点在复位弹管的作用下，即又恢复到原来的常闭状态，但接触器线圈已不能依靠自锁触点通电了，因为原来闭合的自锁触点早已随着接触器线圈的断电而断开了。

4.2.3　点动与连续运行的混合控制电路

实际生产中，大多数生产机械既需要连续运转进行加工生产，又需要设备的调整对刀等工作，这就产生了点动、连续混合控制电路。

图 4－10(a)是主电路。图 4－10(b)中采用转换开关 SA 来实现点动、连续混合控制。需要点动时，将 SA 打开，自锁回路断开，按下 SB2 实现点动控制。需要连续运转时，合上转换开关 SA，将 KM 的自锁触点接入，就可实现连续运转了。

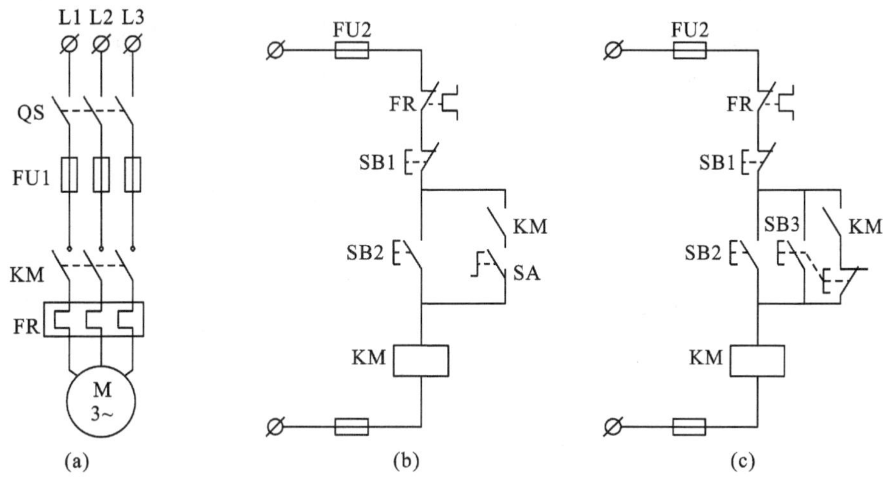

图 4－10　单向点动、自锁混合控制电路

图 4－10(c)中采用一个复合按钮 SB3 来实现点动、连续混合控制。点动控制时，按下复合按钮 SB3，其常闭触点先断开自锁电路，常开触点后闭合，使接触器 KM 的线圈通电，主触点闭合，电动机起动运转；当松开 SB3 时，SB3 的常开触点先断开，常闭触点后闭合，接触器 KM 的线圈失电，主触点断开，电动机停止运转，从而实现点动控制。若需要电动机连续运转，则按启动按钮 SB2 即可，停机时需按停止按钮 SB1。复合按钮 SB3 的常闭触点作为联锁触点串联在接触器 KM 的自锁触点电路中。

电动机点动和连续运转控制的关键是自锁触点是否接入。若能实现自锁，则电动机连续运转；若断开自锁回路，则电动机实现点动控制。

交流与思考　从操作的方便性、安全性以及经济性分析图 4－10 中两个控制电路异同。

4.2.4　多地控制电路

有些机械设备为了操作方便，常在两个或两个以上的地点进行控制。如重型龙门刨床有时在固定的操作台上控制，有时需要站在机床四周，操作悬挂按钮进行控制；又如自动电梯，人在轿厢中时可以控制，人在轿厢外也能控制；再如有些场合为了便于集中管理，由中央控制台进行控制，但每台设备调整、检修时，又需要就地进行控制。为了操作方便，X62W 型万能铣床在工作台的正面和侧面各有一组按钮供操作机床用。

两地控制电路如图 4 - 11 所示，SB1 和 SB3 为安装在铣床正面的停止按钮和启动按钮，SB2 和 SB4 为安装在铣床侧面的停止按钮和启动按钮。操作者无论在铣床正面按下启动按钮 SB3，还是在铣床侧面按下启动按钮 SB4，都可使接触器 KM 的线圈得电，主触点接通电动机电源而使电动机起动运转。此时若需停车，操作者无论在铣床正面按下 SB1 还是在铣床侧面按下 SB2，均可使 KM 的线圈失电，电动机停止运转。

图 4 - 11 中，两地的启动按钮 SB3 和 SB4 常开触点并联起来控制接触器 KM 的线圈，只要其中任一按钮闭合，接触器 KM 的线圈就得电吸合；两地的停止按钮 SB1 和 SB2 常闭触点串联起来控制接触器 KM 的线圈，只要其中有一个触点断开，接触器 KM 的线圈就断电。推而广之，n 地控制电路只要将 n 地启动按钮的常开触点并联起来，n 地停止按钮的常闭触点串联起来控制接触器 KM 的线圈，即可实现 n 地起、停控制。

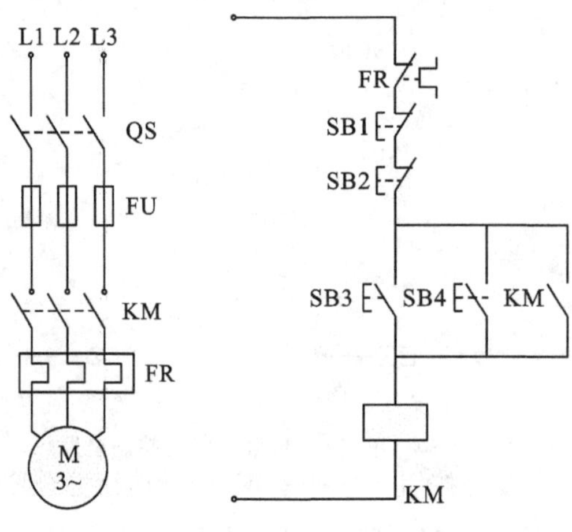

图 4 - 11　两地控制电路

交流与思考　如果将两地控制的启动按钮的常开触点串联，试停止按钮的常闭触点也串联，试画出控制电路图，分析工作过程，说明这种控制电路适用什么场合应用。

4.2.5　顺序控制电路

具有多台电动机拖动的机械设备，在操作时为了保证设备的安全运行和工艺过程的顺利进行，对电动机的起动、停止，必须按一定的顺序来控制，称为电动机的顺序控制。顺序控制在机械设备中很常见，如某机床的油泵电动机要先于主轴电动机起动。如带式输送机，起动时先起动运输带，后起动物品放置装置；停止时物品放置先停止，运输带后停止，这样才不会造成传送带上物品的堆积和滞留。

1. 利用控制电路实现顺序控制

两台电动机顺序起动控制电路如图 4 - 12 所示。控制要求：电动机 M2 必须在 M1 起动后才能起动；M2 可以单独停止，但 M1 停止时，M2 要同时停止。

图 4 - 12 所示电路的工作原理：合上断路器 QS，按下启动按钮 SB2，接触器 KM1 的线

圈得电吸合且自锁，电动机 M1 起动运转。自锁触点 KM1 闭合为 KM2 的线圈得电做好准备。这时，按下启动按钮 SB4，接触器 KM2 的线圈得电吸合并自锁，电动机 M2 起动运转。可见，只有使 KM1 的辅助常开触点闭合、电动机 M1 起动后，才为起动 M2 做好准备，从而实现了电动机 M1 先起动、M2 后起动的顺序控制。停止时如果先按下按钮 SB3，电动机 M2 可单独停止；如果按下按钮 SB1，则 M1、M2 两台电动机同时停止。

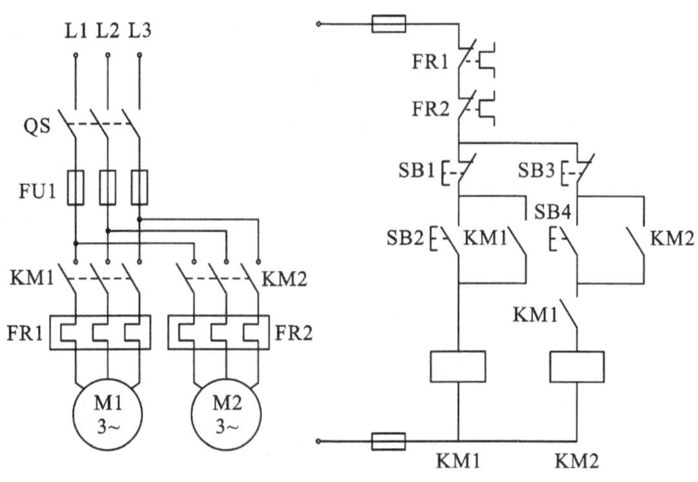

图 4－12　控制电路实现顺序控制

2. 利用主电路实现两台电动机的顺序控制

图 4－13 所示电路的特点：两台电动机控制，其中在 M2 电动机支路串入 KM1 主触点。

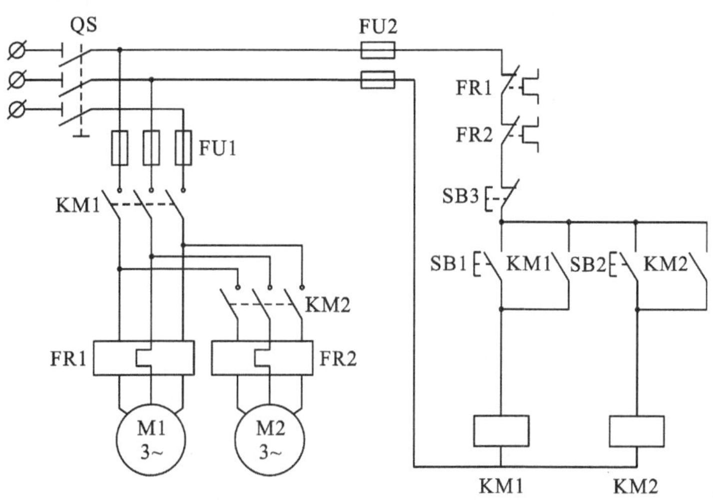

图 4－13　主电路实现顺序控制

工作原理：合上断路器 QS，按下启动按钮 SB1，接触器 KM1 的线圈得电吸合且自锁，KM1 主触点闭合，电动机 M1 起动运转。主触点 KM1 闭合为 M2 电动机运转做好准备。这时，按下启动按钮 SB2，接触器 KM2 的线圈得电吸合并自锁，KM2 主触点闭合，电动机

M2 起动运转，从而实现了电动机 M1 先起动、M2 后起动的顺序控制。停止时，按下按钮 SB3，则 M1、M2 全部停止。

交流与思考 从电路运行的安全性、经济性等方面分析图 4－12 和图 4－13 各自的优缺点。

3. 顺序起动，逆序停止控制线路

图 4－14 所示电路的工作原理：按下启动按钮 SB2，KM1 接触器线圈得电，KM1 主触点闭合，电动机 M1 起动，控制电路中两个常开辅助触点 KM1 也闭合，为电动机 M2 的起动做好了准备。此时按下启动按钮 SB4，KM1 的常开触点已闭合，因此 KM2 线圈得电并且自锁，KM2 接触器上的所有的触点闭合，主电路中的电动机 M2 起动。起动顺序是电动机 M1 先起动，电动机 M2 后起动。

分析制动过程，在控制电路中，可以看到，将接触器 KM2 的常开触点并接在停止按钮 SB1 两端，这样即使先按下 SB1，由于 KM2 仍通电，电动机 M1 仍不会停转；只有按下 SB3，使电动机 M2 先停止后，再按下 SB1 才能使 M1 停止。达到先停止电动机 M2，后停止电动机 M1 的目的。实现了两台电动机的顺序起动，逆序停止。

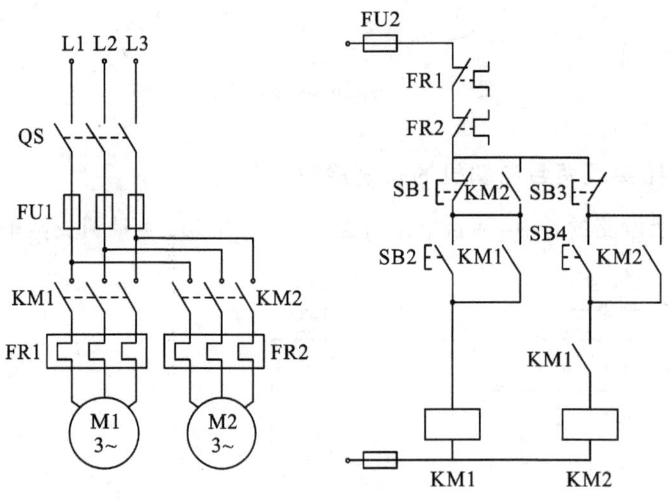

图 4－14 顺序起动，逆序停止控制线路

4. 时间继电器控制的顺序起动电路

图 4－15 所示电路的工作原理：按下启动按钮 SB2，KM1 线圈、KT 线圈同时得电，KM1 线圈得电并自锁，使得主电路中的电动机 M1 起动连续运行。另外一方面，时间继电器 KT 线圈得电后开始延时，当延时时间到，对应的通电延时闭合触点闭合，则该支路中的 KM2 线圈得电并自锁，电动机 M2 起动。从起动方式上能够看到电动机 M1 先起动，经过时间继电器的延时，电动机 M2 才起动。停止过程只需按下停止按钮 SB1，两台电动机同时停止。注意：当 KM2 线圈得电后，它的常闭触点断开，则时间继电器 KT 线圈失电。

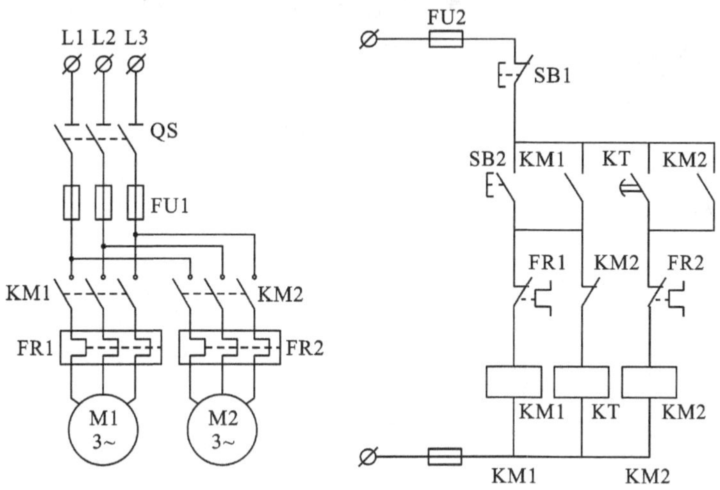

图 4 - 15　时间继电器控制的顺序起动电路

4.2.6　三相异步电动机正、反转控制电路

许多生产机械的运动部件做正、反两个方向的运动，如车床主轴的正向、反向运转，龙门刨床工作台的前进、后退，电梯的上升、下降等，均可通过控制电动机的正、反转来实现。由三相交流电动机的工作原理可知，将电动机的三相电源进线中的任意两相对调，其旋转方向就会改变。因此，采用两个接触器分别给电动机接入正转和反转的电源，就能够实现电动机正转、反转的切换。

1. 正转→停止→反转→停止控制电路

图 4 - 16(a)所示为电动机正转、反转控制电路的主电路。QS 作为电源引入开关，它具有短路保护、过载保护和失电压保护功能。由于两个接触器 KM1、KM2 的主触点所接电源的相序不同，故可改变电动机的转向。

图 4 - 16(b)中，电动机正转时，按下正向启动按钮 SB2，KM1 的线圈得电并自锁。当需要反转时，先按下停止按钮 SB1，令接触器 KM1 的线圈断电释放，电动机停转；再按下反向启动按钮 SB3，接触器 KM2 的线圈才能得电，电动机反转。

缺点：只能实现按照“…正转→停止→反转→停止→正转…”顺序进行控制。如果误操作将按钮 SB2 和 SB3 同时按下闭合，将发生短路现象。

设计时满足功能要求是对电路设计的基本要求；此外在使用电路时不会引起事故和故障的安全电路才为好电路。设计者必须设计出一种即使在操作者误操作时也不会造成事故和故障的电路。因此需要进一步优化改进上述控制电路。

图 4 - 16(c)中电动机正转时，按下正向启动按钮 SB2，KM1 的线圈得电并自锁，KM1 的常闭触点断开，这时，即使按下反向启动按钮 SB3，KM2 也无法通电。当需要反转时，先按下停止按钮 SB1，令接触器 KM1 的线圈断电释放，KM1 的常闭触点复位闭合，电动机停转；再按下反向启动按钮 SB3，接触器 KM2 的线圈才能得电，电动机反转。此控制电路克服了误操作引起的短路现象，但是操作起来，还需要电动机停止，才能启动另外一个转向。

图 4-16(c)中，利用接触器辅助常闭触点互相制约的方法称为互锁，而实现互锁的辅助常闭触点称为互锁触点。

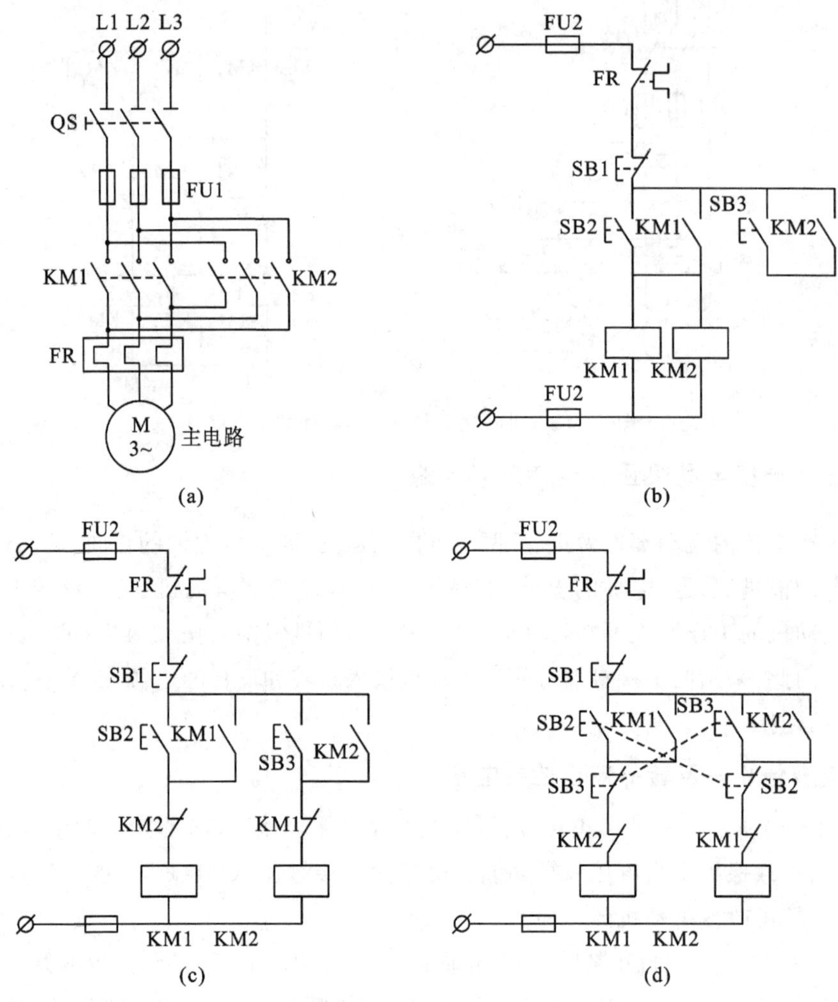

图 4-16　电动机正反转控制

2. 正转→反转→停止控制电路

上述电路虽能实现正反转控制，但当电动机由正转切换到反转或者反转切换到正转时，均需先按停止按钮 SB1，这显然在操作上不便。为了解决这个问题，可利用复合按钮进行控制，将启动按钮的常闭触点串联接入到对方接触器线圈的电路中，就可以直接实现正反转的切换控制了，控制电路如图 4-16(d)所示。

工作原理：正转时，按下正转启动复合按钮 SB2，此时，接触器 KM1 的线圈通电吸合，同时，KM1 的辅助常闭触点断开，辅助常开触点闭合起自锁作用，KM1 的主触点闭合，电动机正转运行。欲切换电动机的转向，只需按下反向启动复合按钮 SB3 即可。按下 SB3 后，其常闭触点先断开接触器 KM1 的线圈回路，接触器 KM1 释放，其主触点断开正转电源、常闭辅助触点复位；复合按钮 SB3 的常开触点后闭合，接通接触器 KM2 的线圈回路，接触器 KM2 的线圈通电吸合且辅助常开触点闭合自锁，接触器 KM2 的主触点闭合，反向电源接入电动机绕组，电动机反向起动并运转，从而实现正、反向直接切换。要使电动机停止，按下停止按钮 SB1 即可使接触器 KM1 或 KM2 的线圈断电，主触点断开电动机电源而停机。欲使电动机由反向运转直接切换成正向运转，操作过程与上述类似。

图 4－16(c)中，由接触器 KM1、KM2 常闭触点实现的互锁称为“电气互锁”；图 4－16(d)中，由复合按钮 SB2、SB3 常闭触点实现的互锁称为“机械互锁”。图 4－15(d)中既有“电气互锁”，又有“机械互锁”，故称为“双重互锁”，该电路进一步保证了 KM1、KM2 不能同时通电，提高了可靠性。

对图 4－16 几个图的分析应结合社会、健康、安全等因素对电气控制电路进行综合分析，并在以后电气控制系统设计中贯彻“以人为本，方便操作、安全第一”的理念，并将这个理念落实到工程实践各个角落。

4.2.7　按行程原则的控制方式

1. 自动停止控制电路

具有自动停止的正反转控制电路(简称自动停止控制电路)如图 4－17 所示。它以行程开关作为控制元件来控制电动机的自动停止。在正转接触器 KM1 的线圈回路中，串联接入正向行程开关 SQ1 的常闭触点，在反转接触器 KM2 的线圈回路中，串联接入反向行程开关 SQ2 的常闭触点，这就成为具有自动停止的正反转控制电路。这种电路能使生产机械每次起动后自动停止在规定的地方，它也常用于机械设备的行程极限保护。

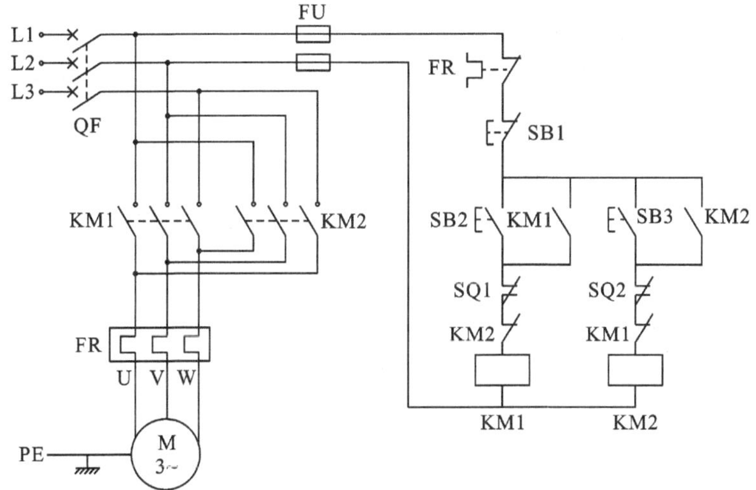

图 4－17　自动停止控制电路

工作原理：当按下正转启动按钮 SB2 后，接触器 KM1 的线圈通电吸合并自锁，电动机正转，拖动运动部件做相应的移动，当位移至规定位置(或极限位置)时，安装在运动部件上的挡铁(撞块)便压下行程开关 SQ1,SQ1 的常闭触点断开,切断 KM1 的线圈回路,KM1 断电释放,电动机停止运转。这时即使再按 SB2,KM1 也不会吸合,只有按反转启动按钮 SB3,电动机反转,使运动部件退回,挡铁脱离行程开关 SQ1,SQ1 的常闭触点复位,为下次正向起动做准备。反向自动停止的控制原理与上述相同。

2. 工作台自动往返控制电路

以机床工作台为例,进一步了解电动机正反转控制在工业中的应用。有些工作台需要自动往复运动,而且有些还要求工作台在两端有一定时间的停留,以满足生产工艺要求。在控制电路中往往采用复合行程开关来实现自动往返控制。

在图 4-18(a)中,行程开关 SQ1、SQ2 安装在左右行程最远两端,使用较频繁,为了避免 SQ1、SQ2 失效引起故障,故在其外侧再安装一对行程开关 SQ3、SQ4。

在图 4-18(b)所示电路的基础上,将右端行程开关 SQ1 的常开触点并联在反向启动按钮 SB3 的两端,左端行程开关 SQ2 的常开触点并联在正向启动按钮 SB2 的两端,即构成自动往返控制电路。

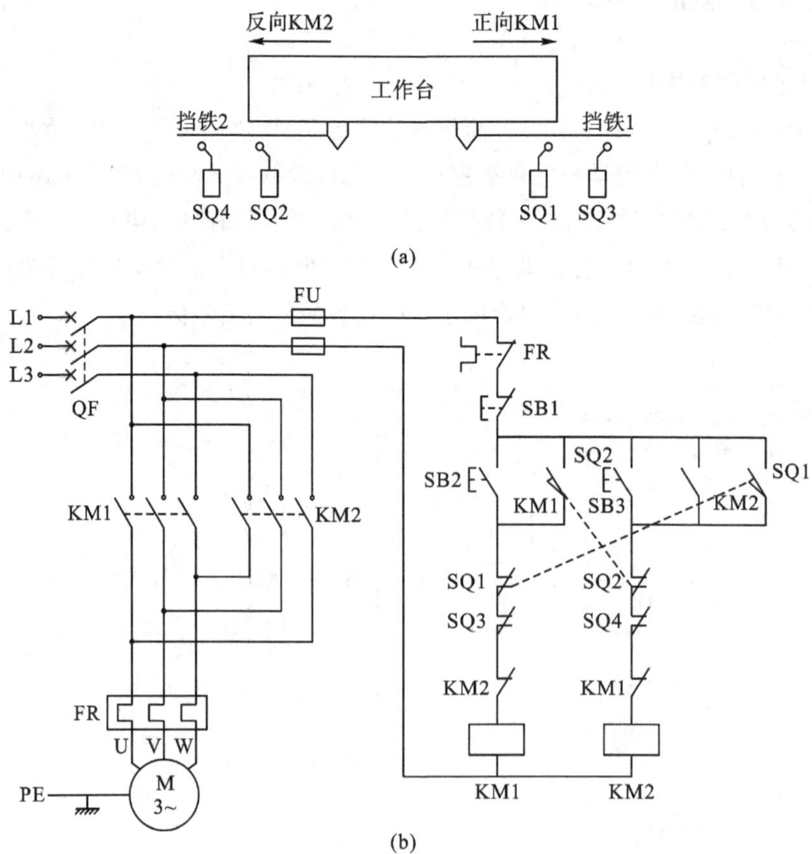

图 4-18 自动往返控制电路

电路的工作原理:当按下正向启动按钮 SB2 后,接触器 KM1 的线圈通电吸合并自锁,电动机正转。拖动运动部件向右移动,当位移至规定位置(或极限位置)时,安装在运动部件上的挡铁 1 便压下 SQ1,SQ1 的常闭触点断开,切断 KM1 的线圈回路,KM1 的主触点断开,且 KM1 的辅助常闭触点复位,同时接触器 KM2 线圈得电,其主触点接通反向电源,电动机反转,拖动运动部件向左移动,当工作台向左运动挡铁 2 压到 SQ2 时,电动机又切换为正转。如此往返,直至按下停止按钮 SB1,工作台才能停止。

图 4-18 中行程开关 SQ3、SQ4 安装在工作台往返运动的极限位置上,以防止行程开关 SQ1,SQ2 失灵,工作台继续运动不停止而造成事故,起到极限保护的作用。

自动往返控制电路的运动部件每经过一个自动往返循环,电动机要进行两次反接制动,会出现较大的反接制动电流和机械冲击。因此,该电路一般只适用于电动机容量较小、循环周期较长、电动机转轴具有足够刚性的拖动系统中。另外,接触器的容量应比一般情况下选择的容量大一些。自动往返控制的行程开关频繁动作,若采用机械式行程开关容易损坏,可采用接近开关来实现。

4.3　三相异步电动机的降压启动控制线路

4.3.1　定子绕组串电阻降压起动控制电路

定子绕组串电阻减压起动控制电路如图 4-19 所示。电动机起动时,在三相定子电路中串接电阻 R,使电动机定子绕组电压降低;待电动机转速接近额定转速时,再将串接电阻短接,使电动机在额定电压下正常运行。

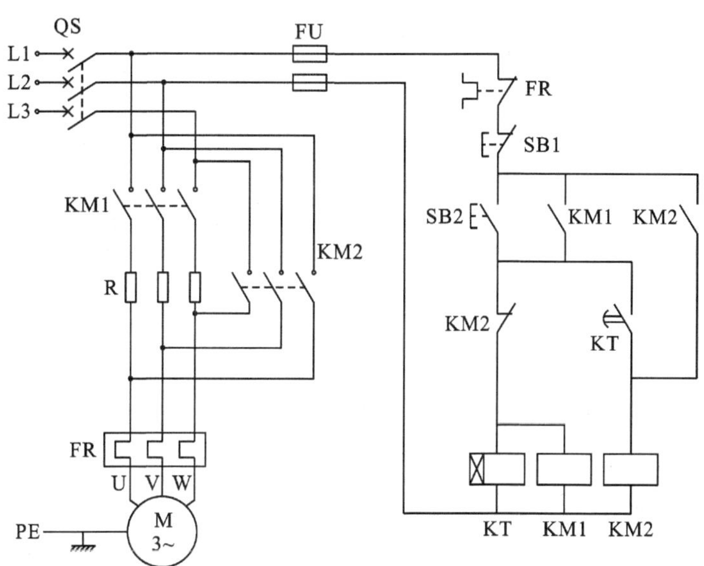

图 4-19　串电阻降压起动控制电路

图 4-19 中,按下按钮 SB2 后,接触器 KM1 线圈得电并自锁,同时时间继电器 KT 线圈得电并开始计时延时,主电路中 KM1 闭合并串电阻 R 进行降压启动。当延时时间到,电动机转

速接近额定转速时,时间继电器延时触点闭合,KM2 接触器线圈得电并自锁, KM2 的常闭辅助触点断开使得 KM1 和 KT 线圈同时断开,延时触点恢复断开,KM2 线圈通过自锁一直得电,主电路中 KM2 主触点闭合,电动机定子绕组串接电阻被短接,电动机做正常全电压运行。

这种起动方式不受电动机连接方式的限制,设备简单。在机床控制中,作为点动调整控制的电动机,常用定子绕组串电阻减压起动方式来限制起动电流。起动电阻一般采用由电阻丝绕制的板式电阻或铸铁电阻,电阻率大,限流能力强,但由于起动过程中能量消耗较大,也常将电阻改用电抗,但电抗成本高,价格高。

4.3.2 星形-三角形降压起动控制电路

对于正常运行时定子绕组为三角形联结的三相异步电动机,可采用星形-三角形降压起动的方法来限制起动电流。起动时,定子绕组先接成星形,待转速上升到接近额定转速时,将定子绕组的连接方式由星形改接成三角形,使电动机进入全电压正常运行状态。图 4－20 所示为星形-三角形降压起动控制电路图。该主电路由三个接触器进行控制,其中,KM3 的主触点闭合,则将电动机绕组连接成星形;KM2 的主触点闭合,则将电动机绕组接成三角形;KM1 的主触点则用来控制电源的通断。KM2、KM3 不能同时吸合,否则将出现三相电源短路事故。

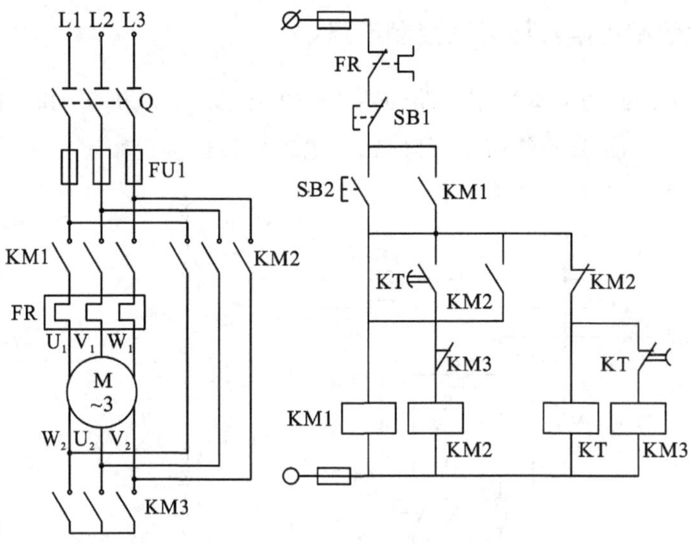

图 4－20　星-三角降压起动控制电路

控制电路中,采用时间继电器来实现电动机绕组由星形联结向三角形联结的自动转换。

工作原理:当按下 SB2 后,KM1、KM3、KT 三个线圈同时得电,电动机星形启动。转速由零开始上升,当时间继电器延时时间到,KT 常闭触点断开,常开触点闭合,KM2 线圈得电,KM3 线圈失电,KT 失电。此时控制电路中只有 KM1 和 KM2 两个线圈得电,在主电路中,KM1、KM2 两个主触点闭合,定子绕组三角形接线,电动机处于全压状态运行。如果需要电动机停止,只需按下停止按钮 SB1。

4.4　三相异步电动机的制动控制线路

三相异步电动机从切除电源到完全停止旋转，由于惯性，总要经过一段时间，不能立即停止，这往往不能满足某些生产机械的工艺要求，如万能铣床、卧式镗床和电梯等。为提高生产效率及准确停位，要求电动机能迅速停车，因此要求对电动机进行制动控制。

制动方法一般有两大类，机械制动和电气制动。其中机械制动是用机械装置产生机械力来强迫电动机迅速停车，如电磁抱闸、电磁离合器、刹车等。电气制动实质上是在电动机停车时，产生一个与原来旋转方向相反的制动转矩，迫使电动机转速迅速下降。常用的电气制动方法有反接制动和能耗制动。

4.4.1　反接制动控制电路

反接制动的具体方法是当电动机要停车时，将电动机上三相电源相序切换，使其产生一个与转子惯性转动方向相反的转矩，这样电动机转速迅速下降，当转速接近于速度继电器动作值或者理论上速度为零时，将电源切除。

图 4 - 21 所示为单向运行反接制动控制电路。主电路中，接触器 KM1 的主触点用来提供电动机工作电源，接触器 KM2 的主触点用来提供电动机停车时的制动电源。

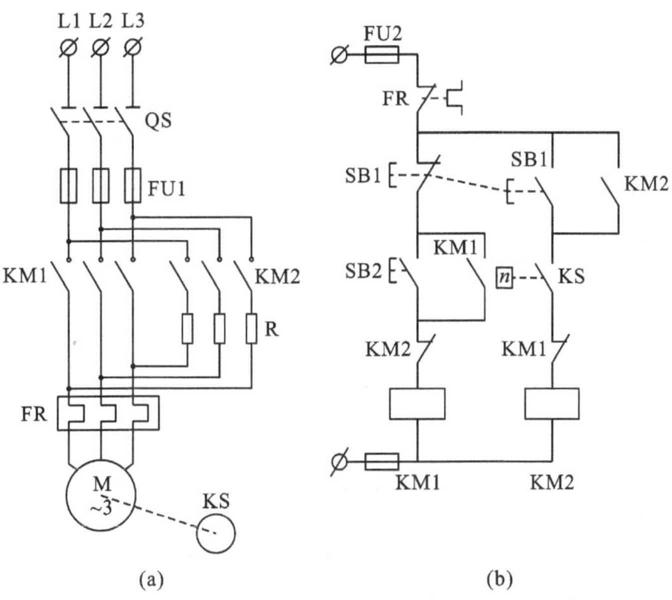

图 4 - 21　反接制动控制电路

工作原理：电动机起动时，合上电源开关 QS，按下启动按钮 SB2，接触器 KM1 的线圈得电吸合且自锁，主电路中 KM1 的主触点闭合，电动机起动运转；当电动机转速升高到一定数值时，控制电路中速度继电器 KS 的常开触点闭合，为反接制动做好准备。

需要停车时，按停止按钮 SB1，使接触器 KM1 线圈断电，KM1 主触点断开，切断电动机原来的三相交流电源，电动机仍以惯性高速旋转，同时 SB1 的常开触点闭合，使 KM2 线圈通电并且自锁，电动机定子串入反相序三相交流电源，进行反接制动。当转速降至 100 r/min以下时，速度继电器 KS 的常开触点复位打开，使接触器 KM2 的线圈失电，主电路中 KM2 主触点及时切断电动机的电源，防止电动机的反向再起动。

4.4.2 能耗制动控制电路

能耗制动是在电动机脱离三相电源以后，在定子绕组任意两项中通入直流电源，产生静止磁场，产生与转子惯性转动方向相反的制动转矩，迫使电动机迅速停转。这种方法是以消耗转子惯性运转的动能来进行制动的，所以就称为能耗制动。能耗制动可按时间原则由时间继电器来控制，也可按速度原则由速度继电器来控制。

1. 基于时间原则控制的单向运行能耗制动控制电路

图 4－22 所示为按时间原则控制的单向运行能耗制动控制电路。图中，KM1 为单向运行接触器，KM2 为能耗制动接触器，T 为整流变压器，UR 为桥式整流电路，R 为能耗制动电阻，能耗制动所需直流电源由变压器和整流器获得。

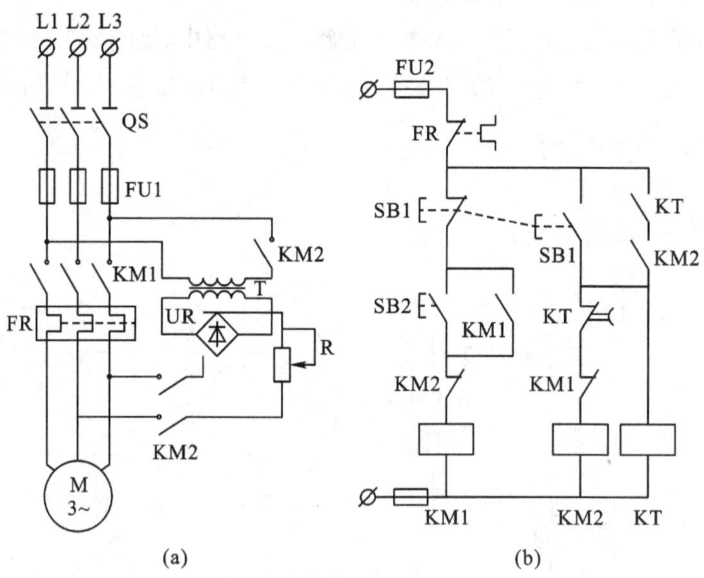

图 4－22　基于时间原则控制的单向运行能耗制动控制电路

工作原理：合上电源开关 QS，按下启动按钮 SB2，接触器 KM1 的线圈得电吸合并自锁，主电路中 KM1 的主触点闭合，电动机起动运转。当需要停车时，按下停止按钮 SB1，KM1 接触器线圈断电，主电路中的主触点断开，因此电动机暂时就是按照惯性在进行停止。由于 SB1 是复合按钮，当按下时它的常开触点闭合，接触器 KM2 和时间继电器 KT 线圈得电，对应的 KM2 主触点闭合，KM、KT 辅助常开触点闭合，这时电动机就接入直流电开始进入能耗制动状态。当转子的惯性转速接近于零时，时间继电器 KT 的延时常闭触点延时后断开，接触器 KM2 的线圈失电释放，KM2 的主触点断开全波整流脉动直流电源，电动机能耗制动结束。

说明:图中时间继电器 KT 的瞬时常开触点具有安全保护作用,两相的定子绕组不至于长期接入能耗制动的直流电流。当时间继电器线圈断电或机械卡住故障时,电动机在按下停止按钮 SB1 后仍能迅速制动。所以,在 KT 发生故障后,该电路具有手动控制能耗制动的能力,即只要停止按钮处于按下的状态,电动机就能够实现能耗制动。

2. 基于速度原则控制的单向运行能耗制动控制电路

图 4-23 所示为按速度原则控制的单向运行能耗制动控制电路。KM1 为单向运行接触器,KM2 为能耗制动接触器,TR 为变压器,VC 为整流变压器。

工作原理:电动机起动时,合上电源开关 QS,按下启动按钮 SB2,接触器 KM1 的线圈得电吸合并自锁,主电路中 KM1 的主触点闭合,电动机起动运转。当电动机达到一定速度时,速度继电器 KS 常开触点闭合。

当需要停车时,按下 SB1,KM1 线圈断开,其常闭触点复位闭合,由于电动机转子的惯性速度仍然很高,速度继电器 KS 的常开触点仍然处于闭合状态,所以接触器 KM2 线圈仍然处于通电状态。于是,两相定子绕组获得直流电源,电动机进入能耗制动。当电动机转子的惯性速度低于速度继电器 KS 动作值时,KS 常开触点复位,接触器 KM2 线圈断电释放,能耗制动结束。

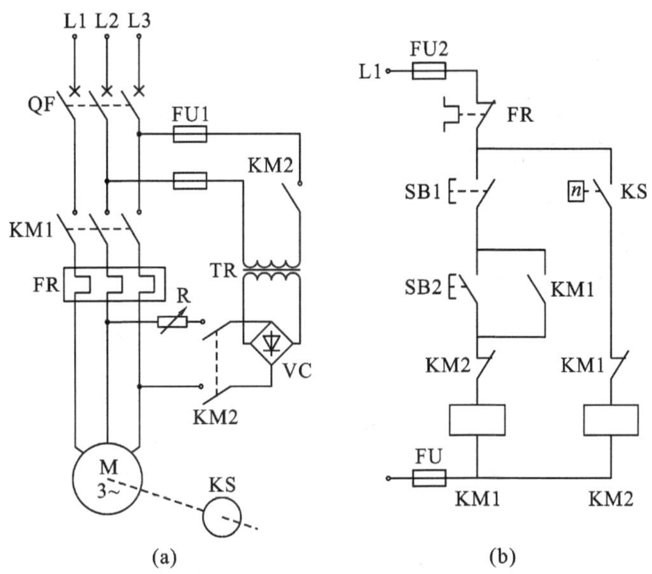

图 4-23　基于速度原则控制的单向运行能耗制动控制电路

交流与思考　从电动机安全、经济运行角度分析图 4-22 和图 4-23 异同点。

4.5　电路中的保护环节

电气控制系统除了应满足生产工艺的要求外,还应保证设备长期、安全、可靠、无故障地运行。在发生故障和不正常工作状态下，应能保证操作人员、电气设备和生产机械的安全，并能有效防止事故的扩大。因此，保护环节是所有电气控制系统不可缺少的组成部分。电气控制系统中常用的保护环节有短路保护、过电流保护、过载保护、零电压保护、欠电压保护、弱磁保护等，还有保护接地、工作接地等。

1. 短路保护

电动机、电器以及导线的绝缘损坏或线路发生故障时，都可能造成短路事故。短路的瞬间故障电流可达到额定电流的几倍到几十倍，很大的短路电流和电动力可能使电气设备损坏。因此，一旦发生短路故障，要求控制电路能迅速切除电源。常用的短路保护元器件有熔断器、断路器和低压断路器，以熔断器为主，近年来低压断路器的使用日益广泛，对保证人身安全发挥了重要作用。

前述主电路和控制电路中均用到了熔断器 FU，在对主电路采用三相四线制或对变压器采用中性点接地的三相三线制的供电线路中，必须采用三相短路保护。

短路保护也可采用断路器(在发生短路时能自动跳闸起到保护作用)，此时，断路器除了作为电源引入开关外，还有短路保护和过载保护的功能。其中的过电流线圈具有反时限特性，用作短路保护，热元件用作过载保护。

2. 过电流保护

过电流保护是区别于短路保护的另一种电流型保护，一般采用过电流继电器，其动作电流比短路保护的电流值小，一般动作值为起动电流的 1.2 倍。过电流保护也要求有瞬动保护特性，即只要过电流值达到整定值，保护电器应立即切断电源。

过电流往往是由不正确的起动和过大的负载引起的，一般比短路电流要小，电动机运行中产生过电流比发生短路的可能性更大，频繁正、反转起动的重复短时工作制电动机更是如此。过电流保护广泛用于直流电动机或绕线转子异步电动机，对于三相笼型异步电动机，由于其短时过电流不会产生严重后果，故可不设置过电流保护。

3. 过载保护

突然增加载荷，断相运行或者电网电压降低等原因，均能引起电动机过载。电动机长期超载运行，绕组温升将超过其允许值，造成绝缘材料变脆、寿命降低，严重时会使电动机损坏。常用的过载保护元件是热继电器。过载保护要求保护电器具有反时限特性，即根据电流过载倍数的不同，其动作时间是不同的，它随着电流的增加而减小。

由于热惯性的原因，热继电器不会受电动机短时过载冲击电流或短路电流的影响而瞬时动作，所以在使用热继电器作过载保护的同时，还必须设有短路保护，并且选作短路保护的熔断器熔体的额定电流不应超过 4 倍热继电器发热元件的额定电流。

必须强调指出，短路、过电流、过载保护虽然都是电流保护，但由于故障电流、动作值以及保护特性、保护要求及使用元件的不同，它们之间是不能相互取代的。

4. 零电压保护和欠电压保护

在电动机正常运行中，如果电源电压因某种原因消失而使电动机停转，那么在电源电压恢复时，如果电动机自行起动，就可能造成生产设备损坏，甚至造成人身事故；对于供电电网，同时有许多电动机及其他用电设备自行起动也会引起不允许的过电流及瞬间网络电压下降。为了防止电源消失后恢复供电时电动机自行起动或电气元件的自行投入工作而设置的保护，称为零电压保护。

在单向自锁控制等电路中，启动按钮的自动复位功能和接触器的自锁触点，就使电路本身具有零电压保护的功能。因此在有按钮、断路器、接触器的电气控制电路中，不必再单独设置零电压保护措施。

为防止电源电压降低到允许值以下，造成电动机的损坏而设置的保护，称为欠电压保护。当电动机正常运行时，电源电压过分地降低将引起一些电器释放，造成控制电路工作不正常，甚至产生事故；电网电压过低，如果电动机负载不变，则会造成电动机电流增大，引起电动机发热，严重时甚至烧坏电动机。此外，电源电压过低还会引起电动机转速下降，甚至停转。因此，在电源电压降到允许值以下时，需要采用保护措施，及时切断电源，这就是欠电压保护，通常采用欠电压继电器和接触器来实现。只有少数对欠电压特别敏感的电路才设置欠电压继电器，大多数电路中，由于接触器已经有欠电压保护功能，因此省去欠电压继电器。一般而言，当电压降到额定电压的 85％以下时，接触器触点就会释放断开，自动实现欠电压保护。

本章小结

本章主要论述了电气控制电路的识图方法、绘图原则以及电气控制系统的基本线路，如电动机点动控制、连续控制、正反转控制、多地控制、顺序控制以及电动机制动控制等，它们是分析和设计机械设备电气控制电路的基础。

具体包括以下内容。

(1)电气控制系统图：电气原理图的绘制原则、安装接线图和电器布局图。

(2)基本控制电路：直接启动、降压启动以及制动电路。

学习成果检测

一、基础习题

1. 说明“自锁”控制电路与“点动”控制电路的区别，“自锁”控制电路与“互锁”控制电路的区别。

2. 常用的降压起动方法有哪几种？

3. 电动机在什么情况下应采用降压起动？定子绕组为星形联结的三相异步电动机能否用星形-三角形减压起动？为什么？

4. 反接制动与能耗制动两者各有什么特点，分别适应什么场合？

二、思考题

1. 试设计一个机床刀架进给电动机的控制电路，并满足如下要求：按下启动按钮后，电动机正转,带动刀架进给;进给到一定位置时,刀架停止,进行无进刀切削;经一段时间后,刀架自动返回,回到原位又自动停止。

2. 一台三级带式运输机,分别由 M1、M2、M3 三台电动机拖动,其动作顺序如下:起动时,按下启动按钮后,要求按 M1→M2→M3 顺序起动;每台电动机顺序起动的时间间隔为 30 s;停车时按下停止按钮后,M3 立即停车,再按 M3→M2→M1 顺序停车,每台电动机逆序停止的时间间隔为 10 s。试设计其控制电路。

3. 设计小车运行的控制电路,小车由异步电动机拖动,其动作程序如下:小车由原位开始前进,到终端后自动停止,在终端停留 2 min 后自动返回原位停止。要求小车在前进或后退途中的任意位置都能停止和起动。

4. 某三相异步电动机可自动切换正反运转,试设计主电路和控制电路,并要求有必要的保护措施。

5. 为两台异步电动机设计主电路和控制电路,要求:两台电动机互不影响地独立操作起动与停止;能同时控制两台电动机的停止;当其中任一台电动机发生过载时,两台电动机均停止。

6. 画出三相笼型异步电动机星形-三角形降压起动的电气控制电路,说明其工作原理,指出电路的保护环节,并说明该方法的优缺点及适用场合。

三、讨论题

1. 某机床由两台三相笼型异步电动机 M1 和 M2 拖动,其电气控制要求如下,试设计出完整的电气控制电路图。

(1)M1 容量较大,采用星形-三角形减压起动,停车采用能耗制动。

(2)M1 运行 10 s 后方允许 M2 直接起动。

(3)M2 停车后方允许 M1 停车制动。

(4)M1、M2 的起动、停止均要求两地操作。

(5)设置必要的电气保护环节。

2. 某机床主轴由一台笼型异步电动机带动,润滑油泵由另一台笼型异步电动机带动。要求:主轴必须在油泵开动后,才能开动;主轴要求能用电器实现正、反转,并能单独停车;有短路、零电压及过载保护。试设计满足控制要求的控制电路。

四、自测题(请登录课程网址进行章节测试)

第5章　可编程控制器(PLC)

1. 学习目标

(1)理解PLC的定义和工作原理；

(2)了解PLC特点和发展趋势；

(3)会应用三菱FX_{5U}PLC的外部接线；

(4)分析我国PLC产品与国外PLC产品的差距。

2. 学习重点与难点

(1)重点。PLC的工作原理和三菱FX_{5U}PLC编程资源。

(2)难点。PLC控制系统的工作原理与继电器控制系统不同，串行的工作方式为什么优于并行工作方式。

可编程控制器(Programmable Logic Controller，PLC)是工业自动化的三大支柱之一，也是进入第三次工业革命的标志。PLC是以微处理器为核心的工业自动控制通用装置，种类繁多，不同厂家的产品各有特点，有区别，也有共性。

本章主要介绍可编程控制器的一般特性和典型的PLC产品——三菱FX_{5U}系列PLC的编程基础，以希望可以扩展到其他类型PLC产品，为PLC应用打下基础。

5.1　PLC概述

5.1.1　PLC的产生

20世纪20年代出现了接触器、各种继电器、定时器、其他电器及其触点按一定逻辑关系连接的继电接触器控制系统，它结构简单、价格便宜、便于掌握，在一定范围内能满足控制要求，在工业控制中一直占有主导地位。但也存在着设备体积大，动作速度慢，功能少而固定，可靠性差，难以实现较复杂的控制等缺点。特别是由于它是靠硬连线逻辑构成的系统，接线繁杂，当生产工艺改变时，原有的接线和控制系统就要更换，缺乏通用性和灵活性。

20世纪60年代，由于小型计算机的出现和大规模生产及多机群控的需要，人们曾试图用小型计算机来实现工业控制的要求，但由于价格高，输入、输出电路不匹配和编程技术复杂等原因，一直未能得到推广应用。

20世纪60年代末期，美国汽车制造业竞争激烈，各生产厂家的汽车型号不断更新，这就要求加工的生产线随之改变，整个控制系统需重新配置。为了适应生产工艺不断更新的需要，需寻找一种比继电器更可靠，功能更齐全，响应速度更快的新型工业控制器。1968年美国最大的汽车制造商——通用汽车公司(GM)从用户角度提出了新一代控制器的要求：应具备的十大条件，即“GM十条”。

1969年，美国数字设备公司(DEC)研制出了第一台可编程控制器PDP-14，并在GM公司汽车生产线上试用成功，取得了满意的效果，可编程控制器由此诞生。

早期的可编程控制器称为Programmable Logic Controller(可编程逻辑控制器)，简称PLC，主要用于替代传统的继电-接触器控制系统。但随着PLC技术的不断发展，其功能也日益丰富；1980年，美国电气制造商协会(NEMA)给它取了一个新的名称“Programmable Controller”(可编程控制器)，简称PC。为了避免与个人计算机(Personal Computer，也简称为PC)这一简写名称混淆，故仍沿用早期的名称，用PLC表示可编程控制器，但并不意味PLC只具有逻辑功能。

国际电工委员会(IEC)在2003年的可编程控制器国际标准IEC61131－1(通用信息)中对PLC的定义是，可编程控制器是一种专为在工业环境下应用而设计的数字运算操作的电子装置。它采用可编程的存储器，用来在其内部存储并执行逻辑运算、顺序控制、定时、计数和算术运算等操作的指令，并通过数字或模拟的输入和输出，控制各种类型的机械或生产过程，是工业控制的核心部分。可编程控制器及其有关的外围设备，都应按“易于与工业控制系统形成一个整体，易于扩展其功能”的原则而设计。

5.1.2 PLC的特点与应用

1. PLC的特点

(1)抗干扰能力强，可靠性高。继电接触器控制系统虽有较好的抗干扰能力，但其使用了大量的机械触点，使得设备连线复杂，由于器件的老化、脱焊、触点的抖动及触点在开闭时受电弧的损害等影响，大大降低了系统的可靠性。而PLC采用微电子技术，大量的开关动作由无触点的电子存储器件来完成，大部分继电器和繁杂的连线被软件程序所取代，故寿命长，可靠性大大提高。

微机虽然具有很强的功能，但抗干扰能力差，工业现场的电磁干扰、电源波动、机械振动、温度和湿度的变化，都可能使一般通用微机不能正常工作。而PLC在电子线路、机械结构以及软件结构上都吸取了生产控制经验，主要模块均采用了大规模与超大规模集成电路，I/O系统设计有完善的通道保护与信号调理电路；在结构上对耐热、防潮、防尘、抗振等都有精确考虑；在硬件上采用隔离、屏蔽、滤波、接地等抗干扰措施；在软件上采用数字滤波等抗干扰和故障诊断措施。这使得PLC具有较高的抗干扰能力，目前各生产厂家生产的PLC，平均无故障时间都大大超过了IEC规定的10万小时，有的甚至达到了几十万小时。

(2)控制系统结构简单、通用性强、应用灵活。PLC产品均呈系列化生产，品种齐全，外围模块品种也多，可由各种组件灵活组合成各种大小和不同要求的控制系统。在PLC构成的控制系统中,只需在 PLC 的端子上接入相应的输入、输出信号线即可,不需要诸如继电器之类的物理电子器件和大量且繁杂的硬接线路。当控制要求改变,需要变更控制系统功能时,可以用编程器在线或离线修改程序,同一个 PLC 装置用于不同的控制对象,只是输入、输出组件和应用软件不同而已。

(3)编程方便,易于使用。PLC 是面向用户的设备,PLC 的设计者充分考虑到现场工程技术人员的技能和习惯,PLC 程序的编制,采用梯形图或面向工业控制的简单指令形式。梯形图与继电器原理图相类似,直观易懂,容易掌握,不需要专门的计算机知识和语言,深受现场电气技术人员的欢迎,近年来又发展了面向对象的顺控流程图语言,也称功能图,使编程更加简单方便。

(4)功能完善,扩展能力强。PLC 中含有数量巨大的用于开关量处理的继电器类软元件,可轻松地实现大规模的开关量逻辑控制,这是一般的继电器控制所不能实现的。PLC 内部具有许多控制功能,能方便地实现 D/A、A/D 转换及 PID 运算,实现过程控制、数字控制等功能。PLC 具有通信联网功能,它不仅可以控制一台单机,一条生产线,还可以控制一个机群和许多生产线。它不但可以进行现场控制,还可以用于远程控制。

(5)PLC 控制系统设计、安装、调试方便。PLC 中相当于继电接触器系统中的中间继电器、时间继电器、计数器等"软元件",数量巨大,硬软件齐全,且为模块化积木式结构,并已商品化,故可按性能、容量(输入、输出点数、内存大小)等选用组装。又由于用软件编程取代了硬接线实现控制功能,使得安装接线工作量大大减小,设计人员只要有一台 PLC 就可进行控制系统的设计,并可在实验室进行模拟调试。

(6)维修方便,维修工作量小。PLC 具有完善的自诊断,履历情报存储及监视功能。对于其内部工作状态、通信状态、异常状态和 I/O 点的状态均有显示。工作人员通过它可查出故障原因,便于迅速处理,及时排除。

(7)体积小、重量轻,易于实现机电一体化。

2. PLC 的应用

随着 PLC 功能的不断增强,PLC 的应用越来越广泛,其广泛应用于钢铁、水泥、石油、化工、采矿、电力、机械制造、汽车、造纸、纺织、环保等行业。PLC 的应用通常可分为五种类型。

(1)顺序控制。这是 PLC 应用最广泛的领域,用以取代传统的继电器顺序控制。PLC 可应用于单机控制、多机群控、生产自动线控制等。如注塑机、印刷机械、订书机械、切纸机械、组合机床、磨床、装配生产线、电镀流水线及电梯控制等。

(2)运动控制。PLC 制造商目前已提供了拖动步进电动机或伺服电动机的单轴或多轴位置控制模块。在多数情况下,PLC 把描述目标位置的数据送给模块,其输出移动一轴或数轴到目标位置。每个轴移动时,位置控制模块保持适当的速度和加速度,确保运动平滑。

相对来说,位置控制模块比计算机数值控制(CNC)装置体积更小,价格更低,速度更快,操作更方便。

(3)闭环过程控制。PLC 能控制大量的物理参数,如温度、压力、速度和流量等。PID (Proportional Integral Derivative)模块可使得 PLC 具有闭环控制功能,即一个具有 PID 控制能力的PLC可用于过程控制。当过程控制中某一个变量出现偏差时,PID控制算法会计算出正确的输出,把变量保持在设定值上。

(4)数据处理。在机械加工中,出现了把支持顺序控制的PLC和计算机数值控制(CNC)设备紧密结合的趋向。日本FANUC公司推出的System10、11、12系列,已将CNC控制功能作为PLC的一部分。为了实现PLC和CNC设备之间内部数据自由传递,该公司采用了窗口软件。通过窗口软件,用户可以独自编程,由PLC送至CNC设备使用。美国GE公司的CNC设备新机种也同样使用了具有数据处理功能的PLC。东芝的TOSNUC600也将CNC和PLC组合在一起。

(5)通信和联网。为了适应工厂自动化(FA)系统、柔性制造系统(FMS)及集散控制系统(DCS)等发展的需要,人们发展了PLC之间、PLC和上级计算机之间的通信功能。作为实时控制系统,不仅对PLC数据通信速率要求高,而且还考虑了出现停电、故障时的对策等。

5.1.3 PLC的分类与主要产品

1. PLC的分类

(1)按I/O点数容量分类。一般来说,处理的I/O点数比较多,则控制关系比较复杂,用户要求的程序存储器容量比较大,要求PLC指令及其他功能比较多,指令执行的过程也比较快等。按PLC的输入输出点数可将PLC分为三类。

①小型机。小型PLC的功能一般以开关量控制为主,其输入、输出总点数在256点以下,用户程序存储器容量在4 KB以下。现在的高性能小型机还具有一定的通信能力和少量的模拟量处理能力。这类PLC价格低廉,体积小,适合于控制单台设备,开发机电一体化产品。

典型的小型机有SIEMENS公司的S7-1200系列、OMRON公司的CPM2A系列,MITSUBISH公司的FX系列和AB公司的SLC500系列等整体式PLC产品。

②中型机。中型机PLC的输入、输出总点数在256～2048点,用户程序存储器容量达到2～8 KB。中型PLC不仅具有开关量和模拟量的控制功能,还具有更强的数字计算能力,它的通信功能和模拟量处理能力更强大。中型机的指令比小型机更丰富,适用于复杂的逻辑控制系统以及连续生产过程控制场合。

典型的中型机有SIEMENS公司的S7-300系列、OMRON公司的C200H系列、MITSUBISH公司的Q系列和AB公司的SLC500系列模块式PLC产品。

③大型机。大型机PLC的输入、输出总点数在2048点以上,用户程序存储器容量达8～16 KB。大型PLC的性能已经与工业控制计算机相当,它具有计算、控制和调节的功能,还具有强大的网络结构和通信联网能力。它的监视系统采用CRT显示,能够表示过程的动态流程,记录各种曲线,PID调节参数选择图;它配备多种智能板,构成一个多功能系统。这种系统还可以和其他型号的PLC互联,和上位机相连,组成一个集中分散的生产过程和产品质量控制系统。大型机适用于设备自动化控制、过程自动化控制和过程监控系统。

典型的大型 PLC 有 SIEMENS 公司的 S7－400 系列、OMRON 公司的 CVM1 和 CS1 系列、AB 公司的 SLC5/05 系列等产品。

上述划分没有一个严格的界限，随着 PLC 技术的飞速发展，某些小型 PLC 也具有中型机和大型机的功能，这也是 PLC 的发展趋势。

(2)按结构形式分类。PLC 按物理结构形式的不同，可分为整体式(也称单元式)和组合式(也称模块式)两类。

①整体式结构。整体式结构的 PLC 是将中央处理单元(CPU)、存储器、输入单元、输出单元、电源、通信端口、I/O 扩展端口等组装在一个箱体内构成主机。另外还有独立的 I/O 扩展单元等通过扩展电缆与主机上的扩展端口相连，以构成 PLC 不同配置与主机配合使用。整体式结构的 PLC 结构紧凑、体积小、成本低、安装方便。小型机多采用这种整体式结构，如图 5－1 所示。

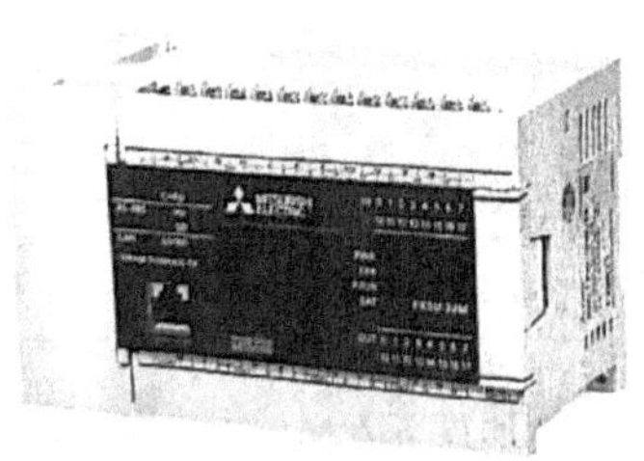

(a) 三菱FX_{5U}PLC

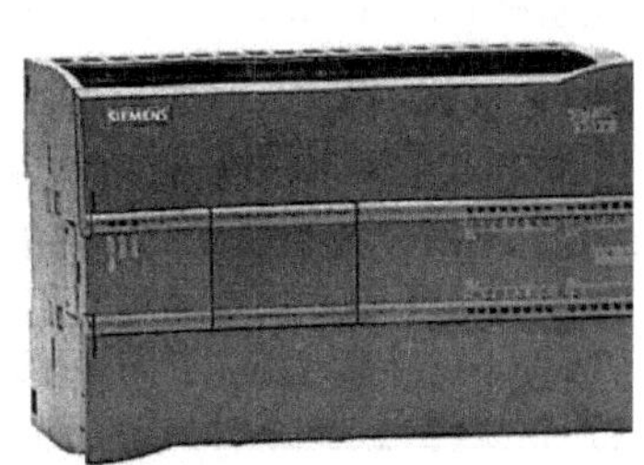

(b) 西门子S7-1200PLC

图 5－1　整体式 PLC 示例

②组合式结构。这种结构的 PLC 是将 CPU、输入单元、输出单元、电源单元、智能 I/O 单元、通信单元等分别做成相应的电路板或模块，各模块可以插在带有总线的底板上。装有 CPU 的模块称为 CPU 模块，其他称为扩展模块。组合式的特点是配置灵活，输入接点、输出接点的数量可以自由选择，各种功能模块可以依需要灵活配置。大、中型 PLC 常用组合式结构，如图 5－2 所示。

(a) 三菱Q系列

(b) 西门子S7-1500系列

图 5－2　模块式 PLC 示例

2. PLC 主要产品

目前全球的 PLC 生产厂家有 200 多家，比较著名的有德国的西门子(SIEMENS)，法国的施耐德(SCHNEIDER),美国的罗克韦尔(AB)、通用(GE),日本的三菱电动机(MITSUBISHI ELECTRIC)、欧姆龙(OMRON)、富士电动机(Fuji Electric)等。

我国的 PLC 研制、生产和应用也发展很快。在 20 世纪 70 年代末和 80 年代初,我国引进了不少国外的 PLC 成套设备。此后,在传统设备改造和新设备设计中,PLC 的应用逐年增多,并取得显著的经济效益。我国从 20 世纪 90 年代开始生产 PLC,也拥有较多的 PLC 自主品牌,如无锡信捷、深圳汇川、北京的和利时和凯迪恩(KDN)等;2019 年,国产 PLC 的市场份额已经超过 15%。目前应用较广的 PLC 生产厂家的主要产品如表 5-1 所示。

表 5-1 部分 PLC 生产厂家及主要产品

国家	公司	产品型号
德国	西门子(SIEMENS)	S7-200 Smart、S7-1200、S7-300/400、S7-1500
日本	三菱电动机 MITSUBISHI ELECTRIC	FX_{3u}/FX_{5u}系列、Q 系列、L 系列
美国	通用(GE)	90™-30、90™-70、VersaMax、Rx3i
法国	施耐德(SCHNEIDER)	Twido、Micro、Premium、Quantum 系列
中国	无锡信捷	XE 系列、XD3 系列、XC 系列
	深圳汇川	H_{2U}/H_{3u}/H_{5u}系列、AM400/600/610 系列

职业责任感 对比我国 PLC 产业与国外的差距,分析形成差距的主要原因。结合华为和中兴事件,你知道目前我国被“卡脖子”的技术或产品有哪些?影响“卡脖子”的技术或产品的主要因素是什么?我们作为下一代的科技人员,制造业的一员,应该清晰认识到制造业是工业的基础,要为我国制造业发展贡献自己的力量。

作为青年学生,要牢固树立创新科技、服务国家、造福人民的思想,同国家共发展,才能在以后的职业中大展宏图,成就自我。

5.2 PLC 的基本组成与工作原理

5.2.1 PLC 的硬件组成

PLC 种类繁多,但其基本结构和工作原理大体相同。PLC 的基本结构由中央处理器(CPU)、存储器、输入/输出接口、电源、扩展接口、通信接口、编程工具、智能 I/O 接口、智能单元等组成。

1. 中央处理器(CPU)

CPU 是 PLC 控制的核心。它按 PLC 中系统程序赋予的功能指挥 PLC 有条不紊地工作,其主要作用有

①接收并存储从编程器输入的用户程序和数据。

②诊断 PLC 内部电路的工作故障和编程中的语法错误。

③用扫描的方式输入 I/O 部件接收现场的状态或数据，并存入映像存储器或数据存储器中。

④PLC 进入运行状态后，从存储器逐条读取用户指令，解释并按指令规定的任务进行数据传送、逻辑或算术运算等；根据运算结果，更新有关标志位的状态和输出映像存储器的内容，再经输出部件实现输出控制、制表打印或数据通信等功能。

不同型号的 PLC 其 CPU 芯片是不同的，有采用通用 CPU 芯片的，有采用厂家自行设计的专用 CPU 芯片的。CPU 芯片的性能关系到 PLC 处理控制信号的能力与速度，CPU 位数越高，系统处理的信息量越大，运算速度也越快。PLC 的功能将随着 CPU 芯片技术的发展而提高。

2. 存储器

PLC 的存储器包括系统存储器和用户存储器两部分。

系统存储器用来存放由 PLC 生产厂家编写的系统程序，并固化在只读存储器 ROM 内，用户不能直接更改。它使 PLC 具有基本的功能，能够完成 PLC 设计者规定的各项工作。系统程序内容主要包括三部分。第一部分为系统管理程序，它主要控制 PLC 的运行，使整个 PLC 按部就班地工作。第二部分为用户指令解释程序，通过用户解释程序，将 PLC 的编程语言变为机器语言指令，再由 CPU 执行这些指令。第三部分为标准程序模块与系统调用程序。它包括许多不同功能的子程序及其调用管理程序，如完成输入、输出及特殊运算等子程序。PLC 的具体工作都是由这部分程序来完成的，这部分程序的多少也决定了 PLC 性能的高低。

用户存储器包括用户程序存储器(程序区)和功能存储器(数据区)两部分。用户程序存储器用来存放用户针对具体控制任务用规定的 PLC 编程语言编写的各种用户程序。用户程序存储器根据所选用的存储器单元类型的不同，可以是随机存储器 RAM(有掉电保护)、可擦可编程只读存储器 EPROM 或电擦除可编程只读存储器 EEPROM，其内容可以由用户任意修改或增删。用户功能存储器是用来存放(记忆)用户程序中使用的 ON/OFF 状态、数值数据等，它构成了 PLC 的各种内部器件，也称“软元件”。用户存储器容量的大小，关系到用户程序容量的大小和内部器件的多少，是反映 PLC 性能的重要指标之一。

3. 输入/输出接口

输入/输出接口是 PLC 与外界连接的接口。输入接口用来接收和采集两种类型的输入信号，一类是按钮、选择开关、行程开关、继电器触点、接近开关、光电开关、数字拨码开关等的开关量输入信号；另一类是由电位器、测速发电机和各种变换器等传来的模拟量输入信号。输出接口用来连接被控对象中各种执行元件，如接触器、电磁阀、指示灯、调节阀(模拟量)、调速装置(模拟量)等。

输入/输出接口有数字量(包括开关量)输入/输出和模拟量输入/输出两种形式。数字量输入/输出接口的作用是将外部控制现场的数字信号与 PLC 内部信号的电平相互转换；模拟量输入/输出接口作用是将外部控制现场的模拟信号与 PLC 内部的数字信号相互转换。输入/输出接口一般都具有光电隔离和滤波功能，其作用是把 PLC 与外部电路隔离开，以提高 PLC 的抗干扰能力。

通常 PLC 的开关量输入接口按使用的电源不同有三种类型：直流 12～24 V 输入接口；交流 100～120 V 或 200～240 V 输入接口；交直流(AC/DC)12～24V 输入接口。输入开关可以是无源触点或传感器的集电极开路的晶体管。

PLC 开关量输出接口按输出开关器件种类不同常有三种形式：一是继电器输出型，CPU 输出时接通或断开继电器的线圈，使继电器触点闭合或断开，再去控制外部电路的通断；二是晶体管输出型，通过光耦合使开关晶体管截止或饱和导通以控制外部电路；三是双向晶闸管输出型，采用的是光触发型双向晶闸管。按照负载使用电源不同，开关量分为直流输出接口、交流输出接口和交直流输出接口。下面介绍常见的开关量输入/输出接口电路。

开关量输入接口是把现场各种开关信号变成 PLC 内部处理的标准信号。

(1)开关量输入接口电路。

①直流输入接口电路。直流输入接口电路如图 5－3 所示。由于各输入端口的输入电路都相同，图中只画出了一个输入端口的输入电路，图中线框中的部分为 PLC 内部电路，框外为用户接线，R_1、R_2 分压，R_1 起限流作用，R_2 及电容 C 构成滤波电路。输入电路采用光耦合实现输入信号与机内电路的耦合。COM 为公共端子。

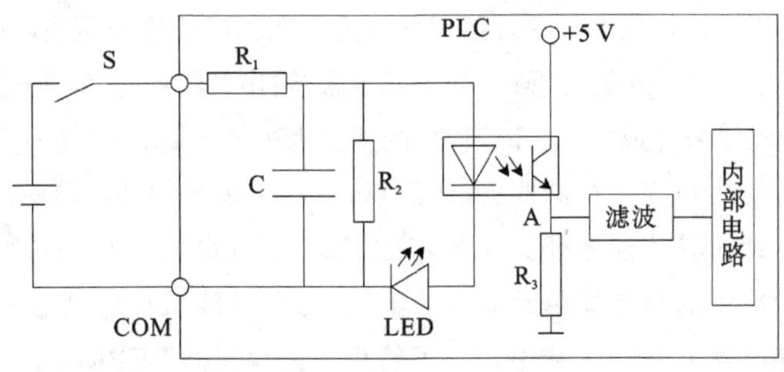

图 5－3　直流输入接口电路

当输入端的开关接通时，光耦合器导通，直流输入信号转换成 TTL(5 V)标准信号送入 PLC 的输入电路，同时 LED 信号灯亮，表示输入端接通。

②交流输入接口电路。图 5－4 所示为交流输入接口电路，为减小高频信号串入，电路中设有隔直电容 C。

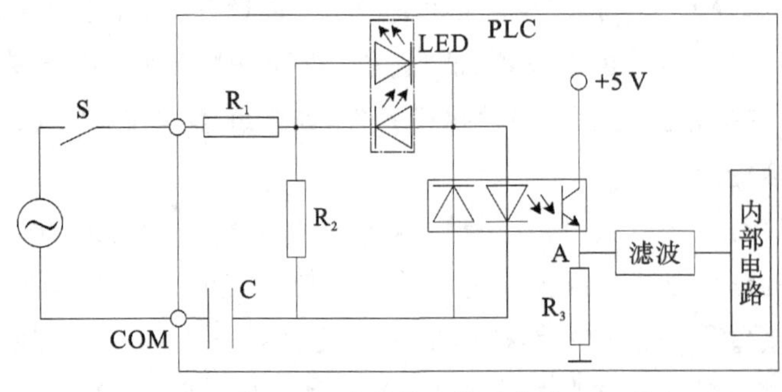

图 5－4　交流输入接口电路

③交、直流输入接口电路。图 5－5 所示为交、直流输入接口电路。其内部电路结构与直流输入接口电路基本相同，所不同的是外接电源除直流电源外，还可用 12～24 V 交流电源。

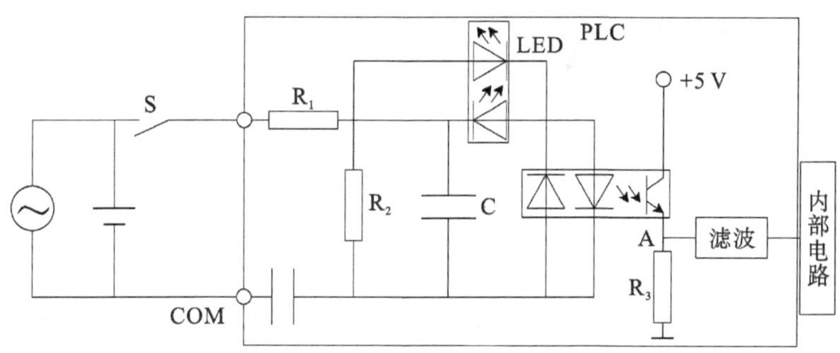

图 5－5　交、直流输入接口电路

(2)开关量输出接口电路。开关量输出接口是把 PLC 的内部信号转换成现场执行机构的各种开关信号。在开关量输出接口中，晶体管输出型的接口只能带直流负载，属于直流输出接口。晶闸管输出型的接口只能带交流负载，属于交流接口。继电器输出型的接口可带直流负载也可带交流负载，属于交直流输出接口。

①晶体管输出接口电路(直流输出接口)。图 5－6 所示为晶体管输出接口电路，图中线框中的电路是 PLC 的内部电路，框外是 PLC 输出点的驱动负载电路。图中只画出一个输出端的输出电路，各个输出端所对应的输出电路均相同。在图中，晶体管 V 为输出开关器件，光耦合器为隔离器件，稳压管和熔断器分别用于输出端的过电压保护和短路保护。

PLC 的输出由用户程序决定，当需要某个输出端产生输出时，由 CPU 控制，将输出信号经光耦合器输出，使晶体管导通，相应的负载接通，同时输出指示灯亮，指示该电路输出端有输出，负载所需直流电源由用户提供。

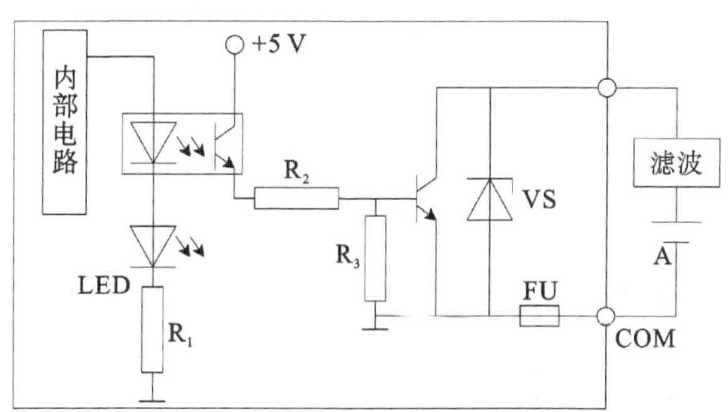

图 5－6　晶体管输出接口电路

②晶闸管输出接口电路(交流输出接口)。图 5－7 所示为晶闸管输出接口电路，图中双向晶闸管为输出开关器件，由它组成的固态继电器(ACSSR)具有光电隔离作用，作为隔离元件。电阻 R_2 与电容 C 组成高频滤波电路，减少高频信号干扰。在输出回路中还设有阻容过压保护和浪涌吸收器，可承受严重的瞬时干扰。

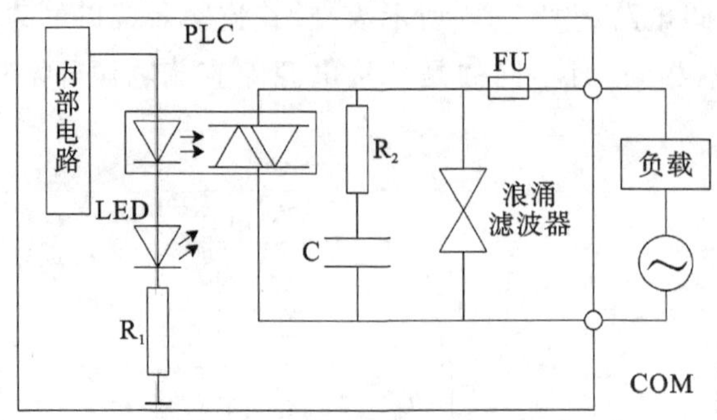

图 5-7　晶闸管输出接口电路

当需要某一输出端产生输出时，由 CPU 控制，将输出信号经光耦合器使输出回路中的双向晶闸管导通，相应的负载接通，同时输出指示灯亮，指示该路输出端有输出。负载所需交流电源由用户提供。

③继电器输出接口电路(交、直流输出接口)。图 5-8 所示为继电器输出接口电路，在图中继电器既是输出开关器件，又是隔离器件，电阻 R_1 和指示灯 LED 组成输出状态显示器；电阻 R_2 和电容 C 组成 RC 灭弧电路。当需要某一输出端产生输出时，由 CPU 控制，将输出信号输出，接通输出继电器线圈，输出继电器的触点闭合，使外部负载电路接通，同时输出指示灯亮，指示该路输出端有输出。负载所需交直流电源由用户提供。

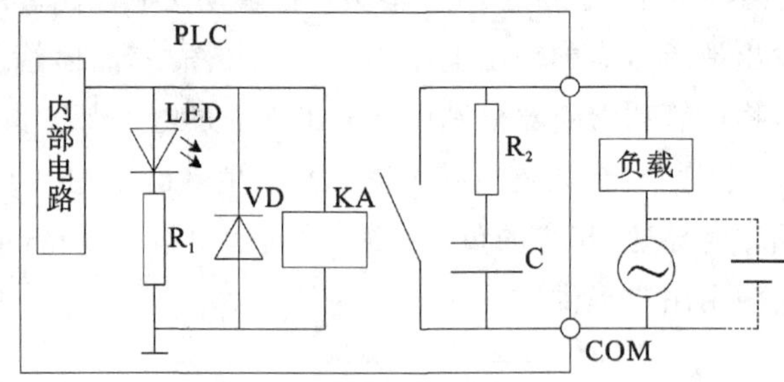

图 5-8　继电器输出接口电路

4. 电源

PLC 一般使用 220 V 单相交流电源，电源部件将交流电转换成中央处理器、存储器等电路工作所需的直流电，保证 PLC 的正常工作。对于小型整体式可编程控制器内部有一个开关稳压电源，此电源一方面还可为 CPU、I/O 单元及扩展单元提供直流 5 V 工作电源，另一方面还可为外部输入元件提供直流 24 V 电源。

电源部件的位置有多种，对于整体式结构的 PLC，电源通常封装在机箱内部；对于组合式 PLC，有的采用单独电源模块，有的将电源与 CPU 封装到一个模块中。

5. 扩展接口

扩展接口用于将扩展单元与基本单元相连，使 PLC 的配置更加灵活，以满足不同控制系统的需求。

6. 通信接口

为了实现"人—机"或"机—机"之间的对话,PLC 配有多种通信接口。PLC 通过这些通信接口可以与监视器、打印机及其他的 PLC 或计算机相连。

当 PLC 与打印机相连时,可将过程信息、系统参数等输出打印;当与监视器(CRT)相连时,可将过程图像显示出来;当与其他 PLC 相连时,可以组成多机系统或联成网络。实现更大规模的控制;当与计算机相连时,可以组成多级控制系统,实现控制与管理相结合的综合控制。

7. 智能 I/O 接口

为了满足更加复杂控制功能的需要,PLC 配有多种智能 I/O 接口,如满足位置调节需要的位置闭环控制模块,对高速脉冲进行计数和处理的高速计数模块等。这类智能模块都有其自身的处理器系统。

8. 编程工具

编程工具是供用户进行程序的编制、编辑、调试和监视用的设备。最常用的是编程器。编程器有简易型和智能型两类。简易型的编程器只能联机编程,且往往是先将梯形图转化为机器语言助记符(指令表)后才能输入。智能型编程器又称图形编程器,它可以联机、也可以脱机编程,具有 LCD 或 CRT 图形显示功能,可以直接输入梯形图和通过屏幕对话。

也可以采用计算机辅助编程,许多 PLC 厂家为自己的产品设计了计算机辅助编程软件,运用这些软件可以编辑、修改用户程序,监控系统的运行,打印文件,采集和分析数据,在屏幕上显示系统运行状态,对工业现场和系统进行仿真等。若要直接与可编程控制器通信,还要配有相应的通信电缆。

9. 智能单元

各型 PLC 都有一些智能单元,它们一般都有自己的 CPU,具有自己的系统软件,能独立完成一项专门的工作。智能单元通过总线与主机相联,通过通信方式接受主机的管理。常用的智能单元有 A/D 单元、D/A 单元、高速计数单元、定位单元等。

10. 其他部件

PLC 还可配有 EPROM 写入器、存储器卡等其他外围设备。

5.2.2　PLC 的软件组成

PLC 的软件由系统软件和用户程序两大部分组成。系统软件由 PLC 制造商固化在机内,用以控制可编程控制器本身的运作;用户程序则是由使用者编制并输入的,用来控制外部对象的运作。

1. 系统软件

系统软件主要包括三部分:一是系统管理程序,它控制 PLC 的运行,使整个 PLC 按部就班地工作;二是用户指令解释程序,通过用户指令解释程序,将 PLC 的编程语言变为机器语言指令，再由CPU执行这些指令；三是标准程序模块与系统调用程序，包括许多不同功能的子程序及其调用管理程序。

(1)系统管理程序。系统管理程序是系统软件中最重要的部分，用以控制可编程控制器的运作。其作用有三：一是进行运行管理，控制PLC何时输入、何时输出、何时计算、何时自检、何时通信等时间上的分配管理；二是存储空间管理，即生成用户环境，规定各种参数、程序的存放地址，将用户使用的数据参数、存储地址转化为实际的数据格式及物理存放地址，将有限的资源变为用户能方便地直接使用的元件，例如它可将有限个数的CTC扩展为上百个用户时钟和计数器，通过这部分程序，用户看到的就不是实际机器存储地址和CTC地址了，而是按照用户数据结构排列的元件空间和程序存储空间；三是系统自检程序，包括系统出错检验，用户程序语法检验、句法检验、警戒时钟运行等。在系统管理程序的控制下，整个PLC能正确、有效地工作。

(2)用户指令解释程序。用户指令解释程序是联系高级程序语言和机器码的桥梁。我们知道，任何计算机最终都是执行机器语言指令的，但用机器语言编程却是非常复杂的事情。可编程控制器可用梯形图语言编程，把使用者直观易懂的梯形图变成机器易懂的机器语言，这就是解释程序的任务。解释程序将梯形图逐条解释，翻译成相应的机器语言指令，再由CPU执行这些指令。

(3)标准程序模块及系统调用程序。标准程序模块及系统调用程序由许多独立的程序块组成，各程序块有不同的功能，有些完成输入、输出处理，有的完成特殊运算等。可编程控制器的各种具体工作都是由这部分程序来完成的，这部分程序的多少决定了可编程控制器性能的强弱。

整个系统软件是一个整体，其质量如何很大程度上影响可编程控制器的性能。往往通过改进系统软件就可在不增加任何设备的条件下大大改善PLC的性能。

2. 用户程序

用户程序即PLC应用程序，是设计人员根据控制系统的实际控制要求，通过PLC的编程语言进行编制的。根据不同控制要求编制不同的程序，相当于改变可编程控制器的用途，也相当于对继电器控制设备的硬接线电路进行重设计和重接线，这就是所谓的“可编程”。程序既可由编程器方便地送入PLC内部的存储器中，也能通过它方便地读出、检查与修改。

参与PLC应用程序编制的是其内部代表编程器件的存储器，俗称“软继电器”，或称编程“软元件”。PLC中设有大量的编程“软元件”，这些“软元件”根据编程功能分为输入继电器、输出继电器、定时器、计数器等。由于“软继电器”实质为存储单元，而它们的常开、常闭触点实质上为读取存储单元的状态，所以可以认为一个继电器带有无数多个常开、常闭触点。

PLC为用户提供了完整的编程语言，以适应编制用户程序的需要。根据国际电工委员会制定的工业控制编程语言标准(IEC61131－3)，PLC的编程语言有以下5种，分别为梯形图(Ladder Diagram，LD)、语句表(Instruction List，IL)、顺序功能图(Sequential Function Chart，SFC)、功能块图(Function Block Diagram，FBD)及结构化文本(Structured Text，

ST)。不同型号的 PLC 编程软件对以上 5 种编程语言的支持种类是不同的,早期的 PLC 仅仅支持梯形图编程语言和指令表编程语言。下面就目前 PLC 编程软件提供的几种语言的特点做简单介绍。

(1)梯形图(LD)编程。梯形图语言是 PLC 程序设计中最常用的编程语言,是从继电器控制系统原理图的基础上演变而来的,由触点、线圈和指令框组成,是一种图形化的编程语言。由于梯形图与继电器控制电路原理图相对应,具有直观性和对应性;且与原有继电器控制电路相一致,电气设计人员易于掌握。因此,梯形图编程语言受到了广泛欢迎。

梯形图编程语言与原有的继电-接触器控制电路不同的是,梯形图中的能流不是实际意义的电流,内部的继电器也不是实际存在的继电器,应用时需要与原有继电器控制的概念加以区别。

图 5-9 是典型电动机单向运转控制电路图(起保停)和采用 PLC 控制实现的对应梯形图程序。

由图 5-9 可见,两种控制图的逻辑含义是一样的,但具体表示方法有本质区别。梯形图中的开关电器、继电器、接触器、定时器、计数器不是实物,这些元件实际是 PLC 存储器中的存储位,是软元件,相应的位为"1"状态,表示该继电器线圈通电、常开触点闭合、常闭触点断开。

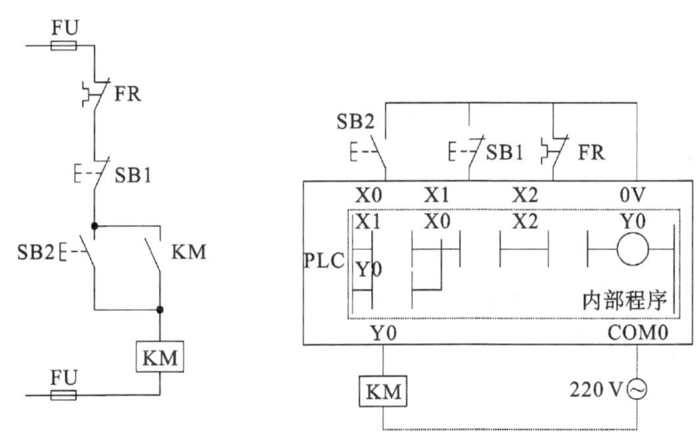

(a) 电动机单向运转继电器控制电路　　(b) 电动机单向运转PLC控制电路

图 5-9 电动机单向运转控制电路和 PLC 控制实现的对应梯形图

梯形图左右两端的母线是不接任何电源的,梯形图中并不流过真实的电流,而是概念电流(假想电流)。假想电流只能从左到右,从上到下流动。假想电流是执行用户程序时满足输出条件而进行的假设。

梯形图由多个梯级组成,每个梯级由一个或多个支路和输出元件构成。同一个梯形图中的编程元件,不同的厂家会有所不同,但它们表示的逻辑控制功能是一致的。

利用梯形图或基本指令编程,要符合以下编程规则。

①从左至右。梯形图的各类继电器触点要以左母线为起点,各类继电器线圈以右母线

为终点(可允许省略右母线)。从左至右分行画出,每一逻辑行构成一个梯级,每行开始的触点组构成输入组合逻辑(逻辑控制条件),最右边的线圈表示输出函数(逻辑控制的结果)。

②从上到下。各梯级从上到下依次排列。

③水平放置编程元件。触点画在水平线上(主控触点除外),不能画在垂直线上。

④线圈右边无触点。线圈不能直接接左母线,线圈右边不能有触点,否则将发生逻辑错误。

⑤双线圈输出应慎用。如果在同一个程序中,同一个元件的线圈被使用两次或多次,则称为双线圈输出。这时前面的输出无效,只有最后一次有效。双线圈输出在程序方面并不违反输入,但输出动作复杂,因此应谨慎使用。如图 5-10(a)所示为双线圈输出,可以通过变换梯形图避免双线圈输出,如图 5-10(b)所示。

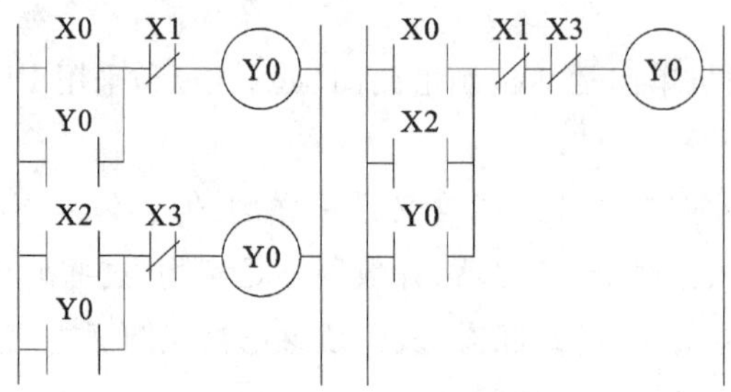

(a) 双线圈输出梯形图　(b) 避免双线圈输出梯形图

图 5-10　双线圈输出

交流与思考　*为什么在同一个程序中,同一个元件的线圈被使用两次或多次,前面的输出无效,只有最后一次有效?*

⑥触点使用次数不限。触点可以串联,也可以并联。所有输出继电器都可以作为辅助继电器使用。

⑦合理布置。串联多的电路放在上部,并联多的电路移近左母线,可以简化程序,节省存储空间,如图 5-11 所示。

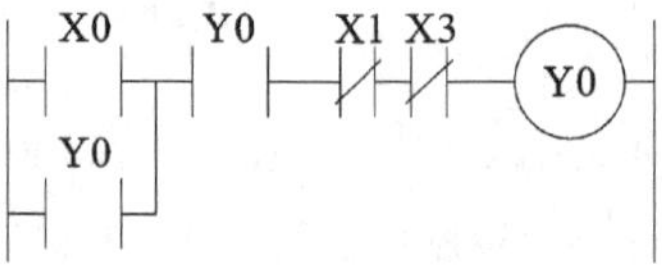

图 5-11　合理布局

⑧ PLC 是串行运行的,PLC 程序的顺序不同,其执行结果有差异,如图 5-12 所示。程序从第一行开始,从左到右、从上到下顺序执行。图 5-12(a)中,X0 为 ON,Y0、Y1 为 ON,Y2 为 OFF;图 5-12(b)中,X0 为 ON,Y0、Y2 为 ON,Y1 为 OFF。而继电接触控制是并行的,带能源接通,各并联支路同时具有电压,同时动作。

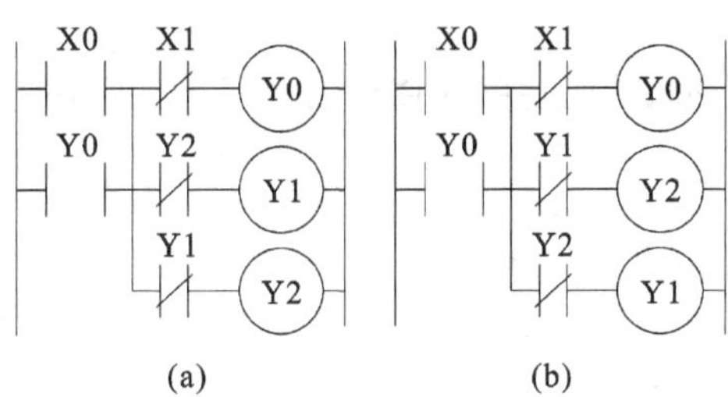

图 5－12　串行运行差异

交流与思考　PLC 串行运行方式与继电接触控制并行运行方式各有什么特点?

(2)指令语句表(IL)编程。指令语句表是一种与计算机汇编语言相类似的助记符编程语言,简称语句表,它用一系列操作指令组成的语句描述控制过程,并通过编程器传输到 PLC 中。不同厂家的指令语句表使用的助记符可能不同,因此一个功能相同的梯形图,书写的指令语句表可能并不相同。表 5－2 是三菱 FX 系列 PLC 指令语句表完成图 5－9(b)控制功能编写的程序,即图中虚线内梯形图转化的指令表。

表 5－2　三菱 FX 系列 PLC 指令语句表

步序	指令操作码(助记符)	操作数
0	LD	X0
1	OR	Y0
2	AND	X0
3	AND	X2
4	OUT	Y0

(3)顺序功能图(SFC)。顺序功能图又叫状态流程图或状态转移图,是使用状态来描述控制子任务或过程的流程图,是一种专门用于工业顺序控制的程序设计语言。它能完整地描述控制系统的工作过程、功能和特性,是分析、设计电气控制系统控制程序的重要工具。顺序功能图如图 5－13 所示。

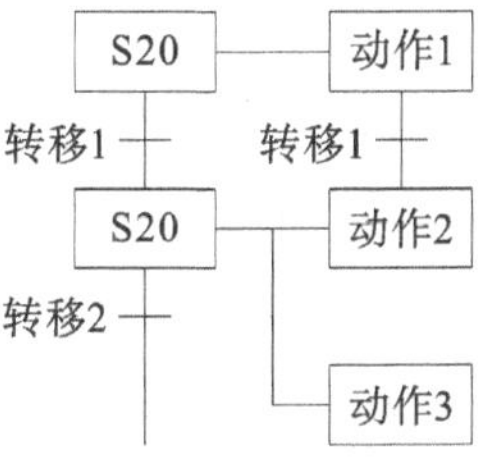

图 5－13　顺序功能图

(4)功能块图(FBD)。FBD 也是一种图形化编程语言,是与数字逻辑电路类似的一种 PLC 编程语言。其采用功能块图的形式来表示模块所具有的功能,不同的功能模块具有不同的功能,基本沿用了半导体逻辑电路的逻辑方块图,有数字电路基础的技术人员很容易上手和掌握。

图 5－14 是电动机单向运转的功能块图语言的示意图，其逻辑表达式为 KM＝(SB1＋KM)・SB2・FR。

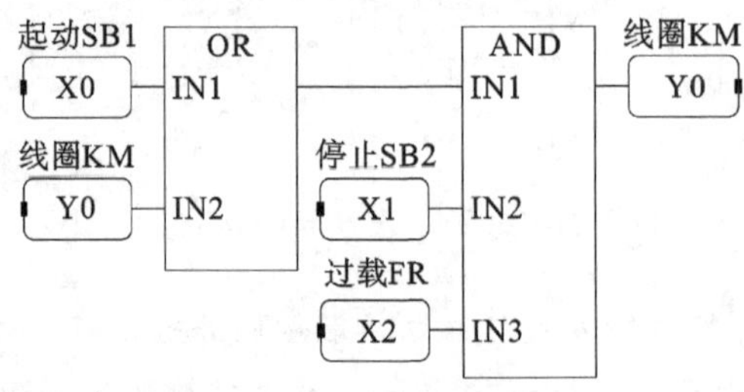

图 5－14　功能块图

(5)结构化文本(ST)。结构化文本编程语言是一种具有与 C 语言等高级语言语法结构相似的文本形式的编程语言，不仅可以完成 PLC 典型应用(如输入/输出、定时、计数等)，还可以具有循环、选择、数组、高级函数等高级语言的特性。ST 编程语言非常适合复杂的运算功能、数学函数、数据处理和管理以及过程优化等，是今后 PLC 编程语言的趋势。

ST 编程语言采用计算机的表述方式来描述系统中各种变量之间的各种运算关系，完成所需的功能或操作。但相比 C 语言、PASCAL 语言等高级语言，其在语句的表达方法及语句的种类等方面都进行了简化。在编写其他编程语言较难实现的用户程序时具有一定的优势。

采用 ST 编程语言编程，可以完成较复杂的控制运算，但需要有一定的计算机高级语言知识和编程技巧，对工程设计人员要求较高，直观性和操作性相对较差。

ST 指令使用标准编程运算符，例如，用(:＝)表示赋值，用(AND、XOR、OR)表示逻辑与、异或、或，用(＋、－、＊、/)表示算术功能加、减、乘、除。ST 也使用标准的 PASCAL 程序控制操作，如 IF、CASE、REPEAT、FOR 和 WHILE 语句等。ST 编程语言中的语法元素还可以使用所有的 PASCAL 参考。许多 ST 的其他指令(如定时器和计数器)与 LD 和 FBD 指令匹配。

图 5－15 是电动机单向运转的 ST 编程语言编写的控制程序。

```
IF X1=1 THEN          //X1为停止按钮
    Y0:=0;
    ELSIF X2=1 THEN     //X2为起动按钮
    Y0:=1;
    END_IF;
```

图 5－15　ST 编程语言

在大中型 PLC 编程中，ST 语言应用越来越广泛，可以非常方便地描述控制系统中各个变量的关系。

在 PLC 控制系统设计中，要求设计人员不但对 PLC 的硬件性能有所了解，也要了解 PLC 对编程语言支持的种类和用法，以便编写更加灵活和优化的自动控制程序。

5.2.3　PLC 的工作原理

PLC 的本质是一种工业控制计算机，其功能是从输入设备接收信号，根据用户程序的逻辑运算结果、输出信号去控制外围设备，如图 5－16 所示。输入设备的状态会被 PLC 周期扫描并实时更新到输入映像寄存器中；通过外部编程设备下载到 PLC 存储器中的用户程序将以当前的输入状态为基础进行计算，并将计算结果更新到输出映像寄存器中；输出设备将根据输出映像寄存器中的值进行实时刷新，从而控制输出回路的输出状态。

PLC 采用“周期循环扫描”的工作方式，即 CPU 是通过逐行扫描并执行用户程序来实现操作，当一个逻辑线圈接通或断开，该线圈的所有触点并不会立即动作，必须等到程序扫描执行到该触点才会动作。

一般来说，当 PLC 运行后，其工作过程可分为输入采样阶段、程序执行阶段和输出刷新阶段，完成上述 3 个阶段即称为一个扫描周期。

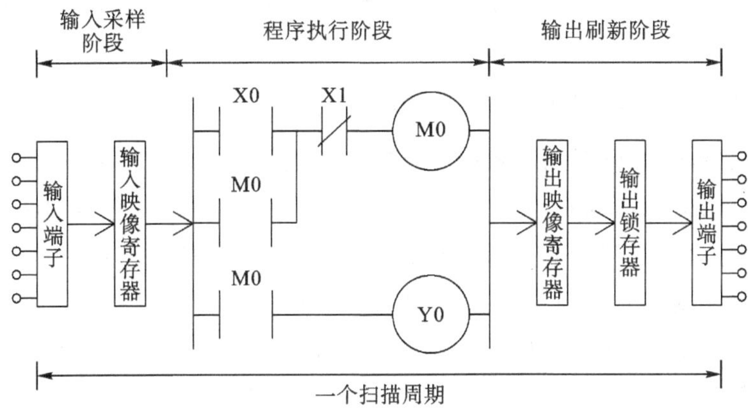

图 5－16　PLC 的扫描工作过程

1. 输入采样阶段

在输入采样阶段，PLC 读取各输入端子的通断状态，并存入对应的输入映像寄存器中；此时，输入映像寄存器被刷新，接着进入程序执行阶段。在程序执行阶段或输出刷新阶段，输入映像寄存器与外界隔绝，无论输入端子信号怎么变化，其内容保持不变，直到下一个扫描周期的输入采样阶段才会将输入端子的新状态写入。

2. 程序执行阶段

程序执行阶段，PLC 根据最新读取的输入信号，以先左后右、先上后下的顺序逐条执行程序指令；每执行一条指令，其需要的信号状态均从输入映像寄存器中读取，指令运算的结果也动态写入输出映像寄存器中；每个软元件(除输入映像寄存器之外)的状态会随着程序的执行而变化。

3. 输出刷新阶段

PLC 的 CPU 扫描用户程序结束后，PLC 就进入输出刷新阶段。在此期间，CPU 按照 I/O映像区内对应的状态和数据刷新所有的输出锁存电路，再经输出电路驱动相应的被控负载，这才是 PLC 的真正输出。

在整个运行期间，PLC 的 CPU 以一定的扫描速度重复执行上述 3 个阶段。用户程序执行扫描方式既可按上述固定顺序方式，也可按程序指定的可变顺序进行。

循环扫描的工作方式是 PLC 的一大特点，针对工业控制采用这种工作方式可使 PLC 具有一些优于其他各种控制器的特点。例如，可靠性、抗干扰能力明显提高；串行工作方式避免触点（逻辑）竞争；简化程序设计；通过扫描时间定时监视可诊断 CPU 内部故障，避免程序异常运行的不良影响等。

循环扫描工作方式的主要缺点是带来了 I/O 响应滞后性。影响 I/O 响应滞后的主要因素有，输入电路、输出电路的响应时间，PLC 中 CPU 的运算速度，程序设计结构等。

一般工业设备是允许 I/O 响应滞后的，但对某些需要 I/O 快速响应的设备则应采取相应措施，尽可能提高响应速度，如硬件设计上采用快速响应模块、高速计数模块等，在软件设计上采用不同中断处理措施，优化设计程序等。这些都是减少响应时间的重要措施。

5.2.4 PLC 控制系统与继电器控制系统的比较

PLC 控制系统与继电器控制系统在运行方式上存在着本质区别。继电器控制系统采用硬件和接线来实现，它通过选用合适的分立元件（接触器、主令电器、各类继电器等），然后按照控制要求采用导线将触点相互连接，从而实现既定的逻辑控制；如控制要求改变，则硬件构成及接线都需相应调整。之所以称为“硬接线”，是“并行运行”的方式，各条支路同时上电，当一个继电器的线圈通电或者断电，该继电器的所有触点都会立即同时动作。

PLC 系统采用程序实现控制，其控制逻辑是以程序方式存储在内存中，系统要完成的控制任务是通过执行存放在存储器中的程序来实现的；如控制要求改变，硬件电路连接可不用调整或简单改动，通过改变程序即可实现，故称“软接线”，是“串行运行”的方式，按照梯形图一个梯度一个梯度执行。

简而言之，PLC 可以看成是一个由成百上千个独立的继电器、定时器、计数器及数据存储器等单元组成的智能控制设备，但这些继电器、定时器等单元并不存在，而是 PLC 内部通过软件或程序模拟的功能模块。

下面以电动机星形-三角形降压起动控制为例，分别采用继电接触器控制、PLC 控制方式来实现电动机的起动功能，在学习时可通过对比、分析和总结两种控制方式的异同点。

继电器控制电路如图 5－17 所示，主电路、控制电路中导线通过分立元件各端子互连，其控制逻辑包含于控制电路中，通过硬接线体现。

PLC 控制方式如图 5－18 所示，其主电路不变，控制电路由 PLC 接线图和程序两部分实现；而控制逻辑是通过软件，即编制相应程序来实现的。

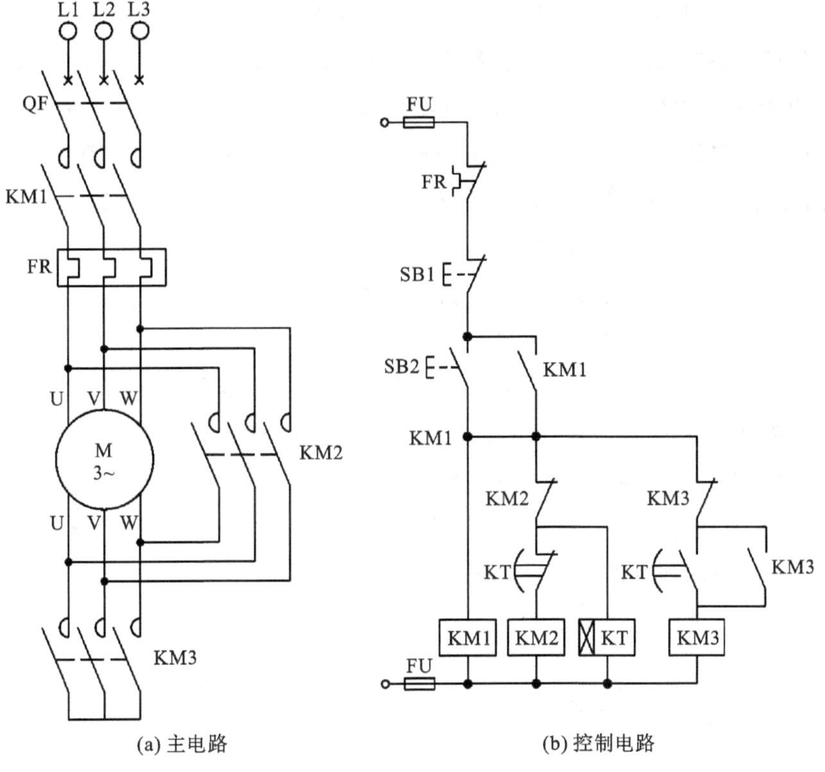

(a) 主电路　　(b) 控制电路

图 5-17　星形-三角形降压起动继电器控制电路

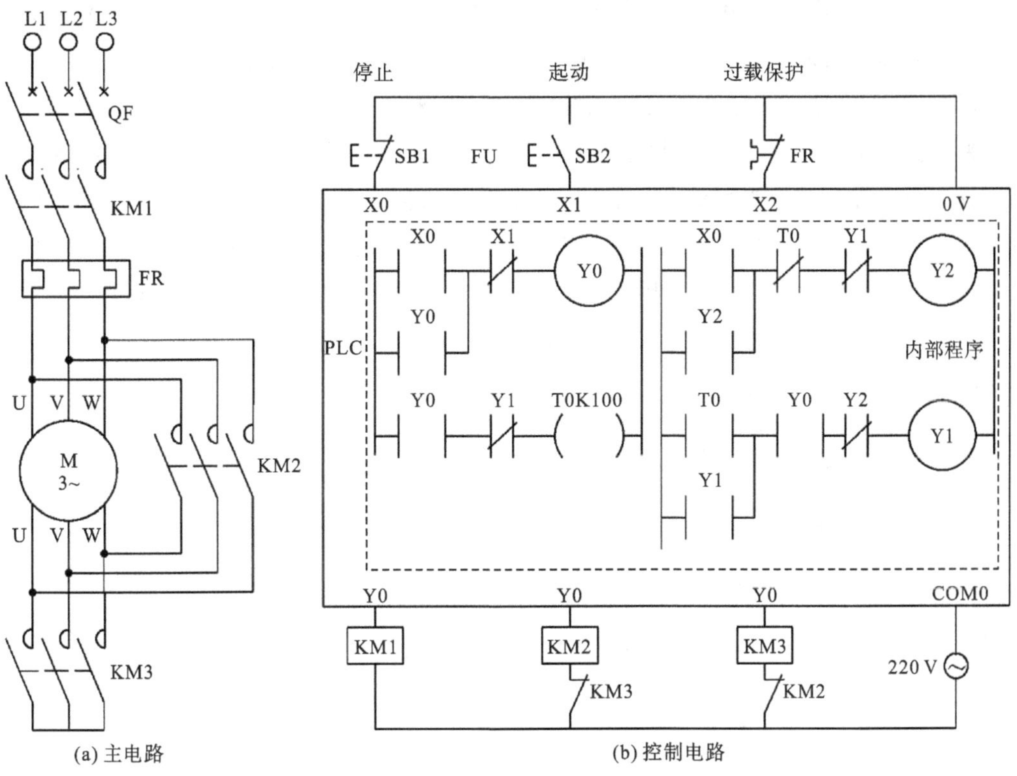

(a) 主电路　　(b) 控制电路

图 5-18　星形-三角形降压起动 PLC 控制系统

PLC 控制与继电接触器控制两种控制方式的不同：

(1)PLC 控制系统与继电接触器控制系统的输入、输出部分基本相同，输入部分都是由按钮、开关、传感器等组成；输出部分都是由接触器、执行器、电磁阀等部件构成。

(2)PLC 控制采用软件编程取代了继电接触器控制系统中大量的中间继电器、时间继电器、计数器等器件，使 PLC 控制系统的体积、安装和接线工作量都大大减少，可以有效减少系统维修工作量和提高工作可靠性。

(3)PLC 控制系统不仅可以替代继电接触器控制系统，而且当生产工艺、控制要求发生变化时，只要相应修改程序或配合程序对硬件接线做很小的变动就可以了。

(4)PLC 控制系统除了可以完成传统继电接触器控制系统所具有的功能外，还可以实现模拟量控制、高速计数、开环或闭环过程控制，以及通信联网等功能。

PLC 不是自动控制的唯一选择，还有继电器控制和计算机控制等方式；每一种控制器都具有其独特的优势，根据控制要求的不同、使用环境的不同等可以选择适合的控制方式。随着 PLC 价格不断降低和性能的不断提升，以及系统集成的需求加强，PLC 的优势越来越明显、应用范围也越来越广。

5.3 三菱 FX_{5U} PLC 控制

20 世纪 80 年代三菱电机推出了 F 系列小型 PLC，其后经历了 F1、F2、FX2 系列，在硬件和软件功能上不断完善和提高，后来推出了诸如 FX_{1N}、FX_{2N} 等系列的第二代产品 PLC，实现了微型化和多品种化，可满足不同用户的需要。2012 年三菱电机官网发布三菱 FX_{2N} 停产通知，作为老一代经典机型，FX_{2N} 已经慢慢退出了市场。

为了适应市场需求，新一代机型在通信接口、运行速度等方面做了改善，三菱 FX_{3U} 系列 PLC 是三菱的第三代小型可编程控制器，也是当前的主流产品。相比于 FX_{2N}，FX_{3U} 在接线的灵活性、用户存储器、指令处理速度等方面性能得到了提高。三菱 FX_{5U} 是 FX_{3U} 系列的升级产品，于 2015 年问世，以基本性能的提升、与驱动产品的连接、软件环境的改善作为亮点，通过高速化的内部系统总线、丰富的内置功能和适用于工业现场总线，满足不同客户从单机设备控制到系统控制的各种需求。

5.3.1 三菱 FX_{5U} 系列 PLC 硬件

1. FX_{5U} 系列 PLC 型号

FX_{5U} PLC 的型号标识于产品右侧面，其含义如下：

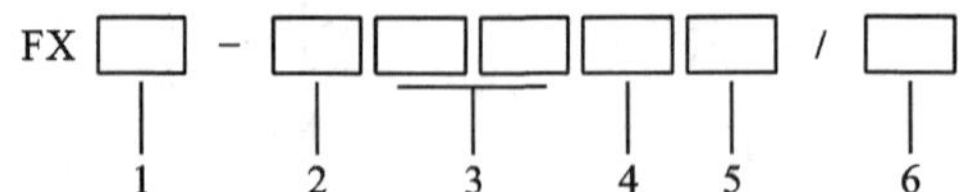

1 表示 FX 模块名称，如 FX_{3U}、FX_{3UC}、FX_{5U}、FX_{5UC}等。其中 U 代表标准型；C 是紧凑型，适合于空间比较狭小的地方。

2 表示连接形式：无符号代表端子排连接，C 代表连接器。

3 表示输入/输出的总点数。

4 表示单元类型：M 为 CPU 模块，E 为输入/输出混合扩展单元与扩展模块，EX 为输入专用扩展模块，EY 为输出专用扩展模块。

5 表示输出形式：R 为继电器输出，T 为晶体管输出。

6 表示电源及输入/输出形式。当为 CPU 模块时，其含义如下。

· R/ES：AC 电源、DC 24 V(漏型/源型)输入、继电器输出。

· T/ES：AC 电源、DC 24 V(漏型/源型)输入、晶体管(漏型)输出。

· T/ESS：AC 电源、DC 24 V(漏型/源型)输入、晶体管(源型)输出。

· R/DS：DC 电源、DC 24 V(漏型/源型)输入、继电器输出。

· T/DS：DC 电源、DC 24 V(漏型/源型)输入、晶体管(漏型)输出。

· T/DSS：DC 电源、DC 24 V(漏型/源型)输入、晶体管(源型)输出。

例如，型号为 FX_{5U}-64MR/DS 的模块表示该 PLC 属于 FX_{5U}系列，具有 64 个 I/O 点的基本单元，使用 DC 24 V 电源、DC 24 V 输入、继电器输出；型号为 FX_5-8EX/ES 的模块表示该模块是输入专用扩展模块，DC 24 V(漏型/源型)输入；型号为 FX_5-8EYT/ES 的模块表示该模块是输出专用扩展模块，晶体管(漏型)输出。

FX_{5U}系列 PLC 是三菱公司 FX 系列产品中，目前性能最优越、性价比很高的小型 PLC，可以通过扩展模块、扩展板、终端模块等多个基本组件间的连接，实现复杂逻辑控制、运动控制、闭环控制等特殊功能；内置的 SD 存储卡槽便于进行程序升级和批量生产，其数据记录功能对数据恢复、设备状态和生产状况的分析有很大帮助。

2. FX_{5U}模块

三菱 FX_{5U}PLC 的硬件分为 CPU 基本模块、扩展模块、扩展板和相关辅助设备、终端模块等。

(1)CPU 基本模块。CPU 基本模块也简称 CPU 模块，是主机，内置了 CPU、电源、输入输出和程序存储器，可连接各种扩展设备。

本模块按照 I/O 点数有 3 个规格，分别为 32 点、64 点和 80 点 I/O 点，其输入输出点数分配参照 PLC 产品具体型号说明书。按照输出形式有继电器输出型、源型晶体管输出和漏型晶体管输出 3 大类。

(2)扩展模块。扩展模块是用于扩展输入/输出和功能的模块。FX_{5U}的扩展模块有电源扩展模块、I/O 扩展模块、运动控制模块和总线模块等。

①I/O 模块。扩展模块由电源、内部输入/输出电路组成，需要与 CUP 基本模块一起使用，当 CUP 基本模块 I/O 点数不够时，可以采用 I/O 模块来扩展 I/O 点数。FX_{5U}系列 PLC 的扩展模块包括输入模块、输出模块和输入/输出模块，最大扩展点数为 256 点。

②电源扩展模块。CPU 模块内置电源不足时可用于扩展电源。扩展模块内置扩展电

缆，电源扩展模块可向 I/O 模块、智能功能模块、总线转换模块供电，最大可连接两台。

③智能功能模块。智能功能模块是具备除输入/输出功能以外的模块，包括定位模块、网络模块、模拟量输入模块、模拟量输出模块、高速计数器模块等功能模块，最大可连接 16 台扩展模块(除电源扩展模块外)。

④连接器转换模块。连接器转换模块用于在 FX_{5U} 的系统中连接扩展模块的模块，例如 FX_5 - CNV - IF 模块，用于对 CPU 模块、扩展模块或智能模块进行连接转换。

(3)扩展板和扩展适配器。

FX_{5U} 扩展板：连接 CPU 模块正面，用于扩展系统功能的基板。CPU 模块的正面最多可连接 1 台(可与扩展适配并用)。

FX_{5U} 扩展适配器：连接 CPU 模块左侧，用于扩展系统功能的适配器。CPU 模块的左侧最多可连接 6 台。

(4)终端模块。终端模块用于将连接器形式的输入/输出端子转换成端子排的模块。如果使用输入专用或输出专用终端模块(内置元器件)，还可以进行 AC 输入型号的获取及继电器/晶体管/晶闸管输出形式的转换。

FX_{5U} 基本模块、扩展模块的产品型号及性能指标，可以参考三菱 MELSEC iQ - F FX5U 用户手册(硬件篇)。

3. FX_{5U} 系列 PLC 特点

与 FX_{3U} 系列产品相比，FX_{5U} 系列 PLC 有如下显著特点。

(1)基本性能提升。

①CPU 性能。支持结构化程序和多个程序执行，并可写入 ST 语言和 FB 功能块。

②内置模拟量输入输出(附带报警输出)。FX_{5U} PLC 基本单元内置 12 位 2 路模拟量输入和 1 路模拟量输出。无需程序，仅通过设定参数便可使用。可通过参数来设定数值的传送、比例大小、报警输出。

③内置 SD 存储器。内置的 SD 卡槽，非常便于进行程序升级和设备的批量生产。另外 SD 卡上可以载入数据，对把握分析设备的状态和生产状况，有很大的帮助。

④RUN/STOP/RESET 开关。RUN/STOP 开关上内置了 RESET 功能。无需关闭主电源就可重新启动，使调试变得更有效率。

(2)定位功能。FX_{5U} 系列 PLC 有 8 通道高速脉冲输入和 4 轴脉冲输出定位功能，可对应 20 μs 高速启动的定位、脉冲信号的频率最高可以达到 200 kHz。可以通过表格设定高速输出，也可通过专用指令实现中断定位、可变速度运行和简易插补功能。

还可以使用专用的运动控制定位模块 FX_5 - 40SSC - S，其搭载了对应 SSCNET Ⅲ/H4 轴定位功能的模块。使用表格运行、结合线性插补、2 轴间的圆弧插补以及连接轨迹控制，可轻松实现平滑的定位控制。

(3)易于和智能设备连接。

①高速系统总线。FX_{5U} 系列 PLC 总线传输速度为 1.5 KB/ms，约为 FX_{3U} 的 150 倍。同时可以扩展 16 块智能模块(FX_{3U} 为 7 块)。

②内置 RS - 485 端口(带 MODBUS 功能)。通过内置 RS - 485 通信端口,与三菱变频器的最长通信长度为 50 m,最大连接为 16 台(通过 6 种应用指令进行控制)。使用 MODBUS 协议,可连接传感器、温度调节器等智能设备或其他 PLC,最大可连接 32 台。

③内置 Ethernet 端口。Ethernet 通信端口在网络上最大可以连接 8 台电脑或设备,可实现连接多台电脑和设备,并可对远程设备进行维护或与上位机之间进行无缝通信。

(3)更加方便用户的编程软件。FX_{3U} PLC 支持 CC - Link 通信,可以使用 GX Developer 和 GX Works2 编程软件。而 FX_{5U}PLC 支持 CC - Link IE 通信,使用 GX Works3 编程软件编程;通过开发和使用 FB 模块,可减少开发工时、提高编程效率;运用简易运动控制定位模块和在 GX Works3 中简易运动控制的软件设定工具,仅通过 GX Works3 就可设定简易运动控制模块的参数、定位数据、伺服参数,可轻松地实现对伺服启动和调整,可实现丰富的运动控制。

随着计算机技术、网络技术和智能化技术的发展,PLC 性能的提高和产品的快速更新迭代是必然趋势。

5.3.2 三菱 FX_{5U}PLC 外部接线

在 PLC 控制系统的设计中,虽然接线工作量较继电接触器控制系统减小不少,但重要性不变。因为硬件电路是 PLC 编程设计工作的基础,只有在正确无误地完成接线的前提下,才能确保编程设计和调试运行工作的顺利进行。

1. 端子排分布与功能

以 FX5U - 32MT/ES 型号的 PLC 为例讲解端子排构成。该 PLC 是具有 32 个 I/O 点的基本单元,AC 电源、DC 输入,继电器输出型;接线端子如图 5 - 19 所示。各端子分配如下。

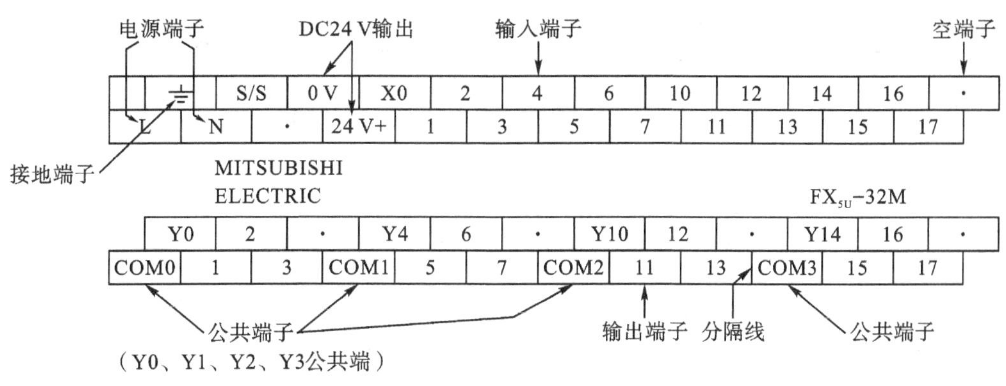

图 5 - 19 FX_{5U} - 32MT/ES 型号的端子排列

(1)电源端子:L、N 端是交流电源的输入端,一般直接使用工频交流电(AC 100～240 V),L 端子接交流电源相线,N 端子接交流电源的中性线。

(2)传感器电源输出端子:PLC 本体上的 24 V+、0 V 端子输出 24 V 直流电源,为输入器件和扩展模块供电;注意不要将外部电源接至此端子,以防损伤设备。

(3)输入端子:该 PLC 为 DC24 V 输入,其中 X0 - 17 为输入端子,为八进制编码;S/S 端子为所有输入端子的公共端,FX_{5U} - 32MT 的输入端子只有一个公共端子;DC 输入端子如连接交流电源将会损坏 PLC。

(4)输出端子:Y0 - 17 为输出端子,为八进制编码;COM0 - COM3 为各组输出端子公共端。PLC 的输出是分组输出,每组对应有一个公共端,同组输出端子只能使用同一种电压等级;其中 Y0、Y1、Y2、Y3 的公共端为 COM0,Y4、Y5、Y6、Y7 的公共端为 COM1,其他公共端同理,中间用颜色较深的分隔线分开。PLC 输出端子驱动负载能力有限,使用时应注意相应的技术指标。

2. 输入回路接线

FX_{5U} PLC 输入回路按照输入回路电流的方向可分为漏型输入接线和源型输入接线。当输入回路电流从 PLC 公共端流进、从输入端流出时称为漏型输入(低电平有效);当输入回路电流从 PLC 的输入端流进、从公共端流出时称为源型输入(高电平有效)。

图 5 - 20 所示为 AC 电源的漏型输入接线,回路电流经 24 V 电源正极、S/S 端子、内部电路、X 端子和外部通道的触点流回 24 V 电源的负极;图 5 - 21 所示为 AC 电源的源型输入接线,回路电流经 24 V 电源正极、外部通道的触点、X 端子、内部电路、S/S 端子流回 24 V 电源的负极;图 5 - 22 所示为 DC 电源的漏型/源型输入接线。

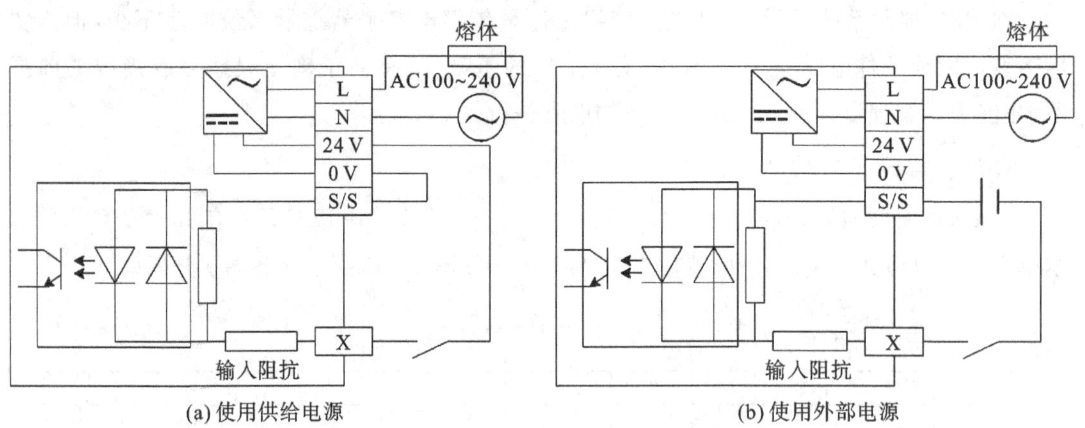

(a) 使用供给电源　　(b) 使用外部电源

图 5 - 20　漏型输入接线(AC 电源)

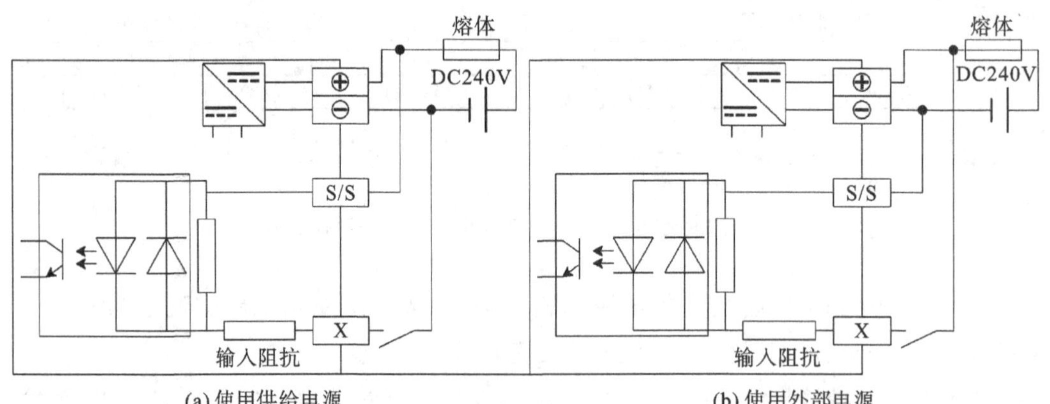

(a) 使用供给电源　　(b) 使用外部电源

图 5 - 21　源型输入接线(AC 电源)

AC 电源漏型输入接线示例如图 5－23 所示。图 5－23(a)为当输入是 2 线式接近传感器时的输入接线图,2 线式接近传感器应选择 NPN 型;图 5－23(b)为当输入是 3 线式接近传感器时的输入接线图,3 线式接近传感器也应是 NPN 型。

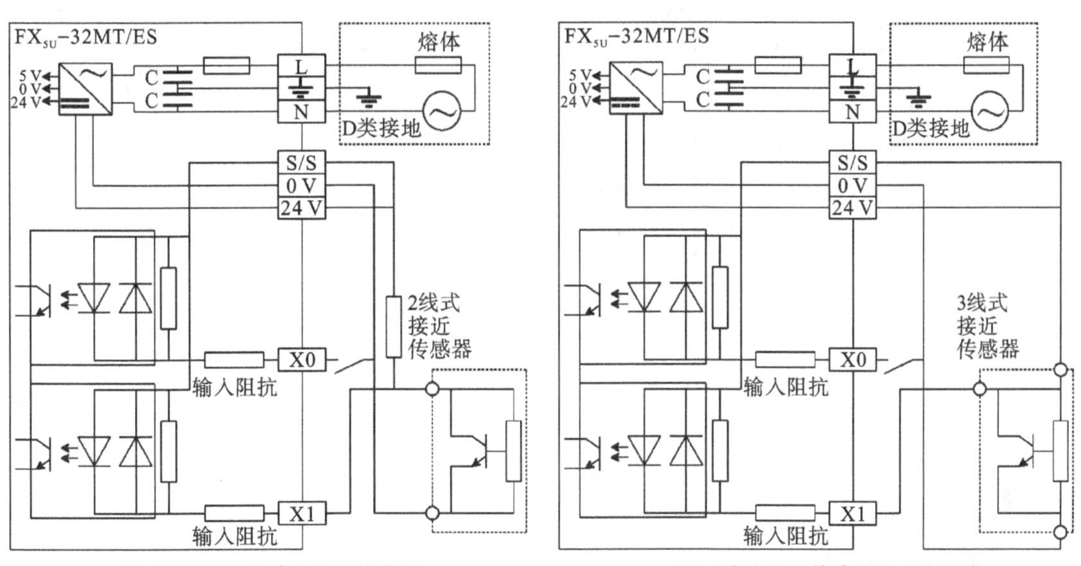

(a) 2线式接近传感器输入接线图　　(b) 3线式接近传感器输入接线图

图 5－22　DC 电源的漏型/源型输入接线

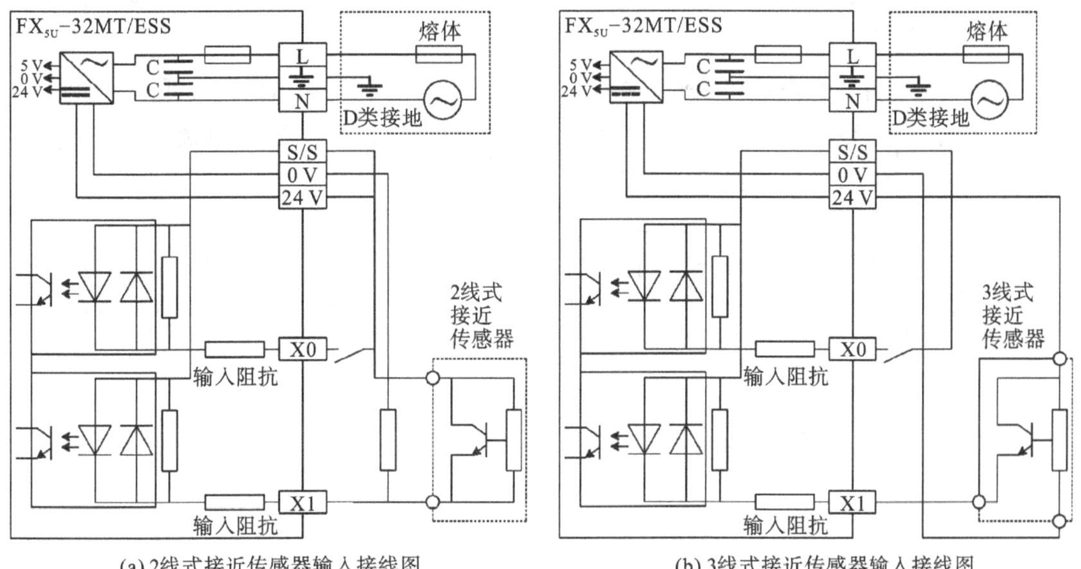

(a) 2线式接近传感器输入接线图　　(b) 3线式接近传感器输入接线图

图 5－23　AC 电源漏型输入接线示例

AC 电源源型输入接线示例如图 5－24 所示,图中的接近传感器均为 PNP 型。

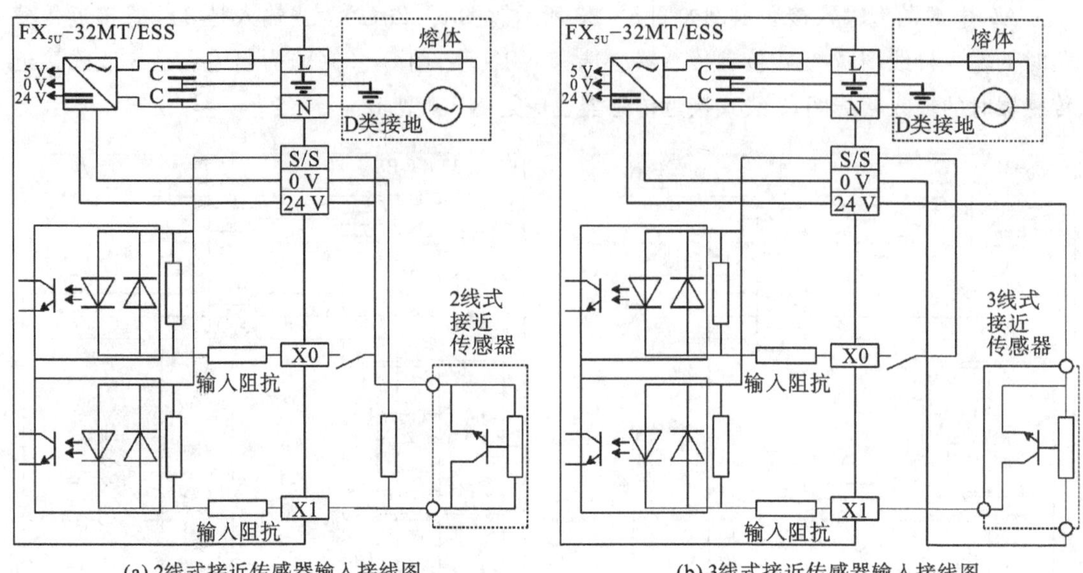

(a) 2线式接近传感器输入接线图　　(b) 3线式接近传感器输入接线图

图 5－24　AC 电源源型输入接线示例

3. 输出回路接线

FX_{5U}系列晶体管输出回路只能驱动直流负载，有漏型输出和源型输出两种类型。漏型输出是指负载电流流入输出端子，而从公共端子流出；源型输出是指负载电流从输出端子流出，而从公共端子流入。

晶体管漏型输出回路接线示例如图 5－25 所示，晶体管源型输出回路接线示例如图 5－26 所示。连接电感性负载时，可根据具体情况，在负载两端并联二极管（续流用），接线可参考图 5－26 所示的直流输出回路负载接线。

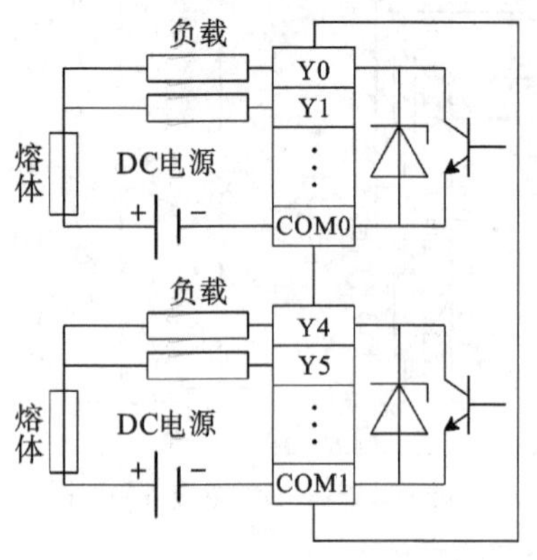

图 5－25　晶体管输出回路（漏型）接线

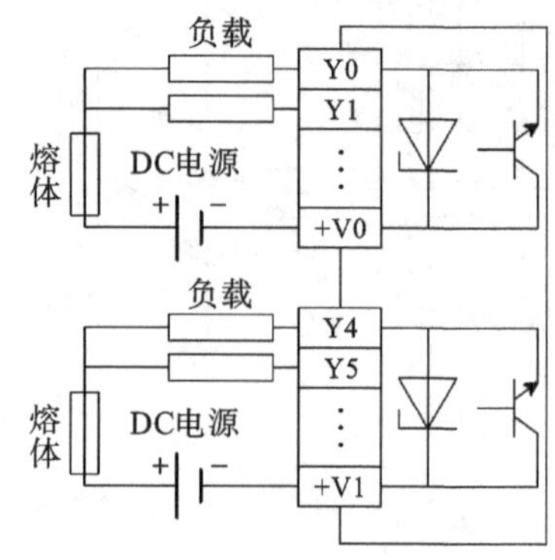

图 5－26　晶体管输出回路（源型）接线

继电器输出回路既可以驱动直流负载（DC 30 V 以下），也可以驱动交流负载（AC 240 V 以下）；使用时需要注意，每个分组只能驱动同一种电压等级的负载，不同电压等级的负载需要分配到不同的分组中，其接线示例如图 5－27 所示，COMO 公共端所在的回路负载电压是直流 24 V,COM1 公共端所在的回路负载电压是交流 100 V。由于继电器输出回路未设置内部保护电路,因此如果是电感性负载,可以在该负载上并联二极管(续流用)或浪涌吸收器,以保证 PLC 的正常工作;其接线示例如图 5-28 所示。

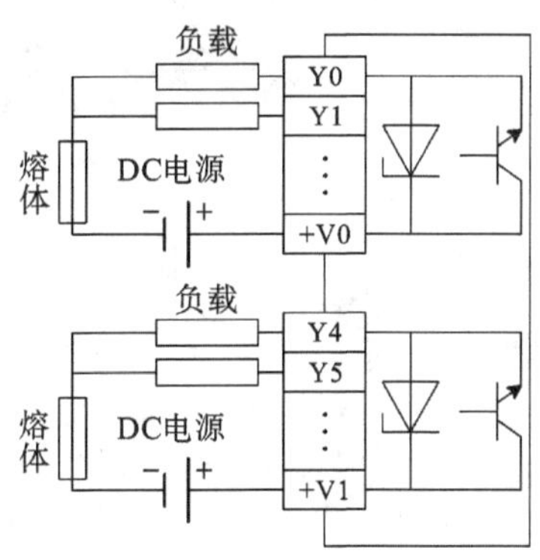

图 5-27　继电器输出回路接线

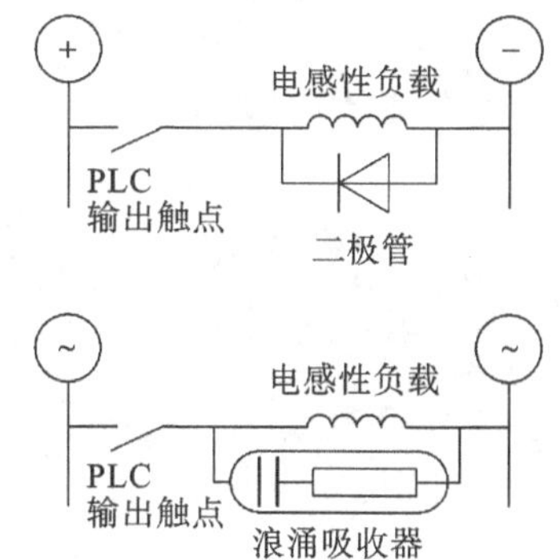

图 5-28　继电器型电感性负载接线示例

交流与思考　在 PLC 的输入端接入一个按钮、一个限位开关,还有一个 NPN 型三线式接近开关;输出为一个 220 V 的交流接触器和一个 24 V 直流电磁阀。试画出 FX_{5U}PLC 外部接线图。

4. 人机界面接口

PLC 控制系统在运行过程中,应能接受用户修改部分参数,同时也让用户能够实时监测系统当前状态。随着用户对人机交互要求的提高,其作为人机界面接口已经成为主流的做法。

PLC 控制系统要在触摸屏上实现实时监测系统当前状态、修改参数,应结合组态软件,通过配置参数,可以快速搭建上位机监控系统,让不同厂家的工控产品集成在统一的图形界面中。

以污水处理 PLC 控制系统为例,三菱 FX_{5U} PLC 与昆仑通态的 TPC7062TD 触摸屏的通信连接如图 5-29 所示,采用 RS485 串行口方式实现。用通信电缆连接 PLC 上的 485 串口与触摸屏的 COM 端口。应用 MCGS 组态软件,在触摸屏上监控界面的效果如图 5-30 所示。

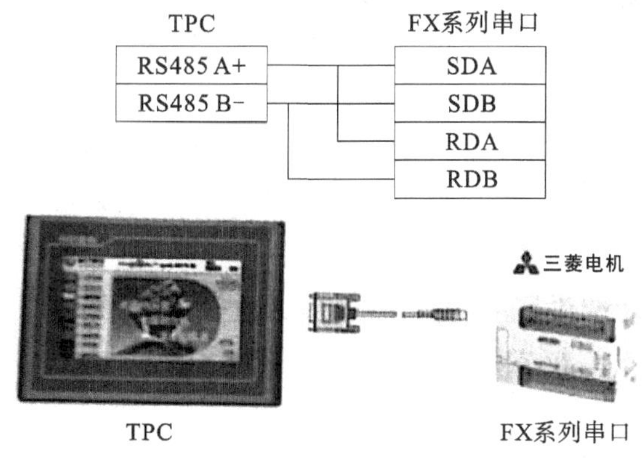

图 5-29　触摸屏的通信连接图

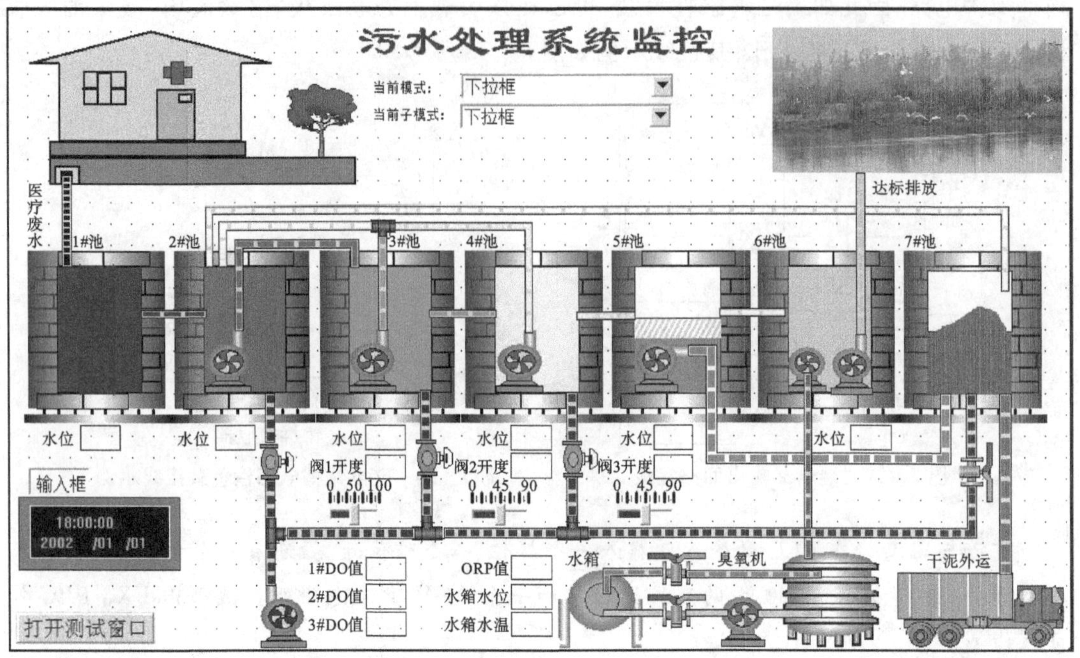

图 5-30 污水处理系统监控界面

5.3.3 三菱 FX_{5U}PLC 编程软元件

下面介绍 FX_{5U} PLC 编程常用的用户软元件、系统软元件及常数，需要了解其他软元件特性及使用方法，可以参照 FX_{5U}用户手册(应用篇)。

1. 输入继电器元件(X)

输入继电器元件(X)一般都有一个 PLC 的输入端子与之对应，它是 PLC 用来连接工业现场开关型输入信号的接口，其状态仅取决于输入端按钮、开关元件等外部设备的状态。当接在输入端子的按钮、开关元件闭合时，输入继电器的线圈得电，在程序中对应的软元件的常开触点闭合，常闭触点断开；这些触点可以在编程时任意使用，使用次数不受限制。可认为是在 CPU 模块内对每个输入点内置有 1 个虚拟继电器 X*n*。程序中，使用该继电器 X*n* 的常开触点/常闭触点。

编程时应注意的是，输入继电器的线圈只能由外部信号来驱动，不能在程序内用指令来驱动，因此在编写的梯形图中只能出现输入继电器的触点，而不应出现输入继电器的线圈。输入继电器元件原理图如图 5-31 所示。

FX_{5U}系列 PLC 的输入继电器采用八进制地址进行编号。例如，FX_{5U}-32M 这个基本单元中，X0—X17 表示从 X0—X7 和 X10—X17 共 16 个点。

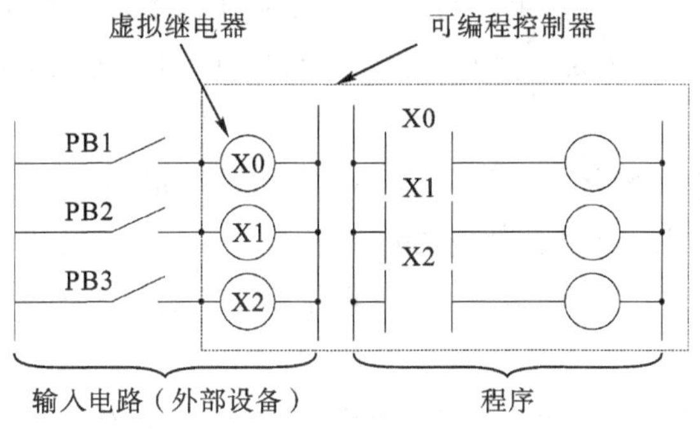

图 5-31　输入继电器元件原理图

2. 输出继电器元件(Y)

输出继电器元件(Y)也有一个 PLC 的输出端子与之对应，它是用来将 PLC 程序的运算结果输出至外部的负载接口，驱动负载，如信号灯、数字显示器、接触器、电磁阀等，其驱动负载如图 5-32 所示。

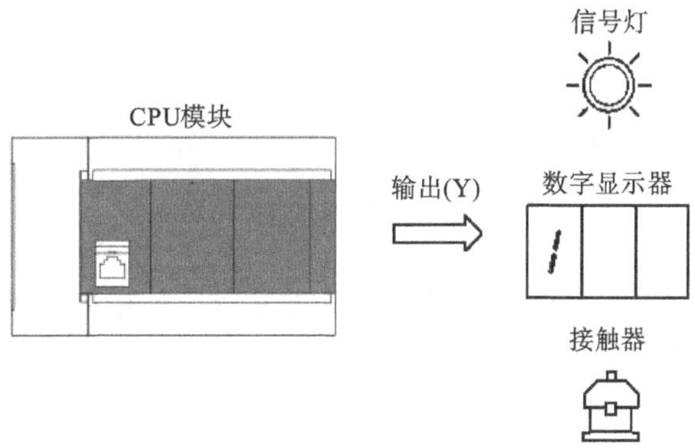

图 5-32　输出继电器元件驱动负载示意图

当输出继电器的线圈得电时，对应的输出端子回路接通，负载电路开始工作。每一个输出继电器的常开触点和常闭触点在编程时可不限次数使用。

编程时需要注意的是外部信号无法直接驱动输出继电器，它只能在程序内部驱动。

输出继电器的地址编号也是八进制，对于 FX_{5U} 系列 PLC 来说，除了输入、输出继电器是以八进制表示外，其他继电器均为十进制表示。例如，FX_{5U}-32M 这个基本单元中，Y0—Y17 表示从 Y0—Y7 和 Y10—Y17 共 16 个点。

3. 内部继电器

(1)辅助继电器(M)。FX_{5U} 系列 PLC 内部有很多辅助继电器(M)，其和输出继电器一样，只能由程序驱动，每个辅助继电器也有无数对常开、常闭触点供编程使用。辅助继电器的触点在 PLC 内部编程时可以任意使用，但它不能直接驱动负载电路，外部负载必须由输出继电器的触点来驱动。

CPU 模块电源断开，并再次得电时，辅助继电器状态位将会复位(清零)。

(2)锁存继电器(L)。锁存继电器(L)是 CPU 模块内部使用的可锁存(停电保持)的辅助继电器。即使进行 CPU 模块电源断开,并再次得电时,运算结果(ON/OFF 信息)也将被锁存。

(3)链接继电器(B)及链接特殊继电器(SB)。链接继电器(B)是在网络模块与 CPU 模块之间作为刷新位数据时,CPU 侧使用的软元件。

链接特殊继电器(SB)软元件是用于存放网络模块的通信状态及异常检测状态的内部位软元件。

(4)报警器(F)。报警器是在由用户创建的用于检测设备异常/故障的程序中使用的内部继电器。图 5-33 所示是报警器范例的梯形图,将报警器置为 ON 时,SM62(报警器检测)将为 ON,SD62(报警器编号)至 SD79(报警器检测编号表)中将存储变为 ON 的报警器的个数及编号。

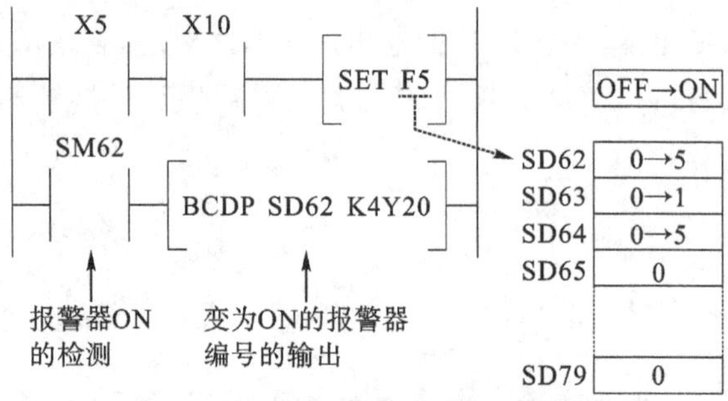

图 5-33　报警器范例的梯形图

(5)步进继电器(S)。步进继电器(S)与步进指令配合使用可完成顺序控制功能。步进继电器常开和常闭触点在 PLC 内可以自由使用,且使用次数不限。不作为步进梯形图指令时,步进继电器可作为辅助继电器(M)在程序中使用。

4. 通用定时器(T)/累计定时器(ST)

定时器相当于继电器控制系统中的时间继电器,是累计时间增量的编程软元件,定时值由程序设置。定时器的线圈变为 ON 时开始计时,当前值到设置值时定时器触点将变为 ON。

定时器的类型有将当前值以 16 位保持的定时器(T)和即使线圈为 OFF 也保持当前值的累计定时器(ST)。

(1) 定时器(T)。定时器的线圈变为 ON 时开始计测。定时器的当前值与设置值一致时将变为时限到,定时器触点将变为 ON。将定时器的线圈置为 OFF 时当前值将变为 0,定时器的触点也将变为 OFF。通用定时器应用范例如图 5-34 所示。

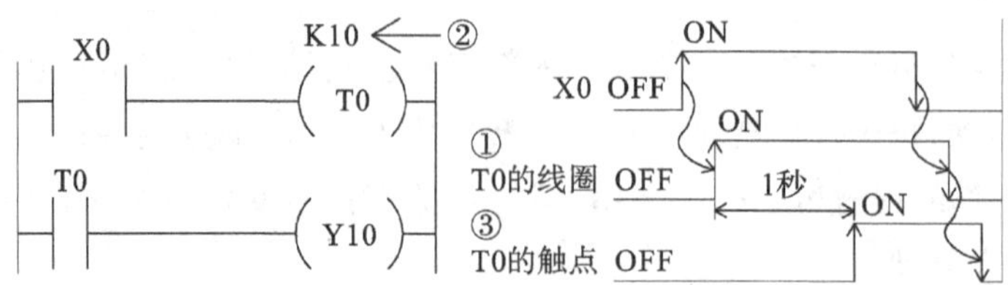

图 5-34　通用定时器应用范例

(2) 累计定时器(ST)。累计定时器的线圈(ST)为 ON 时开始计时,当前值与设置值一致(时间到)时,累计定时器的触点将变为 ON。即使累计定时器的线圈变为 OFF,也将保持当前值及触点的 ON/OFF 状态。线圈再次变为 ON 时,从保持的当前值开始重新计时。通过 RST ST 指令,进行累计定时器当前值的清除及触点的 OFF。累计定时器应用范例如图 5-35 所示。

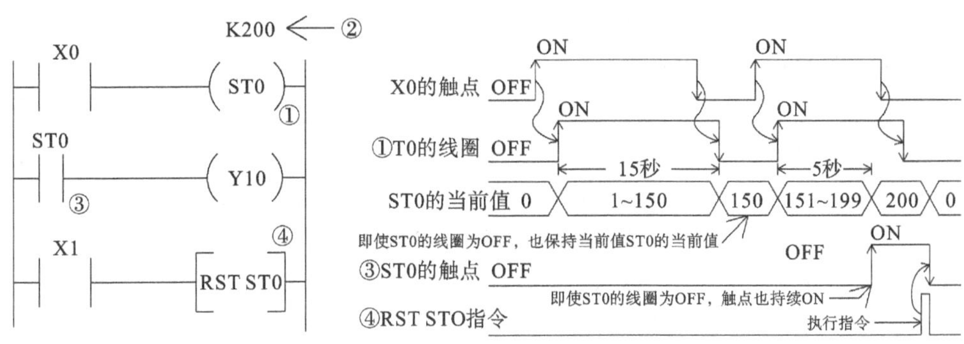

图 5-35　累计定时器应用范例

5. 计数器(C)/长计数器(LC)

计数器(C)用于累计计数输入端接收到的由断开到接通的脉冲个数,其计数值由指令设置。计数器的当前值是 16 位或 32 位有符号整数,用于存储累计的脉冲个数,当前值等于设定值时,计数器的触点动作。每个计数器提供的常开触点和常闭触点有无限个。即使将计数器线圈的输入置为 OFF,计数器的当前值也不会被清除,需要通过复位指令(RST)进行计数器(C/LC)当前值的清除或复位。

计数器的类型有 16 位保持的计数器(C)和 32 位保持的超长计数器(LC);其中计数器(C)1 点使用 1 字,可计数范围为 0～32767;超长计数器(LC)1 点使用 2 字,可计数范围为 0～4 294 967 295。

执行计数器的线圈时的计数器工作原理如图 5-36 所示。

①执行 OUT C 指令/OUT LC 指令。执行计数器的线圈时,进行计数器线圈的 ON/OFF、当前值的更新(计数值+1)及触点的 ON/OFF 处理。

②当前值的更新(计数值+1)。当前值的更新(计数值+1)在计数器的线圈输入的上升沿(OFF→ON)时进行。线圈输入为 OFF、ON→ON 及 ON→OFF 时,不更新当前值。

③计数器的复位。即使将计数器线圈的输入置为 OFF,计数器的当前值也不会被清除。应通过 RST C 指令/RST LC 指令,进行计数器当前值的清除(复位)以及触点的 OFF。在执行 RST C 指令的时刻,计数值即被清除,同时触点也将为 OFF。计数器复位工作原理如图 5-37 所示。

计数器复位时的注意事项。

- 使用 RST 指令复位时,在 RST 指令的驱动命令 OFF 前,计数器不能计数;
- 计数器设置为锁存软元件时,计数器的当前值、输出触点动作及 RST 内部状态将被锁定；如果使用 ZRST 指令，可以对计数器的 RST 内部状态进行复位。

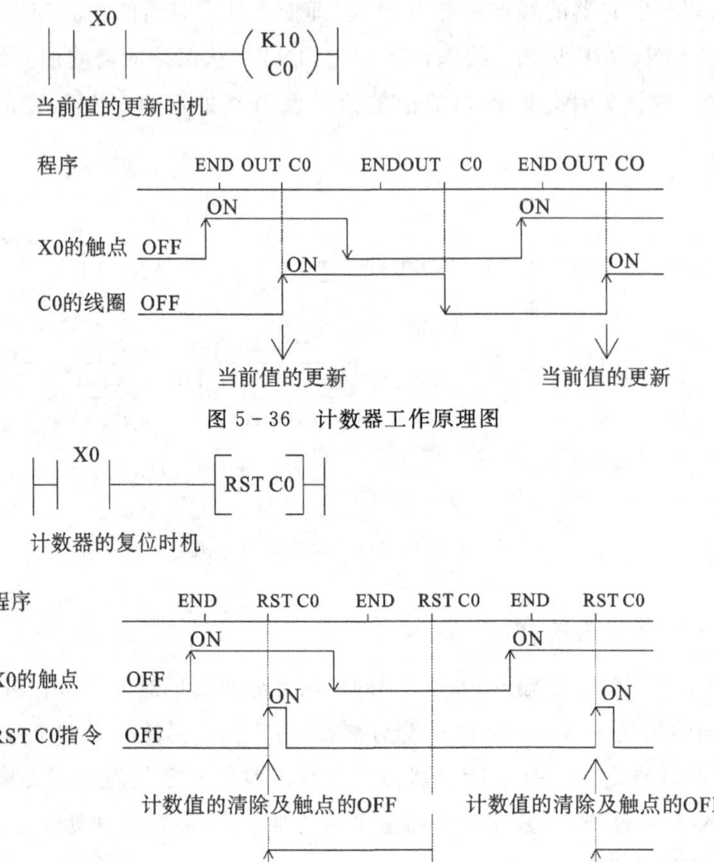

图 5-36 计数器工作原理图

图 5-37 计数器复位原理图

6. 寄存器

(1)数据寄存器(D)。在进行输入/输出处理、模拟量控制、位置控制时，需要涉及许多变量或数据，这些变量或数据由数据寄存器(D)来存储。FX 系列 PLC 数据寄存器均为 16 位的寄存器(单字)，可存放 16 位二进制数，最高位为符号位；也可以用两个数据寄存器合并起来存放 32 位数据(双字)，最高位仍为符号位。

(2)链接寄存器(W)。链接寄存器(W)是用于 CPU 模块与网络模块的链接寄存器(LW)之间相互收发数据的字软元件。通过网络模块的参数、设置刷新范围，未用于刷新设置的寄存器可用于其他用途。

(3)链接特殊寄存器(SW)。网络的通信状态及异常检测状态的字数据信息将被输出到网络内的链接特殊寄存器。链接特殊寄存器(SW)是作为网络内的链接特殊寄存器刷新目标使用的软元件。未用于刷新的位置可用于其他用途。

7. 特殊继电器(SM)

特殊继电器(SM)是 PLC 内部确定的、具有特殊功能的继电器，用于存储 PLC 系统状态、控制参数和信息。这类继电器不能像通常的辅助继电器(M)那样用于程序中,但可作为监控继电器状态反映系统运行情况;或通过设置为 ON/OFF 来控制 CPU 模块相应功能;基本指令编程时常用的几种特殊继电器(SM)如表 5-3 所示,其中 R/W 为读/写性能。

表 5-3　FX5U 系列 PLC 部分常用特殊继电器(SM)功能

编号		功能描述	R/W
SM400	SM8000	RUN 监视、常开触点,OFF:STOP 时;ON:RUN 时	R
SM401	SM8001	RUN 监视、常闭触点,OFF:RUN 时;ON:STOP 时	R
SM402	SM8002	初始脉冲,常开触点,RUN 后第 1 个扫描周期为 ON	R
SM0	SM8004	发生出错,OFF:无出错;ON:有出错	R
SM52	SM8005	电池电压过低,OFF:电池正常;ON:电池电压过低	
SM409	SM8011	10 ms 时钟脉冲	R
SM410	SM8012	100 ms 时钟脉冲	R
SM412	SM8013	1 s 时钟脉冲	R
SM413	—	2 s 时钟脉冲	R
	SM8014	1 min 时钟脉冲	R
	SM8020	零标志位;加减运算结果为零时置位	R
	SM8021	借位标志位;减运算结果小于最小负数值时置位	R
SM700	SM8022	进位标志位;加运算有进位或结果溢出时置位	R

8. 特殊寄存器(SD)

特殊寄存器(SD)是 PLC 内部确定的、具有特殊用途的寄存器,不能像数据寄存器样用于程序中,但可以根据需要写入数据控制 CPU 模块,部分常用 SD 如表 5-4 所示。

表 5-4　FX_{5U} 系列 PLC 的部分常用特殊寄存器

编号	功能描述	R/W
SD200	存储 CPU 开关状态(0:RUN,1:STOP)	R
SD201	存储 LED 的状态(b2:ERR 灯亮,b3:ERR 闪烁.... b9:BAT 闪烁..)	R
SD203	存储 CPU 动作状态(0:RUN,2:STOP,3:PAUSE)	R
SD210	时钟数据(年)被存储(公历)	R/W
SD211	时钟数据(月)被存储(公历)	R/W
SD212	时钟数据(日)被存储(公历)	R/W
SD213	时钟数据(时)被存储(公历)	R/W

续表

编号	功能描述	R/W
SD214	时钟数据(分)被存储(公历)	R/W
SD215	时钟数据(秒)被存储(公历)	R/W
SD216	时钟数据(星期)被存储(公历)	R/W
SD218	参数中设置的时区设置值以“分”为单位被存储	R
SD260	当前设置的位软元件 X 点数(低位)被存储	R
SD261	当前设置的位软元件 X 点数(高位)被存储	R
SD262	当前设置的位软元件 Y 点数(低位)被存储	R
SD263	当前设置的位软元件 Y 点数(高位)被存储	R
SD264	当前设置的位软元件 M 点数(低位)被存储	R
SD265	当前设置的位软元件 M 点数(高位)被存储	R

9. 常数(K/H/E)

常数也可作为编程软元件对待,它在存储器中占有一定的空间,十进制常数用 K 表示,如十进制常数 20,在程序中表示为 K20;十六进制常数用 H 表示,如 20 用十六进制来表示为 H14;在程序中实数用 E 来表示,例如 E1.667。十进制常数范围如表 5 - 5 所示。

表 5 - 5　10 进制常数范围

指令的自变量数据类型		十进制常数范围
数据容量	数据类型的名称	
16 位	字(带符号)	K - 32768 至 K32767
	字(无符号)/位串(16 位)	K0 至 K65 535
32 位	双字(带符号)	K - 2147483648 至 K2 147 483647
	双字(无符号)/位串(32)位	K0 至 K4 294 967 295

本章小结

本章介绍了 PLC 的基础知识,包括 PLC 产生与发展、特点与应用,以典型的 FX_{5U} 为例具体介绍 PLC 的内部硬件构成,外部接线方法以及编程软元件。本章是 PLC 学习与应用的基础,应深刻理解概念,逐步建立设计和分析 PLC 控制系统的思维方法。

具体包括以下内容:

(1)PLC 产生与发展趋势;

(2)PLC 的结构和工作原理；

(3)PLC 的特点和适用领域；

(4)FX_{5U}系列 PLC 编程资源。

学习成果检测

一、习题

1. PLC 具有什么特点？主要应用在哪些方面？

2. 整体式 PLC 与模块式 PLC 各有什么特点？

3. 三菱公司主要的 PLC 产品有哪些？我国主要的 PLC 产品有哪些？

4. 简述 PLC 的发展趋势。

5. 简述 PLC 的硬件结构和系统软件的结构。

6. 简述 PLC 的工作原理。

7. PLC 输出接口电路一般有几种类型？

8. 输入映像寄存器的作用是什么？

9. 简述 FX 系列 PLC 的类型。

10. PLC 控制系统与继电接触器控制系统在运行方式上有何不同？

二、思考题

1. 比较继电器控制系统、PLC 控制系统和计算机控制系统的异同。

2. 从 PLC 的硬件结构和系统软件结构的角度，分析 PLC 高可靠性的原因。

3. 通过查阅手册，同 FX_{3U}PLC 相比，FX_{5U}PLC 具有哪些亮点？

4. 分析我国 PLC 产业与国外 PLC 差距存在原因。

三、讨论题

1. 论述 PLC 控制系统的使用场合。给出 5 个控制场合，可以在讨论的过程中自行扩展。

①家用水泵向屋顶水箱抽水的控制系统。要求无水启动、水满停止。

②汽车制造流水线的喷漆工段。要求完成自动喷漆全过程。

③家用电饭煲控制系统。要求用户一键输入即可完成煲汤全过程。

④炮弹爆炸威力检测系统。要求实现高速度和高精度的测量。

⑤M1、M2 的启动、停止均要求两地操作。

2. 某游泳馆的自动控制系统，使用水源热泵技术完成泳池的恒温控制。水源热泵主机抽取的地下水始终在管道内流动，经过热泵机组和管道外泳池内的池水进行换热，释放热量后的地下水再回灌入地下。通过查阅资料，确定控制方案，完成 PLC 控制系统中元件的选型和估价。

四、自测题(请登录课程网址进行章节测试)

第 6 章　FX_{5U}系列 PLC 常用指令

1. 学习目标

(1) 理解基本逻辑指令和常用基本指令的含义,具备分析 PLC 控制系统程序的能力。

(2) 能够使用基本逻辑指令和常用基本指令,具备初步设计 PLC 控制系统程序的能力。

(3) 通过指令实践应用,培养学生团队协作精神和严谨细致、一丝不苟的职业素养。

2. 学习重点与难点

(1)重点。基本逻辑指令和常用基本指令的工作原理及应用。

(2)难点。基本逻辑指令和常用基本指令的应用。

FX_{5U}PLC 的指令有千余条,包括基本逻辑指令、基本指令和应用指令。初学者应该按照由易到难、先学基本逻辑指令,再学习基本指令。本章主要介绍 FX_{5U}PLC 基本逻辑指令和基本指令,通过对基本指令的学习,具备设计简单程序的能力。如果需要进一步学习或了解应用指令以及使用方法,可参阅《MELSEC iQ－F FX5 编程手册》。

6.1　FX_{5U} PLC 基本逻辑指令

PLC 是在解决工业流水线控制系统中顺序控制问题的过程中应运而生的,直到今天,PLC 仍然是解决顺序控制问题的首选控制器。开关量检测和控制是顺序控制的主要问题,例如按钮是否按下,接触器线圈是否得电等,都是按照一定的顺序动作进行的。基本逻辑指令是 PLC 编写程序时用到的最基础的指令,包括触点指令、结合指令和输出指令,也称为顺控控制指令。这些指令是专门为逻辑控制设计的,能够清晰、直观地表达触点、线圈之间的连接关系,可以运用这些指令实现简单逻辑控制程序的编写。

6.1.1　输入/输出指令

1. 触点运算开始指令

(1)LD:常开触点运算开始指令。当梯形图中软元件的常开触点闭合时,左侧母线上的能流通过常开触点;当软元件的常开触点复位时,能流被切断。

(2) LDI:常闭触点运算开始指令。当梯形图中软元件的常闭触点复位时,左侧母线上的能流通过常开触点;当软元件的常闭触点断开时,能流被切断。

使用说明：

(1)LD/LDI 指令用于将触点直接连接到梯形图的左母线，但当使用块指令 ANB、ORB 时，也可以作为分支起点。

(2)可以操作的位软元件有 X、Y、M、L、SM、F、B、SB、S。

(3)使用开始指令，PLC 检测这些位元件的 ON/OFF 信息，作为开始指令的运算结果。如果源操作数是字，则必须指定字中的某一位。

2. 线圈驱动指令

线圈驱动(OUT)指令是将 OUT 指令之前的运算结果输出到指定的软元件中，用于驱动输出线圈。

使用说明：

(1)在梯形图中，它只能位于梯形图的最右侧，与右母线相连。

(2)可以操作的位软元件有 Y、M、L、SM、T、ST、C 等，不可用于输入继电器 X。

(3)如果能流能到达 OUT 指令左侧，OUT 指令使得软元件得电。如果是位软元件，该位变为 ON 状态；如果是字软元件的指定位，该位置 1。

例：LD、LDI 和 OUT 指令范例如图 6-1 所示。

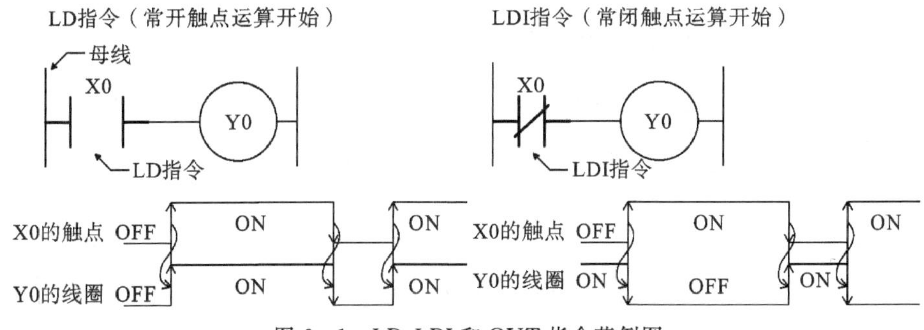

图 6-1　LD、LDI 和 OUT 指令范例图

交流与思考　设计 PLC 程序，实现用单个按钮控制单个彩灯的功能：按下1# 按钮时 1# 彩灯点亮，松开 1# 按钮时 1# 彩灯熄灭；按下 2# 按钮时 2# 彩灯熄灭，松开 2# 按钮时 2# 彩灯点亮。

3. 触点连接指令

(1)AND/ANI：常开/常闭触点串联连接指令，即“与”运算；

(2)OR/ORI：常开/常闭触点的并联连接指令，即“或”运算。

AND、ANI 指令范例如图 6-2 所示。

OR 和 ORI 指令范例如图 6-3 所示。

使用说明：

(1)只能用于单个触点的串/并联连接，当电路关系复杂时，如果要表达串联一个并联电路或一个串联电路，则不能直接用该指令，需要配合后续的块操作指令。

(2)可以操作的位软元件有 X、Y、M、L、SM、F、B、SB、S。

(3)参与串联/并联的元件个数没有限制,该指令可以连续使用任意次。

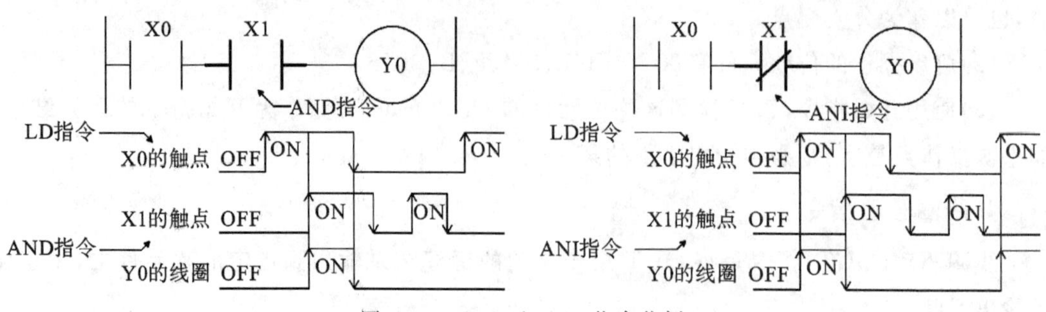

图 6-2　AND 和 ANI 指令范例

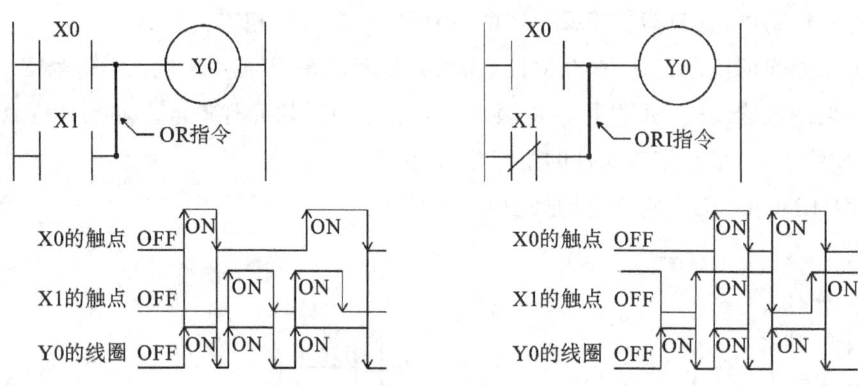

图 6-3　OR 和 ORI 指令范例

4. 置位/复位指令

如果使用 OUT 指令驱动软元件,软元件的状态始终和 OUT 之前的逻辑运算结果保持一致。置位/复位指令与 OUT 指令的区别是,只要指令之前的逻辑结果执行,软元件被置位或复位以后,即使指令之前的逻辑结果发生了变化,软元件的状态也会保持不变。可以把置位指令理解为内置了自锁功能。使用置位指令置位的软元件,只能使用复位指令才能让软元件复位。

置位/复位指令范例如图 6-4 所示。

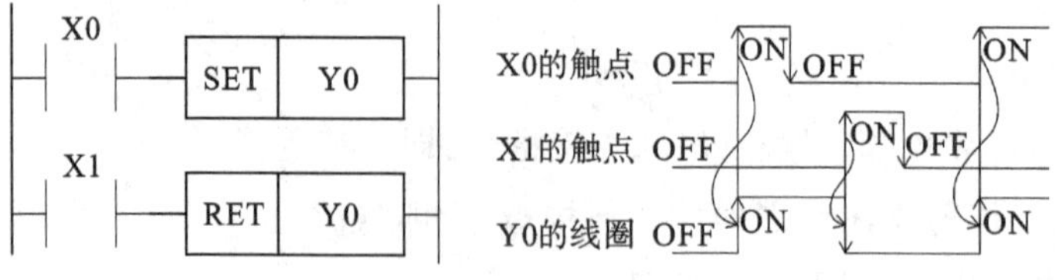

图 6-4　置位/复位指令范例

交流与思考　设计 PLC 程序,实现用单个按钮控制单个彩灯的功能:按下 1# 按钮时 1# 彩灯点亮,松开 1# 按钮时 1# 彩灯持续点亮;再次按下 1# 按钮时 1# 彩灯熄灭,松开 1# 按钮时 1# 彩灯持续熄灭。

6.1.2　脉冲指令

1. 脉冲运算开始指令

(1)LDP：上升沿检测的触点指令。当指定的位软元件从断开状态翻转为导通状态时，常开触点产生上升沿，LDP 指令处的能流导通。

(2)LDF：下降沿检测的触点指令。当指定的位软元件从导通状态翻转为断开状态时，常开触点产生下降沿，LDF 指令处的能流导通。

使用说明：

(1)仅维持一个扫描周期。

(2)可以操作的位软元件有 X、Y、M、L、SM、F、B、SB、S 等；字软元件(需要进行位指定)有 T、ST、C、D、W、SD、SW、R 等。

LDP 和 LDF 指令范例如图 6－5 所示。

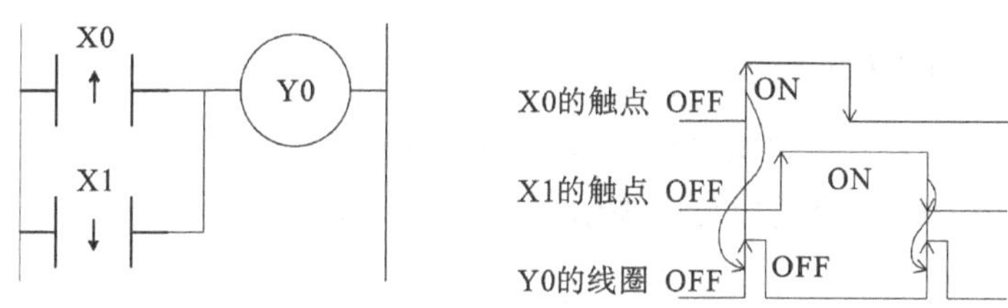

图 6－5　LDP 和 LDF 指令范例

交流和思考　设计 PLC 程序，实现用单个按钮控制单个彩灯的功能：按下 1＃按钮时 1＃彩灯状态不变(如果是点亮状态继续点亮、如果是熄灭状态继续熄灭)，松开 1＃按钮时 1＃彩灯状态翻转(如果是点亮状态则熄灭、如果是熄灭状态则点亮)。

2. 脉冲串联/并联连接指令

(1)ANDP：上升沿脉冲串联连接指令；ANDF：下降沿脉冲串联连接指令。

ANDP 和 ANDF 指令的梯形图表示如图 6－6 所示。

(2)ORP：上升沿脉冲并联连接指令；ORF：下降沿脉冲并联连接指令。

ORP 和 ORF 指令的梯形图表示如图 6－7 所示。

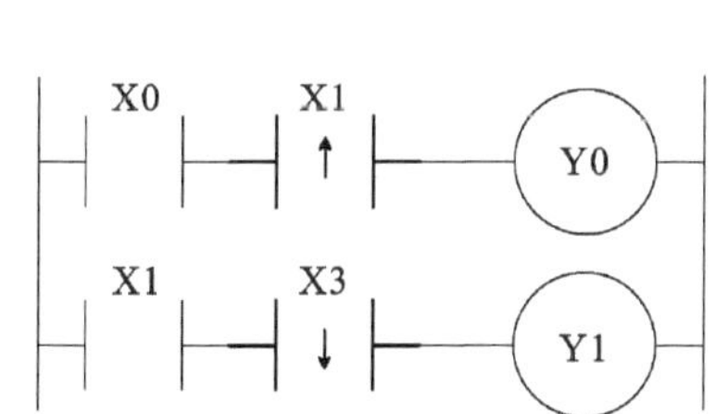

图 6－6　ANDP 和 ANDF 指令的梯形图表示

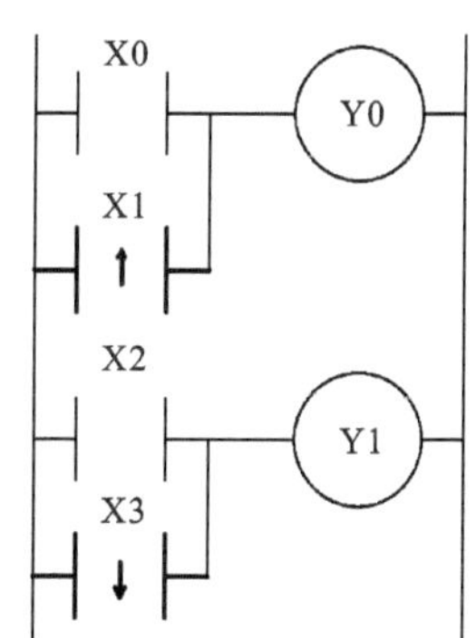

图 6－7　ORP 和 ORF 指令的梯形图表示

3. 脉冲否定运算开始指令

(1)LDPI：上升沿脉冲否定运算开始指令。当指定的位软元件从导通状态翻转为断开状态时，常闭触点产生上升沿，LDIP 指令处的能流导通。

(2) LDFI：下降沿脉冲否定运算开始指令。当指定的位软元件从断开状态翻转为导通状态时，常闭触点产生下降沿，LDFI 指令处的能流导通。

LDPI 和 LDFI 指令的梯形图表示如图 6－8 所示.

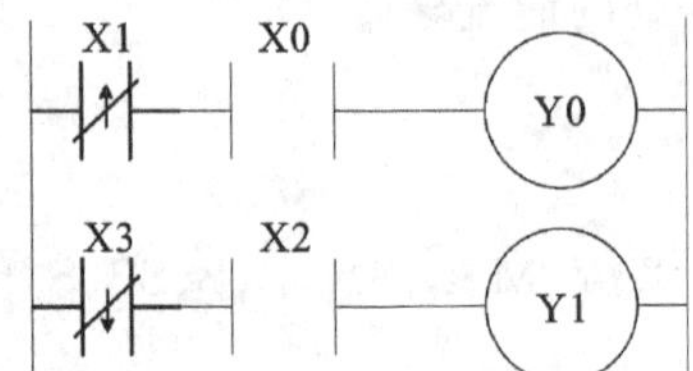

图 6－8　LDPI 和 LDFI 指令的梯形图表示

4. 脉冲否定串联/并联连接指令

(1)ANDPI：上升沿脉冲否定串联连接指令；ANDFI：下降沿脉冲否定串联连接指令。ANDPI 和 ANDFI 指令的梯形图表示如图 6－9 所示。

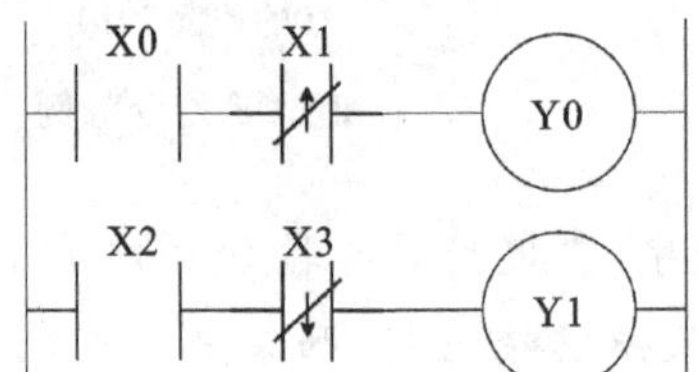

图 6－9　ANDPI 和 ANDFI 指令的梯形图表示

(2)ORPI：上升沿脉冲否定并联连接指令；ORFI：下降沿脉冲否定并联连接指令。ORPI 和 ORFI 指令的梯形图表示如图 6－10 所示。

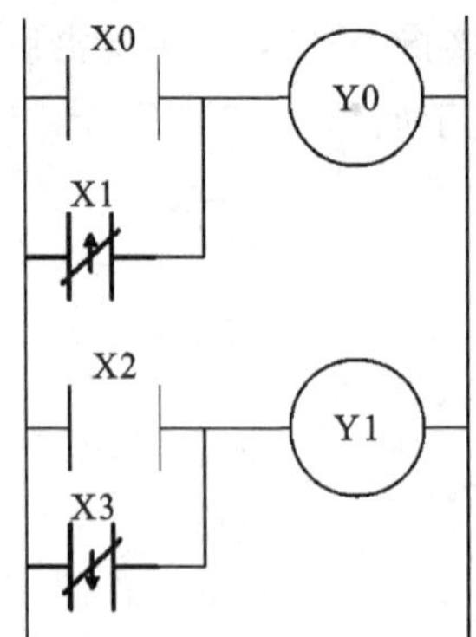

图 6－10　ORPI 和 ORFI 指令的梯形图表示

5. 运算结果脉冲化指令

LDP/LDF 指令用于检测单个软元件的状态是否发生变化，每变化一次产生一次上升/下降沿。如果有多个软元件串联，需要判断多个软元件的状态是否符合预定的组合方式，就需要使用 MEP/MEF 指令。如果检测到指令之前的运算结果出现了上升/下降沿，则能流通过该指令。

(1)MEP 指令。MEP 功能是当前指令之前的运算结果为上升沿时，指令执行变为 ON(导通状态)；MEP 指令之前的运算结果为上升沿以外的情况时，指令执行变为 OFF(断路状态)。

(2)MEF 指令。MEF 功能是指令之前的运算结果为下降沿时，指令执行变为 ON(导通状态)。MEF 指令之前的运算结果为下降沿以外的情况下，指令执行变为 OFF(断路状态)。

MEP 和 MEF 指令梯形图表示如图 6 - 11 所示。

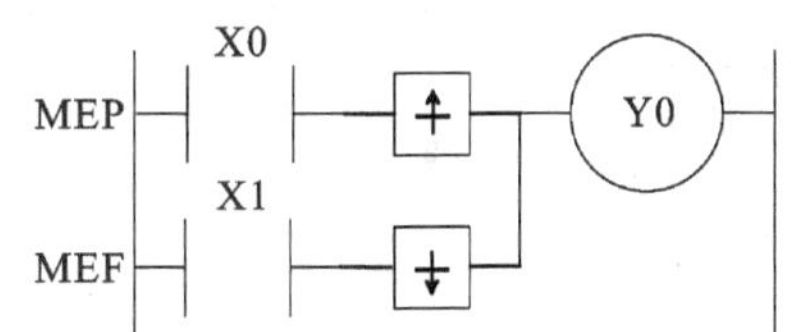

图 6 - 11　MEP 和 MEF 指令梯形图表示

使用 MEP 和 MEF 指令时，在多个触点串联连接情况下，脉冲化处理易于进行，其应用示例如图 6 - 12 所示。

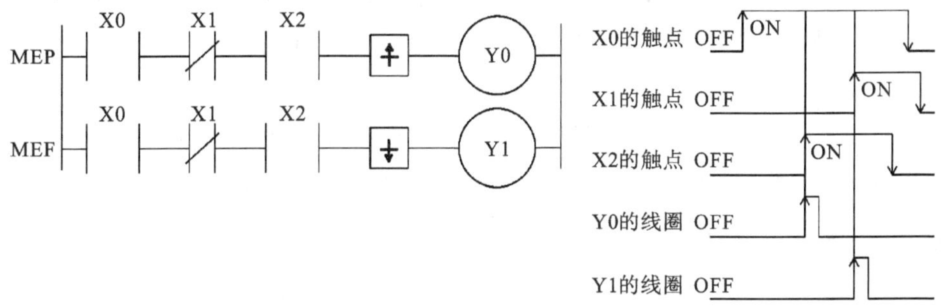

图 6 - 12　MEP 和 MEF 指令应用示例

团队力量　多个触点串联连接告诉我们，个人的力量是渺小的、有限的，一个团队的力量远大于个人的力量。对一个项目来说，团队不能只强调个人工作成果，应强调团队的整体业绩，才能高效完成项目任务。合作、协作有助于调动团队所有资源与才智，“合作共赢”“协同创新”之道于物、于人皆成立。

4. 输出脉冲指令

当 PLS/PLF 指令之前的结果为真时，母线的能流到达 PLS 或 PLF 指令，能流接通一个扫描周期，之后能流被切断。LDP/LDF 指令和 MEP/MEF 指令都是检测之前的运算结果是否发生边沿跳变，指令执行的结果也都是能流的通/断，可以理解为输出结果是电平状态发生变化，进入新的稳态。PLS/PLF 指令的不同是，指令执行以后电平进入暂态输出，经过一个扫描周期以后，电平恢复稳态输出。

(1)上升沿 PLS 输出指令：用于仅在逻辑运算结果从 OFF 变为 ON 时，运算结果产生上升沿，使得指定的软元件导通一个扫描周期，其他情况下软元件都处于 OFF 状态。

(2)下降沿 PLF 输出指令：用于仅在逻辑运算结果从 ON 变为 OFF 时，运算结果产生下降沿，使得指定的软元件导通一个扫描周期，其他情况下软元件都处于 OFF 状态。

使用说明：

(1)可以操作的位软元件有 X、Y、M、L、SM、F、B、SB、S。

(2)PLS/PLF 指令执行后，如果 PLC 进入停止状态，则从 PLC 从停止状态到重新进入开始状态之间的时间，不计入 1 个扫描周期的执行时间。

PLS 和 PLF 指令应用范例如图 6－13 所示。

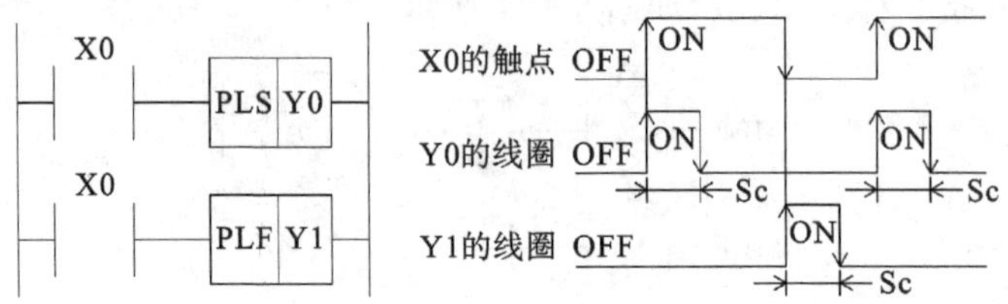

图 6－13　PLS 和 PLF 应用指令范例

触点脉冲指令属于脉冲型指令，它只有在满足相应条件下，导通一个扫描周期，在其后的扫描周期恢复为断开状态。这种指令可以将 PLC 的长信号(如开关信号)、短信号(如按钮信号)转换为脉冲信号，在 PLC 程序设计时灵活应用可以提高编程效率和程序抗干扰的能力。

交流与思考　设计 PLC 程序，实现用按钮控制脉冲输出的功能：多次按下并释放按钮，即使按下按钮持续的时间长短不一，也能在每次释放按钮时，产生周期相同的脉冲。

6.1.3　结合指令

结合指令就是完成多个逻辑量/逻辑块之间的连接。相对检测单个逻辑量的状态，在实际应用中，更常见的是多个逻辑量的串联/并联，或者逻辑块和逻辑块之间的串联/并联。

1. 块连接指令

(1)ANB：对逻辑块进行与操作。

(2)ORB：对逻辑块进行或操作。

ANB 和 ORB 指令梯形表示如图 6－14 所示。

使用说明：

(1)进行 A 块与 B 块的 AND/OR 运算，并作为运算结果。

(2)ANB/ORB 指令完成的不是某个触点的连接，而是梯形图块的连接。

(3)ANB/ORB 指令连接梯形图块的次数没有限制，但是每个梯形图块中，LD/LDI 指令最多重复使用 8 次。

ANB 和 ORB 指令应用示例图 6－15 所示。

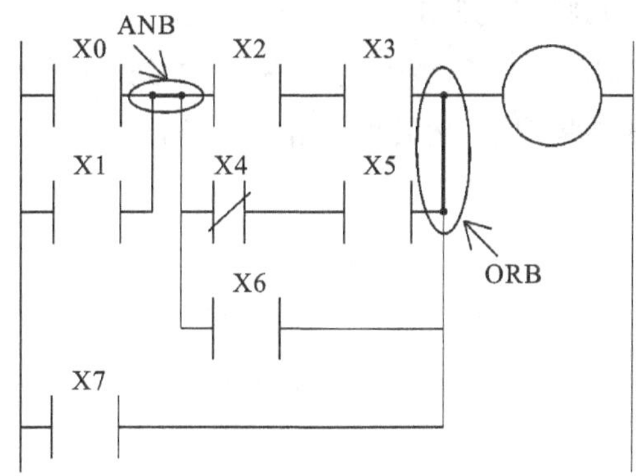

图 6－14　ANB 和 ORB 指令梯形图表示

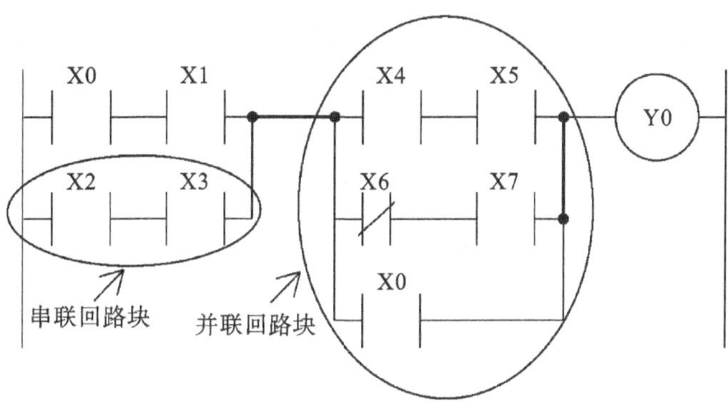

图 6－15　ANB 和 ORB 指令应用示例

ORB 指令应用范例如图 6－16 所示。

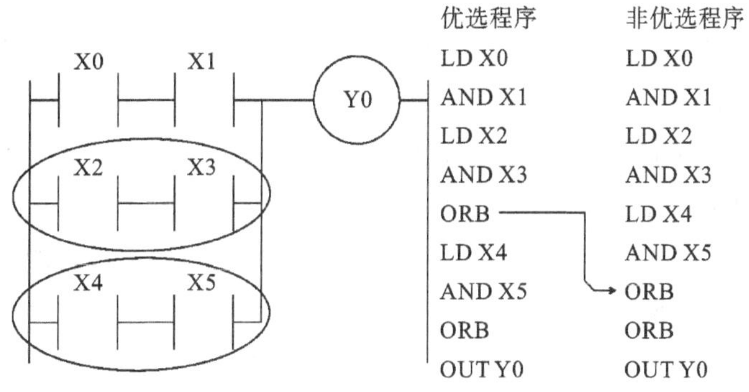

图 6－16　ORB 指令范例

2. 逻辑取反指令

同样的逻辑结果可以有不同的表达方式，为了提高程序的可读性，可以选择较简单的触点组合方式，再用 INV 指令对运算结果进行取反。

取反 INV 指令是对 INV 指令之前的运算结果执行取反操作，运算结果如果为 1 则将它变为 0，如果运算结果为 0 则将它变为 1。

取反 INV 指令范例如图 6－17 所示，先将 X10 的常开触点和 X11 的常闭触点相与，INV 指令将它们逻辑与的结果取反，然后再送给 Y10 输出。

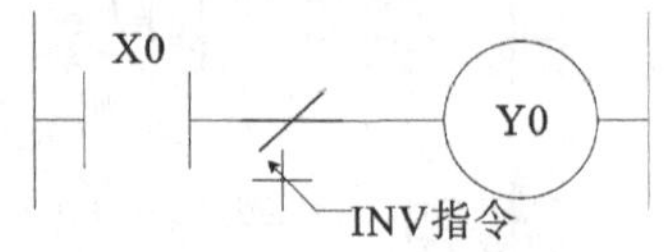

图 6－17　INV 指令范例

使用说明：

(1)INV 指令出现的位置不能直接连接在母线上，所以在 LD 指令、OR 指令出现的位置不应出现 INV 指令。

(2)使用梯形图的情况下，需要注意以梯形图块的范围对运算结果取反，其应用示例如图 6－18 所示。

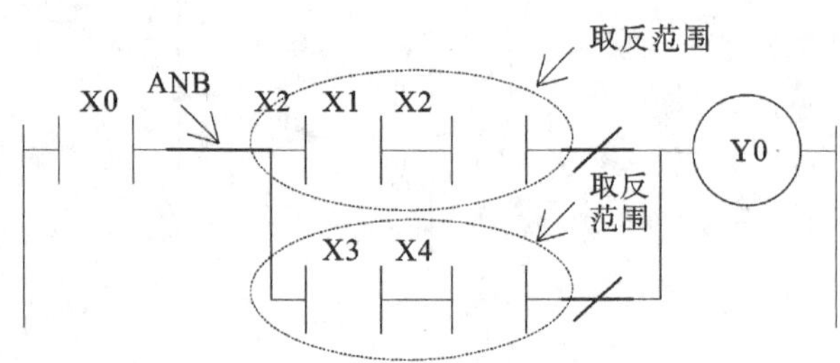

图 6－18　梯形图块取反指令应用示例

3. 位元件输出取反指令

位元件输出取反指令包括 FF、ALT 及 ALTP 指令，用于对指定的位状态取反；既可用于对位软元件的状态取反，也可用于对字软元件的指定位取反。

(1)FF 指令为上升沿执行指令，当指令输入端的能流出现上升沿，对指令中指定的位软元件的当前状态取反，取反以后的状态保持不变，效果类似置位指令或复位指令。

(2)ALT 指令为连续执行指令，当指令的能流接通时，在程序执行的每个扫描周期都对位软元件的当前状态取反。

(3)连续执行指令可通过加 P 的方式，将指令修改为脉冲执行型指令。如把 ALT 指令改为 ALTP 指令，就成为脉冲执行型指令，该指令只在指令输入端的能流出现上升沿时对位软元件取反。

各指令的应用举例如下。

(1)位软元件输出取反指令应用示例 1，如图 6－19 所示。

分析：初始状态时 Y0、Y1、Y2 均为 OFF；FF 指令中，当 X0 由 OFF 变为 ON 时 Y0 状

态取反，置 1 并保持不变，直到 X0 再次从 OFF 变为 ON，Y0 由 1 取反为 0；ALT 指令中，当 X0 由 OFF 变为 ON 时 Y1 置 1，下一个扫描周期 Y1 状态为 1 时则将其输出取反为 0，以此类推，即 Y1 在每个扫描周期都会改变状态，直到 X0 状态变为 OFF，Y1 将保持上一个扫描周期的状态；ALTP 指令中，当 X0 由 OFF 变为 ON 时，Y2 置 1 并保持不变，直到 X0 下一次操作从 OFF 变为 ON，Y2 置 0 并保持不变，ALTP 指令在仅在输入信号上升沿时执行一次，元件输出波形等同使用 FF 指令。

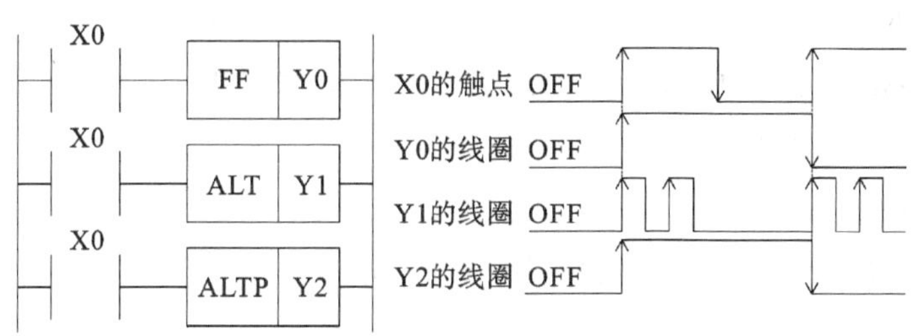

图 6-19　位软元件输出取反指令应用示例 1

(2)位软元件输出取反指令应用示例 2。编写一段程序，实现按照动作顺序控制两台电动机的启动和停业。参考程序如图 6-20 所示。

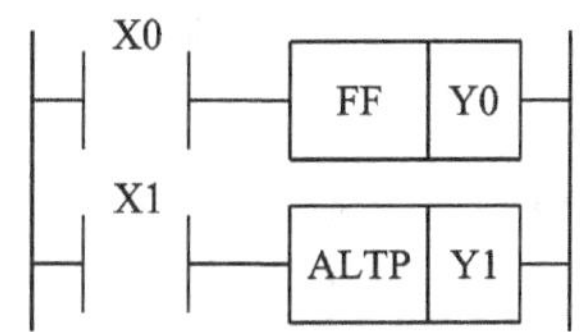

图 6-20　位软元件输出取反指令应用示例 2

分析：初始时刻两台电机都没有启动，按下 X0 上的按钮，Y0 上的 1 号电机启动(从 OFF 变成 ON)；按下 X1 上的按钮，Y1 上的 2 号电机启动(从 OFF 变成 ON)。两台电机都启动后，再次按下按钮，则对应的电机停止(从 ON 变成 OFF)。所以 FF 指令和 ALTP 指令都可以在输入端出现上升沿的时候，让被控线圈状态翻转。

6.1.4　定时器/计数器输出指令

1. 定时器输出指令

FX_{5U}系列 PLC 的定时器分为通用定时器 T 和累计定时器 ST 两类，默认情况下，通用定时器 T 有 512 个，编号为 T0—T511；累计定时器 ST 有 16 个，编号为 ST0—ST15。

定时器按照分辨率分类有 1 ms 的高速定时器、10 ms 的普通定时器和 100 ms 的低速定时器。不同分辨率的定时器使用的软元件相同，通过不同的指令区分，低速定时器输出指令为 OUT，普通定时器输出指令为 OUTH，高速定时器输出指令为 OUTHS。例如对同一定时器 T0，采用 OUT T0 时为低速定时器(100 ms)，采用 OUTH T0 时为普通定时器

(10 ms),采用 OUTHS T0 时为高速定时器(1 ms)。

使用说明：

(1)定时器的设定值可以使用常数直接指定,也可以使用寄存器间接指定。

(2)定时器设定值的范围为 1～32 767,使用 16 位字长存储当前值,所以不同分辨率的下定时器定时范围也不同。例如分辨率 1 ms 的高速定时器定时范围是 0.001～32.767 s;分辨率 10 ms 的普通定时器定时范围是 0.01～327.67 s;分辨率 100 ms 的低速定时器定时范围是 0.1～3276.7 s。

(3)当定时器指令之前的逻辑运算结果为 0 时,定时器的线圈断电,触点随之复位。

(4)设定时间到以后,累计定时器必须通过复位指令才能复位。

定时器输出指令应用示例如下：

(1)通用定时器输出指令应用示例如图 6-21 所示。

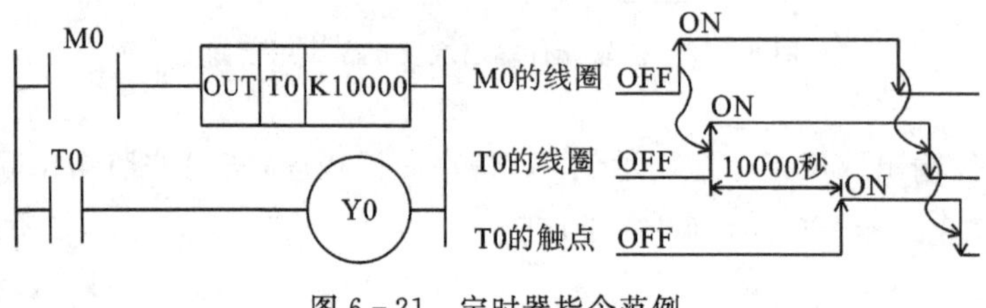

图 6-21　定时器指令范例

辅助继电器 M0 得电以后,M0 的常开触点闭合并接通能流,给定时器 T0 设定定时时长为 1 万个时间单位,因为使用了 OUT 指令,所以 T0 在此处的分辨率是 100 ms,得出定时时长是 1000 s。T0 对 100 ms 的时钟脉冲计数,每个时钟脉冲能让 T0 的当前值加 1。经过 1000 s 以后,T0 定时时间到,T0 的常开触点闭合,驱动 Y0 得电。不论是否到达设定时间,只要 M0 的线圈失电时,T0 立刻复位,即 T0 的线圈失电、常开触点断开、当前值清零。

(2)累计定时器输出指令应用示例如图 6-22 所示。

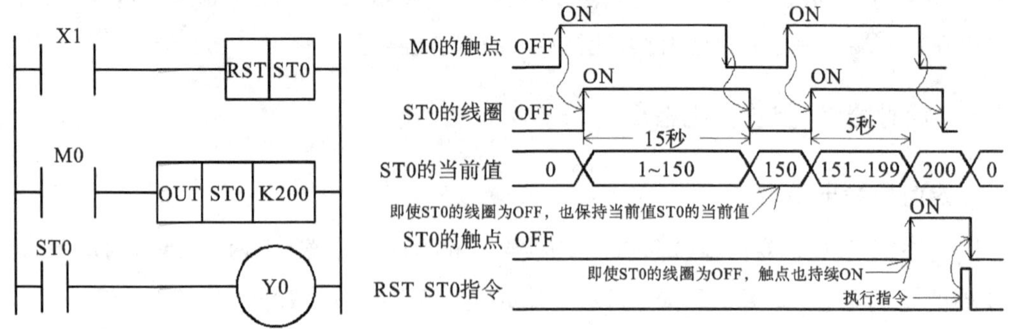

图 6-22　累计定时器输出指令应用示例

停止按钮接在 X1 上,按下停止按钮,累计定时器复位,即 ST0 的线圈失电、当前值清零,常开触点断开。辅助继电器 M0 每接通一次,ST0 就对 100 ms 的时钟脉冲进行计数,如果 M0 失电，ST0 停止计数，M0 再次得电，ST0 在上一次计数值的基础上累加计数，不论 M0 通电多少次，在 M0 所有得电期间，累计到 200 个脉冲，ST0 动作，即常开触点闭合。此后，只有复位指令才能让 ST0 复位。

交流与思考 设计 PLC 程序，实现单灯闪烁功能：1# 彩灯和 2# 彩灯自动交替闪烁。

2. 计数器输出指令

计数器用于设定和记录接通次数，当计数器指令之前的运算结果出现上升沿，即从低电平向高电平跳变时，计数器的当前值加 1；此后到达计数器指令的能流不论怎样变化，只要不再出现上升沿，计数器的当前值都保持不变。当计数器的当前值增大到等于设定值时，计数器的常开触点闭合、常闭触点断开。

FX_{5U}系列 PLC 的计数器有 16 位保持型计数器和 32 位保持型长计数器两类，默认情况下，计数器有 256 个，编号为 C0—C255；长计数器有 64 个，编号为 LC0—LC63；对应的输出指令为 OUT C 和 OUT LC。

使用说明：

(1)16 位计数器的计数范围为 0～32 767，32 位超长计数器的计数范围为 0～4 294 967 295。

(2)设置值只能使用十进制常数。

(3)计数器没有断电保持功能，当 PLC 断电后自动复位，恢复供电后将重新开始计数。

(4)计数器的当前值等于设置值后，只有使用复位指令才能让计数器复位，即当前值清零，常开触点因复位而断开。

计数器输出指令应用示例如图 6-23 所示。

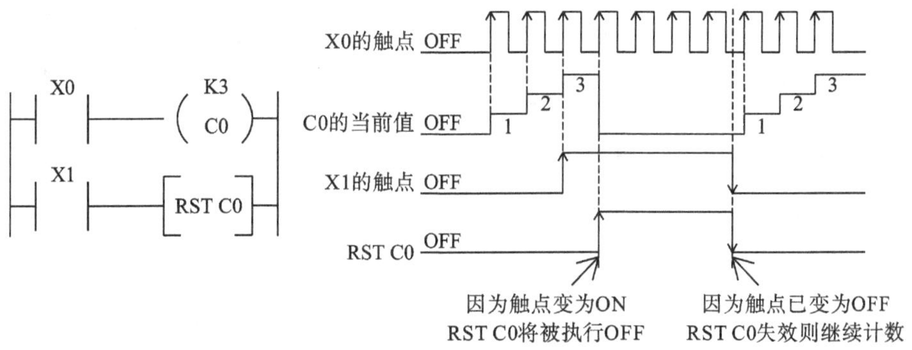

图 6-23 计数器输出指令应用示例

分析：当 X1 接通时，C0 被复位；X0 为 C0 提供脉冲输入信号，当 X1 断开时，C0 开始对 X0 提供的脉冲信号进行计数，在接收 3 个计数脉冲后，C0 的当前值等于设定值 3，对应的 C0 常开触点闭合。当 C0 动作后，如果 X0 再提供脉冲，C0 当前值不变，直到 X1 再接通时，计数器的当前值和对应的触点被复位。

交流与思考 设计 PLC 程序，使用计数器指令，对银行自动门开启次数进行计数。

6.1.5 其他逻辑指令

1. 主控与主控复位指令

在编程时，经常遇到多个线圈同时受一个或一组触点的控制。如果在每个线圈的控制电路中都串入同样的触点，将多占用存储单元，应用主控指令可解决这一问题。使用主控指令的触点称为主控触点，它在梯形图中与一般的触点垂直。它们是与母线相连的常开触点，是控制一组电路的总开关。

主控指令有两条，MC 是主控开始指令、MCR 用于主控复位。

(1)主控和主控复位指令的应用示例如图 6－24 所示，左图是在编程环境中绘制的梯形图，右图是程序实际执行时的示意图。

在 X0 上连接的常开触点闭合，主控指令起作用，M0 的线圈得电，介于主控指令和主控复位指令之间的网络，连接在 M0 之后。在图 6－24 中，执行效果相当于在 M0 的常开触点之后，创建了一条新的母线，驱动 Y20 和 Y30 的两个网络连接在新的母线上。只有 X0 闭合，Y20 和 Y30 才有了得电的前提。

如果 X0 的常开触点断开，则新的母线没有能流，如果有用复位/置位指令驱动的软元件或者累计定时器、计数器，这些软元件会保持原有状态，其他软元件会复位。驱动 Y40 的网络位于主控复位指令之后，在主控和主控复位指令影响的范围之外，所以 Y40 是否得电只由 X10 的状态决定。在主控指令中使用的软元件，例如图 6－24 中的 M0，如果在程序别的位置，再驱动 M0 的线圈，就成为双线圈驱动，不建议这样使用。

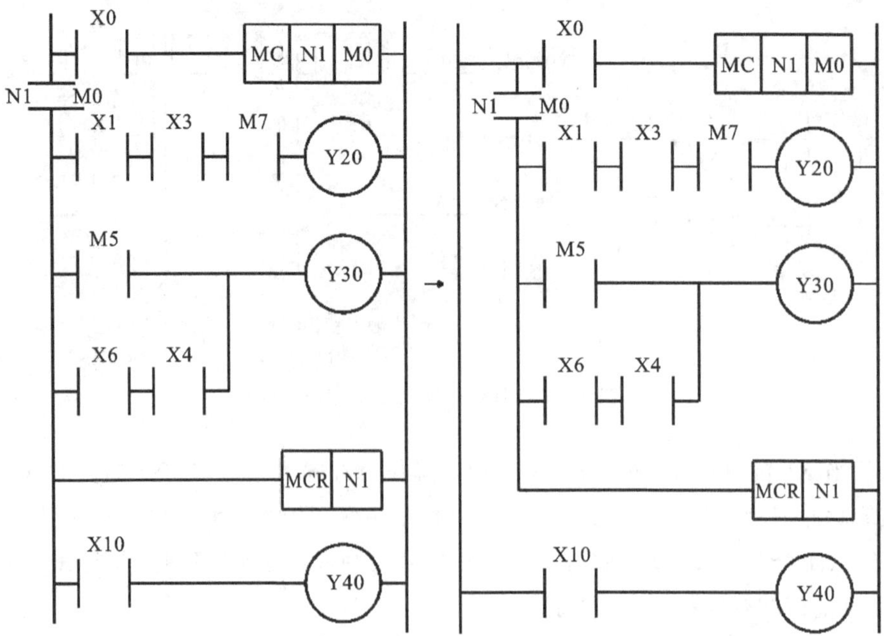

图 6－24　MC/MCR 指令应用示例

在逻辑关系比较复杂的程序中，要在主控指令创建的新母线之后再创建新的母线，就需要嵌套使用主控和主控复位指令。嵌套的层数最大可以到 15 层，用编号 N0—N14 标识。在主控嵌套中，主控指令和主控复位指令使用的编号应该一一对应。从上到下的多个主控指令，使用的编号应该从小到大；从上到下的主控复位指令，使用的编号应该从大到小。

(2)多级嵌套程序应用示例。如图 6－25 所示，该梯形图实现了主控和主控复位指令的 3 层嵌套。若 A 条件成立，M15 线圈得电，创建最外层的新母线；若 A 条件和 B 条件同时成立，M16 线圈得电，创建位于中间层的新母线；若 A 条件、B 条件和 C 条件同时成立，M17 线圈得电，创建位于最里层的母线。最外层的母线编号是 N0，中间层的母线编号是 N1，最里层的母线编号是 N2。

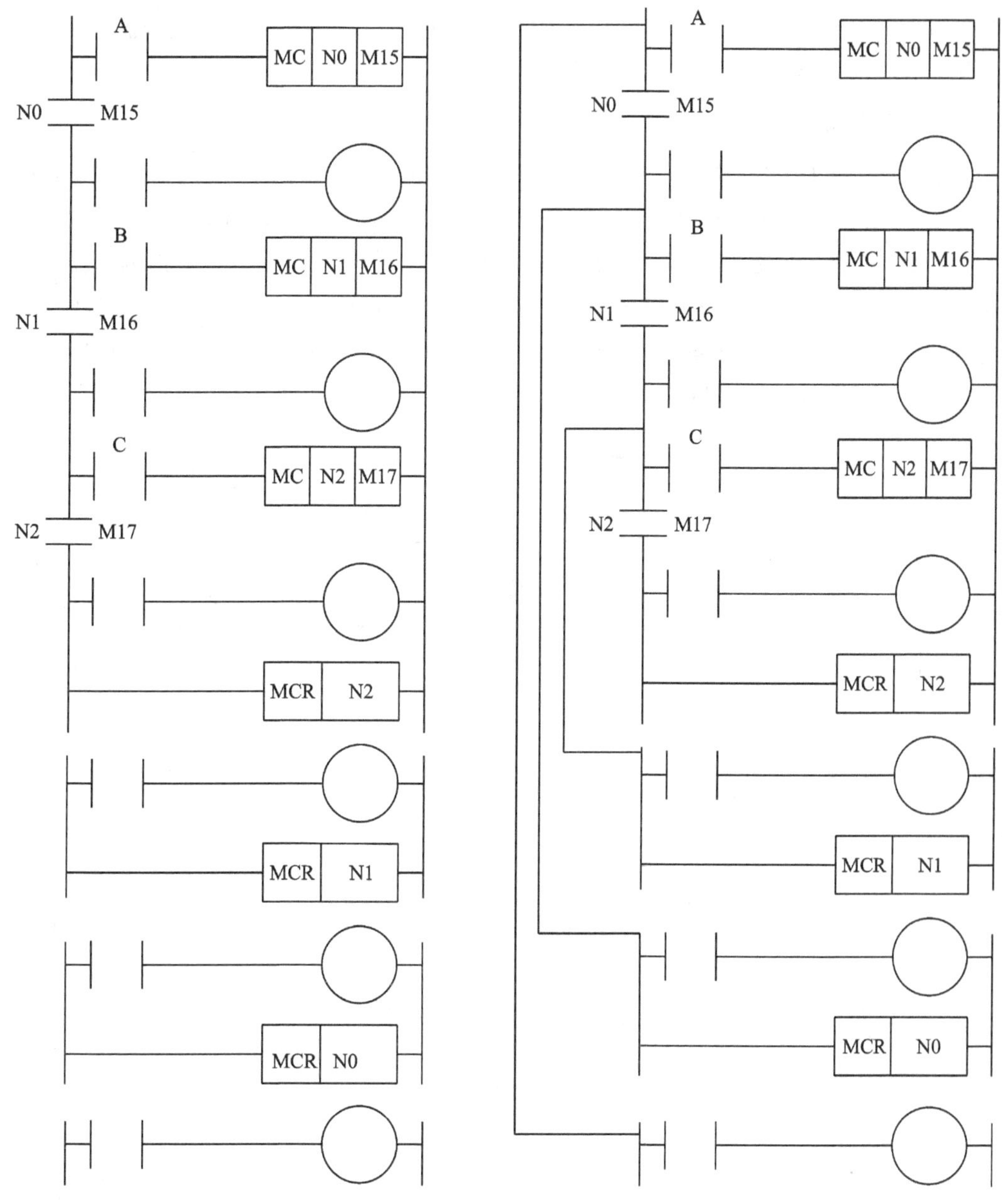

图 6－25　MC/MCR 指令多级嵌套程序应用示例

2. 停止指令

停止指令是STOP,执行停止指令时,复位所有的输出继电器(Y)以后,停止CPU模块的运算。执行该指令和把开关置为STOP侧的功能相同。执行STOP指令后,可以上电重启CPU模块,如果把开关拨到RUN位置,PLC会进入RUN状态。

如图6-26所示,驱动Y0和Y1的网络,可以理解为设备正常运行时的程序。X2可以理解为检测到严重问题,必须马上停机传感器,当X2的常开触点闭合,PLC进入STOP状态。在维护人员排除故障,重新给设备上电,PLC才从STOP状态进入RUN状态。

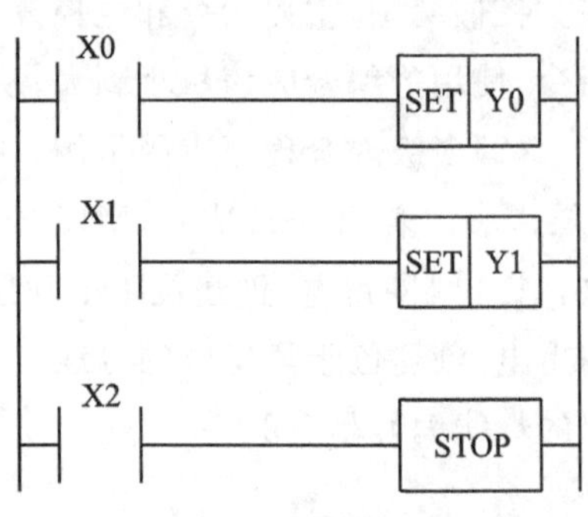

图6-26　位软元件移位指令应用示例

3. 结束指令

结束指令包括FEND指令和END指令。FEND是主程序结束指令,用于将主程序与子程序、中断程序分开时使用;END是程序结束指令,用于表示整个程序的结束。

图6-27的左图是只有主程序的情况。执行完A1部分以后,如果辅助继电器M0的常开触点断开,则执行A2部分,遇到FEND指令就结束本次扫描周期的程序执行阶段;执行完A1部分以后,如果辅助继电器M0的常开触点闭合,则执行A3部分,遇到FEND指令就结束本次扫描周期的程序执行阶段。

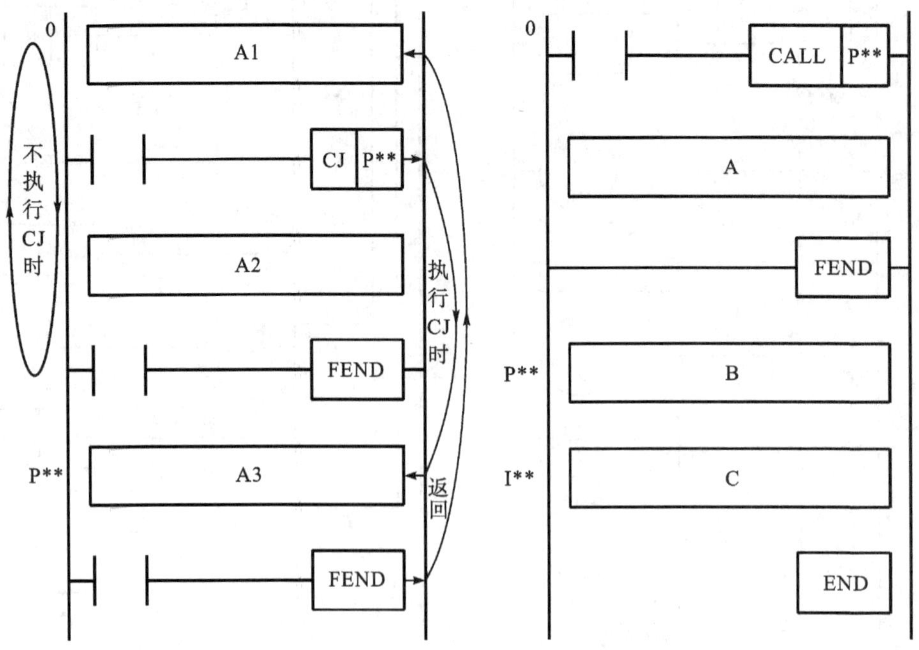

图6-27　结束指令在程序中的位置示例

图6-27的右图是有主程序、子程序和中断程序的情况。A是主程序,B是子程序,C是

中断程序。FEND 指令实现了把主程序与子程序、中断程序分开的作用。

FEND 指令范例如图 6－28 所示。当 X0 上连接的常开触点闭合时，程序跳转到 P0 位置。在 P0 位置的网络，因为 X0 闭合，所以 C0 被复位，Y7 得电，程序返回。P0 指向的程序是子程序，进入子程序以后，C0 的当前值清零，此时 X1 端子上如果再接收到脉冲信号，C0 的当前值也不变化，因为 RST C0 指令在子程序执行过程中一直有效。

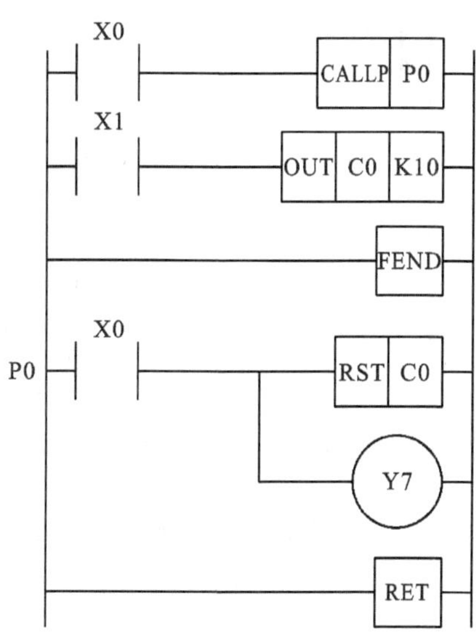

图 6－28　停止指令应用示例

4. 程序分支指令

该类程序用于执行同一程序文件内指定的指针编号的程序，可以缩短周期扫描时间。其中 CJ 是连续执行指令，CJP 是脉冲执行指令，(P)是跳转目标的指针编号，全局指针的设置范围为 0～4096 个点，默认范围是 0～2048 个点，地址编号 P0—P2047；CJ(P)跳转的目标是指针(P)编号所指的程序位置。GOEND 指令跳转的目标是同一程序文件内的 FEND 或 END 处。

功能：执行指令为 ON 时，执行指定的指针编号的程序；执行命令为 OFF 时，执行下一步的程序。

使用说明：

(1)可以操作的位软元件：X、Y、M、L、SM、F、B、SB、S。

(2)可以操作的字软元件：T、ST、C、D、W、SD、SW、R。

(3)将定时器的线圈置为 ON 后，通过 CJ(P)指令对线圈为 ON 的定时器进行了跳转的情况下，将无法正常进行计测。通过 CJ(P)指令对 OUT 指令进行跳转时扫描时间将变短。通过 CJ(P)指令向后跳转时扫描时间将变短。对于 CJ(P)指令，可以跳转至比执行中的步号小的步的位置。但是，为了避免看门狗定时器时限到，应考虑从该期间环路中跳出的方法。

指针分支指令 CJ(P)应用示例如图 6－29 所示。

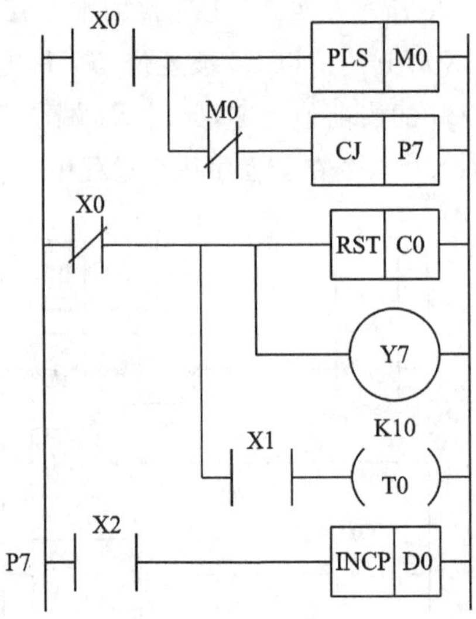

图 6－29　指针分支指令 CJ(P)应用示例

分析：在 X0 从 OFF 变为 ON 的 1 个运算周期后，CJ 指令有效。采用这个方法，可以将 CJ 指令～标记 P7 之间的输出全部 OFF 后才进行跳转。

5. 子程序调用指令

该指令用于执行指针(P)所指的子程序。CALL(P)指令可以执行同一程序文件内的指针中指定的子程序及通用指针中指定的子程序。如果指令输入为 ON，将执行 CALL 指令，跳转至标签(P*n*)的步的位置，执行标签 P*n* 的子程序。

使用说明：

(1)可以操作的位软元件：X、Y、M、L、SM、F、B、SB、S；字软元件：T、ST、C、D、W、SD、SW、R。

(2) CALL 指令在操作数(P)中的编号重复是允许的。但是，请勿与 CALL 指令以外(CJ 指令)使用的标签(P)的编号重复。

(3) CALL(P)指令的嵌套最多可达 16 层，16 层指的是 CALL(P)指令、XCALL 指令的嵌套层数合计值。

(4)使用指令时，应将子程序放在主程序结束指令 FEND 后。同时子程序也必须用子程序返回指令 RET 或 SRET 作为结束指令。

子程序调用指令应用示例如图 6－30 所示，指令应用程序释义如下：

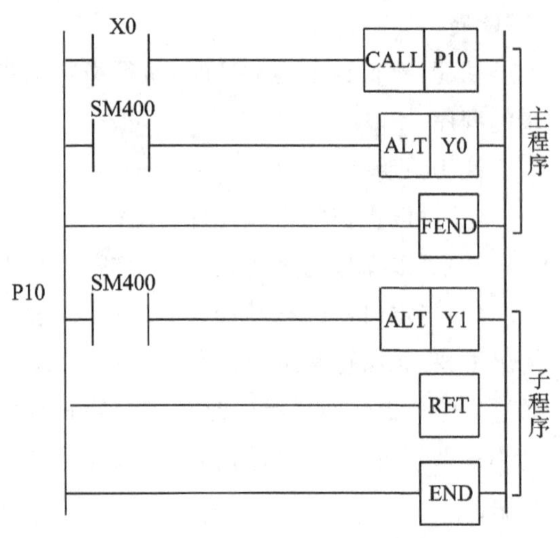

图 6－30　子程序调用指令应用示例

在主程序中，X0 为 ON 时，向 P10 的步跳转。在子程序中，通过执行 RET 指令，可以返回到原来的步＋1 的位置。

6.2　FX5U PLC 常用基本指令

6.2.1 传送类指令

不论是程序初始化时赋初值，还是运算过程中的数值传递，都会用到传送类指令。

1. 数值传送指令

在程序中把数据传送到某个软元件，就需要使用传送指令。传送指令可以存储参数，也可以存储运算结果，传送的数据可以是立即数，也可以是存储在某个单元中的数据。

(1)MOV(P)：16 位传送指令。将(s)中指定的 BIN16 位数据传送到(d)中指定的软元件。

(2)DMOV(P)：32 位传送指令。将(s)中指定的 BIN32 位数据存储到(d)中指定的软元件。

(3)CML(P)：16 位取反传送指令。对(s)中指定的 BIN16 位数据进行逐位取反后，将其结果传送到(d)中指定的软元件。

(4)CML(P)：32 位取反传送指令。对(s)中指定的 BIN32 位数据进行逐位取反后，将其结果传送到(d)中指定的软元件。

使用说明：

可以操作的位软元件有 X、Y、M、L、SM、F、B、SB、S。

MOV(P)指令范例 1 如图 6－31 所示，功能为读出定时器当前值。

MOV(P)指令范例 2 如图 6－32 所示，功能为间接指定定时器设定值。

分析：通过开关(X2)的 ON/OFF 可以对定时器(T20)设定两个设定值。

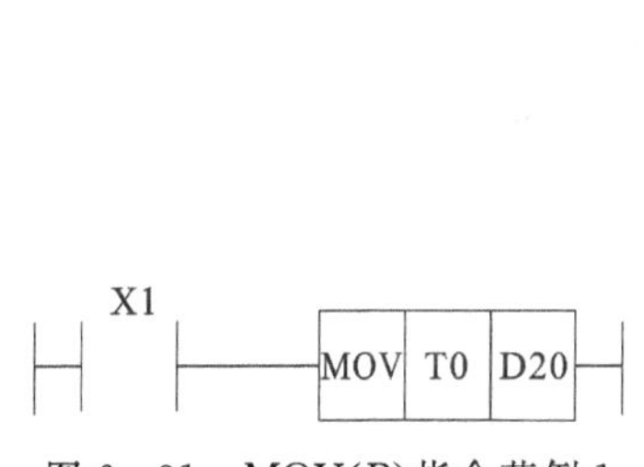

图 6－31　MOV(P)指令范例 1

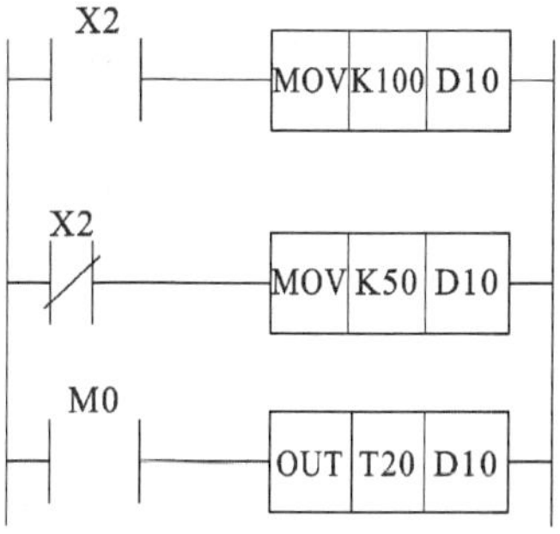

图 6－32　MOV(P)指令范例 2

位软元件传送 MOV(P)指令范例如图 6－33 所示，功能是图 6－33(a)可以使用 MOV 指令用图 6－33(b)实现顺控程序编程，两个图的逻辑功能相同。

交流与思考　用梯形图设计程序，实现：PLC 上电以后，1＃至 8＃彩灯的初始状态是 1＃、3＃、5＃和 7＃ 灯点亮，其余 4 个灯熄灭。

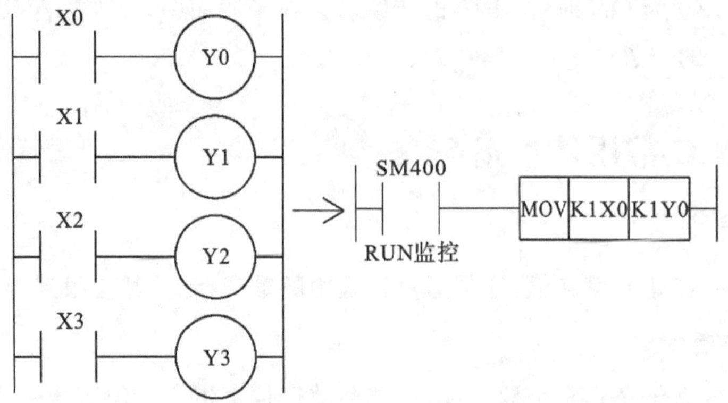

图 6－33　位软元件传送 MOV(P)指令范例

2. 位传送指令

数值传送指令用于完成数值的传送，如果需要传送某个位的状态，可以使用位传送指令。

(1)MOVB(P)：1 位数据传送指令。将(s)中指定的位数据存储到(d)中。

(2)BLKMOVB(P)：*n* 位数据传送指令。将从(s)开始的(*n*)点的位数据批量传送到(d)开始的(*n*)点的位数据中。

使用说明：

(1)可以操作的位软元件：X、Y、M、L、SM、F、B、SB、S。

(2)MOV(P)指令的功能：将(s)中指定的位数据传送至(d)中，如图 6－34 所示。

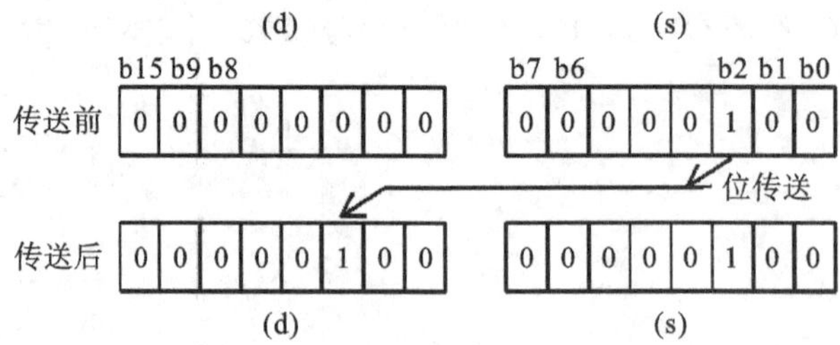

图 6－34　MOV(P)指令的功能

(3)BLKMOVB(P)指令的功能：将从(s)开始的(*n*)点的位数据批量传送到(d)开始的(*n*)点的位数据中，如图 6－35 所示。传送源与传送目标重复的情况下，也可进行传送。

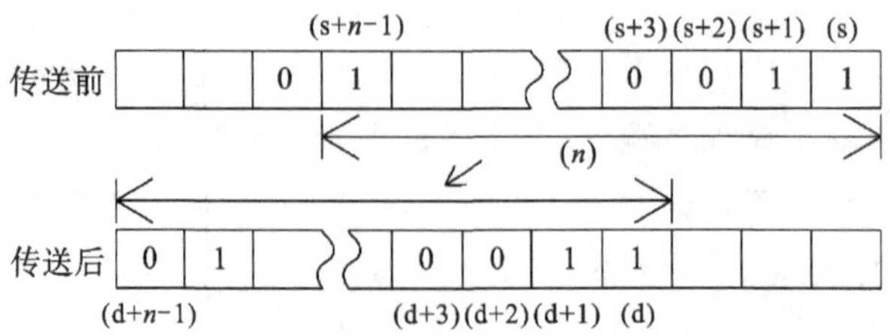

图 6－35　BLKMOVB(P)指令的功能

练习与思考　用梯形图设计程序，实现把连接在 X0—X5 开关的状态，输出到连接在 Y0—Y5 的彩灯。如果某个开关闭合，对应的彩灯点亮；如果某个开关断开，对应的彩灯熄灭。

3. 交换指令

在计算或排序过程中，两个软元件中的数据经常需要对换，可以使用交换指令。

(1)XCH(P)：16 位数据交换指令。对(d1)与(d2)的 BIN16 位数据进行交换。

(2)DXCH(P)：32 位传送指令。对(d1)与(d2)的 BIN32 位数据进行交换。

(3)SWAP(P)：16 数据高低字节指令。对(d)中指定的软元件的上下各 8 位的值进行变换。

(4)DSWAP(P)：32 位数据上下字节交换指令。(d)及(d)+1 中指定的软元件，将分别转换上下各 8 位的值。

使用说明：

(1)可以操作的位软元件：X、Y、M、L、SM、F、B、SB、S。

(2)XCH(P)指令的功能：对(d1)与(d2)的 BIN16 位数据进行交换，如图 6 - 36 所示。

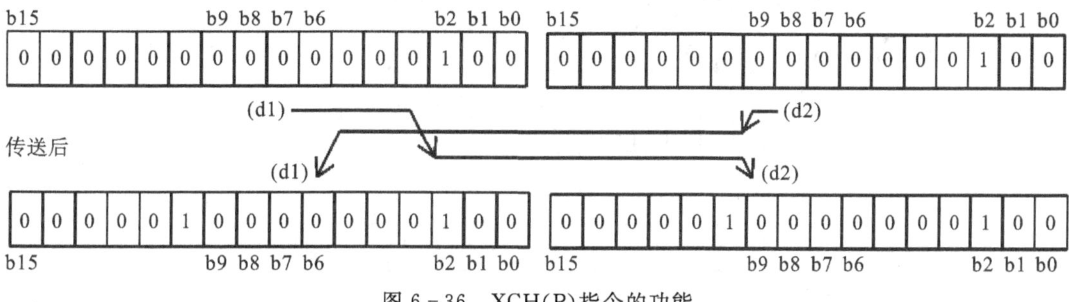

图 6 - 36　XCH(P)指令的功能

4. 旋转指令

旋转指令也称为循环移位指令，是在移位指令的基础上，把被操作数的最低位和最高位首尾相接后转动。

(1)ROR(P)：不带进位的循环右移。将(d)中指定的软元件的 16 位数据，在不包含进位标志的状况下进行(n)位右旋。

(2)RCR(P)：带进位位的循环右移。将(d)中指定的软元件的 16 位数据，在包含进位标志的状况下进行(n)位右旋。

(3)ROL(P)：不带进位位的循环左移。将(d)中指定的软元件的 16 位数据，在不包含进位标志的状况下进行(n)位右旋。

(4)RCL(P)：带进位位的循环左移。将(d)中指定的软元件的 16 位数据，在包含进位标志的状况下进行(n)位右旋。

使用说明：

对于 ROR(P)指令，将(d)中指定的软元件的 16 位数据，在不包含进位标志的状况下进行(n)位右旋。进位标志根据 ROR(P)执行前的状态而处于 ON 或 OFF 状态。(d)中指定了位软元件的情况下，以位数指定中指定的软元件范围进行旋转。此时实际旋转的位数将变为(n)÷(位数指定中指定的点数)的余数。例如，(n)=15，(位数指定中指定的点数)=12 位时，15÷12=1……3，因此进行 3 位右旋。(n)指定 0～15。(n)中指定了 16 以上的值的情况下，以(n)÷16 的余数值进行旋转。例如(n)=18 时，18÷16=1……2，因此进行 2 位右旋。请勿将旋转的位数(n)设置为负值。连续执行型指令(ROR、RCR)的情况下，每个扫描时间(运算周期)将执行移位旋转，应加以注意。

ROR(P)指令的功能，如图 6-37 所示。

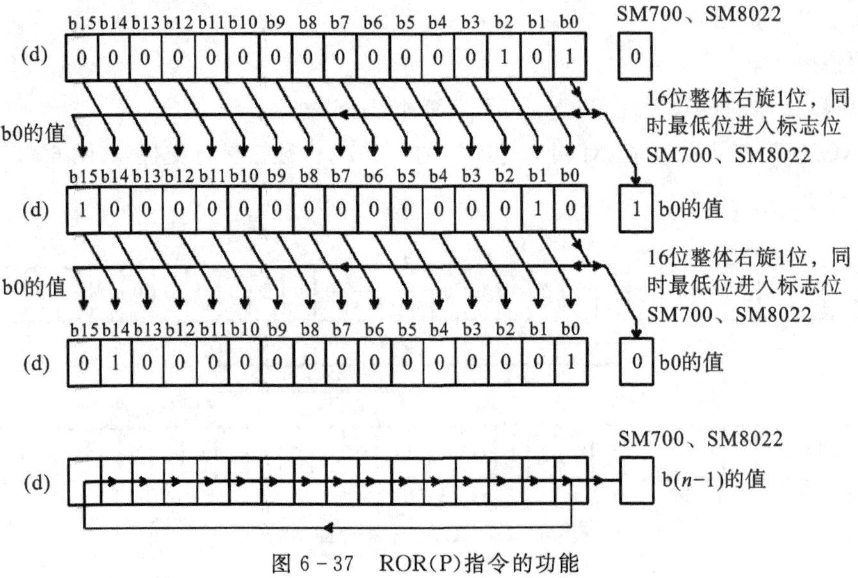

图 6-37　ROR(P)指令的功能

将(d)中指定的软元件的 16 位数据，在不包含进位标志的状况下进行(n)位右旋。进位标志根据 ROR(P)执行前的状态而处于 ON 或 OFF 状态。(d)中指定了位软元件的情况下，以位数指定中指定的软元件范围进行旋转。此时实际旋转的位数将变为(n)÷(位数指定中指定的点数)的余数。例如，(n)=15，(位数指定中指定的点数)=12 位时，15÷12=1……3，因此进行 3 位右旋。(n)指定为 0～15。(n)中指定了 16 以上的值的情况下，以(n)÷16的余数值进行旋转。例如(n)=18 时，18÷16=1……2，因此进行 2 位右旋。

RCR(P)指令的功能，如图 6-38 所示。

将(d)中指定的软元件的 BIN16 位数据，在包含进位标志的状况下进行(n)位右旋。进位标志根据 RCR(P)执行前的状态决定其处于 ON 状态或 OFF 状态。(d)中在指定了位软元件的情况下，以位数指定中指定的软元件范围进行旋转。此时实际旋转的位数将变为(n)÷(位数指定中指定的点数)的余数。例如，(n)=15，(位数指定中指定的点数)=12 位时，15÷12=1……3，因此进行 3 位右旋。(n)指定为 0～15。(n)中在指定了 16 以上的值的情况下，以(n)÷16 的余数值进行旋转。例如(*n*)＝18 时，18÷16＝1……2，因此进行 2 位右旋。

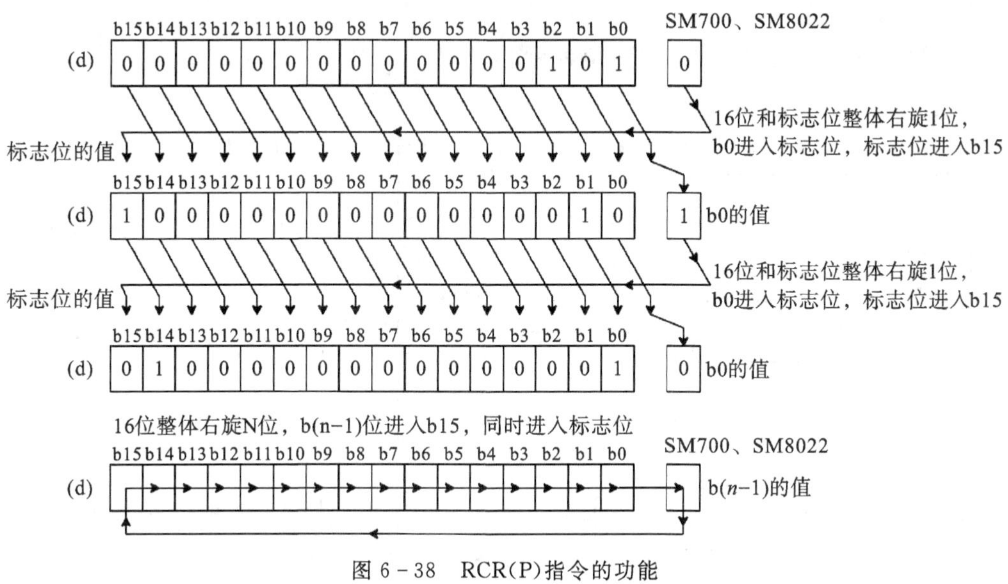

图 6－38　RCR(P)指令的功能

交流与思考　用梯形图设计流水灯循环程序。要求：使用循环移位指令实现 16 个彩灯的流水灯循环。

6.2.2　比较指令

1. 输入数值比较

传感器检测现场的物理量传送给 PLC 以后，和阈值比较，决定能流通断，可以使用输入数据比较指令。

输入数值比较有 LD □(_U)、AND □(_U)、OR □(_U)：BIN16 位数据比较指令。

将(s1)中指定的软元件的 BIN16 位数据与(s2)中指定的软元件的 BIN16 位数据通过常开触点处理进行比较运算。指令的梯形图格式如图 6－39 所示。

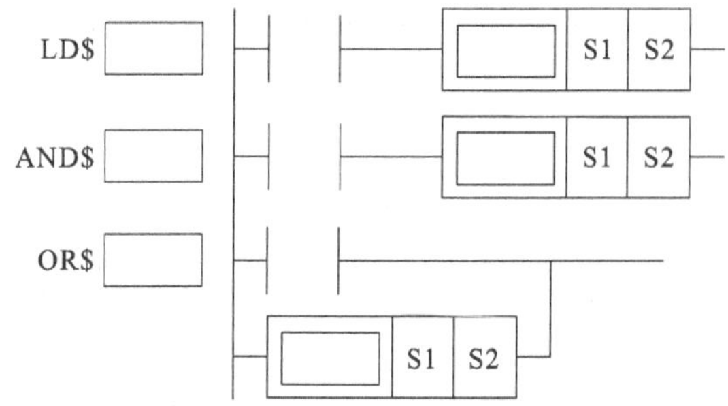

图 6－39　数据比较指令的梯形图格式

操作数(s1)：比较数据或存储了比较数据的软元件。

操作数(s2)：比较数据或存储了比较数据的软元件。

操作符 1：LD、AND 和 OR 的区别是直接连接母线、与之前的触点串联、与之前的分支并联。

操作符 2：□中输入＝(_U)、＜＞(_U)、＞(_U)、＜＝(_U)、＜(_U)、＞＝(_U)。)

使用说明：

(1)可以操作的位软元件有 X、Y、M、L、SM、F、B、SB、S。

(2)(s1)、(s2)数据的最高位为 1 时，将被视为 BIN 值的负数，进行比较运算。(无符号运算除外)

例：数值比较指令范例，如图 6－40 所示。

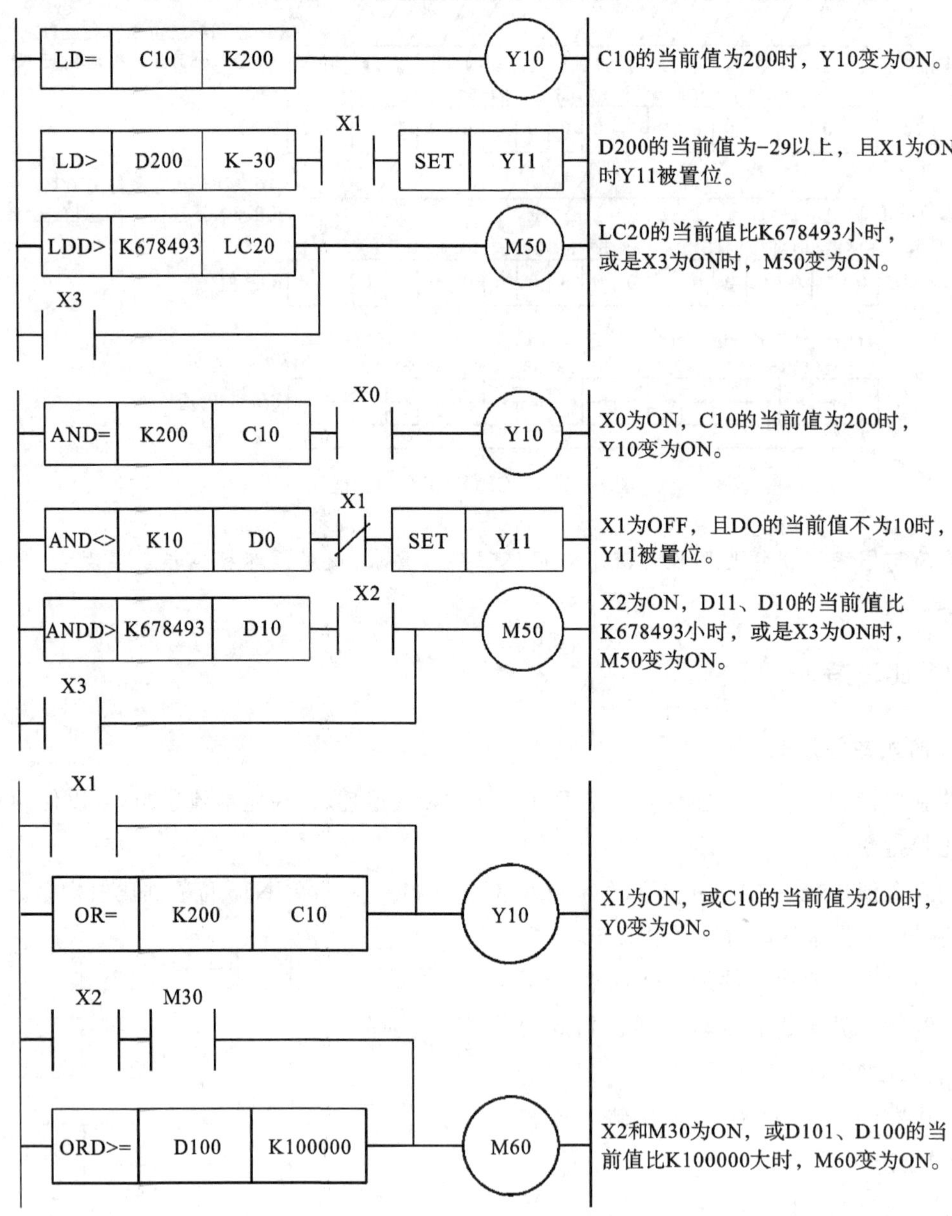

图 6－40　数据比较指令范例

2. 数值比较输出指令

数值比较输出指令是比较(s1)与(s2)中指定的软元件的 BIN16 位数据，以指定软元件的编号作为首地址，根据比较结果，改变编号连续的 3 个软元件的状态。指令符号为 CMP(P)(_U)：BIN16 位数据比较输出指令。CMP(P)指令梯形图格式与工作原理如图6－41所示。

操作数(s1):比较数据或存储了比较数据的软元件。

操作数(s2):比较源数据或存储了比较源数据的软元件。

操作数(d):输出比较结果的起始位软元件。

使用说明

(1)可以操作的位软元件有 X、Y、M、L、SM、F、B、SB、S。

(2)比较(s1)中指定的软元件的 BIN16 位数据与(s2)中指定的软元件的 BIN16 位数据,根据结果(小于、一致、大于),(d)、(d)+1、(d)+2 中的一项将变为 ON。

(3)(s1)、(s2)在上述设置数据范围内,作为 BIN 值处理。

(4)用代数方法进行大小比较。

CMP(P)指令的功能:比较(s1)中指定的软元件的 BIN16 位数据与(s2)中指定的软元件的 BIN16 位数据,根据结果(小于、一致、大于),(d)、(d)+1、(d)+2 中的一项将变为 ON。(s1)、(s2)在上述设置数据范围内,作为 BIN 值处理。用代数方法进行大小比较。

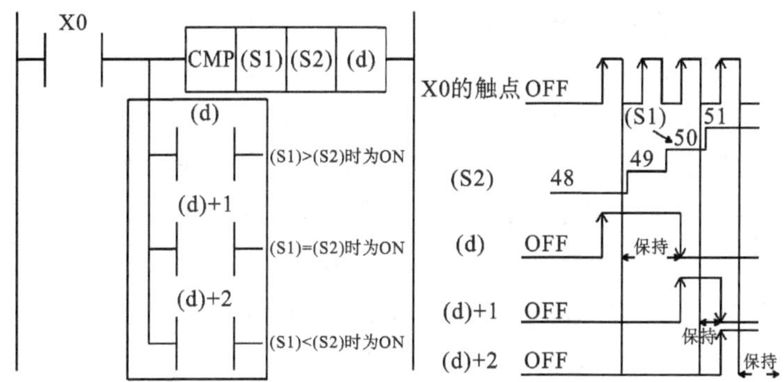

图 6－41　CMP(P)指令梯形图格式与工作原理

即使指令输入 OFF,不执行 CMP 指令,(d)至(d)+2 也将保持指令输入从 ON 变为 OFF 之前的状态。

CMP(P)指令应用范例如图 6－42 所示,功能是比较计数器的当前值。

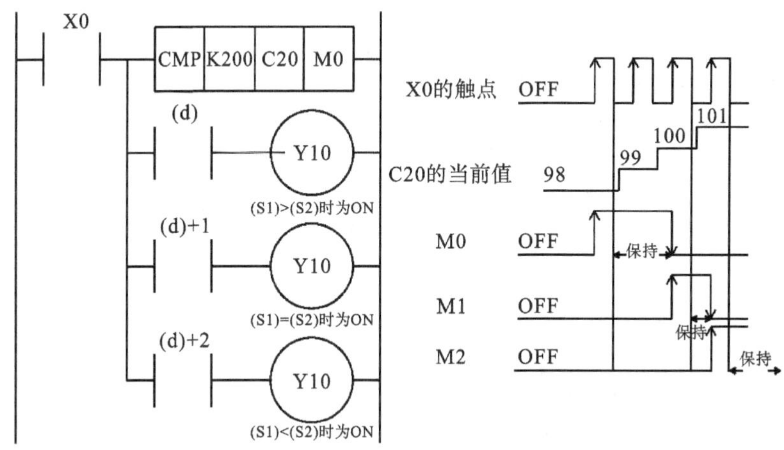

图 6－42　CMP(P)指令应用范例

6.2.3 数据处理指令

PLC在逻辑控制领域需要处理传感器的数据，在过程控制中数值计算更多，对计算结果还要进行处理，以保证执行器和人机接口可以数据匹配。常用的数据前处理包括：数值转换、数值和码值转换、译码指令和解码指令。

1.数据转换指令

在计算过程中会有不同字长的数据参与运算，在运算之前经常需要转换为指定的数据类型，需要使用数值转换指令。

(1)FLT2INT(P)：单精度实数转换成有符号BIN16位数据的指令。将(s)中指定的单精度实数转换为有符号BIN16位数据后，存储到(d)中。转化后的数据将变为(s)中指定的单精度实数的小数点以下数据被舍去后的值。

FLT2UINT(P)：单精度实数转换成无符号BIN16位数据。将(s)中指定的单精度实数转换为无符号BIN16位数据后，存储到(d)中。转化后的数据将变为(s)中指定的单精度实数的小数点以下数据被舍去后的值。

(2)INT2UINT(P)：有符号BIN16位数据转换成无符号BIN16位数据。将(s)中指定的有符号BIN16位数据转换为无符号BIN16位数据后，存储到(d)中指定的软元件中。

(3)INT2DINT(P)：有符号BIN16位数据转换成有符号BIN32位数据。将(s)中指定的有符号BIN16位数据转换为有符号BIN32位数据后，存储到(d)中指定的软元件中。

使用说明：可以操作的位软元件有X、Y、M、L、SM、F、B、SB、S。

FLT2INT(P)指令的梯形图格式如图6-43所示。

将(s)中指定的单精度实数转换为有符号BIN16位数据后，存储到(d)中指定的软元件中。转化后的数据将变为(s)中指定的单精度实数的小数点以下数据被舍去后的值。

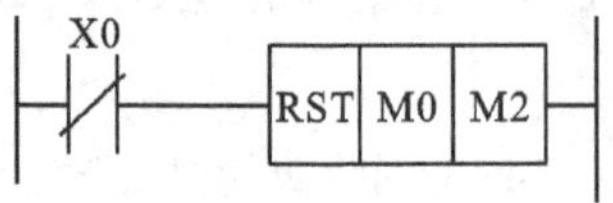

图6-43　FLT2INT(P)指令的梯形图格式

INT2UINT(P)指令范例如图6-44所示。

将(s)中指定的有符号BIN16位数据转换为无符号BIN16位数据后，存储到(d)中指定的软元件中。

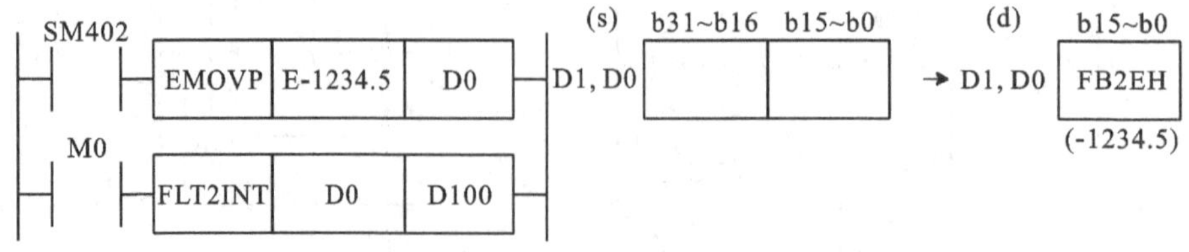

图6-44　FLT2INT(P)指令范例

INT2UINT(P)指令范例如图 6－45 所示。

将(s)中指定的有符号 BIN16 位数据转换为有符号 BIN32 位数据后，存储到(d)中指定的软元件中。

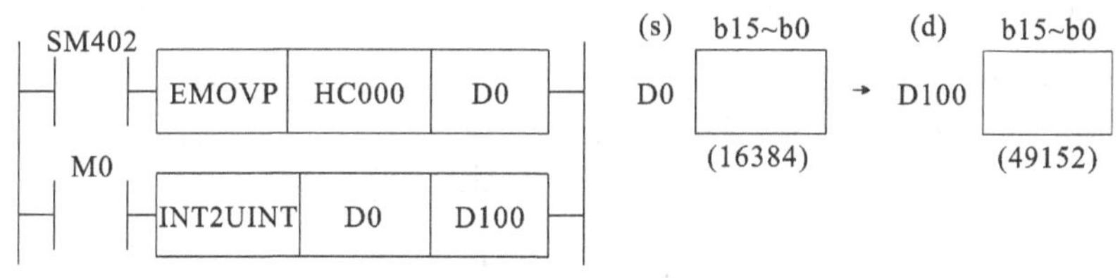

图 6－45　INT2UINT(P)指令范例

2. 码值转换指令

PLC 控制系统情况比较复杂时要求有友好的人机界面，通过人机界面修改参数、检测运行参数和发布命令都需要使用码值。PLC 实际能处理的是数值，所以需要用码值转换类指令实现码值和数值的转换。

(1)BCD(P)：BIN 数据→BCD4 位数转换指令。将(s)中指定的软元件的 BIN 数据转换为 BCD 后，存储到(d)中指定的软元件中。

(2)BIN(P)：BCD4 位数→BIN 数据转换指令。将(s)中指定的软元件的 BCD 数据转换为 BIN 后，存储到(d)中指定的软元件中。

(3)GRY(P)(_U)：BIN16 位数据→格雷码转换。将(s)中指定的软元件的 BIN16 位数据转换为 BIN16 位格雷码数据后，存储到(d)中指定的软元件中。

(4)GBIN(P)(_U)：格雷码→BIN16 位数据转换。将(s)中指定的软元件中存储的 BIN16 位格雷码数据转换为 BIN16 位数据后，存储到(d)中指定的软元件中。

(5)DABIN(P)(_U)：十进制 ASCII→BIN16 位数据转换。将(s)中指定的软元件编号以后中存储的十进制 ASCII 数据转换为 BIN16 位数据后，存储到(d)中指定的软元件编号中。

(6)HEXA(P)：ASCII→HEX 转换。将(s)中指定的软元件编号以后，(n)中指定的字符数中存储的 ASCII 数据转换为 HEX 代码后，存储到(d)中指定的软元件编号以后。

使用说明：

(1)可以操作的位软元件有 X、Y、M、L、SM、F、B、SB、S。

(2)BCD(P)：CPU 模块的运算采用 BIN(二进制数)数据进行处理，用于在配有 BCD 译码器的 7 段显示器中显示数值。

(3)BIN(P)：与数字开关相同，将通过 BCD(十进制数)设置的数值转换为可通过 CPU 模块运算操作的 BIN(二进制数)，并读取时使用。

BCD(P)指令功能是将(s)中指定的软元件的 BIN16 位数据(0～9999)转换为 BCD4 位数据后，存储到(d)中指定的软元件中。

BCD(P)指令范例如图 6－46 所示，(s)中指定的数据通过 BCD(十进制数)，可在 K0 至

K9999 范围内转换。

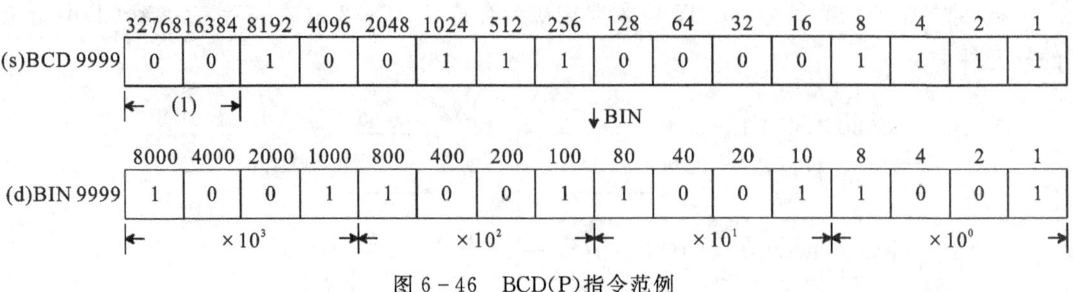

图 6-46 BCD(P)指令范例

BIN(P)指令功能是将(s)中指定的软元件的 BCD4 位数据(0～9999)转换为 BIN16 位数据后,存储到(d)中指定的软元件中。

BIN(P)指令范例如图 6-47 所示,功能是将(s)中指定的数据可在 0～9999(BCD)范围内转换。

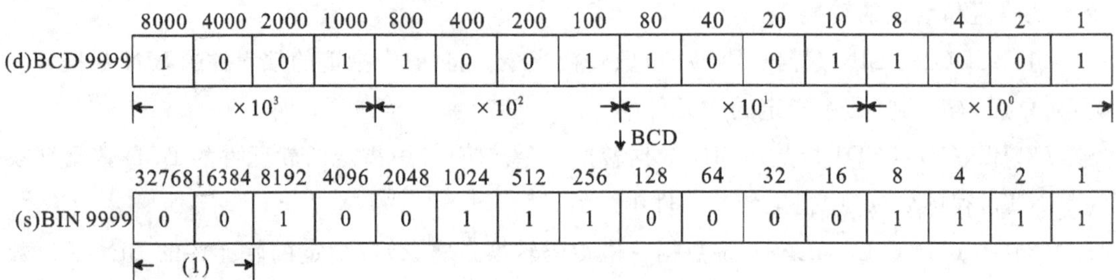

图 6-47 BIN(P)指令范例

DABIN(P)(_U)指令功能是将(s)中指定的软元件编号以后中存储的十进制 ASCII 数据转换为 BIN16 位数据后,存储到(d)中指定的软元件中。

DABIN(P)(_U)指令范例 1 如图 6-48 所示。

(s)中指定了－25108 的情况下(有符号的情况下)。对于(s)至(s)＋2 中指定的 ASCII 数据,指定了有符号的情况下为－32768～＋32767 的范围内;无符号的情况下为 0～65535 的范围内。符号数据中,转换的数据为正时设置 20H,为负时设置 2DH。设置了 20H、2DH 以外的情况下,将被作为正的数据处理。各位中设置的 ASCII 代码的范围为 30H 至 39H,各位中设置的 ASCII 代码为 20H、00H 时,将作为 30H 处理。

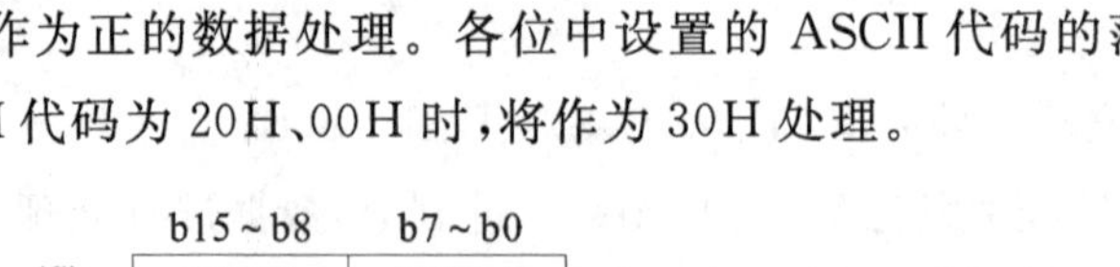

	b15～b8	b7～b0
(S)	32H(2)	2DH(-)
(S)+1	31H(1)	35H(5)
(S)+2	38H(8)	30H(0)

→(d)

b15～b8	b7～b0
-25108	

图 6-48 DABIN(P)(_U)指令范例 1

DABIN(P)(_U)指令范例 2 如图 6-49 所示,当 X0 为 ON 时,将存储在 D20 至 D22 中的有符号十进制 ASCII 数据(5 位数)转换为 BIN16 位数据后,存储到 D0 中的程序。

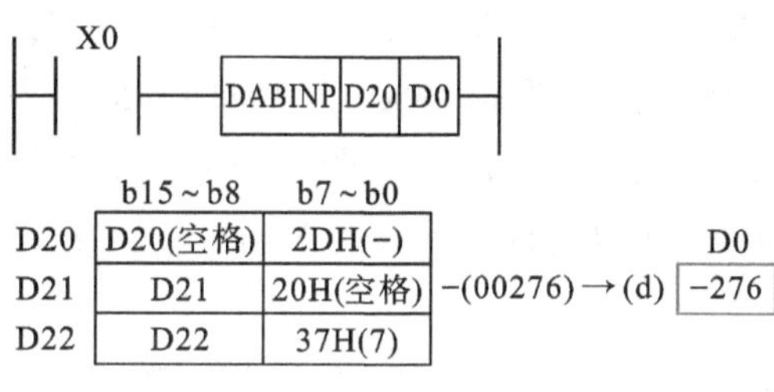

图 6-49　DABIN(P)(_U)指令范例 2

3. 编码和译码指令

数字电路使用编码器芯片和译码器芯片搭建电路，实现编码和译码的逻辑。PLC 通过执行编码/译码类指令实现同样的功能。

(1)DECO(P)：8→256 位解码指令。对(s)中指定的软元件的低位(*n*)位进行解码，将结果存储到(d)中指定的软元件开始的 2 的(*n*)次方位中。

(2)ENCO(P)：256→8 位编码。对(s)开始的 2 的(*n*)次方位的数据进行编码，并存储到(d)中。

(3)SEGD(P)：7 段解码指令。将数据解码，点亮 7 段数码管(1 位数)。

使用说明：可以操作的位软元件有 X、Y、M、L、SM、F、B、SB、S。

DECO(P)指令功能如图 6-50 所示，是将(s)的低位(*n*)位中指定的 BIN 值对应的(d)的位置为 ON。(*n*)=0 时将变为无处理，(d)中指定的软元件的内容不变化。位软元件作为 1 位处理，字软元件作为 16 位处理。

	2	1	0			7	6	5	4	3	2	1	0
(s)=6	1	1	0	→	(d)	0	1	0	0	0	0	0	0

n=3　　ON

图 6-50　DECO(P)指令功能

DECO(P)指令范例 1 如图 6-51 所示，功能是根据数据寄存器的数值，使位软元件置 ON 的情况。例如 D0 的值(当前值取 14)在 M0 至 M15 中译码。

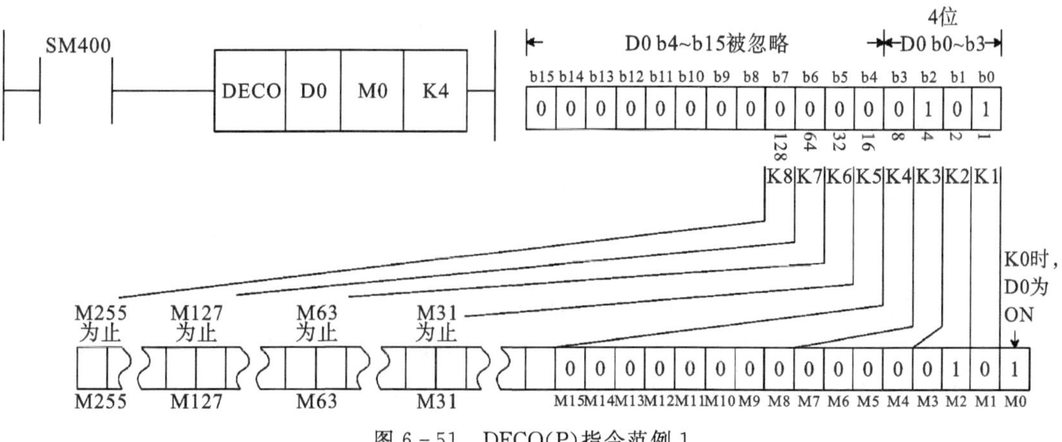

图 6-51　DECO(P)指令范例 1

分析：D0 的 b0 至 b3 的值为 14(0+2+4+8)时，M0 开始的第 15 号的 M14 为 1(ON)。D0=0 时，M0 为 1(ON)。使 n=K4，根据 D0(0 至 15)的数值，M0 至 M15 中任意一个为 1 点(ON)。若使 n 在 K1 至 K8 变化，D0 就可以对应 0～255 中的数值，这样作为译码所需的(d)的软元件范围就被占用了，所以请注意不能与其他控制重复。根据位软元件的内容，使字软元件中的位置 ON 的情况。

DECO(P)指令范例 2 如图 6-52 所示，将 X0 至 X2 的值(X0、X1 为 ON，X2 为 OFF)在 D0 中译码。

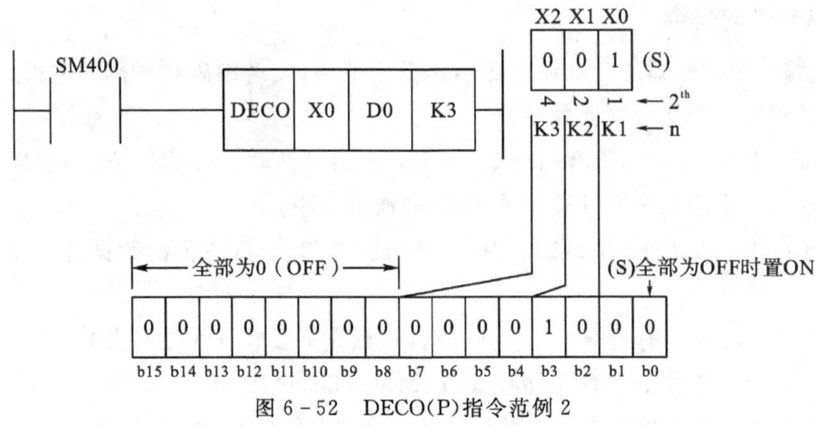

图 6-52　DECO(P)指令范例 2

SEGD(P)功能是将(s)的低 4 位(1 位数)的 0～F(16 进制数)解码为 7 段显示用的数据后，存储到(d)的低 8 位中。软元件(d)的输出开始的低 8 位被占用，高 8 位不变化。7 段解码表如图 6-53 所示.

图 6-53　7 段码解码表

6.2.4　运算指令

在运算类指令中最常用的是逻辑运算指令和算术运算指令。

1. 逻辑运算指令

逻辑运算指令主要包含与、或和异或运算。

(1)WAND(P)：16 位数据逻辑与指令。对(d)中指定的软元件的 BIN16 位数据与(s)中指定的软元件的 BIN16 位数据的各个位进行逻辑积运算，将结果存储到(d)中指定的软元件中。

(2)WOR(P):16 位数据逻辑或指令。对(d)中指定的软元件的 BIN16 位数据与(s)中指定的软元件的 BIN16 位数据的各个位进行逻辑和运算,将结果存储到(d)中指定的软元件中。

(3)WXOR(P):16 位数据异或指令。对(d)中指定的软元件的 BIN16 位数据与(s)中指定的软元件的 BIN16 位数据的各个位进行异或运算,将结果存储到(d)中指定的软元件中。

操作数(s):存储进行逻辑运算的数据或存储了数据的软元件。

操作数(d):存储逻辑运算结果的软元件。

使用说明:可以操作的位软元件有 X、Y、M、L、SM、F、B、SB、S。

WAND(P)的功能如图 6-54 所示,对(d)中指定的软元件的 BIN16 位数据与(s)中指定的软元件的 BIN16 位数据的各个位进行逻辑积运算,将结果存储到(d)中指定的软元件中。位软元件的情况下,位数指定的点数以后的位软元件将作为 0 进行运算。

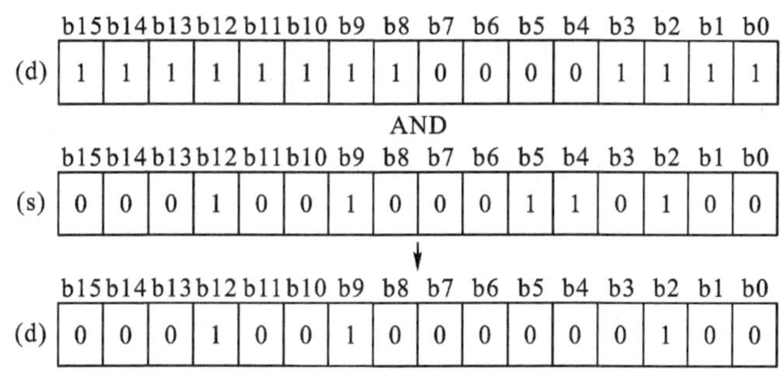

图 6-54　WAND(P)的功能

WOR(P)的功能如图 6-55 所示,对(d)中指定的软元件的 BIN16 位数据与(s)中指定的软元件的 BIN16 位数据的各个位进行逻辑和运算,将结果存储到(d)中指定的软元件中。位软元件的情况下,位数指定的点数以后的位软元件将作为 0 进行运算。

图 6-55　WOR(P)的功能

WXOR(P)的功能如图 6-56 所示,对(d)中指定的软元件的 BIN16 位数据与(s)中指定的软元件的 BIN16 位数据的各个位进行异或运算,将结果存储到(d)中指定的软元件中。位软元件的情况下,位数指定的点数以后的位软元件将作为 0 进行运算。

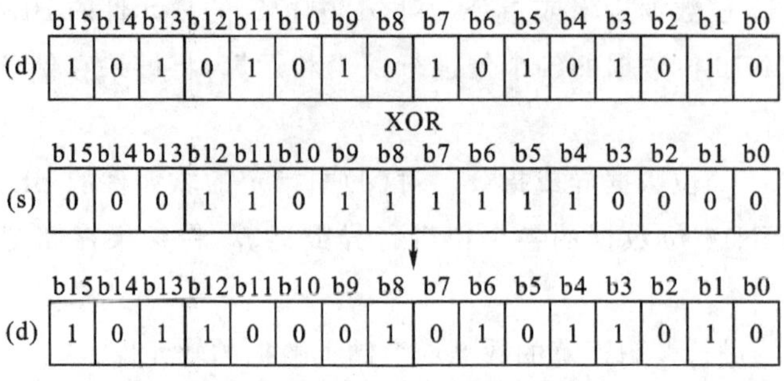

图 6 - 56　WXOR(P)的功能

WXOR 指令和 CML 指令组合使用时，还可以执行与 WXNR 指令相同的逻辑异或否(XORNOT)的运算，如图 6 - 57 所示。

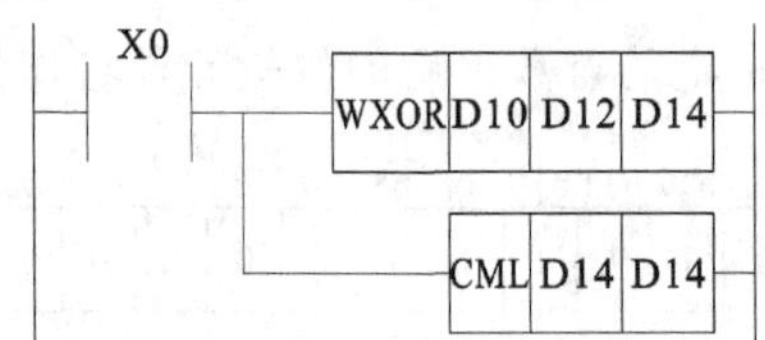

图 6 - 57　WXOR 指令和 CML 指令组合

2. 位测试指令

TEST(P)：16 位测试指令，从(s2)中指定的软元件开始，提取(s2)中指定的位置的位数据后，写入到(d)中指定的位软元件中。

使用说明：

(1)对于(d)中指定的位软元件，相应位为“0”时 OFF，为“1”时 ON。

(2)在(s2)中，指定“1”字数据的各个位置(0～15)。(s2)中指定了 16 以上的情况下，(s2)÷16的余数值将变为测试位的位置。

TEST(P)指令的功能如图 6 - 58 所示，(s1)＝5 的情况下，对于(d)中指定的位软元件，相应位为“0”时 OFF，为“1”时 ON。

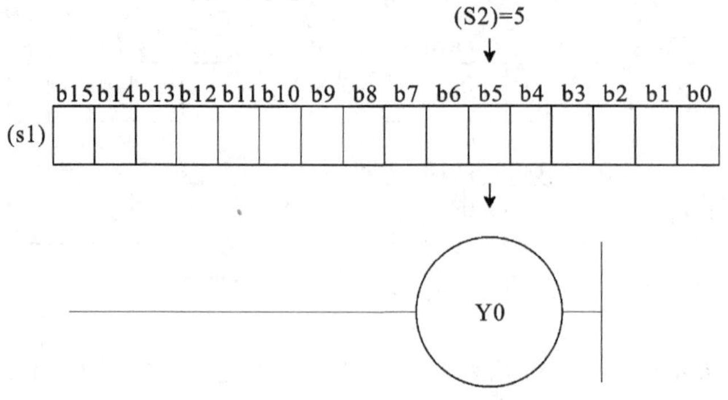

图 6 - 58　TEST(P)指令功能

3. 算术运算指令

算术运算指令主要有加、减、乘、除指令，参与运算的操作数可能是 16 位数据、32 位数据、块数据、4 位 BCD 和 8 位 BCD。算术运算指令的共性问题是指令的前缀和后缀。

从操作数的类型上可以分为字运算和双字运算。指令加前缀 D，是双字（32 位数）运算；指令不加前缀 D，是字（16 位数）运算。

从操作数的类型上还可以分为无符号数运算和有符号数运算。指令加后缀_U，是无符号数运算，即数据空间中所有位都是数值位；指令不加后缀_U，是有符号数运算，应注意符号位带来的影响。

从不同扫描周期的执行方式上看，有连续执行和脉冲执行两种。指令加后缀 P，是脉冲执行方式，即能流接通一次，不论接通多长时间，该指令只执行一次；指令中不加后缀 P，是连续执行方式，在能流接通期间，每个扫描周期都要执行一次，如果使用不当，会因为不断执行算数运算，导致错误的结果。PLC 通电并进入运行状态以后，会按照扫描周期的方式进行循环工作，只有在第一个扫描周期 SM8002 接通，在以后的扫描周期中，该特殊辅助继电器都是断开，所以常用 SM8002 完成程序的初始化。

从操作数的数量区分，有单操作数、双操作数和三操作数的区别。操作数分为源操作数（source）和目的操作数（destination）。单操作数主要用于增减指令，对操作数空间中的数值进行运算，结果仍放到该空间中。三操作数在指令中的顺序和运算顺序都是 s1、s2 和 d，例如被减数放在 s1 中，减数放在 s2 中，差放在 d 中。双操作数尤其是减法和除法要注意运算顺序，指令中的顺序是 s 和 d，操作顺序是 d、s 和 d，例如被减数放在 d 中，减数放在 s 中，结果放在 d 中。

（1）加法/减法指令。数据加法/减法指令的梯形图格式如图 6－59 所示，其中，XX 代表指令的类型，如“＋－ U”（无符号 16 位数据加，连续执行）、“D＋P_U”（无符号 32 位数据加，脉冲执行），指令可分为 2 个操作数和 3 个操作数的情况。图 6－59（a）所示指令操作数为 2 个，是将（d）中指定的数据与（s）中指定的数据进行加法/减法运算，结果存放到（d）中；图 6－59（b）所示指令操作数为 3 个，是将（s1）中指定的数据与（s2）中指定的数据进行加法/减法运算，结果存放到（d）中。

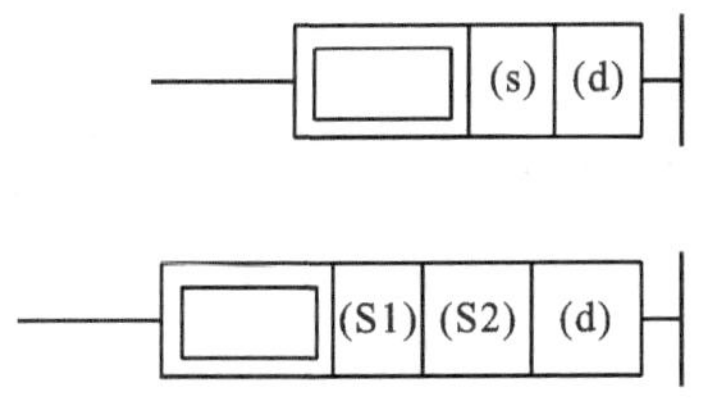

图 6－59　数据加法/减法指令的梯形图格式

例如“＋2”为 16 位有符号指令、连续执行方式；“D＋[2]”为 32 位有符号指令、连续执行方式；“＋_U[2]”为 16 位无符号指令、连续执行方式；“D＋_U[2]”为 32 位无符号指令、连续执行方式；“＋P_U[2]”为 16 位无符号指令、脉冲执行方式；“D＋P_U[2]”为 32 位无符号指令、脉冲执行方式。

如图 6 - 60 所示,程序完成了数据的加减运算。在第 1 个扫描周期,把数据 12345 放入 D1 和 D0 组成的 32 位空间,把 100 分别放入 16 位空间 D10 和 D20 中。在 M0 的上升沿,把 D0 空间中的 32 位数加 12345,结果仍放在原 32 位的空间中。当 M1 闭合时,每个扫描周期都会对 D10 中的数据减 10。因为以脉冲方式执行 SUBP 指令,所以 M1 每接通一次,不论这次接通有多长时间,D20 中的数值只减 10。

(2)乘法/除法指令。数据乘法/除法指令的梯形图格式如图 6 - 61 所示。指令格式中,XX 代表指令类型,如 *、*_U、MULP、/、/P、DIV_U 等。

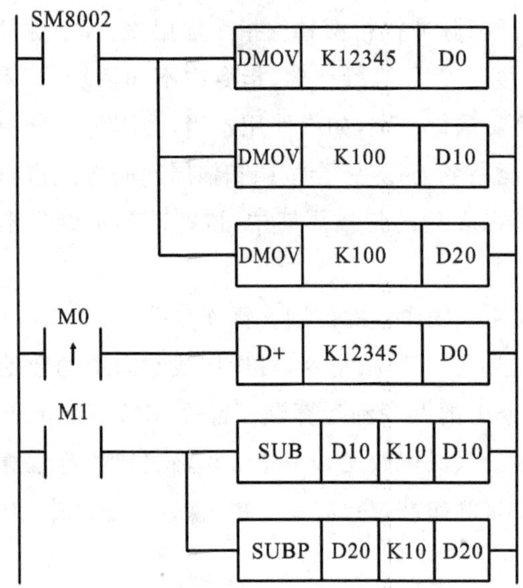

图 6 - 60　数据加法/减法指令应用示例

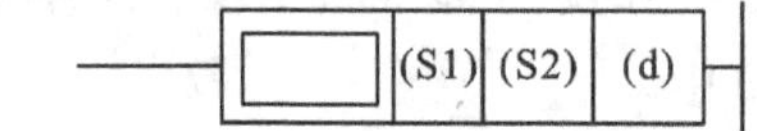

图 6 - 61　数据乘法/除法指令的梯形图格式

如果是 32 位数据乘法/除法指令,则每条指令前面加字母“D”。例如“ *[3]”为 16 位有符号指令、连续执行方式;“D *[3]”为 32 位有符号指令、连续执行方式;“ *_U[3]”为 16 位无符号指令、连续执行方式;“D *_U[3]”为 32 位无符号指令、连续执行方式;“ * P_U[3]”为 16 位无符号指令、脉冲执行方式;“D * P_U[3]”为 32 位无符号指令、脉冲执行方式。

数据乘法/除法指令使用说明。

①当指令是 16 位乘法时,是将(s1)中指定的 16 位数据(单字)与(s2)中指定的 16 位数据(单字)进行乘法运算,并将计算结果(32 位数据,双字)存放在指定的首地址为(d)的软元件中,地址对应关系说明如图 6 - 62 所示;当指令是 32 位乘法时,是将(s1)中指定的 32 位数据(双字)与(s2)中指定的 32 位数据(双字)进行乘法运算,并将计算结果(64 位数据,4 字)存放在指定的首地址为(d)的软元件中,地址对应关系说明如图 6 - 63 所示。

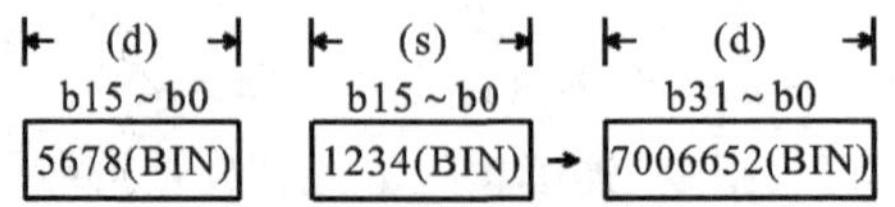

图 6 - 62　16 位乘法指令运算

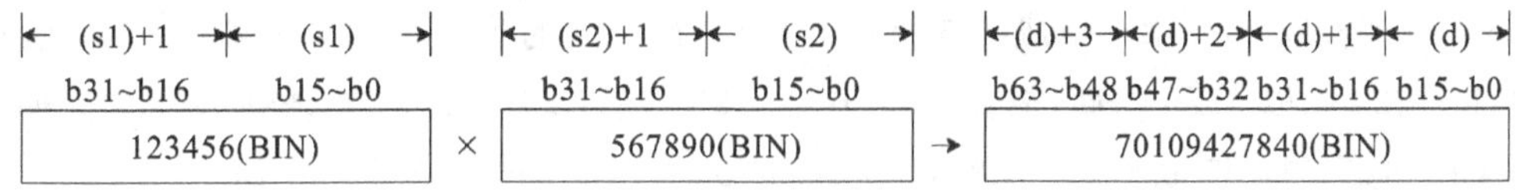

图 6－63　32 位乘法指令运算

②当指令是 16 位除法时，是将(s1)中指定的 16 位数据(单字)与(s2)中指定的 16 位数据(单字)进行除法运算，并将计算结果(32 位数据，双字)存放在(d)指定的软元件中，地址对应关系说明如图 6－64 所示，其中(d)是商(单字)，(d)＋1 是余数(单字)；当指令是 32 位除法时，是将(s1)中指定的 32 位数据(双字)与(s2)中指定的 32 位数据(双字)进行除法运算，并将计算结果(64 位数据)存放在(d)指定的软元件中，地址对应关系说明如图 6－65 所示，其中(d)、(d)＋1 是商(双字)，(d)＋2、(d)＋3 是余数(双字)。

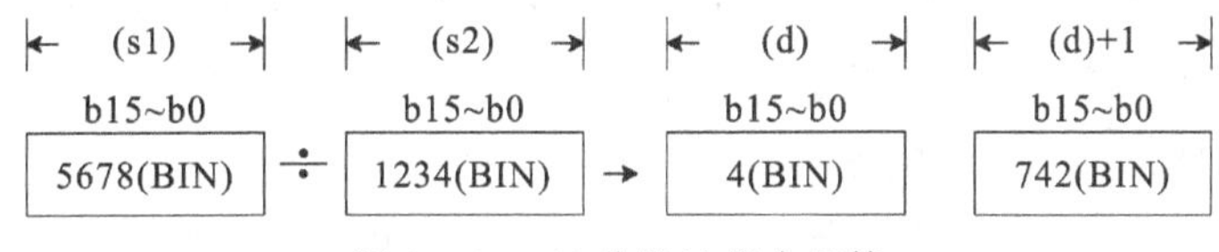

图 6－64　16 位除法指令运算

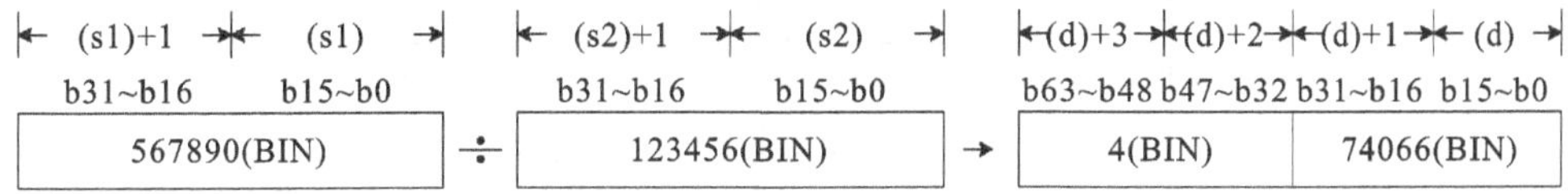

图 6－65　32 位除法指令运算

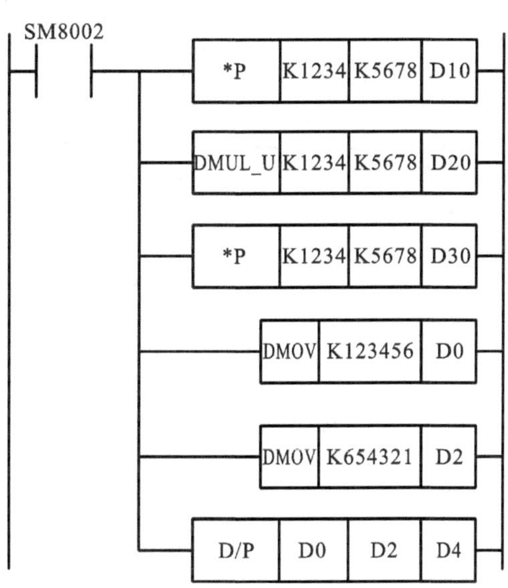

图 6－66　数据乘法/除法指令应用示例

如图 6－66 所示，在第一个扫描周期完成了乘除法运算。梯形图的第 1 行完成了两个 16 位数据的乘法，用脉冲执行的方式，把 1234 和 5678 的乘积放在由 D11、D10 组成的 32 位空间中。梯形图的第 2 行完成了两个 32 位数据的无符号乘法，把 1234 和 5678 的乘积，放在由 D23、D22、D21 和 D20 组成的 64 位空间中。梯形图的第 3 行完成了两个 16 位数据的除法，把 1234 除以 5678 的商，放在 D30 中，把 1234 除以 5678 的余数，放在 D31 中。梯形图的第 4 行和第 5 行，完成了两个 32 位数据的传送，把 123456 放在由 D1、D0 组成的 32 位空间中，把 654321 放在由 D3、D2 组成的 32 位空间中。梯形图的第 6 行，用脉冲执行的方式，完成了两个 32 位数据的除法，商放在 D41、D40 组成的 32 位空间中，余数放在 D43、D42 组成的 32 位空间中。

INC 是数据增量指令，对操作数空间中的数值执行加 1 操作；DEC 是数据减量指令。对操作数空间中的数值执行减 1 操作。

如图 6-67 所示，程序完成了数据增量和减量的运算。在第 1 个扫描周期，把数据 12345678 放入 D1 和 D0 组成的 32 位空间，把 12345 放入 16 位空间 D10，把 54321 放入 16 位空间 D20。在 M0 的上升沿，把 D1 和 D0 空间中的 32 位数减 1，结果仍放在原 32 位的空间中。当 M1 闭合时，每个扫描周期都会对 D10 中的数据加 1，因为是有符号运算，所以当加到 16 位的最大值 32767 以后，下一个扫描周期会把 D10 中的数据加 1 变成-32768。因为以脉冲方式执行 INCP 指令，所以 M1 每接通一次，不论这次接通有多长时间，D20 中的数值只加 1。

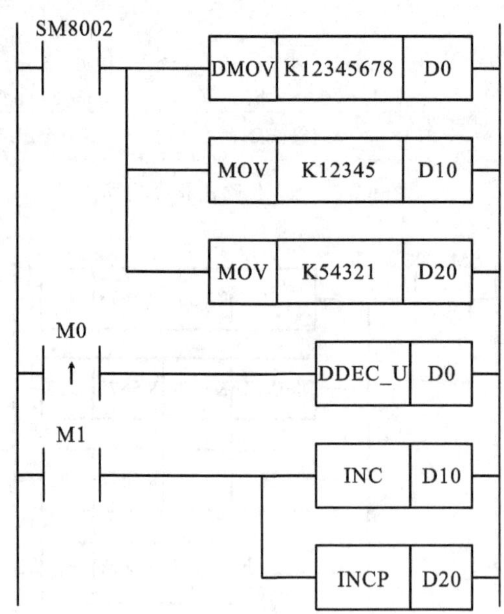

图 6-67 数据增量/减量/指令应用示例

6.3 应用举例

6.3.1 基本逻辑指令应用举例

1. 闪烁电路

在 FX5U PLC 中，SM8011—SM8014 对应 10 ms、100 ms、1 s 和 1 min 的方波信号。如

图 6－68 所示，X0 闭合后，SM8012 对应的 100 ms 的方波信号，可以在 Y0 上输出 0.05 s 接通、0.05 s 断开的方波信号。

图 6－68 输出占空比为 50%的方波，如果要产生占空比可调的矩形波，可以使用通用定时器，也可以使用特殊继电器。

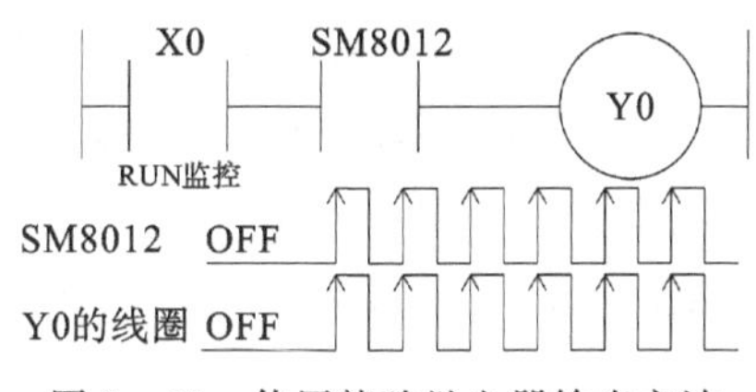

图 6－68　使用特殊继电器输出方波

①使用通用定时器输出矩形波。

如图 6－69 左图所示，X1 可以理解为 RUN 监控或启动开关，即只要 PLC 上电，X1 始终闭合。在定时器 T2 没有启动时，给定时器 T1 置初值，2 s 后 T1 定时时间到，Y2 置位的同时给定时器 T2 置初值，3 s 后 T2 时间到，复位 T1 和 Y2，T1 复位以后复位 T2，系统回到初始状态，从而能够完成循环过程。所以修改 T1 和 T2 的初值，可以改变低电平和高电平的时间。

②使用特殊继电器输出矩形波。如图 6－69 右图所示，置位 SM8039，把普通模式改为恒定扫描模式。在 SD8039 中存储恒定扫描时间 10，所以每个扫描周期的时间是 10 ms。用 DUTY 指令设置 SM420，实现通电 200 个扫描周期、断电 300 个扫描周期。每个扫描周期是 10 ms，共 500 个扫描周期，所以通电 2 s，断电 3 s。

2. 分频电路

根据脉冲信号的节拍动作的数字设备，动作的速度不一样，需要的脉冲信号频率也就各不相同。如果需要更低频率的信号，可以对某个方波信号进行分频，可以得到二倍周期的二分频信号。程序如图 6－69 所示，Y0 输出周期 0.1 s 的方波信号，Y1 输出周期 0.2 s 的方波信号。

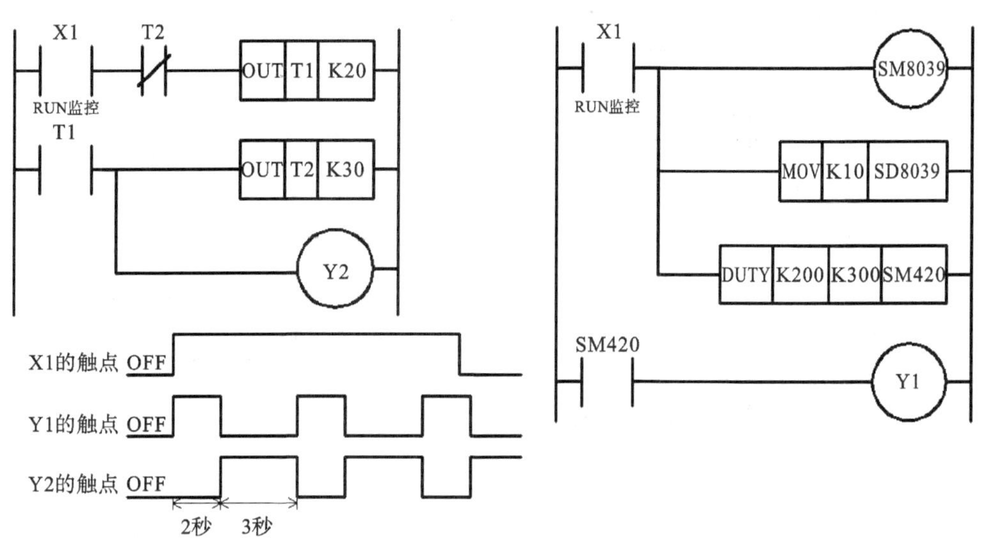

图 6－69　使用定时器或特殊继电器输出矩形波

Y0 输出高电平时，M0 和 M1 都得电，从而让 Y1 得电并自锁，但 M2 所在的网络在 Y1 之前，所以不得电。在下一个扫描周期，M0 因 M1 复位，所以 M0 置位了一个扫描周期，M1 继续跟随 Y0 保持高电平，M2 因 M0 继续不得电，Y1 继续自锁。当 Y0 输出低电平时，M0 和 M1 都复位，M2 因 M0 继续不得电，Y1 继续自锁。

当 Y0 再次出现高电平时，M0 和 M1 再次得电，此时 M0 和 Y1 都置位，所以 M2 得电并破坏 Y1 的自锁，Y1 复位。在下一个扫描周期，M0 因 M1 复位，所以 M0 又置位了一个扫描周期，M1 继续跟随 Y0 保持高电平，M2 因 M0 复位，所以 M2 页置位了一个扫描周期，Y1 因为 M0 复位继续复位。当 Y0 再次输出低电平时，M0、M1 和 M2 都复位，所以 Y1 继续复位。

3. 长延时电路

PLC 中定时器的本质是用有限存储单元存储脉冲的个数，所以定时时长必定是有限值。因为时钟脉冲频率较高，一般最慢的是 0.1 s，所以单个定时器的定时时长较短，例如在 FX5U 中，定时器的最长定时时间为 3276.7 s。如果需要更长时间的延时，常用多个定时器级联和定时器与计数器配合这两种方法。

(1)定时器级联。1 号定时器时间到以后，启动 2 号定时器，2 号定时器时间到以后，启动 3 号定时器，可以如此持续扩展。这种方法的总定时时长是各个定时器定时时间的和。

使用这种方法应当注意定时器的复位问题。常见有两种方法，一种是所有的定时器一旦启动，持续保持高电平，直到总定时时长到，复位所有的定时器。另一种方法是某个定时器一旦启动了下一个定时器，该定时器立刻复位。本书选用第二种方法，实现了 6000 s 的定时，程序如图 6－70 所示，X0 是启动按钮，X1 是停止按钮，辅助继电器的目的是确保定时器在定时过程中持续得电。

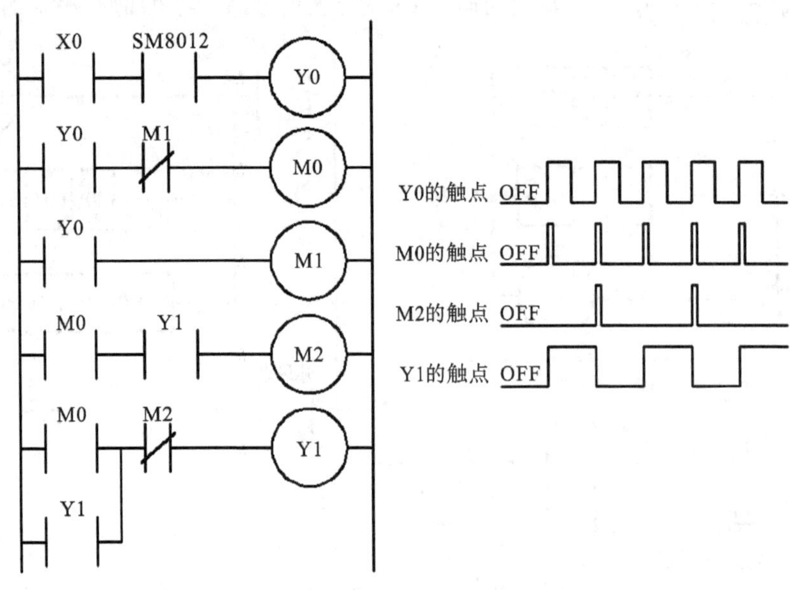

图 6－70　二分频电路

(2)定时器和计数器组合。多个定时器级联的方法，适合用于每个定时器控制一个输出负载的情况，否则会为了控制一个负载，占用多个定时器。实际情况是，虽然要控制的多个负载需要不同频率的方波，但是一般可以找到一个共有的时间基准，例如 0.1 s，所有方波的周期都是这个周期的整数倍。所以使用一个定时器作为时间基准，给该定时器配合不同的计数器，实现不同频率的分频，从而产生不同的定时时长。所以定时时长是时间基准的周期和计数器预设值的乘积。

如图 6－71 所示，X0 是启动按钮，X1 是停止按钮，使用特殊继电器能够产生周期 1 min 的方波信号，每个方波的上升沿会让计数器的当前值加一，到达计数器设定值，Y1 得电并自锁。读者可以思考如果修改 C0 的设定值，最大可以实现多长时间的定时。如果需要继续扩展定时时长，只需再级联计数器即可。

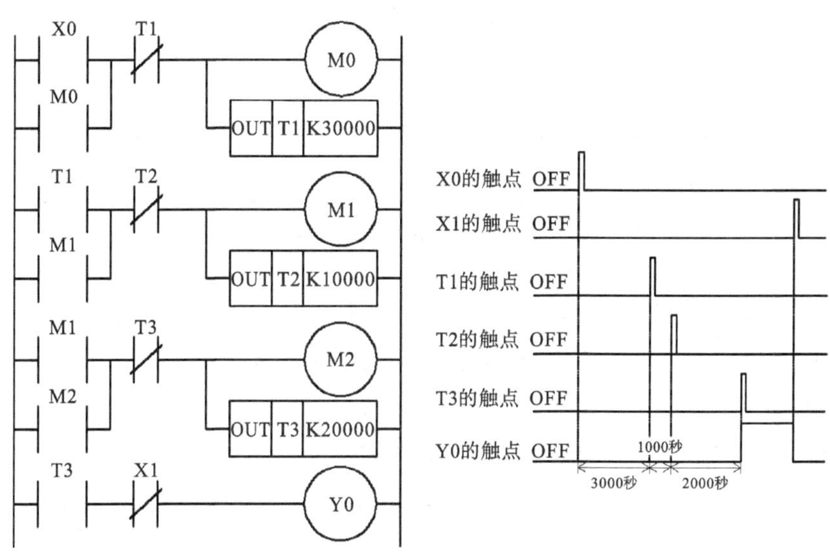

图 6－71　定时器级联实现长定时电路

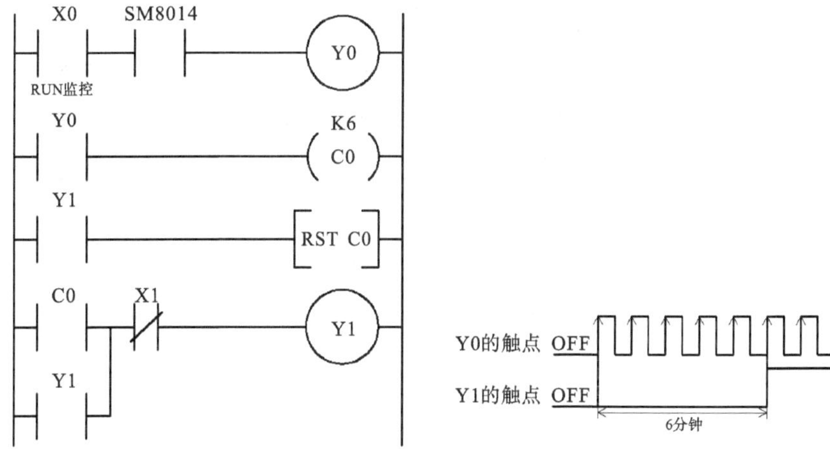

图 6－72　定时器和计数器组合实现长延时电路

6.3.2 常用基本指令应用举例

1. 十字路口交通灯控制程序设计

(1)控制要求。如果只考虑指示车的直行,不考虑车的拐弯、人行道和时间显示,十字路口的交通灯控制要求就简化为最基本的直行指示功能,时序图如图 6-73 所示。

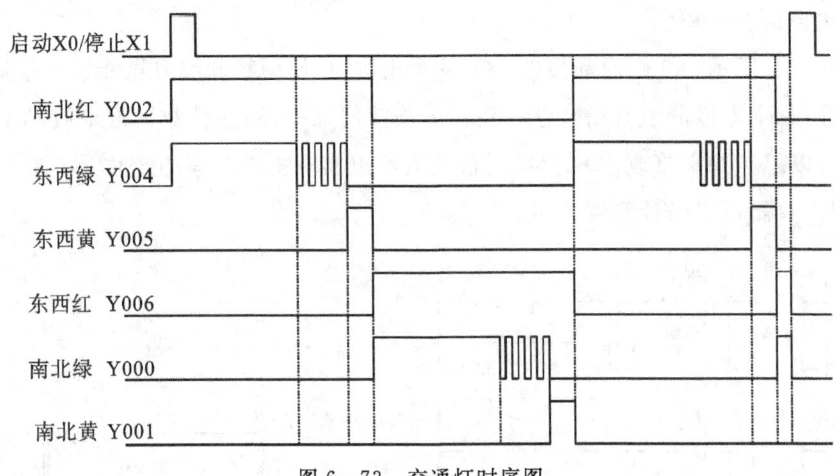

图 6-73　交通灯时序图

整个工作过程分为两个阶段:东西通行南北禁行阶段(15 s)和南北通行东西禁行阶段(20 s)。在东西通行南北禁行阶段,东西方向的绿灯亮 10 s 之后闪烁 3 s,绿灯停止闪烁后东西方向黄灯亮 2 s,整个阶段南北方向的红灯点亮,南北方向的绿灯和黄灯、东西方向的红灯熄灭;在南北通行东西禁行阶段,南北方向的绿灯亮 15 s 之后闪烁 3 s,绿灯停止闪烁后南北方向黄灯亮 2 s,整个阶段东西方向的红灯点亮,东西方向的绿灯和黄灯、南北方向的红灯熄灭。

(2)程序设计。如图 6-74 所示,X0 是启动按钮,X1 是停止按钮。用两个辅助继电器 M0 和 M1 对应东西通行南北禁行阶段(15 s)和南北通行东西禁行阶段(20 s),辅助继电器的线圈得电,说明系统正处在对应阶段中。在整个阶段,南北方向的红灯 Y0 始终点亮;定时器的当前值介于 0 到 100 的过程中,东西方向的绿灯 Y1 点亮 10 s;定时器的当前值介于 100 和 130 之间,东西方向的绿灯 Y1 闪烁 3 s;定时器的当前值介于 130 和 150 之间,东西方向的黄灯 Y2 点亮 2 s。南北通行东西禁行阶段与此类似,读者可自行画出相关软元件的时序图并补全程序。

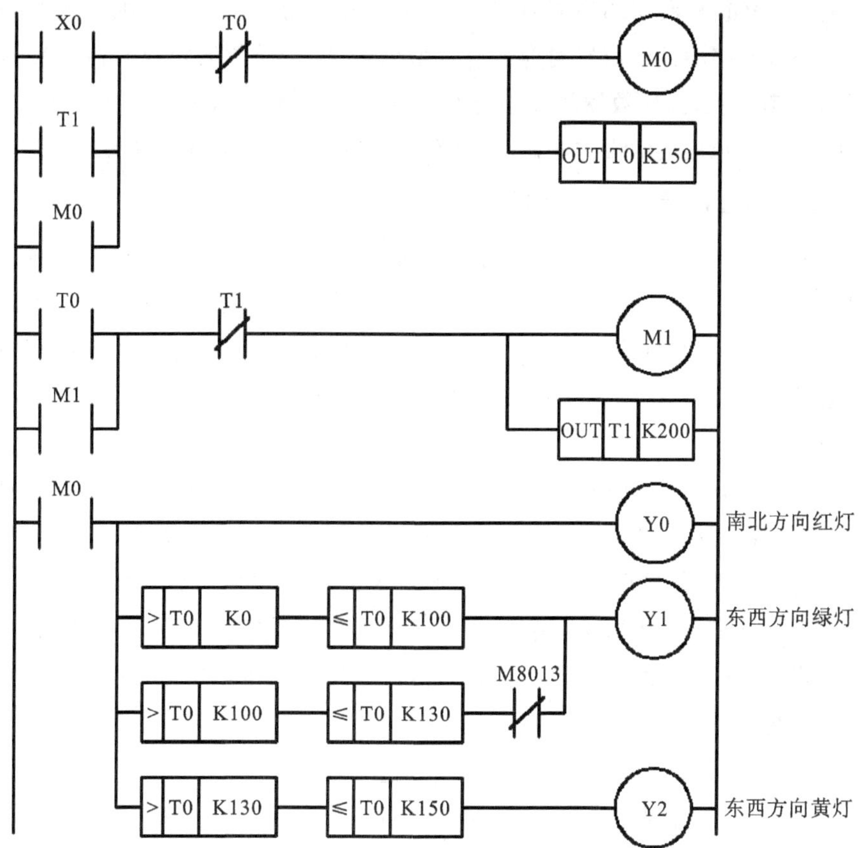

图 6－74　交通灯(直行功能)程序

2. 设定滑台移动距离程序设计

(1)控制要求。能够直线运动的滑台是机床和大型测量设备中的常用装置,为了提高滑台的运动控制精度,一般采用光电编码器或电子光栅尺检测滑台的移动距离,把滑台走过的位移量转换为脉冲信号的个数,并把脉冲个数反馈给控制器,从而可以构成闭环的运动控制。如果需要指定滑台运动到不同的停止位置,可以使用转换开关进行设定。当滑台运动到指定位置时,点亮运动到位指示灯。

(2)程序设计。如图 6－75 所示,X0 是启动按钮,X1 是停止按钮,X2 的常闭触点对应转换开关指向运动到 1 万个脉冲对应的位置,X2 的常开触点对应转换开关指向运动到 2 万个脉冲对应的位置。X3 连接位置检测装置的脉冲信号输出端,M0 对应进入计数状态。

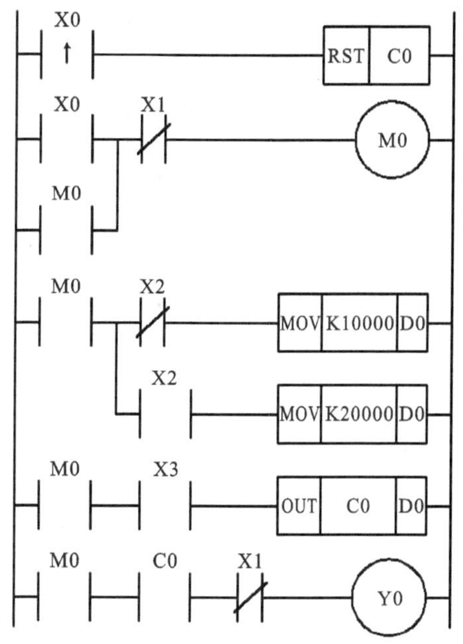

图 6－75　设定滑台移动距离参考程序

当按下启动按钮，计数器的当前值清零，辅助继电器 M0 得电并自锁。根据转换开关当前所在位置，把滑台移动目标位置对应的脉冲数赋给 D0。计数器接收脉冲信号，把当前值和 D0 中的设定值比较，当计数器的设定值等于当前值时，运动到位指示灯（Y0）点亮。在这个程序中，完成了对脉冲数的设定和检测，没有涉及控制电机驱动滑台的功能。

3. 滑台运动到位提示程序设计

(1)控制要求。在前一个例题中，滑台运动到指定位置，对应的运动到位指示灯会点亮。在实际使用中，滑台尚未运到指定位置或超过了指定位置，都应该有醒目的提示。所以，设置绿色的到位指示灯和红色的超限指示灯。当滑台正在向指定位置运动的过程中，绿色指示灯闪烁；运动到指定位置，绿色指示灯常亮；如果滑台超过了指定位置，绿色指示灯熄灭，红色指示灯点亮。

(2)程序设计。如图 6－76 所示，X0 连接位置检测装置的脉冲信号输出端，使用 ADDP 指令累加脉冲个数，把结果放在 D0 中。因为 SM8000 始终闭合，所以把 D0 中的当前脉冲个数和设定值 1 万个脉冲数进行比较，若脉冲个数小于 1 万，说明滑台还没有到达指定位置，绿灯以 1 s 的周期闪烁（点亮 0.5 s、熄灭 0.5 s）；若脉冲个数等于 1 万，说明滑台已经到达指定位置，绿灯常亮；若脉冲个数大于 1 万，说明滑台已经超过指定位置，红灯以 1 s 的周期闪烁（点亮 0.5 s、熄灭 0.5 s）。

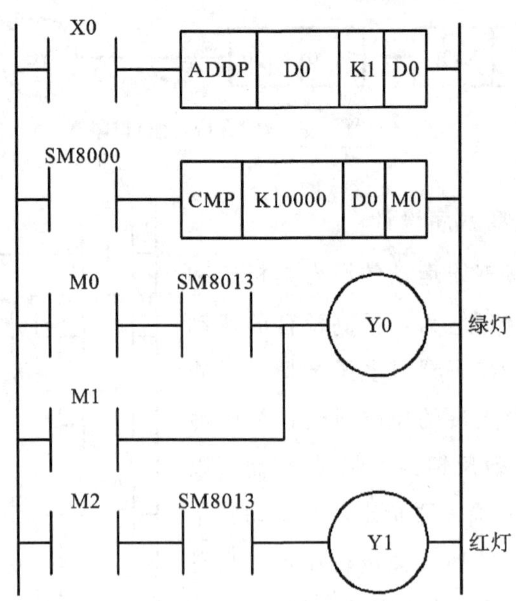

图 6－76　滑台运动到位提示参考程序

本章小结

本章介绍了 FX_{5U} 系列 PLC 的基本指令与应用，包括基本逻辑指令和常用基本指令两大类。PLC 程序具体实现的过程就是使用指令的过程，所以对指令的掌握程度，决定了 PLC 程序的设计质量。

具体包括以下内容。

1. 基本逻辑指令

(1)基本输入/输出指令：开始指令、线圈驱动指令。

(2)脉冲指令：脉冲开始指令、运算结果脉冲检测指令、输出脉冲指令等。

(3)结合指令：触点连接指令、块连接指令、逻辑取反指令。

(4)定时器输出指令、计数器输出指令。

(5)程序控制指令：主控指令、主程序结束指令、顺控结束指令、停止指令、分支指令、跳转至结束指令、循环指令、结束循环指令、子程序调用指令、子程序返回指令、中断禁止/允许指令、中断返回指令。

2. 常用基本指令

(1)传送类指令：数值传送指令、位传送指令、交换指令、位移位指令、数据移位指令、循环移位指令。

(2)比较指令：输入数值比较指令、数值比较输出指令。

(3)数据处理指令：数据转换指令、码值转换指令、编码和译码指令。

(4)运算指令：逻辑运算指令、位逻辑指令、算术运算指令。

学习成果检测

一、习题

1. 分析图 6 - 77 梯形图的功能。

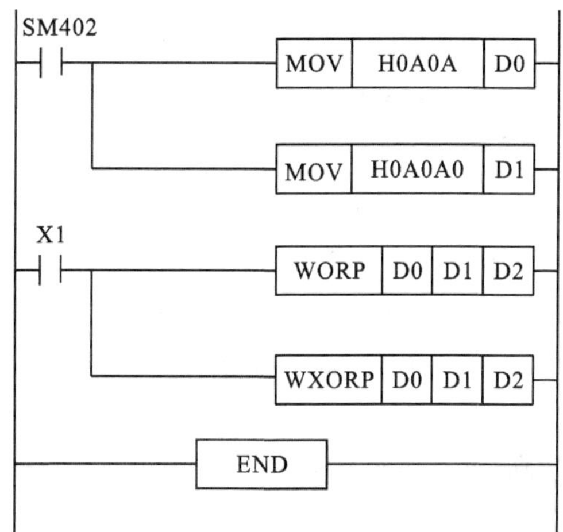

图 6 - 77　题 1 的梯形图

2.编写 PLC 程序,实现延时接通延时断开。

3.编写 PLC 程序,实现 16 个彩灯的流水灯。

4.编写 PLC 程序,如果定时器的当前值大于等于 K50,则指示灯点亮,如果定时器的当前值等于 K100,则指示灯复位熄灭。

5.编写 PLC 程序,当启动按钮(X0)按下时,对 3 个计数器 (C0/C1/C2) 的累计计数值清零。

6.如图 6-78 所示的梯形图,解释当 X0 为 ON 时存储器 D2、D3 中的内容。

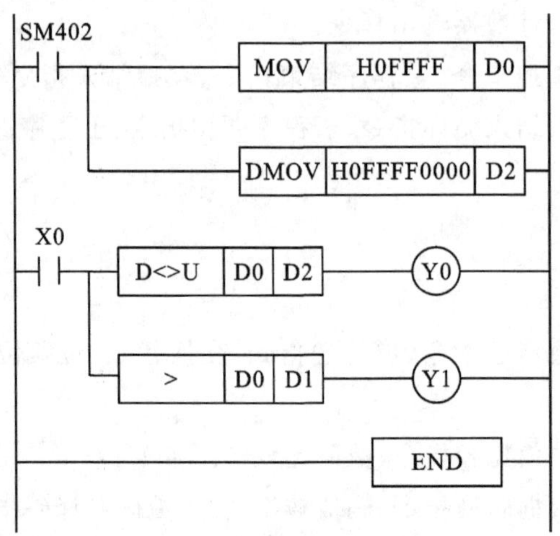

图 6-78 题 6 的梯形图

二、思考题

1.使用置位指令和传送指令的区别是什么?

2.如果需要选择起保停电路的起始条件,使用常开触点运算开始指令和上升沿脉冲运算开始指令的区别是什么?

3.试述定时器输出指令和计数器输出指令应用的区别与联系。

4.查找资料,试分析 BCD 指令和解码指令分别适用哪些常见的人机界面?

三、讨论题

1.结合 PLC 工作原理的内容,讨论在执行线圈驱动指令和置位/复位指令时,软元件和映像寄存器分别在 PLC 运行的哪个阶段会发生状态改变,试举例说明。

2.结合程序设计课程,讨论如果使用 C 语言,怎样实现 PLC 中定时器的功能。

提示:可以从定时器的值与位、定时器的设定值、定时器的当前值、定时指令解析等角度分析。

四、自测题(请登录课程网址进行章节测试)

第7章　无级调速技术

1. 学习目标

(1)了解机电设备的调速要求。

(2)理解交流电动机无级调速方法和特性。

(3)能运用通用变频器解决实际工程问题。

(4)在节能环保、智能控制等方面充分运用变频器等机电设备的优势，明确工程师的职责，培养工程师素养。

2. 学习重点和难点

(1)重点：交流电动机无级调速方法和特性。

(2)难点：通用变频器实际应用中参数确定。

7.1　无级调速的要求与类型

7.1.1　设备调速要求

大部分设备通过电力拖动系统提供转矩和转速来完成各种各样的工作任务。一些简单设备对转速没有什么严格要求，因此只需控制电动机的启动、停止，动力经机械传动链到达执行机构，满足工作要求即可。但是大多数生产设备不仅需要从电力拖动系统获得动力，而且还需要在不同的转速下工作，所以能够对工作速度进行调节是设备的基本功能要求。常用的设备速度调节方法有机械有级调速方式、电气有级调速方式和电气无级调速方式。

1. 机械有级调速

在生产设备中，特别是对中、小型设备，常常采用三相笼型异步电动机拖动。这种设备系统中电动机转速不变，而设备通过机械传动链及其变速机构，获得多种转速输出，如机床主轴通过主轴变速齿轮箱可以以不同等级的转速工作。这种通过变速齿轮箱的调速方式常常不能保证最有利的切削速度，也就是设备不能在所有的情况下都能保证有最高的生产效率。此外，复杂设备的机械传动系统不仅结构庞大，过长的机械传动链还造成传动精度降低和设备造价增加。

2. 电气和机械的有级调速

为了简化设备的传动系统，人们采用电气与机械结合的方式进行有级调速。这种调速方式通过多速笼型异步电动机(双速、三速或四速电动机)提供 2～4 种转速,再经过机械传动链使设备获得不同的工作速度。这种变速方式可以使齿轮变速箱减少变速级数,从而减少变速轴,简化齿轮变速箱结构,缩小其体积。图 7－1 所示为主轴输出 12 级速度时对应于单速、双速和三速电动机的齿轮变速箱机械传动系统结构。

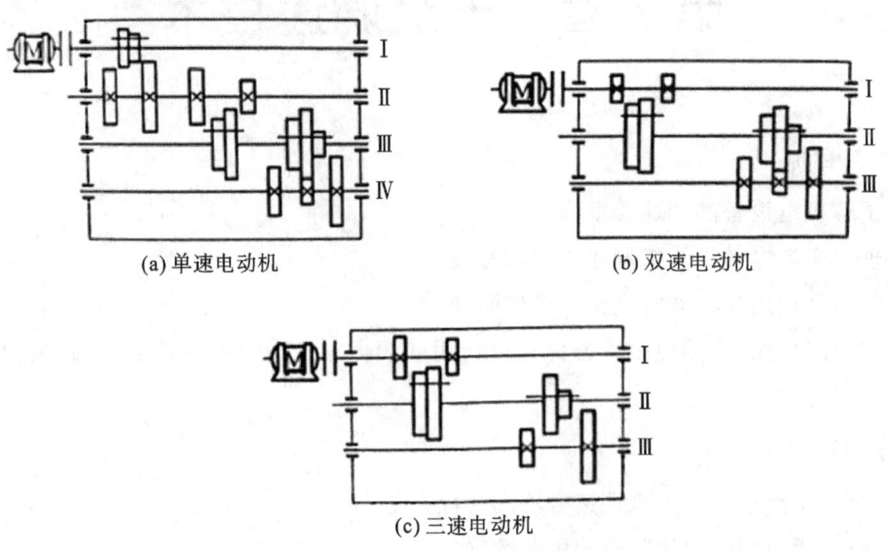

(a) 单速电动机　(b) 双速电动机　(c) 三速电动机

图 7－1　变速箱机械传动系统图

从图中可以看出,采用单速电动机时,齿轮变速箱的尺寸最大,轴和齿轮用得也最多。但是多速电动机比单速电动机在价格上贵得多,因此,多速电动机常应用在变速箱体积受到限制的场合。

3. 电气无级调速

设备在有级调速情况下,速度输出级数有限,并且速度以阶跃方式变化,对需要连续平滑改变速度的设备来说,就不能满足工作要求。为了实现设备连续平滑的调节速度,就需要采用无级调速。设备的无级调速可以采用电气方式,也可以采用液压或机械方式。但是由于电气方式具有设备简单、控制方便等优点,在大部分普通机械设备上使用的都是电气无级调速系统。

设备的电气无级调速是通过直接改变电动机的转速来实现的,此时机械传动系统中取消了变速箱,设备工作机构仅通过简单的齿轮减速,即可从电动机获得连续变化的各种转速输出。这样的设备变速系统,机械传动结构变得非常简单,传动精度得以提高,并且设备可以在最佳速度下工作,能够极大地提高生产效率。

7.1.2　电气调速的基本概念

1. 调速与稳速

通过调速系统,设备可以实现在合适的速度下工作,但是设备除了要求能够获得预定的转速外,还需要保持工作过程的转速稳定不变,因此对电动机转速提出了调速和稳速的要求。

(1)调速。调速就是能够输出变化的速度,实现对设备变速控制。实现电气无级调速控制,就是改变电动机的转速控制参数,获得电动机相应的转速输出。

(2)稳速。当设备以给定转速工作时,有干扰因素出现,如机床切削加工中,由于工件材质不均、刀具磨损等原因造成切削力变化,即设备的负载出现波动,造成电动机输出的转速出现波动,这种转速波动将影响设备的工作性能,影响产品的加工质量。因此,就要求设备在负载波动的过程中仍然能稳定地保持工作转速不变,这就需要稳速控制。所谓稳速,是指电动机转速在各种干扰因素的影响下,仍然能够按要求的精度稳定在某一速度下运行。一般对输出转速要求不高的设备只需要具有调速功能,但是对很多工作性能要求高的设备,则往往需要具备调速与稳速功能,如数控机床主运动和进给运动。

2. 电气无级调速的基本形式

目前,能够实现电气无级调速控制的系统有直流无级调速系统和交流无级调速系统。直流无级调速系统通过对直流电动机的控制,实现设备的无级变速运行。交流无级调速系统是通过对交流异步电动机的控制实现设备的无级变速。

(1)直流无级调速系统。直流无级调速系统主要由可控直流电源与直流电动机组成,按可控直流电源结构可分为旋转变流装置和静止变流装置。早期直流无级调速系统采用的装置是旋转变流装置,其设备多、机组庞大、占地面积大、耗能高,已经淘汰。现在,直流无级调速系统的装置是静止变流装置,静止变流装置依据构成系统的元件和工作原理不同,也有两种类型,即静止可控硅整流器系统(V－M 系统)和直流斩波器及脉宽调制变换器系统(PWM 系统)。两种类型的系统都采用电力电子器件构成,它们的特点是体积小、功耗低、可控性好,是目前直流无级调速系统广泛采用的设备。

(2)交流无级调速系统。随着各种高性能电力电子器件的出现和计算机技术的应用,使得交流电动机调速控制出现了巨大变化,交流无级调速系统的调速性能可以和直流调速系统相媲美、经济性能也有较大的提高,因此被广泛用于拖动各种设备。目前常用的交流无级调速系统有交流调频调速系统、交流串级调速系统、同步电动机控制系统等。

3. 电气无级调速控制系统结构

依据设备对调速性能的要求,在电气无级调速中,调速控制系统可以分为开环控制系统和闭环控制系统。

开环调速控制系统是没有输出反馈的一类控制系统。这种系统的输入指令直接供给控制器,并通过控制器对受控对象产生控制,获得预定的输出速度,输出结果的精度一般不高,适合只要求有变速而无稳速的普通设备,如一些家用电器设备(洗衣机、电烤箱,生产车间的普通机床等),常采用开环调速控制系统。它的主要优点是简单、经济、维修容易,以及价格便宜。缺点是输出精度低,对环境变化和干扰十分敏感,容易产生输出值的波动。开环调速系统具有调速功能,不具有稳速功能。

在工业应用领域,很多设备对输出结果都有较高的要求,例如数控机床主轴的转速,对这样的设备需要采用闭环调速控制系统。闭环调速控制系统利用反馈原理,将输出速度采集反馈到输入端，通过给定值输入信号与实际值反馈信号的比较，获得实际输出与给定值之间的差值(称为误差信号)，并将差值信号提供给控制器，控制器通过调节被控对象的输出值与给定值偏差，从而形成闭环控制回路，所以闭环控制系统也称为反馈控制系统。闭环控制系统不仅可以调节设备的输出转速，还能使设备的输出转速稳定在允许波动范围以内，因而具有调速和稳速功能。闭环控制系统的优点是输出结果精度高、抗干扰能力强等。它的缺点是结构比较复杂、不容易维修、价格比较昂贵。开环调速系统和闭环调速系统的结构框图如图 7-2 所示。

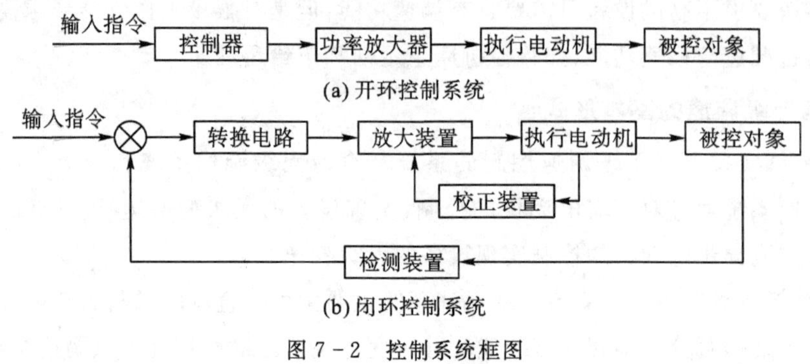

图 7-2　控制系统框图

7.1.3　伺服控制系统

设备的伺服控制系统(server control system)是一种跟踪系统，其输入通常为模拟的或数字的电参考信号，输出的是机械位置或角度。它的主要性能要求是输出信号能够快速而精确地跟随输入指令信号的变化而变化。伺服系统控制目标是机械运动参数或者位置输出，通常为机电一体化系统的组成部分，例如数控机床有多个伺服系统，分别用来控制主轴转动和工作台运动。

伺服系统的执行元件是机械部件和电子装置的接口，它们的功能是依据控制器发出的控制指令，将能量转化为机械部件运动的机械能。根据执行元件能量转换形式的不同，可以分为电气元件、液压元件和气压元件等类型。伺服系统的执行元件可以由各类元件单独组成，也可以相互组合，如完全由电气元件组成的电气伺服系统，由电气和液压元件组合的电气-液压伺服系统等。电气执行元件通常是电动机，它具有能源易获取、干净且无污染、控制性能良好等优点，目前多数伺服系统采用电动机作为伺服系统的执行元件。

1. 伺服控制系统分类

(1)开环伺服系统。开环伺服系统结构简单、稳定性好、成本低，在精度要求不高、负载不大的场合得到广泛应用。图 7-3 所示的是步进电动机驱动的伺服系统原理图。该伺服系统是典型的开环控制系统。它的结构简单、价格便宜、工作可靠，能将数字电脉冲输入信号直接转换为输出轴旋转运动，是一种应用较多的数控元件，在许多经济型数控设备中，这种控制系统得到广泛使用。

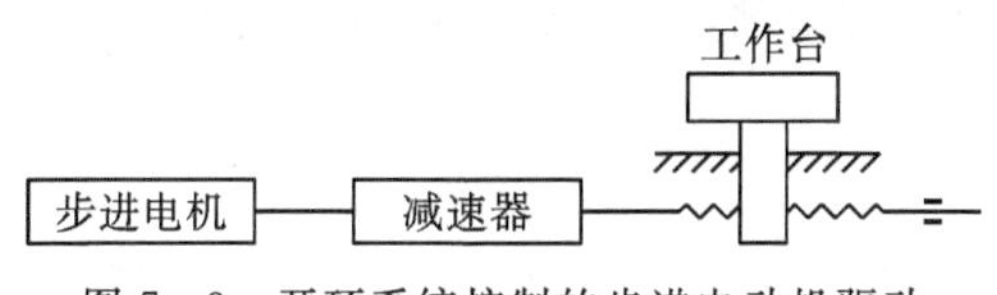

图 7-3　开环系统控制的步进电动机驱动

(2)闭环伺服系统。闭环伺服系统与开环伺服系统相比，具有精度高、动态性能好、抗干扰能力强等一系列优点。闭环伺服系统通过检测元件将执行部件的位移、转角、速度等运动物理量变换成电信号反馈到系统的输入端，与控制指令比较得出误差信号，并按照减小误差的方向控制驱动电路，直到误差减小到零为止，因此伺服系统中的反馈检测元件一般精度比较高。由于系统传动链的误差、闭环内各元件的误差以及运动中造成的误差都可以在闭环控制系统中得到补偿，所以系统能够具有较高的工作精度，一般闭环伺服系统的定位精度可达±0.001～±0.003 mm。

在闭环伺服系统中，根据位置反馈传感器安装位置，系统还可以进一步分为半闭环伺服系统和全闭环伺服系统。

①半闭环伺服系统。当位置检测元件安装在传动链的某一部分上，就形成半闭环系统，如图 7-4 所示为数控设备工作台的半闭环伺服系统。

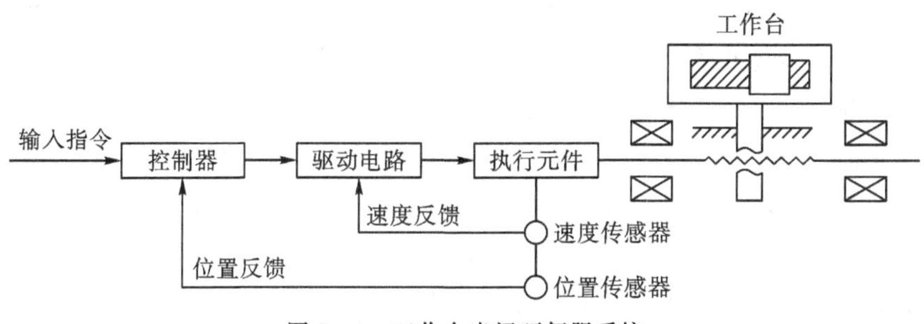

图 7-4　工作台半闭环伺服系统

图 7-4 中位置反馈传感器被安装在伺服电动机轴(或滚珠丝杠)上，以间接方式测量工作台的位移。由于工作台的实际移动数据未能进入闭环控制回路，运动传动链一部分在闭环控制回路以外，环外的传动误差就得不到系统补偿，所以半闭环伺服系统的精度相对全闭环伺服系统有所降低。但是半闭环伺服系统可以避免由传动机构的非线性(如齿隙、库仑摩擦、非刚性等)引起的系统问题，并且系统中的检测元件构造简单、价格便宜，系统也比较容易调整，因此应用相当广泛。

②全闭环伺服系统。如果位置检测元件安装在最后的移动部件上，直接测量实际输出量，并将其反馈到系统输入端，参与调节和控制，形成全闭环伺服系统。如图 7-5 所示为数控设备工作台全闭环伺服系统。

图 7-5 中位置传感器安装于输出轴(工作台)上，传感器直接测量工作台的移动，工作台实际移动数据进入闭环控制系统，因此该系统为全闭环系统。全闭环系统对输出值进行直接检测控制，系统内的误差都可以得到补偿，因此可以获得较好的控制精度，但是系统稳

定性要求比较高，同时受机械传动部件的非线性影响比较大，故只有在要求高精度的场合才采用全闭环系统。

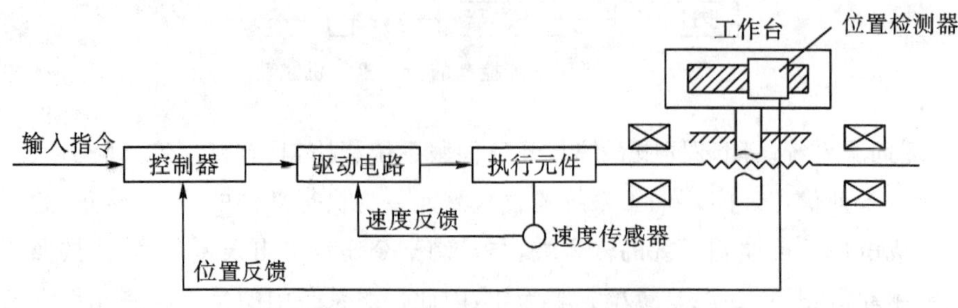

图 7-5　工作台全闭环伺服系统

(3)闭环直流伺服系统。对采用直流电动机驱动的设备实现闭环伺服控制的系统，称之为闭环直流伺服系统。系统主要包含两种类型的控制，即速度控制和位置控制。

①速度伺服系统。速度控制是伺服系统应用的一个重要方面。速度伺服控制系统由速度控制单元、直流伺服电动机、速度检测装置等构成。速度控制单元用于控制电动机的转速，通过改变直流电动机驱动电路的参数，达到调节电动机输出转速的目的。在由晶闸管构成的直流电动机驱动电路中，只要改变晶闸管的触发控制角，就可以调节电动机的电枢电压，获得不同的转速输出。在采用 PWM 方法控制的驱动电路中，通过改变脉冲的宽度，控制电动机的转速。当调速系统为开环时，由于直流电动机本身的机械特性比较软，直流开环伺服系统不能满足机电一体化设备的工作要求，因此在实际应用中一般都采用闭环伺服系统。闭环直流伺服系统中，目前用得最多的是晶闸管整流调速系统和 PWM 脉宽调速系统。

②位置伺服系统。位置控制是伺服系统应用的另一个重要方面，位置伺服系统广泛用于各种领域，如数控机床、工业机器人、雷达天线和电子望远镜的瞄准系统等。在速度伺服系统的基础上增加位置反馈环节就可构成直流位置伺服系统。

位置伺服系统中，位置控制有模拟式和数字式，前者如仿形机床伺服系统。随着计算机控制技术的发展，人们在位置控制上越来越多采用数字式，由于速度控制常采用模拟式，从而构成混合式的伺服系统。数字式的位置控制伺服系统根据其位置信号的比较方式还可分为数字式脉冲控制的伺服系统、数字式编码器控制的伺服系统、数字式相位控制的伺服系统以及数字式幅值控制伺服系统等控制类型。

数字式脉冲控制伺服系统的检测反馈与比较电路相对简单，因此应用广泛，系统中采用光栅、脉冲编码器等作为位置检测器件。其系统构成如图 7-6 所示。

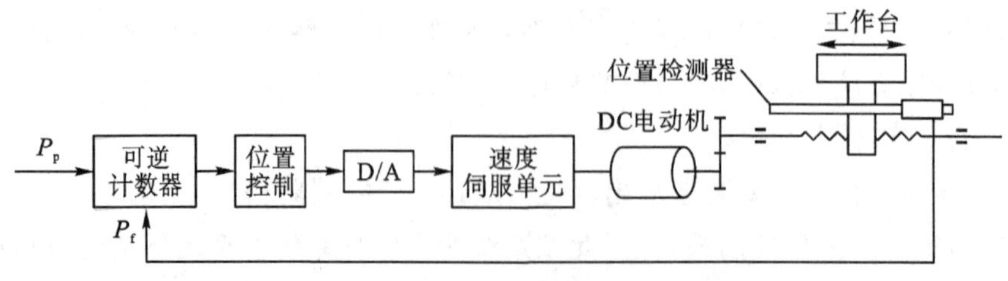

图 7-6　数字式脉冲控制的伺服系统

在数字式脉冲控制的伺服系统中，控制装置的位移指令以指令脉冲数 P_p 形式给出，反馈信号为位置检测器，给出的反馈脉冲数为 P_f，它们分别进入伺服控制单元，进而控制直流伺服电动机，使设备获得精度很高的位置输出。

(4)闭环交流伺服系统。对采用交流电动机驱动的设备实现闭环伺服控制的系统，称之为闭环交流伺服系统。闭环交流伺服系统中，主要有串级调速、变频调速和同步电动机调速这几种使用广泛的控制系统。串级调速伺服系统的特点是利用了转子电路中接入的附加设备，在进行调速的同时，将转差功率进行再利用，这部分功率可以转为机械功率送回电动机轴上，或者是经过变流装置送回交流电网，因此这种伺服系统的效率比较高。

变频调速系统是通过变频装置为交流异步电动机提供频率和电压均可改变的交流电源，以实现电动机的调速控制。由变频装置组成的交流调速系统一方面利用了异步电动机结构简单、坚固耐用、经济可靠、惯性小和使用不受环境限制的特点，构成了经济实用的电气拖动系统；另一方面由于高性能、高精度新型装置的不断出现和发展，调速系统能够获得与直流调速系统一样好的性能指标；同时还可以应用到大容量、高转速的交流电动机控制，因此交流控制伺服系统近些年在国内外也得到了广泛应用。

2. 伺服系统的基本要求

由于伺服系统所服务的对象千差万别，因而对伺服系统的要求也各不相同，通常系统性能要求以指标的方式来衡量，工程上对伺服系统的技术要求很具体，一般有以下几个方面。

(1)对系统稳态性能的要求。伺服系统的稳态性能指系统的输出误差。对闭环控制的伺服系统而言，实际系统由于元件精度、制造与安装精度以及运行过程中各种因素的影响，都会造成系统的工作误差，稳态性能要求保证系统稳定运行时的误差控制在许可范围内。

(2)对系统动态性能的要求。伺服系统为闭环控制系统时，要求系统能够稳定运行，因此需要通过一系列的动态性能指标来衡量，这些性能指标包括了稳定性指标和快速性指标。

(3)对系统工作环境条件的要求。实际系统对环境也有相应的要求，不同国家和地区，以及设备所处的工作环境差别很大，要保证系统能正常运行，必须在工作环境条件上，如温度、湿度、防潮、防化、防辐射、抗振动等方面满足要求。

4. 伺服系统应用

伺服系统应用广泛，这里以三坐标数控机床为例进一步描述伺服系统。

三坐标数控机床利用闭环伺服系统控制 x、y 及 z 三个方向的位移，在坐标系中获得很高位置精度。图 7-7 所示为三坐标数控机床的组成部件示意图。图中 x 位置控制器沿 $+x$ 箭头方向水平移动工件。y 位置控制器沿 $+y$ 箭头方向水平移动工件，z 位置控制器沿 $+z$ 箭头方向垂直移动刀具。图中箭头表示改变 x 位置的信息传递过程，例如机床控制单元读取程序中一条指令，确定位置改变＋0.004 mm；控制单元传送一个脉冲给机床伺服电动机，伺服电动机转动丝杠螺母副进给＋0.001 mm；位置传感器测量位置的变化，把这一信息反馈给控制器；控制器比较＋0.004 mm 的理论运动距离与＋0.001 mm 的实际测量信息，然后传送出另一个脉冲；重复以上过程，直到测量运动等于希望的＋0.004 mm 为止。

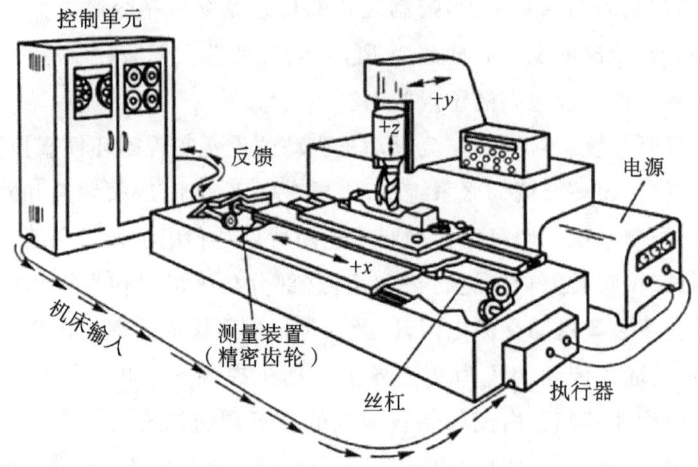

图 7-7　三坐标数控机就要示意图

交流与思考　查阅资料，说明伺服系统应用的场合和要求。分析从控制系统如何提高伺服系统的运动精度。

7.2　交流电动机无级调速技术

在 20 世纪前半叶，鉴于直流传动系统优越的调速性能，高控制性能的可调速传动系统都采用直流电动机，因为交流调速系统在保持好的机械特性的条件下，实现无级调速比较困难。随着电力电子学与电子技术的发展，使得采用半导体交流技术的交流调速系统得以实现。特别是 20 世纪 60 年代以来，随着电子计算机的发展及新型电力电子器件的出现，以及矢量技术的发明，使得交流调速技术取得了突破性进展，在 80 年代得以广泛应用，许多过去采用直流电动机的精密设备、大型设备改用交流调速传动。目前交流调速传动已有逐渐取代直流传动的趋势，本章主要介绍目前应用较多的交流电动机无级调速技术。

7.2.1　交流无级调速原理及方法

1. 异步电动机调速系统分类

由电工学知，异步电动机转速的表达式为 $n=60f_1/p(1-s)$，所以异步电动机的调速有三个途径，即改变定子绕组极对数；改变转差率；改变电源频率。实际上应用的交流调速方式有多种，常用的方式有①降压调速；②电磁转差离合器调速；③绕线式异步电动机转子串电阻调速；④绕线式异步电动机串级调速；⑤变极对数调速：⑥变频调速等。根据在调速过程中转差功率变换情况，异步电动机调速系统可分为以下 3 大类。

(1)转差功率消耗型调速系统。这个系统全部转差功率都转换成热能而消耗掉。上述的第①②③种调速方法属于这一类。这类调速系统的效率最低，而且在拖动恒转矩负载时，它是依靠增加转差功率的消耗来降低转速，越向下调速，则效率越低。但是这类系统结构最简单，所以在要求不高，容量较小的场合还有一定的应用。

(2)转差功率回馈型调速系统。这个系统的一小部分转差功率被消耗掉，大部分功率则通过变流装置回馈给电网或转化成机械能予以利用，转速越低，则回收的功率越多，上述第④种调速方法属于这一类。这类调速系统的效率比功率消耗型要高，但增设的变流装置也要消耗一部分功率，因此效率比功率不变型要低。

(3)转差功率不变型调速系统。在这类系统中，无论转速高低，转差功率的消耗基本不变，因此效率最高。上述第⑤⑥种调速方法属于此类。变极对数只能有级调速，应用场合有限，而变频调速应用最广，可构成高动态性能的交流调速系统，以取代直流调速，因此是应用最广泛、最有发展前途的调速系统。

本章主要介绍转差功率不变型调速系统中的变压变频调速系统。

2. 交流电动机调速技术的发展

由于交流电动机具有便于使用和维护方便，易于实现自动控制等特点。在节能、减少维修、提高质量、保证质量等方面具有明显的经济效益，尤其是交流变频技术已日趋完善，使交流电动机的应用领域不断扩大，它已经渗透到国民经济的各个领域，如在国防、钢铁、高层建筑供水、机床/金属加工机械、输送与搬运机械、风机与泵类设备、食品加工机械、化工机械、冶金机械设备等领域得到广泛应用。

近代交流调速技术正在飞速发展，下面列举几个方面。

(1)脉宽调制(PWM)控制。脉宽调制型变频器具有输入功率因数高和输出波形好的特点，近年来发展很快。已发展的调节方法有多种，如 SPWM、准 SPWM、Delta 调制 PWM、矢量角 PWM、最佳开关 PWM、电位跟踪 PWM 等。从原理上讲，有面积法、图解法、计算法、采样法、优化法、斩波法、角度法、跟踪和次谐波法等。电流型变频器也逐渐开始采用 PWM 技术。

(2)矢量变换控制。矢量变换控制是一种新的控制理论和控制技术，其控制思想是设法模拟直流电动机的控制特点对交流电动机进行控制。为使交流电动机控制和直流电动机有一样的控制特性，必须通过电动机的统一理论和坐标变换理论，把交流电动机的定子电流 $\boldsymbol{I}_1$ 分解成磁场定向坐标的磁场电流分量 $\boldsymbol{I}_{1M}$ 和与之垂直的坐标转矩电流分量 $\boldsymbol{I}_{1T}$，再经过控制量的解耦后，交流电动机便等同于直流电动机进行控制了。它又分为磁场定向式矢量控制和转差频率式矢量控制等，这类系统均属高性能交流调速系统。

(3)磁场控制。这种方法是完全由磁场控制电动机，下面介绍其中的两种。

①磁场轨迹法。一般交流电动机产生的是圆形旋转磁场。开关型逆变器只能获得步进磁场，180°和 120°导通型只能获得六角型旋转磁场，如以这些已有的电压矢量为基础，组成主矢量、辅矢量，分别以不同的导通时间进行 PWM 调制求矢量和，则可获得许多中间电压矢量使之形成逼近圆形旋转磁场，改变旋转磁场的速度即可调节电动机的转速。

②磁场加速法。磁场加速法是防止励磁电路发生电磁暂态现象对电动机定子电流进行控制的一种方法。由于消除暂态现象，因此可提高电动机的响应速度。首先计算出保持励磁电流无暂态过程的定子电流控制条件，再利用这一条件来控制电动机。

(4)微机控制。近年来交流调速领域已基本形成以微机控制为核心的新一代控制系统。

并从部分采用微机的模拟数字混合控制向着全面采用微机的全数字化方向发展，除具有控制功能外，还具有多种辅助功能，如监视、显示保护、故障诊断、通信等功能。所使用微机的性能也不断提高，已由 8 位机向 16 位机、32 位机方向发展。

(5) 现代控制理论的应用。现代控制理论在交流调速中的应用发展很快，有自适应控制:磁通自适应、断续电流自适应等模型；状态观测器：磁通观测器和转矩观测器等控制参数观测器；多变量解耦理论:交流电动机中的多变量、强耦合非线性系统解耦成两个单变量系统，再用古典控制理论进行控制器的设计；二次型目标函数优化控制、变结构控制、模糊控制等智能控制理论的应用，不断提高着交流调速系统的性能。

(6) 直接转矩控制。其特点是不需要坐标变换，将检测来的定子电压和电流信号进行磁通和转矩运算，实现分别的自调整控制。它可以构成以转矩磁通的独立跟踪自调整的一种高动态的 PWM 控制系统。

交流调速的技术发展方兴未艾，各种新型控制技术的发展正在深入研究之中。交流调速的发展分支也有多个方向，如变频调速、串级调速、无换向器电动机、交流步进拖动系统、交流伺服系统、高频化技术、无功补偿和谐波抑制、节能技术等。这里以交流变频无级调速为主，介绍交流调速系统的性能。

7.2.2 变频调速系统

在各种异步电动机调速系统中，效率最高、性能最好的是变压变频调速系统。变压变频调速系统在调速时同时调节定子电源的电压和频率，使机械特性基本上平行地上下移动，而转差功率不变，是当前调速系统的主要发展方向。

1. 变压变频调速的基本控制方式

三相异步电动机同步转速为 $n_0=60f_1/p$，因此，改变电源频率 f_1 可以改变旋转磁场的同步转速，进而达到调速目的。通常把定子的额定频率称为基频，变频调速时，可以从基频向上调节，也可以从基频向下调节。

三相异步电动机定子的每相电压为

$$U_1 \approx E_1 = 4.44 f_1 N_1 K N_1 \Phi_m \tag{7-1}$$

式中，E_1 为旋转磁场在定子每相绕组中产生的感应电动势的有效值，V；f_1 为定子频率，Hz；N_1 为定子每相绕组串联匝数；K 为基波绕组系数；Φ_m 为每极气隙磁通量，Wb。

(1)频率 f_1 从基频向下调节。由式(7－1)可知，降低电源频率时，只有相应地降低定子相电压或定子感应电动势，才能保持电动机的原有性能不变。下面分两种情况讨论：

①保持 $E_1/f_1=$ 常数。为了保持电动机的原有性能，应保持 Φ_m 不变，因此，在降低电源频率时必须同时降低 E_1，即采用恒定的电动势频率比的控制方式。

②保持 $U_1/f_1=$ 常数。绕组中的感应电动势难以直接控制，在高频时，可以忽略定子绕组的漏磁阻抗压降，而认为定子相电压 $U_1 \approx E_1$，因此 U_1/f_1 近似为常数，这就形成了恒压频比的控制方式。但是在低频时，由于 U_1 和 E_1 都较小，定子阻抗压降所占的分量就比较显著，不能再忽略。这时，可以人为地把电压 U_1 抬高一些，以近似地补偿定子压降。

(2)频率 f_1 从基频向上调节。当 f_1 大于基频时,定子电压 U_1 却不能增加的比额定电压 U_{1N} 还要大,最多只能维持在额定值。由式(7-1)可知,这将迫使磁通与频率成反比地降低,相当于直流电动机弱磁速的情况。

将上述两种情况结合起来,可得如图 7-8 所示的带定子补偿的异步电动机变频调速控制特性。如果电动机在不同转速下都具有额定电流,这时转矩基本上随磁通变化,按照机电传动原理,在基频以下,属于“恒转矩调速”,而基频以上,基本上属于“恒功率调速”。

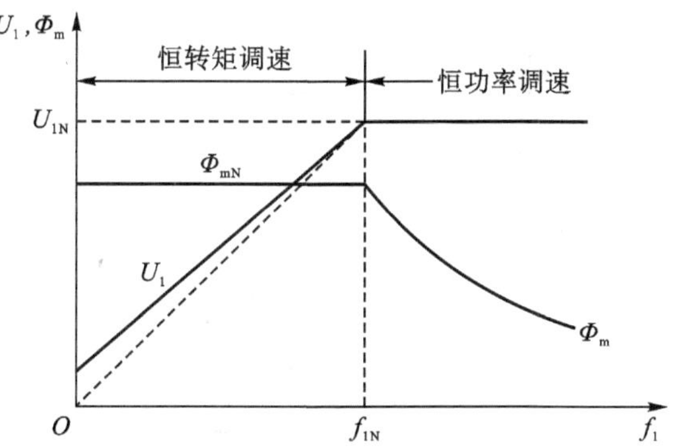

图 7-8　异步电动机变压变频调速的控制特性

2. 变压变频调速时的机械特性

(1)基频向下变压变频调速时的机械特性。①保持 E_1/f_1 = 常数,采用恒势频比控制,由异步电动机机械特性表达式知,保持 E_1/f_1 等于常数时的机械特性方程为

$$T=\frac{3pf_1}{2\pi}\left(\frac{E_1}{f_1}\right)^2\frac{1}{\dfrac{R_2'}{S}+\dfrac{S(X_2')^2}{R_2'}} \tag{7-2}$$

由式(7-2)可得,保持 E_1/f_1 = 常数时的变频调速机械特性如图 7-9 所示。

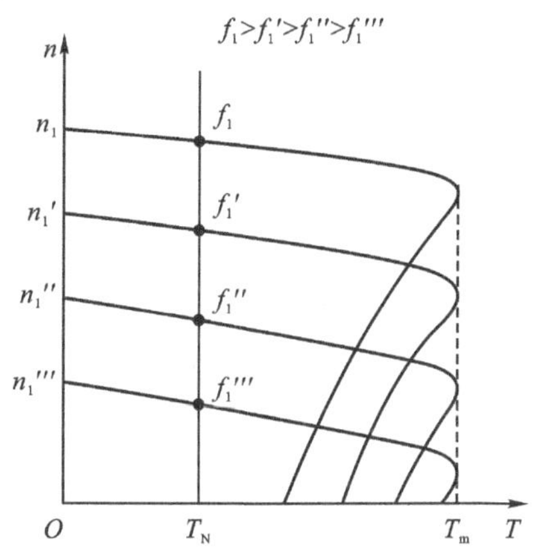

图 7-9　E_1/f_1 = 常数时的变频高速机械特性

这种调速方法与他励直流电动机降低电源电压调速相似,机械特性较硬,在一定静差率的要求下,调速范围宽,而且稳定性好。由于频率可以连续调节,因此为无级调速,平滑性好。

②保持 U_1/f_1=常数，采用恒压频比控制，保持 U_1/f_1=常数时的机械特性方程为

$$T=\frac{3p}{2\pi}\left(\frac{U_1}{f_1}\right)^2\frac{f_1\dfrac{R_2'}{S}}{\left(R_1+\dfrac{R_2'}{S}\right)^2+(X_1+X_2')^2} \tag{7-3}$$

根据上式可画出保持 U_1/f_1 等于常数时的变频调速机械特性，如图 7－10 所示。

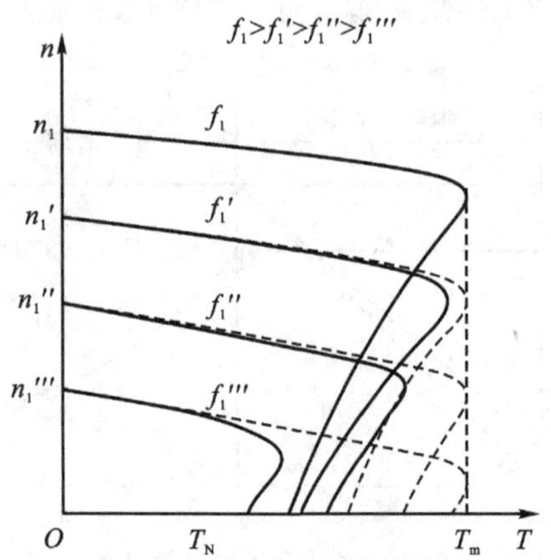

图 7－10　恒压频比控制时的变频调整机械特性

(2)基频以上变频调速时的机械特性。高电源电压是不允许的，因此升高频率向上调速时，只能保持电压为 U_{1N} 不变，频率越高，磁通 Φ_m 越低。保持 U_{1N} 不变，升高频率时的机械特性方程为

$$T=\frac{3PU_{1N}^2\dfrac{R_2'}{S}}{2\pi f_1\left[\left(R_1+\dfrac{R_2'}{S}\right)+(X_1+X_2')^2\right]} \tag{7-4}$$

根据式(7－4)可得出升高电源频率时的机械特性，其运行近似平行，如图 7－11 所示。

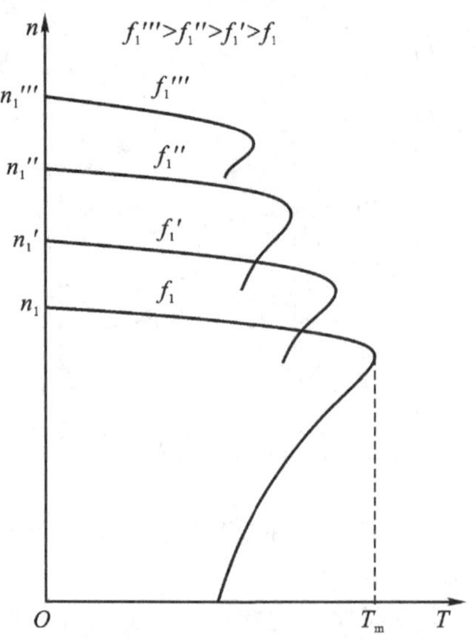

图 7－11　基频以上变频调整的机械特性

3. 交流电动机变频调速系统

由变频器为交流鼠笼型异步电动机供电所组成的调速系统称为变频调速系统，它可分为转速开环恒压频比控制系统、转速闭环转差频率控制系统、高动态性能的矢量控制系统、直接转矩控制系统等。

在生产机械中对调速系统的静态、动态性能要求不是很高的场合，如风机、水泵等节能调速系统，可采用转速开环恒压频比的控制方案，其控制系统结构最简单，成本较低。如果要提高静态、动态性能，可采用转速反馈的闭环控制，然而在设计调速系统时，它只使用了近似的电动机动态结构图，因而结果还不能令人完全满意。当生产机械对调速系统的静态、动态性能要求更高时，应采用模拟直流电动机控制电磁转矩的矢量控制系统和直接转矩控制系统。

4. 交流电动机矢量变换控制系统

矢量变换控制属闭环控制方式，是交流异步电动机最新的调速实用化技术，也是近年来交流异步电动机在调速技术方面能迅速发展并推广、应用的重要原因。

从原理上讲，矢量控制是把交流电动机解析成和直流电动机一样的转矩发生机构，按照磁场与其正交电流的积就是转矩这一最基本的原理，从理论上将电动机的一次电流分离成建立磁场的励磁分量以及产生转矩的转矩分量(与磁场正交)，然后分别进行控制。其控制思想就是设法在普通的三相交流电动机上模拟直流电动机控制转矩的规律。

若想说明矢量变换控制的基本思路，首先应该以产生同样的旋转磁场为准则，建立三相交流绕组电流、两组交流绕组电流和在旋转坐标上的正交绕组直流电流之间的等效关系。

由电动机结构及旋转磁场的基本原理可知，三相固定的对称绕组 A、B、C 在通以三相正弦平衡交流电流 i_a、i_b、i_c 时，便产生转速为 ω_0 的旋转磁场 Φ，如图 7－12(a)所示。

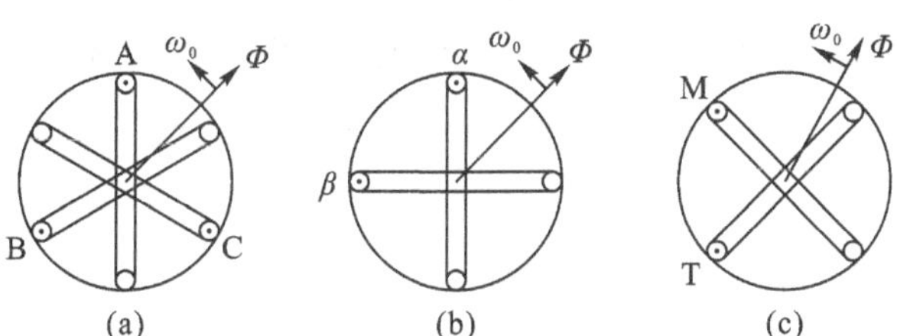

图 7－12　交流绕组与直流绕组等效原理图

实际上，不一定只有三相绕组才能产生旋转磁场，除单相以外，二相、四相等多相对称绕组，在通以多相平衡电流后都能产生旋转磁场。图 7－12(b)是两相固定绕组 α 和 β(位置上相差 90°)通以两相平衡交流电流 i_α 和 i_β(时间上差 90°)时所产生的旋转磁场 Φ。当旋转磁场的大小和转速都相同时，图 7－12(a)和(b)所示的两套绕组等效。图 7－12(c)中有两个匝数相等、互相垂直的绕组 M 和 T，分别通以直流电流 i_M 和 i_T，产生位置固定的磁通 Φ。如果使两个绕组同时以同步转速旋转，磁通 Φ 自然随之旋转。因此也可以认为这两个绕组与图 7－12(a)和(b)中所示的绕组等效。

可以想象,当观察者站到铁芯上和绕组一起旋转时,在他看来是两个通以直流的互相垂直的固定绕组。如果取磁通 Φ 的位置和 M 绕组的平面正交,就和等效的直流电动机绕组没有差别了。其中 M 绕组相当于励磁绕组,T 绕组相当于电枢绕组。

由此可见,将异步电动机模拟成直流电动机进行控制,就是将 A、B、C 静止坐标系表示的异步电动机矢量变换到按转子磁通方向为磁场定向并以同步速度旋转的 M－T 直角坐标系上,即进行矢量的坐标变换。可以证明,在 M－T 直角坐标系上,异步电动机的数学模型和直流电动机的数学模型极为相似。因此就能够像控制直流电动机一样去控制异步电动机,以获得优越的调速性能。

交流与思考 为什么要将交流电动机的模型模拟成直流电动机的模型?

7.2.3 无刷直流电动机调速系统

同步电动机隶属于交流电动机,永磁同步电动机、永磁无刷直流电动机是近年来发展较快的新型电动机,它们都是无励磁绕组的同步电动机,两者结构类似,只是气隙中磁场和定子感应电动势的波形不同。永磁同步电动机的波形为正弦波,永磁无刷直流电动机为梯形波。

同步电动机是以转速与电源频率严格保持同步为特色,其转速不受负载影响,只要电源频率不变,转速也将保持恒定。并且同步电动机变频调速的原理和基本方法,以及所用的变频装置都和交流异步电动机变频调速大体相同。在这里,主要讨论永磁无刷直流电动机的调速系统。

1. 永磁无刷直流电动机结构组成

无刷直流电动机由电动机本体、控制驱动电路、磁极位置传感器 3 个主要部分组成。电动机本体包括定子和永久磁钢转子。定子电枢铁芯由电工钢片叠成、电枢绕组通常为整距集中式绕组,呈三相对称分布,也有两相、四相或五相。转子磁钢为两极或多极结构,形状呈弧形(瓦形)。磁极下定子、转子气隙均匀,气隙磁通密度呈梯形分布。位置传感器是一种无机械接触式的转子磁极位置检测装置,如霍尔效应元件、光电变换元件等。控制驱动电路通常包括换相控制电路、逆变器、PWM 调压电路以及保护电路等。电子换向控制电路中,各功率开关元件分别与相应的定子相绕组串联。各功率元件的导通与关断由转子位置传感器给出的信号决定。

永磁同步/无刷直流电动机结构示意如图 7－13 所示。

无刷直流电动机与有刷直流电动机的结构原理很相似,只是有刷直流电动机的磁极是静止的,电动机的电枢为转子,是一个转动的交流绕组,由直流电源经电刷和换向器提供交流电流,在磁场力作用下旋转。无刷直流电动机则是磁极旋转,电枢静止,由位置传感器检测旋转磁极的位置,并为控制定子绕组电流方向的逆变器提供换相信息,从而使电动机转子可获得连续的转矩转动。这里,磁极位置检测器相当于电刷,而逆变器相当于机械式的换向器，因此，无刷直流电动机具有了与有刷直流电动机那样的调速方法和调速特性。同时无刷直流电动机以电子换向电路取代了传统直流电动机的整流子一电刷换向器，所以既保持了直流电动机的优点，又避免了直流电动机因电刷而引起的缺陷。

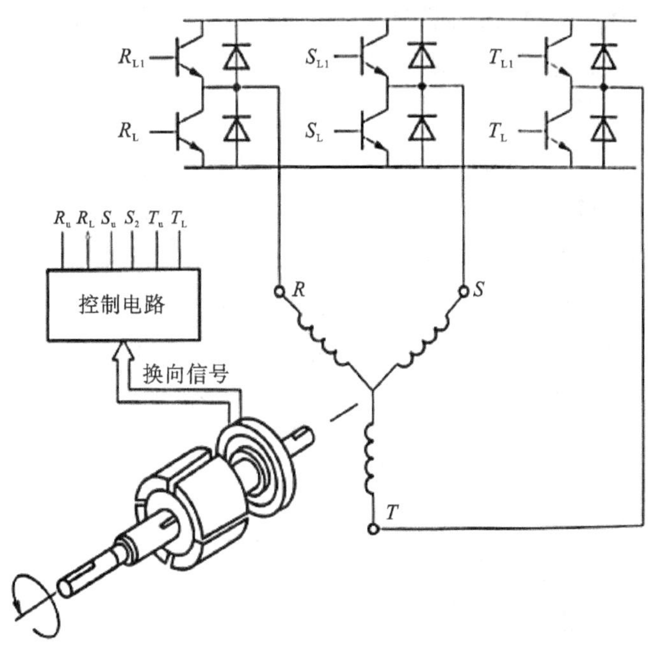

图 7－13　永磁同步/无刷直流电动机结构

2. 永磁无刷直流电动机调速控制

同步电动机变频调速控制系统由静止变频器提供变压变频电源，其控制方式有他控变频和自控变频两类，永磁同步电动机都属于自控式变频系统，电动机的换相状态由转子的位置确定，而控制频率由转子运行速度决定，调速系统使用的变频器可为交-直-交型。

永磁无刷直流电动机依据位置传感器检测转子运动过程中的位置信号，控制逆变器开关器件的导通与截止，使电动机定子绕组中的电流按次序换向，形成步进式的旋转磁场，驱动转子连续不断地转动，位置传感器与换相过程是控制系统的关键因素。

(1)无刷直流电动机的转子位置传感器。变频器是利用转子位置检测器发出信号，经过触发脉冲控制电路来控制逆变器的触发换相，并且电动机的换相状态是由转子的位置来决定的，因此转子的位置检测器是系统中的关键器件。转子位置检测器有多种，永磁无刷直流电动机中，一般采用简易型的位置检测器，该器件不能用来检测主轴转子的精确位置，其检测精度通常只有 60°(电角度)，其主要作用是为了满足电动机换相的要求。

位置传感器的种类很多，有电磁式、光电式、磁敏式等。由于磁敏式霍尔位置传感器具有结构简单、体积小、安装灵活方便、易于机电一体化等优点，故目前使用越来越广泛。

霍尔传感器按其功能和应用可分为线性型、开关型两种。直流无刷电动机的转子位置检测器使用开关型传感器。开关型传感器由电压调整器、霍尔元件、差分放大器、施密特触发器和输出级等部分组成，输入为磁感应强度，输出为开关信号。属于开关型的传感器。

直流无刷电动机的霍尔位置传感器和电动机本体一样，也是由静止部分和运动部分组成，即位置传感器定子和位置传感器转子。其转子与电动机转子一同旋转，以指示电动机转子的位置，可以直接利用电动机的永磁转子，也可以在转轴其他位置上另外安装。定子由若干个霍尔元件，按一定的间隔，等距离地安装在电动机定子上，以检测电动机转子的位置，传感器示意图如图 7－14(a)所示。

位置传感器的基本功能是在电动机的每一个电周期内，产生出所要求的开关状态数。位置传感器的永磁转子转过每一对磁极(N、5 极)，也就是说每转过 360°电角度，就要产生出与电动机绕组逻辑分配状态相对应的开关状态数，以完成电动机的一个换流全过程。如果磁极对数多，则在 360°机械角度内完成换流全过程的次数也多。

对于三相无刷直流电动机，一般位置传感器的霍尔元件数量是 3，安装位置间隔 120°电角度，其输出信号是 H_1、H_2、H_3，其波形如图 7－14(b)所示。

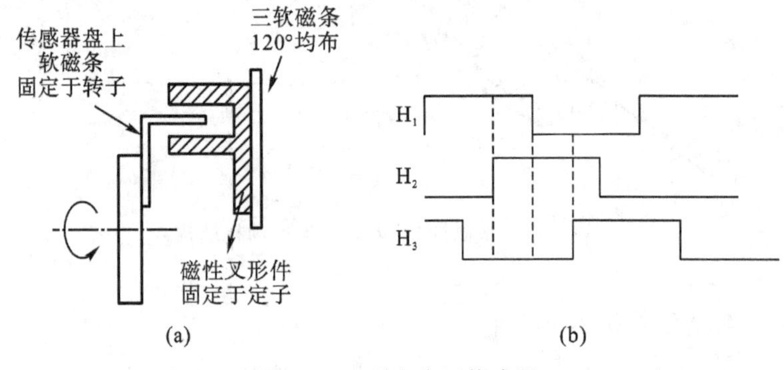

图 7－14　霍尔位置传感器

(2)无刷直流电动机工作原理。无刷直流电动机的工作原理如图 7－15 所示。图中，为了方便起见，将电动机定子三相整距集中式绕组表示为单匝线圈(虚线)。电子换向控制位置检测传感器与转子同轴连接。

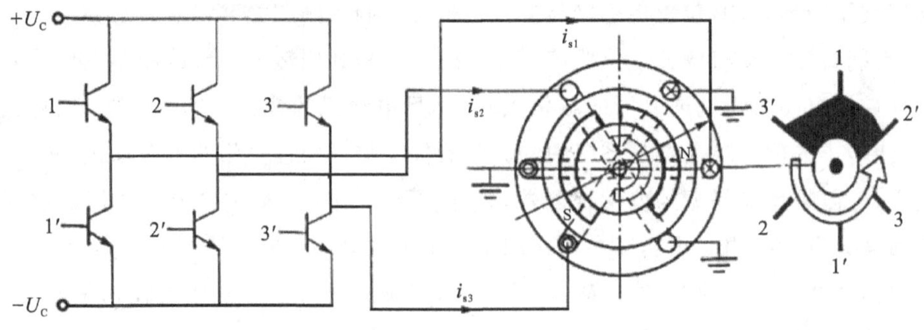

图 7－15　无刷直流电动机驱动原理电路图

在图示瞬间，控制触点 2′刚刚脱开，触点 1、3′接通，此时逆变器主电路中对应的 1、3′开关管导通，定子绕组 1 中的电流 i_{s1} 为正，3 中的电流 i_{s3} 为负，它们与梯形分布的气隙磁场相互作用，形成常值的电磁转矩使转子逆时针转动。转动 60°角后，下一瞬间，触点 3′、2 接通，主电路中对应的 3′、2 开关管导通，绕组 3 中的电流 i_{s3} 为负，绕组 2 中的电流 i_{s2} 为正，仍然产生与前一瞬间相同的常值电磁转矩使转子沿逆时针方向转动。转子依次旋转一周，主电路中对应的开关管按 13′→3′2→21′→1′3→32′→2′1 顺序导通，使得电动机电枢绕组中的电流能够随着转子位置的变化按次序换向，驱动永磁转子连续不断地旋转。

(3)无刷直流电动机速度闭环控制系统。由于无刷直流电动机的应用范围非常广泛，不同的应用场合，其运行性能要求不同，因此有不同的调速系统组成结构。与直流电动机调速控制系统类似，无刷直流电动机的调速系统依据运行性能指标要求可以构成开环系统、单闭环系统和双闭环系统等。

①开环调速系统。开环型三相无刷直流电动机调速控制系统内部包含有电子换相器主电路、三相逆变器、换相控制逻辑电路、PWM 调速电路及过流保护电路等。电路结构示意图如图 7－16 所示。

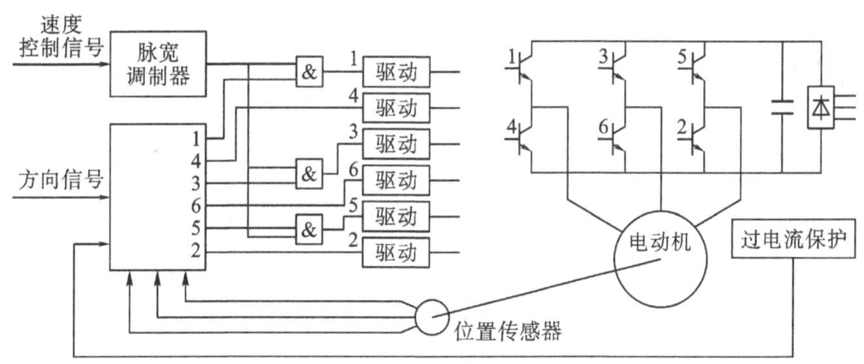

图 7－16　开环调速控制系统示意图

(a)换相控制逻辑电路。换相控制逻辑电路接收转子位置传感器的输出信号，进行译码处理后，给出电子换相器主回路(三相逆变器)中 6 个开关管的驱动控制信号。换相控制逻辑电路同时接收电动机的转向控制信号 DIR，控制电动机正转或反转。在微型计算机控制系统，这部分功能可以由软件实现。

(b)PWM 调速电路。无刷直流电动机，加上电子换相器，从原理上说，就相当于一台有刷的直流电动机，电子换相器解决了无刷电动机换相问题，使用脉宽调制电路调节定子电枢电压，实现电动机的调压调速控制。

(c)保护电路。无刷直流电动机在开环运行的情况下，最重要的保护就是过电流保护。一般在主回路中的直流母线上取得过电流反馈信号，在过电流保护环节中与设定的保护值相比较，如果超过了保护值就引发保护动作。

②速度闭环调速系统。在开环系统的基础上，加上速度反馈以及速度调节控制器，就形成了无刷直流电动机的速度闭环控制系统。

无刷直流电动机闭环调速系统中，速度控制器的输出信号，用作脉宽调制器的控制信号。将霍尔位置传感器的信号加以处理后，形成速度反馈信号。

无刷直流电动机闭环调速系统原理框图如图 7－17 所示。系统由无刷直流电动机、位置和转速检测装置、PWM 脉宽调制装置、逆变器和控制电路组成。

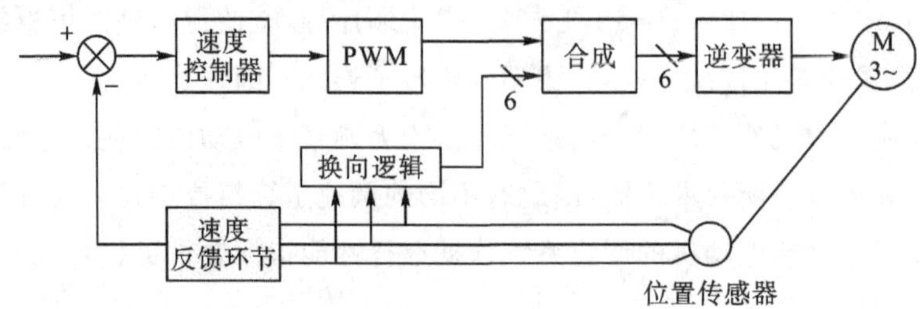

图 7－17　速度闭环控制系统示意图

交流与思考　*无刷直流电动机分为无内部传感器和有内部传感器，查阅资料，说明无内部传感器无刷直流电动机控制原理。*

7.3　通用变频器

7.3.1　变频器分类

对于异步电动机的变压变频调速，必须同时改变供电电源的电压和频率。现有的交流供电电源都是恒压恒频的，必须通过变频装置，以获得变压变频电源，这种装置统称为变压变频（VVVF）装置，即变频器。

（1）按变频器的用途分，变频器可分为通用变频器和专用变频器两类。通用变频器的特点是其通用性。通用变频器是相对于专用变频器而言的，它可以和通用交流电动机配套使用，而不一定使用专用变频电动机，它还有各种可供选择的功能，可以适应许多不同性质的负载机械；专用变频器则是为某些有特殊需要的负载而设计的，如供暖、通风、空调专用变频器，电梯专用变频器，机床主轴专用变频器，恒压供水专用变频器等。随着变频技术的发展和市场需要的不断扩大，通用变频器也在朝着两个方向发展：一是低成本的简易型通用变频器；二是高性能的多功能通用变频器。专用变频器包括用在超精密机械加工中的高速电动机驱动的高频变频器，以及大容量、高电压的高压变频器。

（2）按结构和变频原理分，变频器可分为间接式变频器和直接式变频器两类。间接变频器先将频率固定的交流电通过整流器变成直流，然后再经过逆变器将直流变换为频率可连续调节的交流，又称为交-直-交变频器，如图 7－18 所示。直接变频器则将频率固定的交流一次变换成频率可连续调节的交流，没有中间直流环节，又称为交-交变频器，如图 7－19 所示。目前应用较多的是间接变频器。

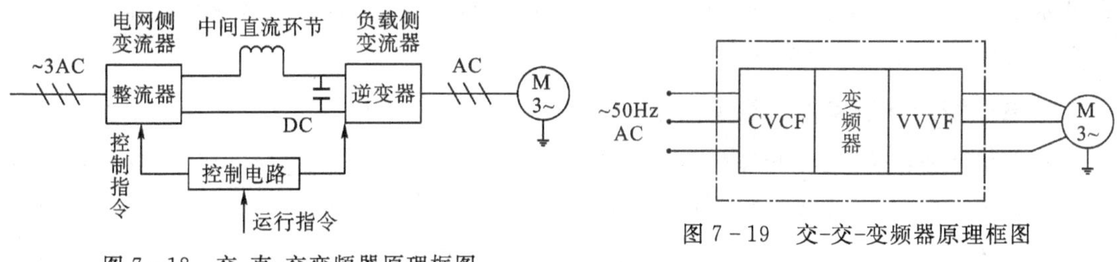

图 7-18　交-直-交变频器原理框图

图 7-19　交-交-变频器原理框图

1. 间接变频器(交-直-交变频器)

按照控制方式，间接变频器可分成以下 3 种。

(1)利用可控整流器变压、逆变器变频[见图 7-20(a)]。调压和调频分别在两个环节上进行，两者要在控制电路上协调配合。这种装置的优点是结构简单、控制方便，器件要求低；缺点是功率因数小，谐波较大，器件开关频率低。

(2)利用不可控整流器整流、斩波器变压、逆变器变频[见图 7-20(b)]。整流环节采用二极管不可控整流器，再增设斩波器，用脉宽调压。这种装置的优点是功率数高，整流和逆变干扰小；缺点是构成环节多，谐波较大，调速范围不宽。

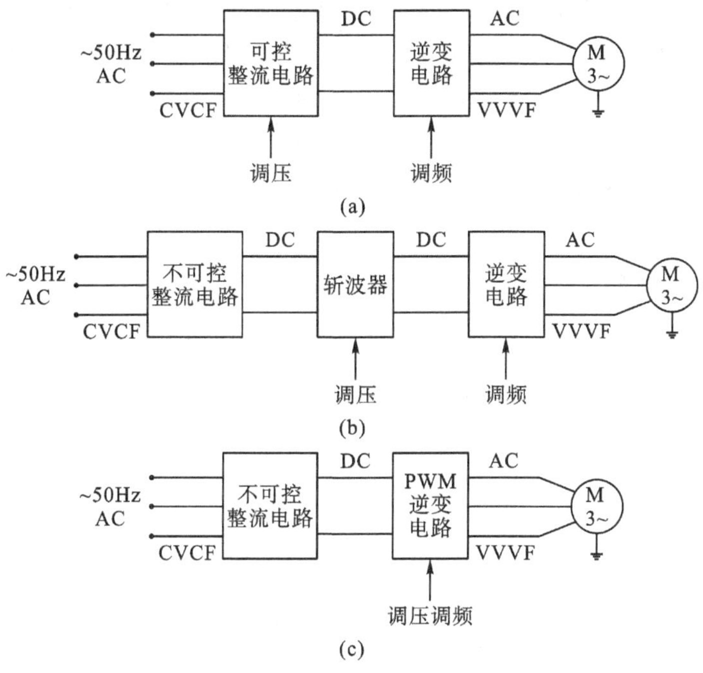

图 7-20　间接变频器结构形式

(3)利用不可控整流器整流、PWM 逆变器同时变压变频[见图 7-20(c)]。采用不可控整流器整流，功率因数高；利用脉宽调制(PWM)逆变，可以减少谐波。这样，前两种装置的两个缺点都解决了。谐波能够减少的程度取决于开关频率，而开关频率则受器件开关时间的限制。在采用可控关断的全控式器件以后，开关频率得以大大提高，输出波形几乎可以得到非常逼真的正弦波,因此又称为正弦波脉宽调制(SPWM)变频器。这种变频器已成为当前最有发展前途的一种结构形式。

2. 电压型变频器和电流型变频器

在变频调速系统中,变频器的负载通常是异步电动机,而异步电动机属于感性负载,其电流滞后于电压,负载需要向电源吸取无功能量,在间接变频器的直流环节和负载之间将有无功功率的传输。由于逆变器中的电力电子开关器件无法储能,为了缓冲无功能量,在直流环节和负载之间必须设置储能元件。根据储能元件的不同,可以分为电压型变频器和电流型变频器,下面分别对这两种变频器作简单介绍。

(1)电压型变频器。电压型变频器的特点是在交-直-交变频器的直流侧并联一个滤波电容[见图 7-21(a)],用来储存能量以缓冲直流回路与电动机之间的无功功率传输。从直流输出端看,电源因并联大电容,使电源电压稳定,其等效阻抗很小,因此具有恒电压源的特性,逆变器输出的电压为比较平直的矩形波。

电压型变频器通过可控整流器来改变电压的大小,利用逆变器来改变频率的大小。这种线路结构简单,使用比较广泛。其缺点是在速度控制时,电源侧功率因数低;由于存在较大的滤波电容,动态响应较慢。

(2)电流型变频器。电流型变频器是在交-直-交变频器的直流回路中串入大电感[见图 7-21(b)],利用大电感来限制电流的变化,以吸收无功功率。因串入了大电感,故电源的内阻很大,类似于恒电流源,逆变器输出电流为比较平直的矩形波。

近年来,电流型变频器受到越来越广泛的重视,但是这种变频器仅适用于中/大型电动机单机拖动,对于拖动多台电动机尚在研究之中。此外,它的逆变范围稍窄,不能在空载状态下工作。

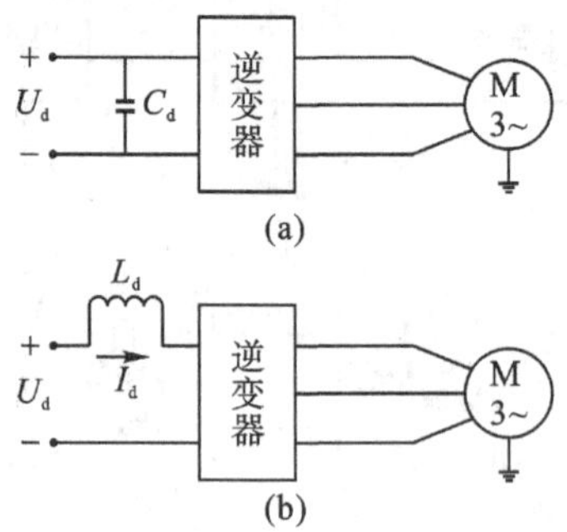

图 7-21　电压型和电流型变频器

7.3.2　通用变频器的使用与选择

本节以通用变频器为例说明在变频器选择和使用中应注意的一些问题。

1. 通用变频器的基本结构

通用变频器一般为交-直-交变频器,通用型变频器的基本结构示意图如图 7-22 所示,

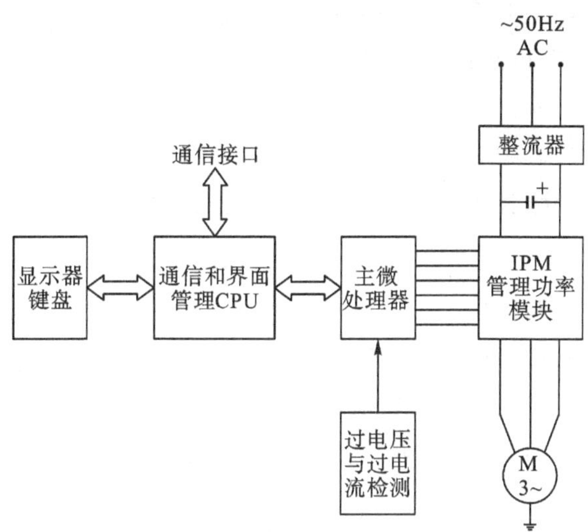

图 7-22　通用变频器基本结构

变频器的主回路包括整流环节和逆变环节两部分，随着电力电子器件的集成化水平和智能化程度的提高，目前变频器的主回路已经非常简单。整流环节采用 6 单元的不可控功率桥式模块，逆变环节则一般采用智能功率模块 IPM。

智能功率模块 IPM 是近年来出现的并且得到了迅速应用的功率开关器件，IPM 的内部集成了 6 单元的低功耗的 IGBT 元件及其驱动电路，也包括了高效短路保护电路。TTL 电平的控制信号可以直接驱动 IPM 模块，这样就使得控制电路的硬件非常简单。

控制电路部分一般由两片微处理器构成。其中的一片为主微处理器，主要用于实时产生 PWM 波形，完成对电动机的实时控制，同时还要实时检测电动机的电流和直流母线电压，完成过欠电压保护、过电流保护以及过电流失速保护和过电压失速保护等。主微处理器带有 16 位的定时器，通过定时产生 PWM 波形。有一些微处理器带有自己的“事件处理单元”，可以直接产生中心对称的 PWM 波形。

变频器为了控制上的方便，通常还采用另外一片 8 位的单片机，这片单片机主要完成键盘和显示器的管理，系统控制参数的存储，与上位机的通信等工作，有些还具有网络功能。

2. 通用变频器的外围设备及其使用注意事项

通用变频器的外围设备包括无熔丝断路器、接触器、AC 电抗器、输入侧滤波器及输出侧滤波器等。在使用时应注意以下事项：

(1)无熔丝断路器。

①电源和变频器之间应安装无熔丝断路器，用作变频器的电源 ON/OFF 控制及保护，应符合变频器的额定电压和电流等级要求。

②切勿将无熔丝断路器作变频器的启动/停止切换。

(2)接触器。

①在变频器的使用中一般可以不安装接触器，但是在用作外部控制、停电后自动再启动

控制或使用制动控制器时，必须在一次侧安装接触器。

②接触器不能用作变频器的启动/停止切换。

(3)AC 电抗器。若使用大容量电源(600 kV・A 以上)，可外加 AC 电抗器以改善电源的功率因数。

(4)滤波器。输入侧滤波器用于变频器周边有电感负载的场合；输出侧滤波器则用于减小变频器产生的高次谐波，以免对附近的用电设备产生干扰。

3. 通用变频器的控制方式

通用变频器一般分为普通功能型 V/f 控制变频器、高功能型 V/f 控制变频器以及矢量控制变频器。另外，还有多控制方式变频器，一般有多种控制方式可供选择，如无传感器的 V/f 控制方式、带传感器的 V/f 控制方式、无传感器的矢量控制方式和带传感器的矢量控制方式等。

4. 通用变频器的主要控制参数

通用变频器通过设置各种控制参数来满足生产过程的控制要求，这些参数包括频率指令信号选择、升降频时间设定、频率和电压范围设定、V/f 曲线选择、电动机停止方式选择、防过电压失速功能设定、防过电流失速功能设定以及停电后自行再启动选择等。

(1)频率指令信号选择。变频器的频率给定信号主要有三种来源：用变频器的键盘设定、由外接的 0～5 V 模拟信号控制以及由上位机通过串行通信方式进行输入。

(2)频率和电压范围设定。变频器的输出频率和输出电压范围的设定内容包括最高输出频率、最低输出频率、最高输出电压以及最低输出电压等。

(3)V/f 曲线选择。根据交流电动机变频调速原理可知，为实现恒磁通调速，必须在变频的同时也调整电压，因此对于不同的电动机和负载状况，需要有不同规律的 V/f 曲线与之相匹配。通用变频器中一般有数十种不同规律的 V/f 曲线，如线性 V/f 曲线、二次方 V/f 曲线等，可以通过参数设置加以选择。

(4)电动机停止方式选择。在变频器的控制下，可以通过参数设置来选择电动机不同的停止方式，如依惯性自由停止、按预定的斜坡下降速率减速停止、以制动方式停止等。

(5)主电源掉电后自动再启动功能选择。在主电源中断或故障时，变频器将停止运转。通过参数设定，可以选择在电源恢复供电后变频器是重新启动还是仍旧停车不运转。有的变频器允许在一次故障后将重新再启动 10 次，如果在 10 次启动后故障仍未消除，变频器将保持故障状态。

(6)捕捉再启动功能选择。捕捉再启动是指在启动时，变频器快速地改变输出频率，以搜寻正在自转的电动机的实际速度。一旦捕捉到电动机的实际速度值，变频器将与电动机接通，并使电动机按一定规律升速运行到频率设定值。在激活这一功能时，可以通过参数设置来设定捕捉再启动功能所用的搜索电流和搜索速率。

(7)继电器输出功能选择。变频器的控制端子上一般会连接一个或多个继电器的常开触点或常闭触点，继电器触点的闭合或打开可以表示变频器正在运行、电动机正向运行、变频器频率低于最小频率、变频器频率大于/等于设定值、变频器故障、外部制动器接通、直流制动投入、电动机过载报警、变频器过载报警等，具体的功能可以通过参数设定来进行选择。

5. 通用变频器选择

(1)变频器类型选择。通常应根据机械负载的不同要求来选择合适的变频器类型，坚持够用原则，在满足系统调速性能指标的前提下，以节能和成本最低为目标选择合适的变频器。

①恒转矩负载。如挤压机、搅拌机、传送带、压缩机、起重机及机床进给等都属于恒转矩负载，多数变频器厂家都提供用于恒转矩负载的变频器。这类变频器的主要特点是，过电流能力强；控制方式多样，有 V/f 控制、矢量控制和转矩控制等；低速性能好；控制参数多等。

在选择了恒转矩控制变频器后，还要根据调速系统的性能指标要求来选择恰当的控制方式。对于要求调速范围不大、精度不高的多电动机传动，应选用带有低频补偿的普通功能型变频器，但是为了实现恒转矩调速，常常通过增加电动机和变频器的容量来提高启动转矩与低速转矩；对于要求调速范围宽、调速精度高的传动，则可采用具有转矩控制功能的变频器或矢量控制变频器，因为这种变频器的启动与低速转矩大，机械特性硬度大，能够承受冲击性负载，并且具有较好的过载截止特性。

②风机、泵类负载。风机、泵类负载的阻力转矩与转速的二次方成正比，启动和低速运转时的阻力转矩较小，通常可以选择采用二次方递减转矩 V/f 控制方式的普通功能型变频器。

③恒功率负载。对于轧机、塑料薄膜加工线、机床主轴等恒功率负载，可选择矢量控制变频器。

(2)变频器容量选择。变频器容量通常以适用电动机容量(kW)、输出容量(kV・A)和额定输出电流(A)表示。其中，输出容量为输出电压和输出电流均为额定值时的三相视在输出功率。不同厂家变频器即使适用于相同容量的电动机，其输出容量也可能有很大差异，因此它只能作为变频器容量的参考值。额定输出电流为变频器允许的最大连续输出电流的有效值，在任何情况下都不能连续输出超过此数值的电流。

①恒载连续运转负载。对于恒载连续运转的机械，所需变频器的容量可用下式近似计算：

$$P_{\mathrm{VN}} \geqslant \frac{KP_{\mathrm{N}}}{\eta\cos\varphi} \tag{7-5}$$

$$I_{\mathrm{VN}} \geqslant KI_{\mathrm{N}} \tag{7-6}$$

式中，P_{VN}为变频器的额定容量(kV・A)；P_{N}为电动机额定输出功率(kW)；η 为额定负载时电动机的效率，一般为 0.85；$\cos\varphi$ 为额定负载时电动机的功率因数，一般为 0.75；I_{VN}为变频器的额定电流(A)；I_{N}为电动机额定电流的有效值(A)；K 为电流波形的修正系数，PWM 方式时取 1.05～1.1。

②多台电动机并联运行。当利用一台变频器控制多台电动机并联运行且同时加速启动时，变频器的容量可用下式计算：

$$I_{VN} \geqslant \sum_{i=1}^{n} k' I_{iN} \tag{7-7}$$

式中，n 为并联电动机的台数；k' 为用于补偿变频器输出电压、输出电流中所含高次谐波对电动机效率、功率因数影响的系数一般取 1.1；I_N为各台并联电动机的额定电流，A。

如果要求部分电动机同时加速启动后再追加启动其他电动机，由于前一部分电动机启动时变频器的电压和频率均已上升，此时若再追加启动其他电动机，将引起较大的冲击电流，因此必须增大变频器容量。此时变频器的容量可通过下式计算：

$$I_{VN} \geqslant \sum_{j=1}^{n_1} k' I_{jN} + \sum_{k=1}^{n_2} I_{ks} \tag{7-8}$$

式中，n_1为先启动的电动机台数；n_2为追加启动的电动机台数；I_{jN}为先启动的各台电动机的额定电流(A)；I_{ks}为追加启动的各台电动机的启动电流(A)。

③经常出现大过载或过载频度高的负载。通用变频器的过电流能力通常为在一个周期内允许 125%、60 s 或 150%、60 s 的过载，如果超过该过载值就必须加大变频器容量。在规定过载能力的同时，通用变频器还规定了工作周期。生产厂家不同，所规定的工作周期也不同。变频器必须严格按照规定运行，否则将会引起过热。

在过流能力不变，但需要缩短工作周期的情况下，必须加大变频器容量，如频繁启动/制动高炉料车、电梯、起重机等生产机械，其过载时间虽然很短，但是工作频率很高，此时变频器的容量应选得比电动机容量大一或两个等级。

交流与思考 查阅资料，分析通用变频器在节能环保方面的贡献。

职业责任 作为国家未来的工程师，我们要在工程实践中把人类安全、健康 、福祉、社会的进步和发展置于首位，在设计机电设备或选择控制设备时，要有发展眼光，不但要满足当下要求，还要考虑未来发展。如在确定调速控制要求方案时，应从成本上和可持续性、可发展性上综合考虑，选择变频器等设备。

7.3.3 三菱通用变频器

1.变频器的额定值

(1)输入侧的额定值。输入侧的额定值主要是电压和相数，在我国中小容量的变频器中，输入电压的额定值有以下几种 380～400 V/50 Hz，200～230 V/50 Hz 。

(2)输出侧的额定值。

①输出额定电压 U_N：输出额定电压是指输出电压中的最大值。在大多数情况下，它就是频率等于电动机额定频率时的输出电压值。通常，输出电压的额定值总是和输入电压相等。

②输出额定电流 I_N：输出额定电流是指允许长时间输出的最大电流，是用户在选择变频器的主要依据。

③ 输出额定容量 S_N(kV·A)：S_N与 U_N、I_N关系为 $S_N = 3\sqrt{U_N I_N}$ 。

④ 配用电动机功率 P_N(kW)：变频器说明书中规定的配用电动机容量，仅适合于长期

连续负载。

2. 三菱 FR－E500 系列通用变频器

变频器的种类和型号很多，这里主要介绍三菱 FR－S500 系列的变频器。

(1)变频器基本功能参数。变频器用于单纯变速运行时，按出厂设定的参数运行即可；若考虑负荷运行方式时，必须设定必要的参数。三菱 FR－E540 型变频器共有 100 多个参数(基本功能参数和扩张功能参数)，可以根据实际需要来设定，这里仅介绍一些常用的基本功能参数，见表 7－1。其他扩张功能参数，请参考 FR－E540 使用手册(请扫本书二维码)。

表 7－1　三菱 FR－E540 型变频器基本功能参数一览

名称	参数表示	设定范围	单位	出厂设定值
转矩提升	P0	0～15%	0.1%	6%/5%/4%
上限频率	P1	0～120 Hz	0.1 Hz	50 Hz
下限频率	P2	0～120 Hz	0.1 Hz	0
基波频率	P3	0～120 Hz	0.1 Hz	50 Hz
3 速设定(高速)	P4	0～120 Hz	0.1 Hz	50 Hz
3 速设定(中速)	P5	0～120 Hz	0.1 Hz	30 Hz
3 速设定(低速)	P6	0～120 Hz	0.1 Hz	10 Hz
加速时间	P7	0～999 s	0.1 s	5 s
减速时间	P8	0～999 s	0.1 s	5 s
电子过电流保护	P9	0～50 A	0.1 A	额定输出电流
扩张功能显示选择	P30	0,1	1	0
操作模式选择	P79	0～4,7,8	1	0

①转矩提升(PO)：可以把低频领域的电动机转矩按负荷要求调整。起动时，调整失速防止动作。使用恒转矩电动机时，用表 7－2 设定值。

表 7－2　转矩提升参数设定值一览

<table>
<tr><th rowspan="2">电压系列</th><th colspan="5">电动机输出/kW</th></tr>
<tr><th>0.2</th><th>0.4,0.75</th><th>1.5</th><th>2.2</th><th>3.7</th></tr>
<tr><td>400V 系列</td><td>—</td><td>6%</td><td>4%(出厂为 5%)</td><td>3%(出厂为 5%)</td><td>3%(出厂为 4%)</td></tr>
<tr><td>200V 系列</td><td colspan="2">6%</td><td>4%(出厂为 5%)</td><td colspan="2">—</td></tr>
</table>

②输出频率范围(P1、P2)和基波频率(P3)。P1 为上限频率，用 P1 设定输出频率的上限，即使有高于此设定值的频率指令输入，输出频率也被钳位在上限频率；P2 为下限频率，用 P2 设定输出频率的下限；基波频率 P3 为电动机在额定转矩时的基准频率，在 0～120 Hz

范围内设定。

③运行(P4、P5、P6)。P4、P5、P6 为 3 速设定(高速、中速和低速)的参数号,分别设定变频器的运行频率。至于变频器实际运行哪个参数设定的频率,则分别由其控制端子 RH、RM 和 RL 的闭合来决定。高速、中速和低速 3 段速度对应的端子状态见表 7-3。

表 7-3　段速度对应的端子状态

速度端子状态	RH	RM	RL
高速	ON	OFF	OFF
中速	OFF	ON	OFF
低速	OFF	OFF	ON

④加减速时间(P7、P8)。P7 为加速时间,即用 P7 设定从 0 Hz 加速到 P20 设定的频率的时间(P20 为加减速基准频率。);P8 为减速时间,即用 P8 设定从 P20 设定的频率减速到 0 Hz的时间。

⑤电子过电流保护(P9)。P9 用来设定电子过电流保护的电流值,以防止电动机过热。一般设定为电动机的额定电流值。

⑥扩张功能显示选择(P30)。P30 的设定值设定为"0"时,基本功能参数有效;P30 的设定值设定为"1"时,扩张功能参数有效。

⑦操作模式选择(P79)。P79 用于选择变频器的操作模式,变频器的操作模式可以用外部信号操作,也可以用操作面板(PU 操作模式)进行操作。任何一种操作模式均可固定或组合使用。P79 的各种设定值代表的操作模式见表 7-4。

表 7-4 变频器的操作模式(P79 的设定)

P79 设定值	操作模式
0	电源投入时为外部操作模式(简称 EXT、即变频器的频率和起、停均由外部信号控制端子来控制),但可用操作面板切换为 PU 操作模式(简称 PU,即变频器的频率和起、停均由操作面板控制)
1	只能执行 PU 操作模式
2	只能执行外部操作模式
3	为 PU 和外部组合操作模式,变频器的运行频率由操作面板(旋钮、多段速选择等)控制,起、停由外部信号控制端子(STF、STR)来控制
4	为 PU 和外部组合操作模式,变频器的运行频率由外部信号控制端子(多段速,DC 0～5 V)来控制,起、停由操作面板(RUN 键)控制
7	PU 操作互锁(根据 MRS 信号的 ON/OFF 来决定是否可移往 PU 操作模式)
8	操作模式外部信号切换(运行中不可),根据 X16 信号的 ON/OFF 移往 PU 操作模式

(2)变频器的主电路接线。FR－E500 系列变频器的主电路端子说明见表 7－5,变频器的主电路接线一般有 6 个端子。其中,FR－E540 型三相电源线必须接变频器的输入端子 L1、L2、L3(没有必要考虑相序);输出端子 U、V、W 接三相电动机,绝对不能接反,否则将损毁变频器,其接线图如图 7－23 所示。

表 7－5 主电路端子说明

端子记号	端子名称	内容说明
L1、L2、L3	电源输入	连接工频电源
U、V、W	变频器输出	连接三相异步笼型电动机
—	直流电压公共端	此端子为直流电压公共端子。与电源和变频器输出没有绝缘
＋、P1	连接改善功率因数直流电抗器	拆下端子＋与 P1 间的短路片,连接选件直流电抗器(FR－BEL),
⊥	接地	变频器外壳接地用,必须接大地

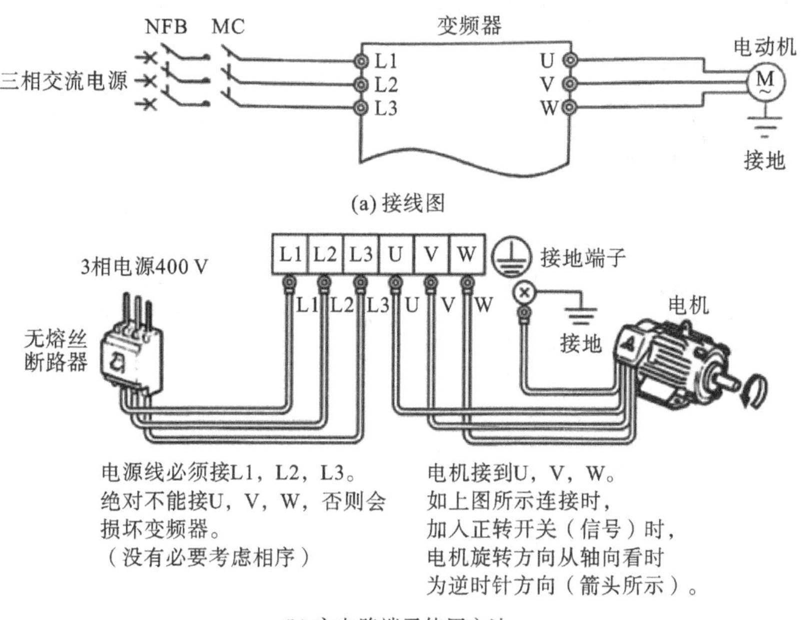

(a) 接线图

(b) 主电路端子使用方法

图 7－23　E540 型变频器电源输入接线图

(3)变频器控制电路端子介绍。变频器外部控制电路接线端子如图 7－24 所示,根据输入端子功能参数可改变端子的功能,具体参数(如 P60～P63 等)的选择可参考变频器说明书(请扫本书二维码)。例如,要将 STR 端子功能设置为“RES”复位状态,只要把参数 P63 设为“10”就可以了。控制电路端子的说明见表 7－6。

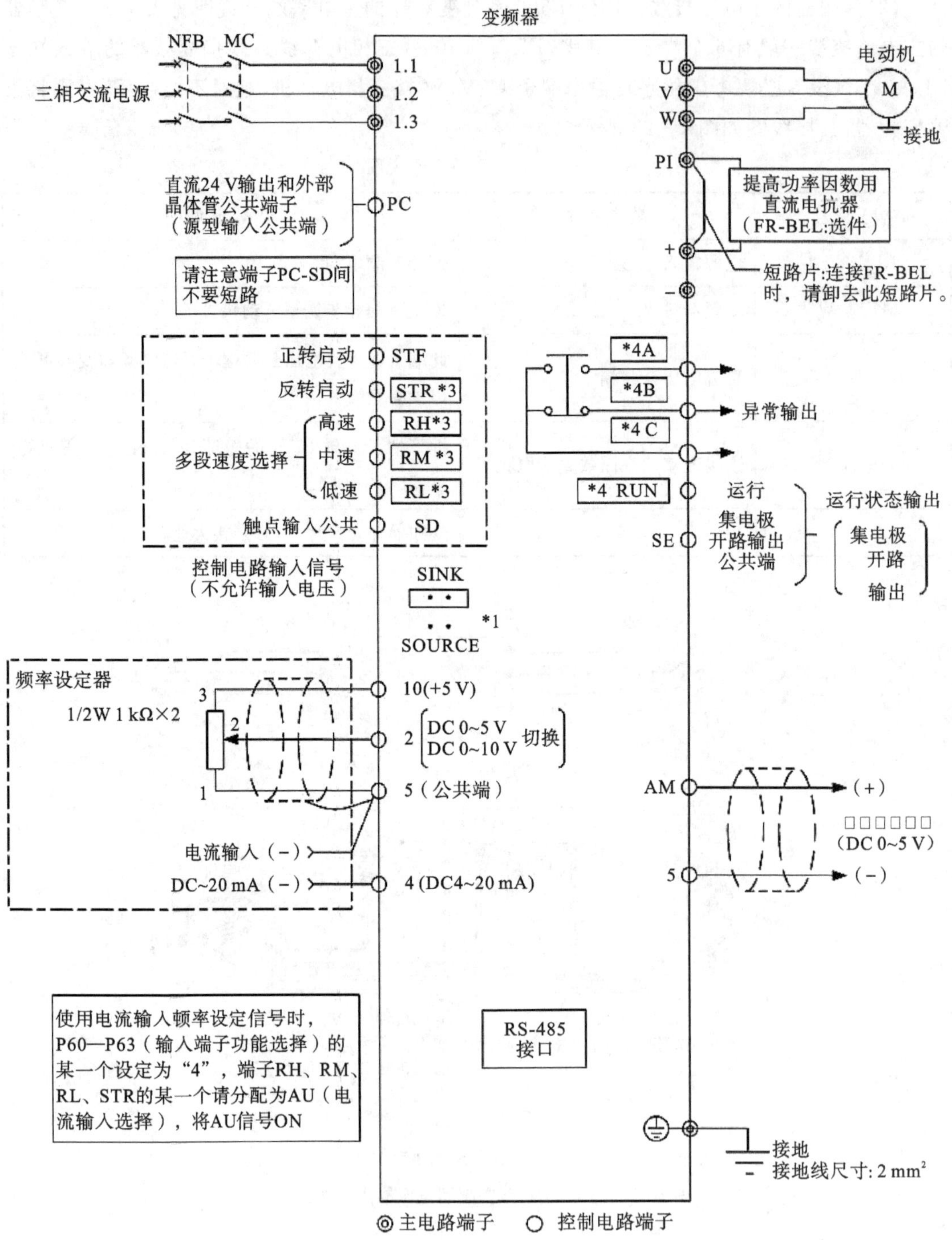

图 7－24　变频器外部控制电路接线端子图

表 7-6　控制电路端子的说明

<table>
<tr><th colspan="3">端子记号</th><th>端子名称</th><th colspan="2">内容</th></tr>
<tr><td rowspan="9">输入信号</td><td rowspan="3">接点输入</td><td>STF</td><td>正转起动</td><td>STF 信号 ON 时为正转,OFF 时为停止指令</td><td>STF,STR 信号同时为 ON 时,为停止指令</td></tr>
<tr><td>STR</td><td>反转起动</td><td>STR 信号 ON 时为正转,OFF 时为停止指令</td><td>—</td></tr>
<tr><td>RH
RM
RL</td><td>多段速度选择</td><td>可根据端子 RH、RM、RL 信号的短路组合,进行多段速度的选择。速度指令的优先顺序是 JOG,多段速设定(RH、RM、RL、REX),AU</td><td>根据输入端子功能选择(P60—P63)可改变端子功能;RL、RM、RH、RT、AU、STOP、MRS、OH、REX、JOG、RES、X14、X16、STR 信号选择</td></tr>
<tr><td colspan="2">SD
*1</td><td>触点输入公共端(漏型)</td><td colspan="2">此为触点输入(端子 STF、STR、RH、RM、RL)的公共端子</td></tr>
<tr><td colspan="2">PC</td><td>外部晶体管公共端 DC 24 V 电源接点输入公共端(源型)</td><td colspan="2">当连接程序控制器(如 PLC)之类的晶体管输出(集电极开路输出)时,把晶体管输出用的外部电源接头连接到这个端子,可防止因回流电流引起的误动作;
PC - SD 间的端子可作为 DC 24 V/0.1 A 的电源使用;选择源型逻辑时,此端子为接点输入信号的公共端子</td></tr>
<tr><td colspan="2">10</td><td>频率设定用电源</td><td colspan="2">DC 5 V,容许负荷电流 10 mA</td></tr>
<tr><td rowspan="2">频率设定</td><td>2</td><td>频率设定(电压信号)</td><td colspan="2">输入 DC 0～5 V(或 0～10 V)时,输出成比例;输入 5 V(10 V)时,输出最高频率;
5 V/10 V 切换用 P73“0～5 V,0～10 V 选择”进行;
输入阻抗为 10 kΩ;最大容许输入电压为 20 V</td></tr>
<tr><td>4</td><td>频率设定(电流信号)</td><td colspan="2">输入 DC 4～20 mA。出厂时调整为 4 mA 对应 0 Hz,20 mA 对应 50 Hz,最大容许输入电流为 30 mA;输入阻抗约 250 Ω;
输入电流时,把信号 AU 设定为 ON。AU 设定为 ON 时,电压输入变为无效。AU 信号用 P60 至 P63(输入端子功能选择)设定</td></tr>
<tr><td colspan="2">5</td><td>频率设定公共输入端</td><td colspan="2">此端子为频率设定信号(端子 2、4)及显示计端子“AM”的公共端子</td></tr>
</table>

续表

端子记号			端子名称	内容	
输出信号	A B C	STF	报警输出	指示变频器因保护功能动作而输出停止的转换触点 AC230 V/0.3 A,DC 30 V/0.3 A。报警是B-C不导通(A-C导通),正常时B-C导通(A-C不导通)	根据输出端子功能选择(P64,P65)可以改变端子的功能。RUN,SU,OL,FU,RY,Y12,Y13,EDN,FUP,RL,Y93,Y95,LF,ABC信号选择
	集出信号	运行(RUN)	变频器运行中	变频器输出频率高于启动频率时(出厂为0.5 Hz可变动)为低电平,停止及直流制动时为高电平(＊2)。容许负荷DC 24 V/0.1 A(ON时最大电压下降3.4 V)	
	SE		集电极开路公共端	变频器运行时端子RUN的公共端子,不要将其接地。端子SD,SE以及5相互绝缘	
	模拟	AM	模拟信号输出	从输出频率,电动机电流选择一种作为输出。输出信号与各监示项目的大小成比例	出厂设定的输出项目:频率容许负荷电流1 mA输出信号DC 0～5 V
通信	—		RS485接头	用参数单元连接电缆(FR-CB201-205),可以连接参数单元(FR-PU04-CH),可用RS-485进行通信。RS-485通信的详细情况参照使用手册	

(4)变频器的面板操作。FR-E500系列变频器的外形如图7-25所示,其中操作面板外形如图7-26所示,操作面板各按键及各显示符的功能见变频器使用手册。

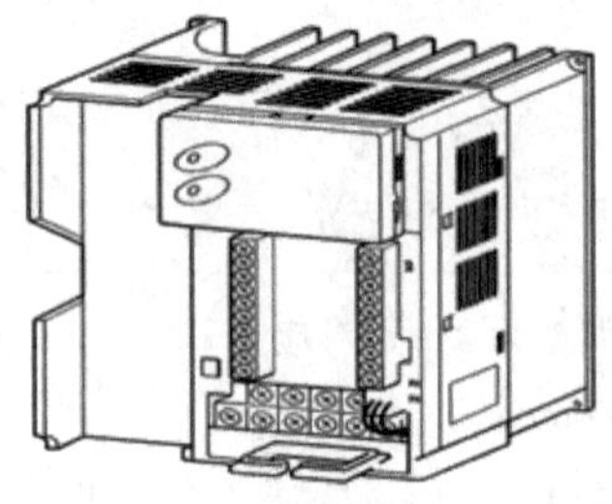

图7-25　变频器外部图

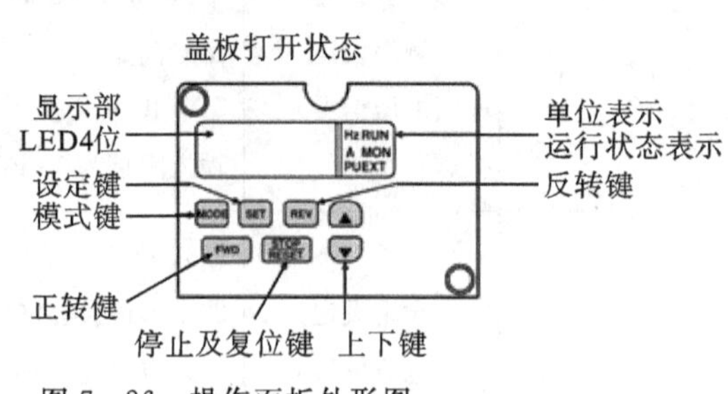

图7-26　操作面板外形图

(5)变频器的基本操作。

1)PU显示模式:在PU显示模式下,按MODE键可改变PU显示模式

①接通电源时为监示显示画面。

②按PU/EXT键,进入“频率设定”模式。

③按 MODE 键，进入“参数设定”模式。

④按 MODE 键，进入“报警履历显示”模式。

⑤按 MODE 键，回到“频率设定”模式。

2)频率设定模式：在频率设定模式下，可改变设定频率，操作过程如下(例，把频率设定在 30 Hz 运行)，先将 P53(频率设定操作选择)设定为“0”(设定用旋钮频率设定模式)。

①接通电源时为监示显示画面。

②按 PU/EXT 键，设定 PU 操作模式。

③拨动旋钮，设定用旋钮显示希望设定的频率(如 30 Hz)，约 5 s 闪灭。

④按 SET 键，设定频率数；不按 SET 时，闪烁 5 s 后，显示回到 0.0(显示器显示)，此时再回到第 3 步，设定频率。

⑤约闪烁 3 s 后显示回到 0.0(显示器显示)，用 RUN 键运行。

⑥变更设定频率时请进行上述的第 3、4 步操作(从以前的设定频率开始)。

⑦按 STOP/RESET 键，停止。

3)参数设定模式：在参数设定模式下，可改变参数号或参数设定值。

例，把 P7 的设定值从 5 s 变到 10 s 的操作过程如下。

①确认运行显示为“停止中”；操作模式显示为 PU 操作模式(按 PU/EXT 键)。

②按 MODE 键，进入参数设定模式。

③拨动旋钮，设定用旋钮，选择参数号码(例 P7)。

④按 SET 键，读出现在的设定值，如显示“5”(即为出厂设定值)。

⑤拨动旋钮，设定用旋钮，变成希望的值，如将设定值从 5 变到 10。

⑥按 SET 键，完成设定。

⑦按两次 SET 键，则显示下一个参数。

注意：设定结束后，按 1 次 MODE 键，进入“报警履历显示”模式；按 2 次 MODE 键，进入“频率设定”模式。

4)显示输出电流模式

操作过程如下：

①按 MODE 键，显示输出频率。

②无论是运行、停止，还是任何操作模式，只要按下 SET 键，则输出电流被显示。

③放开 SET 键，则回到输出频率显示模式。

注意：P52 为“1”，在显示模式下，则显示输出电流，按下 SET 键期间，显示输出频率。P52 为“0”，在显示模式下，则显示输出频率，按下 SET 键期间，显示输出电流。

(6)变频器外部运行操作方式。

1)外部信号控制变频器连续运行。当变频器需要用外部信号控制连续运行时，将 P79 设为 2，此时，EXT 灯亮，变频器的起动、停止以及频率都通过外部端子由外部信号来控制。

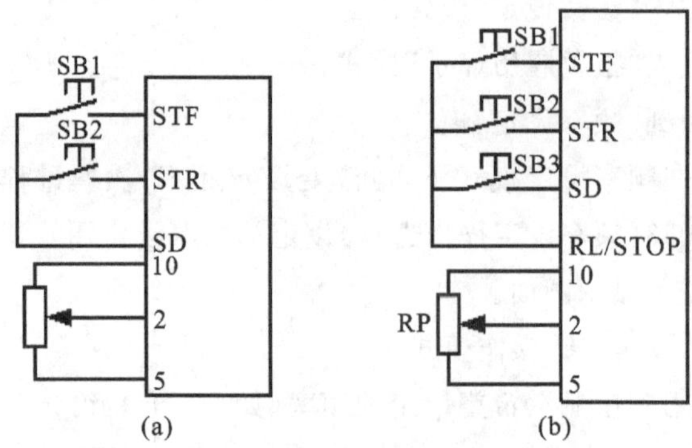

图 7-27　外部信号控制连续运行接线图

若按图 7-27(a)所示接线，当合上 SB1、调节电位器 RP 时，电动机可正向加、减速运行；当断开 SB1 时，电动机即停止运行。当合上 SB2、调节电位器 RP 时，电动机可反向加、减速运行；当断开 SB2 时，电动机即停止运行。当 SB1、SB2 同时合上时，电动机即停止运行。

若按图 7-27(b)所示接线，将 RL 端子功能设置为"STOP"(运行自保持)状态(P60=5)，当按下 SB1、调节电位器时，电动机可正向加、减速运行，当断开 SB1 时，电动机继续运行，当按下 SB 时，电动机即停止运行；当按下 SB2、调节电位器时，电动机可反向加、减速运行，当断开 SB2 时，电动机继续运行，当按下 SB 时，电动机即停止运行。当先按下 SB1(或 SB2)时，电动机可正向(或反向)运行，之后再按下 SB2(或 SB1)时，电动机即停止运行。

2)外部信号控制点动运行(P15、P16)。当变频器需要用外部信号控制点动运行时，可将 P60 至 P63 的设定值定为 9 时，这时对应的 RL、RM、RH、STR 可设定为点动运行端口。点动运行频率由 P15 决定，并且请把 P15 的设定值设定在 P13 的设定值之上；点动加、减速时间参数由 P16 设定。

按图 7-28 所示接线，将 P79 设为 2，变频器只能执行外部操作模式。将 P60 设为 9，并将对应的 RL 端子设定为点动运行端口(JOG)，此时，变频器处于外部点动状态，设定好点动运行频率(P15)和点动加、减速时间参数(P16)。在此条件下，若按 SB1，电动机点动正向运行；若按 SB2，电动机点动反向运行。

(7)操作面板 PU 与外部信号的组合控制。

1)外部端子控制电动机起停，操作面板 PU 设定运行频率(P79=3)。当需要操作面板 PU 与外部信号的组合控制变频器连续运行时，将 P79 设为 3，EXT 和 PU 灯同时亮，可用外部端子 STF 或 STR 控制电动机的起动、停止，用操作面板 PU 设定运行频率。在图 7-27(a)中，合上 SB1，电动机正向运行在 PU 设定的频率上，断开 SB1，即停止；合上 SB2，电动机反向运行在 PU 设定的频率上，断开 SB2，即停止。

2)操作面板 PU 控制电动机的起动、停止，用外部端子设定运行频率(P79=4)。若将 P79 设为 4，EXT 和 PU 灯同时亮，可用按操作面板 PU 上的 RUN 和 STOP 键控制电动机的起动、停止，调节外部电位器 RP，可改变运行频率。

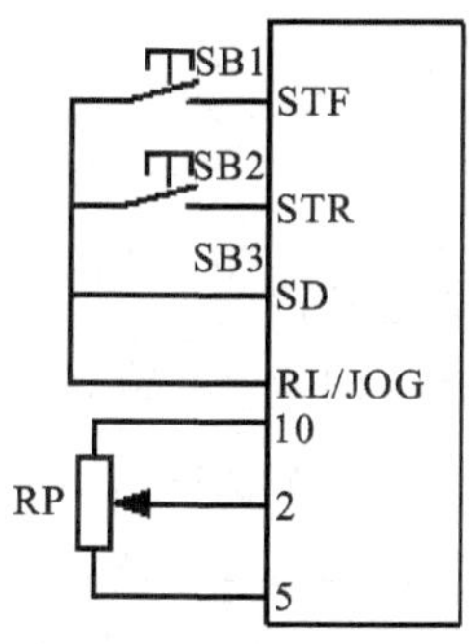

图 7-28　外部信号控制点动运行接线图

(8)多段速度运行。变频器可以在 3 段(P4 至 P6)或 7 段(P4 至 P6 和 P24 至 P27)速度下运行,见表 7-7,其运行频率分别由参数 P4 至 P6 和 P24 至 P27 来设定,由外部端子来控制变频器实际运行在一段速度。

表 7-7　7 段速度对应的参数号和端子

7 段速度	1 段	2 段	3 段	4 段	5 段	6 段	7 段
输入端子闭合	RH	RM	RL	RM,RL	RH,RL	RH,RM	RH,RM,RL
参数号	P4	P5	P6	P24	P25	P26	P27

本章小结

本章在介绍机电设备无级调速技术的基础上,讨论了交流电动机无级调速原理及调速方法,着重介绍了交流变频调速技术和无刷直流电动机调速技术,叙述了通用变频器技术的参数与使用方法。

(1)设备对电气无级调速的要求是调速和稳速,是各类调速系统的基本要求。

(2)目前应用较多的调速系统是交流调速系统,应理解交流调速原理和调速方法。

(3)变压变频调速系统是交流调速系统中效率最高、性能价格比最好的系统,应掌握其基本控制方式及控制特性,为后续选择和使用变频器打下基础。

(4)无刷直流电动机是近几年发展较快、应用广泛的新型电动机,隶属交流电动机范畴,分为永磁同步电动机和永磁无刷直流电动机。应掌握无刷直流电动机结构和工作原理。

(5)通用变频器在风机、泵类负载节能方面应用广泛,应熟悉通用变频器的选择和使用方法。

学习成果检测

一、习题

1. 简述伺服系统的定义、功能、类型及特点。

2. 何谓开环控制系统？何谓闭环控制系统？两者各具有什么优缺点？举例说明。

3. 为什么改变异步电动机定子供电频率就可以调节异步电动机的转速？

4. 异步电动机变频调速时，常用的控制方式有哪几种？它们的基本思想是什么？

5. 一对极的三相鼠笼型异步电动机，当定子电压的频率由 40 Hz 调节到 60 Hz 时，其同步转速的变化范围是多少？

6. 某多速三相异步电动机，$f_N=50$ Hz，若极对数由 $p=2$ 变到 $p=4$ 时，同步转速各是多少？

7. 简述无刷直流电动机的调速原理和调速系统构成。

8. 永磁无刷直流电动机主要由哪几部分组成？各部分的功能是什么？

9. 一般通用变频器包括哪几种控制电路？

10. 变频器的分类方式有哪些？

二、思考题

1. 异步电动机变频调速时，如果只从调速角度出发，仅改变定子供电电源频率是否可行？为什么？在设计应用中同时还要调节电源电压，否则会出现什么问题？

2. 当三相异步电动机采用变频调速时，在额定转速以上及以下通常采用怎样的调速方式？

3. 电动机的停止和起动时间与变频器的哪些参数有关？

4. 三相异步电动机的变频调速有哪些优点？

5. 在变频器的外部端子中，用作输入信号和输出信号的分别有哪些？

6. 永磁无刷直流电动机属于哪种类型的电动机？为什么？

7. 位置传感器在无刷直流电动机中起什么作用？对于两相导通星形三相六状态无刷直流电动机，如果采用光电式位置传感器，当其转子上有 p 对磁极时，如何设计位置传感器结构？

8. 变频器调速系统的调速方法有哪些？

三、讨论题

1. 如何将某水泵的电动机控制方法改成变频调速控制？

2. 永磁无刷直流电动机与普通永磁直流电动机相比有什么异同点？

四、自测题

1. 异步电动机的变压变频调速系统在调速时转差功率不随转速而变化，调速范围宽，无论高速还是低速，效率都(　　)，在采用一定技术措施后能实现高动态性能，可以与直流调速系统媲美。

A. 较低　　B. 不变　　C. 较高　　D. 不确定

2. 异步电动机保持恒 E_1/f_1 为常数的控制系统，其电动机的（　　）恒定不变。

A. 磁通　　B. 电枢端电压　　C. 电枢绕组电流　　D. 转矩

3. 三相异步电动机实现无级调速常用的方法是（　　）。

A. 改变定子极对数　　B. 改变电源频率

C. 改变转差率　　D. 同时改变电源频率和定子绕组电压

4. 无刷直流电动机的电动机本体为（　　）。

A. 永磁直流电动机　　B. 永磁同步电动机

C. 交流异步电动机　　D. 有刷直流电动机

5. 无刷直流电动机可以通过改变（　　）实现正反转。

A. 磁场的极性　　B. 各功率开关管的控制逻辑

C. 电枢电压的方法　　D. 电枢电流的方向

6. 变频器基本频率是指输出电压达到（　　）值时输出的频率值。

A. U_N　　B. $U_N/2$　　C. $U_N/3$　　D. $U_N/4$

7. 变频器种类很多，按照滤波方式分为电压型和（　　）型。

A. 电流　　B. 电阻　　C. 电容　　D. 电感

8. 对电动机从基本频率向上的变频调速属于（　　）调速。

A. 恒功率　　B. 恒转矩　　C. 恒磁通　　D. 恒转差率

9. 在 U/f 控制方式下，当输出频率比较低时，会出现输出转矩不足的情况，要求变频器具有（　　）功能。

A. 频率偏置　　B. 转差补偿　　C. 转矩补偿　　D. 段速控制

10. 风机、泵类负载运行时，叶轮受的阻力大致与（　　）的平方成比例。

A. 叶轮转矩　　B. 叶轮转速　　C. 频率　　D. 电压

第8章　机电传动控制系统设计

1. 学习目标

(1)了解机电设备电气控制系统的设计内容和步骤。

(2)掌握机电传动控制系统设计方法。

(3)明确机电传动控制系统工艺设计方法。

(4)理解继电器控制系统与PLC控制系统设计方法的异同,树立守正创新理念。

2. 学习重点和难点

(1)重点:机电设备PLC控制系统的设计方法。

(2)难点:PLC、变频器和触摸屏综合应用。

在机电设备的设计和制造过程中,控制部分设计是设备设计中的重要组成部分。当设备采用电气方式控制时,设备的电气系统必须能够满足机械设备对电气控制提出的要求。这些要求包括控制方式、控制精度、自动化程度等,还要能够满足控制装置本身的制造、使用和维护等要求,因此设计经济合理、满足使用要求的机电传动控制系统是设备设计制造中的主要工作之一。

机电设备电气设计涉及的内容很广泛,本章将概括介绍机电设备电气设计的基本内容,并在前面章节内容学习的基础上,通过综合实例,重点讲述机电传动控制系统设计的一般规律和设计方法。

8.1　机电传动控制系统设计的基本原则和内容

要使机电传动控制系统满足设备工作要求,能够正常可靠运行,在设计过程中,必须综合考虑各类影响因素,遵循一些基本设计原则。本节将从机电传动控制系统设计中涉及的相关方面,讨论机电传动控制系统设计所要遵循的基本原则和主要工作内容。

8.1.1　设计的基本原则

基本原则主要从系统的控制功能、安全性、可靠性和经济性等方面制定设计目标和内容,使设计的控制系统能够安全、可靠地运行。其设计基本原则有如下几点。

1. 最大限度满足设备提出的控制要求

在电气系统的控制下，设备按总体设计目标确定各部分功能，完成工作过程，因此必须保证电气设计能够最大限度满足设备对控制提出的技术要求。

2. 处理好机与电之间的关系

机电设备工作运动可以由机械方法实现，也可以由电气方法实现。例如车床主轴制动，可以采用机械制动，也可以采用电气制动，机械与电气两部分在设备结构处于相互关联、相互依赖的状态，要统筹考虑两者的配置关系，正确选择和合理的组合方式，才能使机电设备整机达到要求的技术指标和经济指标。

3. 控制系统设计方案简单可靠

在满足机电设备技术指标前提下，机电传动控制系统设计应力求简单，使得制造、使用和维修方便，并且运行可靠性高、成本低。通常以性能价格比和运行可靠性来衡量机电传动控制系统的优劣，所以提高控制系统可靠性和性能价格比，是机电传动控制系统设计中遵循的基本原则。

4. 选用合理的电气元件

正确地选择元件是机电设备运行经济性和可靠性的保证。电气元件及电气设备选择的原则不仅要求电气器件和设备满足使用功能上的需求，同时应尽量减少元器件的品种类型和规格种类，以免给电气器件在采购、管理和使用时带来方便。

5. 操作与维护方便

使用性能和维护性能也是设计中必须考虑的重点，其工艺设计应简洁清晰、方便操作，操作功能不但可以提高设备的使用效率和安全性，同时外观整体协调美观也可以改善操作人员的工作环境，提高操作人员的工作效率。

6. 适应发展的需求

由于机电设备加工工艺的多样化和控制技术的不断发展，设备对控制系统的要求也在不断提高，所以在控制系统设计时要考虑系统以后的发展需求，留有适当的裕量，以满足设备今后生产发展和工艺改进的需要。

同时，机电控制系统设计制造要符合国家标准的要求，我国颁布了一系列相关控制系统的国家标准，涉及设计参数选用、电气设备安全性设计、设备通用要求和环保要求等。对机电传动控制系统设计的具体方面有系统的功能特性、使用条件、参数额定值、性能要求、安全和警告标志等，因此在机电传动控制系统设计的过程中，要明确这些标准和要求。

8.1.2　设计的主要内容

机电传动控制系统设计主要涉及两个阶段的工作：一是设计准备阶段；二是实施设计阶段。设计准备阶段需要在充分了解机电设备机械结构、功能要求的基础上确定电气控制设计目标。设计实施阶段是依据机电设备的控制要求，设计电气控制系统，并完成在制造、使用和维护过程中所需的技术文件(图纸和资料等)。

在机电设备控制系统设计过程中，由于机械部分是电气控制系统的控制对象，因此对控制系统设计而言，不仅是对控制系统设计方法以及所涉及的电气元器件性能的掌握，同时也需要对机械部分有详细的分析，特别是机械部分与电气部分交互相连部分要详细了解。

机电控制系统设计的主要内容如下。

1. 控制对象的分析

机械部分是电气系统控制对象，机械部分分析包含两个方面的内容。

(1)设备的主要技术性能分析：主要涉及设备的运动方式分析，例如设备采用机械传动方式、驱动工作过程如液压、气动系统工作，分析这些系统的工作特性和对电气控制系统的工作要求。

(2)控制系统技术要求分析：即电气传动方案分析，依据设备的结构组成，动力驱动方式，运动控制要求(制动、正反转要求)，调速要求等分析电气控制系统的控制方式。其中包含根据调速性质和负载特性分析等。

2. 电气控制方式选择

正确地选择电气控制方式是机电设备电气控制系统设计的重点，它不仅关系机电设备的技术与使用性能，也影响设备的机械结构和总体方案。电气控制方式需要依据机电设备总体技术要求，结合各种电气控制方式(继电器系统、PLC 系统、数控系统等)的特点来拟定，当控制方式选定后，才能开展后续设计。

3. 操作与维护性能要求分析

操作与维护性能设计涉及操作台、电气柜等相关电气设备的设计，要分析设备管理人员、技术人员和操作人员的要求，从设备使用、状态显示、故障诊断、安全保护等多方面的要求进行分析，确定控制系统工艺设计要求。

4. 设备工作环境及设施条件分析

工作环境及设施条件分析包括供电条件分析(供电电网状况，如电网容量、电流种类、电压及频率等)、工作场地环境分析(室内、野外，北方、南方等环境温度湿度，周围的干扰源等)、环保要求分析。控制系统设计必须依据国家标准和现场条件参数进行，以保证机电设备能在相应的工作环境和条件下安全可靠运行。

5. 确定技术条件与实施设计

在前面各项分析的基础上，依据机电设备总体设计任务书和拟定的电气控制设计技术要求，可以实施电气控制系统设计工作。

具体机电传动控制系统设计工作应包括以下内容。

(1)拟定电气控制系统设计技术任务书。

(2)确定电气传动控制方案(包括电气控制系统设计预期达到的主要技术指标,各种设计方案技术性能比较以及实施可行性论证)。

(3)设计机电传动控制系统原理图(系统电路图、PLC 程序等)。

(4)选择电气元器件,编写器件明细表。

(5)设计与绘制电气设备布置图、电器安装图以及接线图。

(6)操作台、电气柜等装置的标准件选用与非标准件设计。

(7)编写机电传动控制系统设计说明书和操作使用、维护说明书等相关技术文件。

8.2　机电传动控制系统的设计步骤与设计要点

8.2.1　设计步骤

机电传动控制系统在完成设计准备的基础上进入技术实施阶段,技术实施阶段一般包含 3 个工作过程,即总体方案设计阶段、技术设计过程和产品设计过程,这 3 个工作过程既是独立的,也是互相关联的,一般情况下依据下列步骤展开和完成具体的设计工作。

1. 总体方案设计阶段

在设计准备阶段,通过对设备机械部分的工作过程和控制要求分析、工作环境和条件分析、操作与安全要求分析、电气控制系统技术可行性分析和经济性分析,确定电气控制系统设计的目标。总体方案设计是以方案的形式将实现目标的方法和手段具体化,确定控制系统的技术性能、基本构建形式以及主要技术参数。

总体方案设计包括如下内容。

(1)确定机电设备的名称、用途、工艺过程、技术性能、传动方式及现场工作条件。

(2)确定现场供电电网种类、电压等级、频率和容量。

(3)确定电气控制的特性要求(如电气控制方式、自动化程度、自动工作循环的组成、电气保护及联锁要求等)。

(4)确定电气传动的基本要求(如传动方式、电动机选择、负载特性、调速范围、平滑度等指标要求)。

(5)明确操作及显示方面等人机界面的要求。

(6)提出电气传动控制系统的原理性方案及预期的主要性能指标,从技术指标和经济性对多个方案进行比较,并从中选择出合理的方案。

(7)估算投资费用及拟定技术经济指标。

总体设计方案是进行控制系统技术设计和产品设计的依据。只有在总体方案正确的前提下,才能保证机电设备各项技术指标能够实现。如果在设计过程中某个细节或环节设计不当,可通过试验和改进来纠正,但是如果总体方案存在问题,将会导致整个设计失败,并造成非常大的损失。因此，总体设计方案阶段需要在充分调研和分析的基础上，借鉴成功应用案例并经过生产实践考验的类似系统和生产工艺，根据技术、经济指标及现有的条件进行综合分析来确定最终总体设计方案。

2. 技术设计阶段

根据总体设计方案最终完成机电传动控制系统设计。技术设计阶段主要完成如下工作内容：

(1)对机电传动控制系统设计中某些环节做必要的试验，确定可行性。

(2)设计绘制机电传动控制系统的电气原理图(包括使用PLC硬件接线图与控制程序)。

(3)选择控制系统所用的电气元器件和主要技术指标，提出专用元器件的技术指标，编制元器件明细表。

(4)绘制电气控制装置总体布置图、控制柜内元器件布局图、接线端子图、电缆走向图等。

(5)编写技术文件(包括技术设计说明书、使用说明书等，介绍控制系统原理、主要技术性能指标以及有关运行与维护条件、对施工安装要求)。

3. 制造工艺设计阶段

制造工艺设计阶段是根据技术设计阶段完成的技术文件，最终完成机电传动控制系统制造用的所有技术文件。制造工艺设计阶段需完成下列工作内容：

(1)非标准电气设备部分设计(操作台、电气柜等设备)。

(2)绘制总体配置(总装配图)、总接线图(表)。

(3)图纸标准化审查和工艺会签。

一般来说，电气控制系统的设计应按上述三个阶段进行，但在不同的项目中每个阶段中的内容有所差异，应视具体项目的情况确定。

8.2.2 设计要点

机电传动控制系统设计内容很多，这里对一些较为重要的环节做进一步阐述。

1. 电气系统控制方式选择

电气控制系统是机电设备电气控制装置的核心，目前，控制系统的种类很多并各具特色，如继电器控制系统、PLC控制系统(中小型、大型)、微型计算机系统、工业控制计算机系统以及组合系统等。图8-1中列出主要的几种设备电气系统控制方式的典型构成形式，控制系统应根据设备对电气控制提出的技术指标，综合考虑控制系统的功能、抗干扰能力、可靠性、环境适应性、软硬件工作量、执行速度，带负载能力等因素来选用。

2. 电气传动调速方式选择

不同结构和用途的机电设备对运动的形式、速度和工作要求差别很大，这也包括设备对调速性能的要求，设备调速性能通常决定了电气控制的方式，所以合理选用电气传动调速方式是决定电气控制系统的技术、经济指标的重要因素。在控制系统设计时，需要综合考虑设备传动的特点与负载特性，依据调速系统的调速性质、调速范围、平滑指标、动态性能、效率、费用等指标选定调速方式。

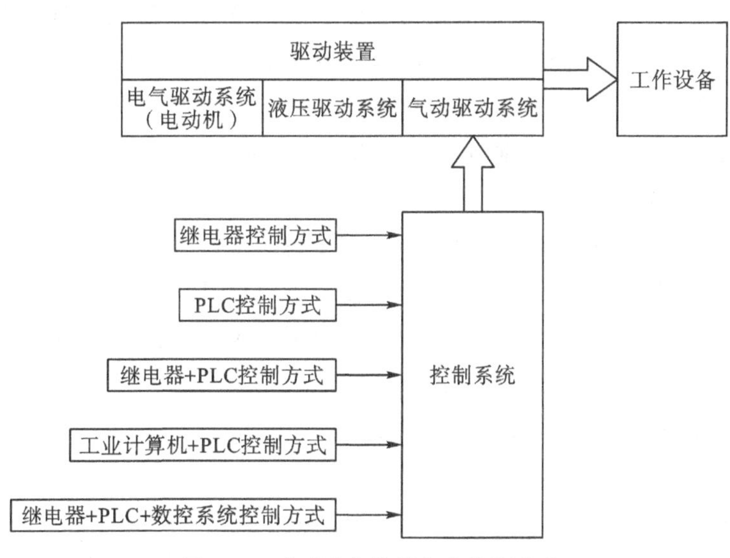

图 8-1　典型电气控制方式结构形式

3. 电气控制系统中环境影响因素

电气控制系统中的各种元器件在设计与制造时通常依据使用环境在器件结构上都有相应的保护措施，例如对应于地区温度差异、粉尘状况、防爆等的结构设计，以保证使用的可靠性。由于电气零部件在储存、运输和工作过程中，环境因素也是影响工作可靠性和使用寿命的重要因素，因此电气控制系统在设计时不能忽视环境因素，需要采取相应措施，依据使用环境条件对系统做出适当的调整，以减少控制系统的故障率，延长使用寿命。

(1)环境气候影响。环境气候与地理条件密切相关，影响电气设备的气候因素主要是温度、湿度、气压、风沙等。

温度是影响电气设备运行性能较广泛的因素，它常与其他环境因素结合在一起成为电气设备的主要损坏原因。高温环境使装置散热条件变差，系统内温度升高，元器件负载能力下降，寿命缩短；高温也加剧氧化反应，造成电气设备绝缘结构、表面防护涂层加速老化等问题。因此，高温环境下使用的电气设备在设计时必须考虑功率器件、发热元件的降级使用(如电阻、电子电力器件、电动机等)，考虑强制的冷却手段(风冷、水冷、蒸发冷却等)。过低的环境温度会使空气的相对湿度增大、材料收缩变脆、润滑变差。一般设备工作环境最高温度不超过＋40℃，24 h 周期内平均温度不超过 35℃，最低温度不低于－5℃。

湿度与温度因素结合也是对电气设备产生破坏的主要因素之一。湿度高会在物体表面附着一层水膜，导致产品电气绝缘性能降低，加剧化学腐蚀和霉菌繁殖。湿度过低则容易产生静电荷积蓄,静电对电子器件影响特别大。因此对于湿热气候区域使用的电气设备,在设计时需要考虑器件的封装材料和防护层的选用。一般在最高环境温度为 40℃时,相对湿度不超过 50%,较低温度时,允许有较高的相对湿度(20℃以下允许 90%相对湿度)。

气压对电气控制装置的影响主要是指低气压。海拔较高的区域气压低,空气稀薄,这会造成空气绝缘强度下降,灭弧困难。海拔每升高 100 m,空气绝缘强度下降 1%,考虑空气间隙与击穿电压的关系。用于低气压地区设备绝缘间距的设计应当放宽。

沙尘会导致触点接触电阻增加,器件表面的沙尘会磨损防护层,导电的尘埃易造成绝缘漏电和短路现象等。设计中对控制箱、柜的密封性有一定的要求,但是密封防护与冷却相互矛盾,设计时需要综合考虑散热和防护措施。

(2)机械环境影响。机械振动将会影响电气设备的工作可靠性和设备使用寿命。不同环境条件如地面、车载、周围有无振动源等,均是装置设计过程中必须考虑的因素。当存在机械振动因素时,设计中需要采取相应的措施,减小或消除振动因素的影响,常用的措施有

①提高元器件、组件和装置的抗振能力。

②在振源与敏感元件、部件之间加隔离措施。

③尽可能改善整个工作环境的振动状况。

(3)电磁场影响。电磁干扰对电气控制系统工作可靠性影响很大,严重时会使系统不能正常工作。电气控制装置内外电磁干扰关系如图 8-2 所示,图中虚线表示干扰路径。

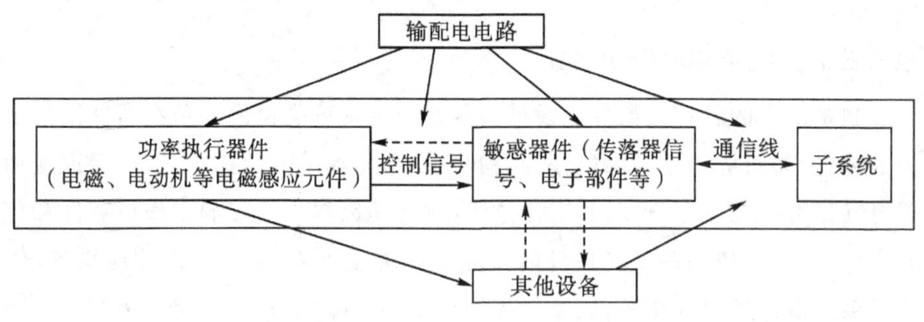

图 8-2 电磁干扰路径示意图

产生电磁干扰必须是 3 个因素同时存在:干扰源、传输途径、敏感的接收电路。因此系统抗电磁干扰通常针对电磁干扰的特点,采用适当的措施,对电磁干扰加以抑制。抗电磁干扰的基本原则为

①抑制干扰源,直接消除干扰产生的原因。

②阻断干扰进入敏感部件的途径。

③加强受干扰部件抗电磁干扰能力,降低其对干扰的敏感度。

提高电气设备的抗干扰能力是贯穿整个设计、制作、调试与使用维护的全过程,在方案设计阶段即要注意抑制干扰问题,可从方案设计上采取相应对策,消除可能出现的大多数干扰。设计中常用的抗干扰措施有优选电路、精选元器件、滤波、屏蔽、接地、隔离与合理布线等。

4. 控制系统工艺设计问题

工艺设计的目的是满足机电传动控制系统的制造和使用要求，在正确的原理设计前提下，电气系统的可靠性、抗干抗性、可维修性、结构合理性等都与电气工艺设计密切相关（如前面论述的环境对系统的影响问题）。控制系统工艺设计的主要内容是电气控制设备的总体配置（总装配图）、总接线图（表）、电气元件装配设计（元器件布置）、各控制柜接线图（表）、控制柜、面板、导线等设计和选用。

（1）电气设备总体布置设计。机电传动控制系统由各种电气元器件通过导线连接构成，不同功能的器件安装在设备的不同位置，如有些器件安装在电气控制柜中（如继电器、接触器、PLC 等各种控制电器），有些器件安装在机电设备的相应部位上（如传感器、行程开关、接近开关等指令电器），还有些器件则要安装在面板或操作台上（如各种控制按钮、指示灯、显示器、指示仪表等指令和指示电器）。由于各种电器的安装位置不同，电气控制设备形成多个部件和组件，因此在构建完整设备的同时，不仅需要考虑各个器件的结构，还要考虑器件、部件间的电气连接问题。总体布置设计是否合理将直接影响电气控制系统的制造、装配、运输、调试、操作、维护及工作运行。

1）器件划分。器件划分是根据装置的制作、维护、调试和运行可靠性等因素综合考虑的，器件划分原则为

①将功能类似的元器件组合在一起。

②尽可能减少器件间的连线数量，接线关系密切的元器件置于同一组件中。

③强弱电分离，减少系统内部干扰影响。

④力求美观、整齐，外形尺寸尽可能标准。

⑤便于检查与调试，将需经常调节、维护和更换的元器件组合在一起。

2）部件连接方式。部件是由电气元器件按照安装位置构成的，如按钮操作板、控制箱等。部件之间的进出连接线必须通过接线端子，端子规格按电流大小和端子上进出线数选用（一般一个端子接一根导线，最多不超过两根）。电气柜（箱）与被控设备或电气柜（箱）之间应采用多孔接插件（如航空插头），以便拆装和搬运。

3）元器件布局原则。电气柜、板上元器件布局一般按下述原则布置：

①体积大和较重的元器件宜安装在控制柜的下部，以降低柜体重心。

②发热元器件宜安装在控制柜上部，以避免对其他器件的热影响。

③需经常维护、调节的元器件安装在便于操作的位置上。

④外形尺寸与结构类似的元器件放在一起，以便安装、配线及使外观整齐。

⑤电气元件布置不宜过密，要留有一定的间距。若采用板前走线槽配线方法，应适当加大各排电气元件的间距，以利于布线和维护。

⑥将散热器及发热元件置于风道中，以保证得到良好的散热条件，而熔断器应置于风道外，以避免改变其工作特性。

（2）布置图绘制。确定电气元器件位置以后，就可以绘制对应的电器布置图。布置图上元件是根据元器件外形绘制的（产品说明书中器件技术规格不仅给出性能指标，还有器件外

形及安装尺寸说明)，外形尺寸必须符合该器件的最大轮廓尺寸。图中标注各元器件代号(在元器件外形图上方)和相互间距。间距尺寸可不给公差连续标注，但尺寸不封闭，一般以左端和下端为基准尺寸，画法及标注如图 8 - 3 所示。安装布置在板上的元器件，还需根据布置图画出元器件安装开孔图。

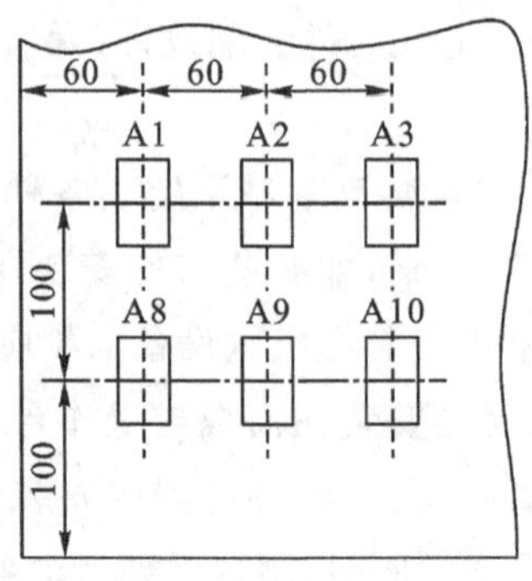

图 8 - 3　布置图绘制

(3)接线图设计。接线图是电气控制系统进行柜内布线的工作图纸，它是根据电气系统原理图及电气元件布置图绘制的。接线图应符合以下要求：

①接线图应按布置图上的元器件位置绘出元器件对应的图形符号或简化外形图，标出相应器件的代号和端线号。

②所有元器件代号和端线号必须与电路图中元器件代号和端线号一致。

与电气原理图不同，接线图上同一电气元件的各部分(如继电器的触点与线圈等)必须画在一起。

③接线图连线可用连续线条(单线或束线)加线号表示，也可用中断线加去向表示(见图 8 - 4)。

④接线图绘制必须符合 GB/T 6988—2008《电气技术用文件的编制》国家标准规则。

(4)控制操作面板。控制操作面板上有操作元件和显示元件，应遵循操作方便、操作功能醒目清晰布置规则，如操作件一般布置在目视的前方，元器件按操作顺序由左向右再从上向下布置，也可按目视的生产流程布置。一般尽可能将高精度调节、连续调节，频繁操作件配置在右方。急停按钮宜选用大型的蘑菇头按钮，并布置在控制面板上不易被碰撞的位置。显示器件宜布置在面板的中上部(操作者的远端)。按钮与指示灯颜色的含义均按照国家标准，一般红色含有警示意义，绿色表明正常工作。

(5)导线的选择。控制系统中控制电路的导线截面，需要按规定的截流量选择。考虑到机械强度需要，对于低压电气控制系统的控制导线，通常采用 1.5 mm^2 或 2.5 mm^2 截面的导线。所采用的导线截面不宜小于 0.75 mm^2 的单芯铜绝缘线，或不宜小于 0.5 mm^2 的多芯铜绝缘线。对于电流很小的线路(电子逻辑电路或信号电路)，导线最小截面一般不得小于 0.2 mm^2。

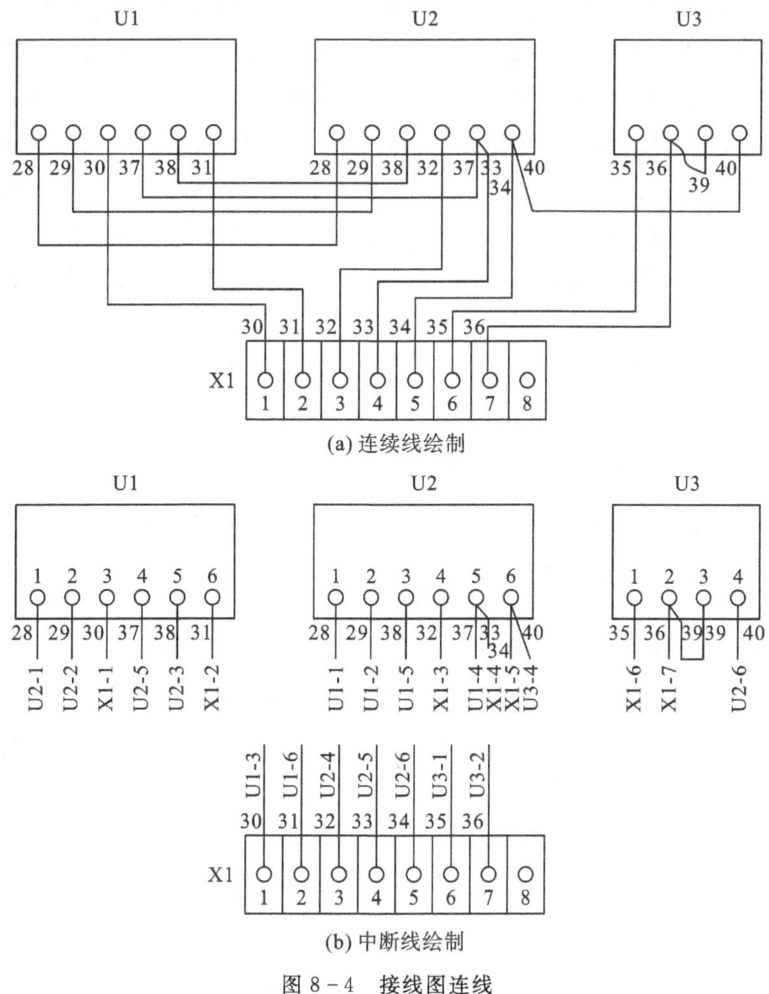

(a) 连续线绘制

(b) 中断线绘制

图 8－4　接线图连线

交流与思考　查阅电气设计有关手册，设计一套完整的机电设备电气控制系统包括哪些内容及要求？

8.3　机电传动控制系统设计方法

机电传动控制系统设计主要指的是电气控制电路的设计，电气控制系统有继电器构成的控制系统和 PLC 构成的控制系统。随着 PLC 技术的飞速发展，其功能越来越强大，价格也越来越低，在电气控制技术领域，PLC 控制系统基本上取代了继电器控制系统，但 PLC 控制系统是在继电器控制系统基础上发展的，因此下面介绍继电器控制系统设计方法，并重点介绍 PLC 控制系统设计方法。

8.3.1　继电器控制系统设计方法

继电器控制系统的设计又分为主电路设计和控制电路设计，通常有两种方法：经验设计法、逻辑设计法。一般采用的设计方法为经验设计法,它主要是根据生产工艺要求,利用各种典型的线路环节,直接设计控制电路。这种方法比较简单,但要求设计人员必须熟悉大量的控制线路,掌握多种典型线路的设计资料;同时具有丰富的经验,在设计过程中往往还要经过多次反复的修改、试验,才能使线路符合设计的要求。即使这样,设计出来的线路可能还不是最简单的,所用的电气触点不一定最少,所得出的方案也不一定是最佳方案。

逻辑设计法是根据生产工艺的要求,利用逻辑代数来分析、设计控制线路。用这种方法设计出来的线路比较合理,特别适合完成要求生产工艺较复杂的控制线路的设计,但逻辑设计法难度较大,不易掌握,所设计出来的电路也不太直观。

本例以普通机床 CW6163 卧式车床为例,重点阐述继电器控制系统经验设计方法、电器元件选择和工艺设计。

1. 车床电气传动的特点和控制要求

(1)机床主运动和进给运动由电动机 M1 集中传动,主轴运动的正反向靠两组摩擦片离合器完成。主轴制动采用液压制动器。

(2)冷却泵由电动机 M2 拖动。

(3)刀架快速移动由单独的快速电动机 M3 拖动。

(4)进给运动的纵向、横向和快速移动集中由一个手柄操纵。

根据车床结构特点和加工工艺,控制要求:电动机 M1 和电动机 M2 都是直接起动,单向运行,自由停车,长时间工作制;电动机 M3 点动运行,短时间工作制。

电动机型号。

(1)主电动机 M1:Y160M-4　11 kW　380 V　23.0 A　1460 r/min

(2)冷却泵电动机 M2:JCB-22　0.15 kW　380 V　0.43A　2790 r/min

(3)快速移动电动机 M3:Y90S-4　1.1 kW　380 V　2.8 A　1400 r/min

2. 车床继电器控制电路设计

(1)主电路设计。根据车床电气传动的要求和控制要求,由接触器 KM1、KM2、KM3 分别控制电动机 M1、M2 及 M3,如图 8-5 所示。

机床的三相电源由电源引入断路器 QF 引入。主电动机 M1 的过载保护,由热继电器 FR1 实现。主电动机的短路保护可由机床的配电箱中的断路器 QF 实现。冷却泵电动机 M2 的过载保护由热继电器 FR2 实现。快速移动电动机 M3 由于是短时工作,不设过载保护。电动机 M2、M3 共同设短路保护,由熔断器 FU1 实现。

(2)控制电路设计。考虑到操作方便,主电动机 M1 在床头操作板和刀架拖板上分别设启动和停止按钮 SB1、SB2、SB3、SB4 进行操纵。接触器 KM1 与按钮组成带自锁的起停控制线路。冷却泵电动机 M2 由 SB5、SB6 进行启停操作,装在床头板上。快速移动电动机 M3 工作时间短,为了操作灵活由按钮 SB7 与接触器 KM3 组成点动控制电路,按钮 SB7 装在拖板上。其控制电路如图 8-6 所示。

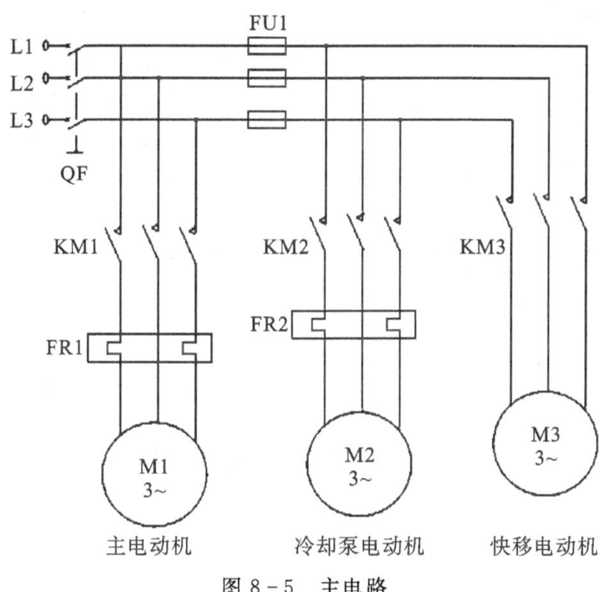

图 8-5　主电路

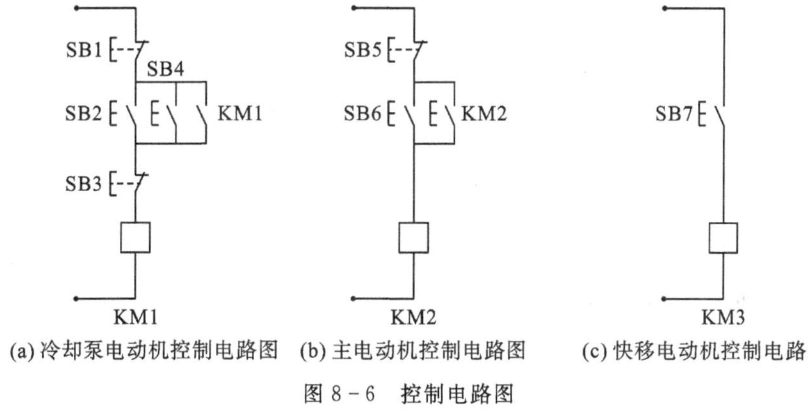

图 8-6　控制电路图

(3)信号指示与照明电路。设电源指示灯 HL2（绿色），在电源开关 QF 接通后，立即发光显示，表示机床电气线路已处于供电状态。设指示灯 HL1（红色）显示主电动机是否运行。这两个指示灯可由接触器 KM1 的动合和动断两对辅助触点进行切换显示。CW6163 卧式车床电气控制原理图如图 8-7 所示。

在操作板上设有交流电流表 A，它串联在电动机主回路中(见图 8-7)，用以指示机床工作电流，这样车床可根据加工工艺调整切削用量使主电动机尽量满载运行，提高生产率，并能减少电动机运行功耗。

设置照明灯 EL 为安全照明(36 V 安全电压)。

(4)控制电路电源。考虑安全可靠及满足照明指示灯的要求，采用变压器供电，控制线路 127 V，照明 36 V，指示灯 24 V。

(5)绘制电气控制原理图。根据各局部线路之间互相关系和电气保护线路，画成电气控制原理图，如图 8-7 所示。

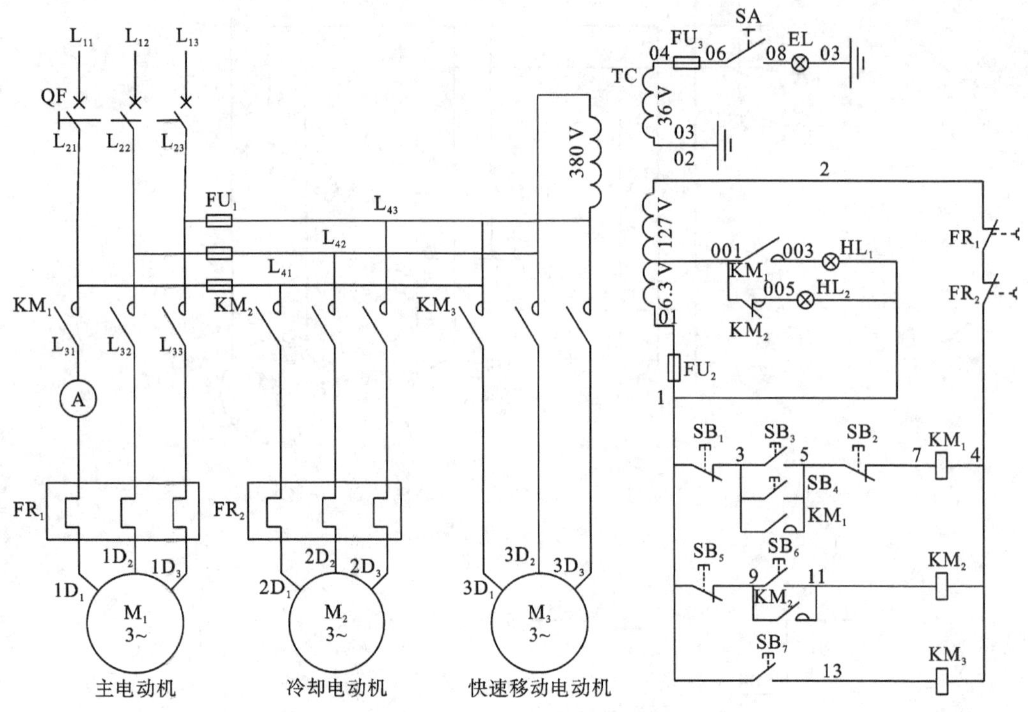

图 8-7　CW6163 卧式车床电气控制原理图

3. 电器元器件选择

(1)电源引入开关。根据三台电动机功率来选。为了安全可靠，首选低压断路器，可选用 DZ15-40/3 型，额定电压 380 V，脱扣器额定电流为 25 A，三极手柄操作的断路器。

(2)熔断器 FU1、FU2、FU3。FU1 是对 M2、M3 两台电动机进行保护的熔断器。熔体电流为

$$I_R \geqslant \frac{2.67 \times 7 + 0.43}{2.5}\ \mathrm{A} = 7.6\ \mathrm{A}$$

可选用 RL1-15 型螺旋式熔断器，配用 10 A 的熔断体。

FU2、FU3 也选用 RL1-15 型螺旋式熔断器，配用最小等级的熔断体 2 A。

(3)热继电器 FR1、FR2。主电动机 M1 额定电流 23.0 A，FR1 可选用 JR0-40 型热继电器，热元件电流为 25 A，电流整定范围为 16～25 A，工作时将额定电流调整为 23.0 A。

同理，FR2 可选用 JR10-10 型热继电器，热元件电流为 1 A，电流整定范围是 0.40～0.64 A，整定在 0.43 A。

(4)接触器 KM1、KM2 和 KM3。接触器 KM1，根据主电动机 M1 的额定电流 I_N = 23.0 A，控制回路电源 127 V，需主触点三对，动合辅助触点两对，动断辅助触点一对，根据上述情况，选用 CJ0-40 型接触器，电磁线圈电压为 127 V。

由于 M2、M3 电动机额定电流很小，KM2、KM3 可选用 JZ7-44 交流中间继电器，线圈电压为

127 V，触点电流 5 A，可完全满足要求。对小容量的电动机，常用中间继电器担任接触器。

(5)控制变压器 TC。控制变压器的容量可以根据两种情况确定：

①根据控制电路最大工作负载所需功率

$$P_T \geqslant K_T \sum P_{XC}$$

式中，P_T为所需控制变压器容量(V·A)；K_T 为控制变压器容量储备系数(1.1～1.5)；P_{XC}为工作电器所需的功率(V·A)，对于交流电器(如交流接触器、交流电磁铁等)应取吸持功率。

②控制变压器的容量应满足已吸合电器在工作又起动另外一些电器时，保证仍可靠吸合。可以根据下面公式计算：

$$P_T \geqslant 0.6 \sum P_{XC} + 1.5 \sum P_{ST}$$

式中，P_{ST}为同时起动电器的吸持功率(V·A)。控制变压器的容量由两种情况的最大容量确定。

本例中控制变压器最大负载时 KM1、KM2 和 KM3 同时工作，可得

$$P \geqslant K_T \sum P_{XC} = 1.2(12 \times 2 + 33)\text{V·A} = 68.4\ \text{V·A},$$

$$P_T \geqslant 0.6 \sum P_{XC} + 1.5 \sum P_{ST}$$

$$= [0.6(12 \times 2 + 33) + 1.5 \times 12]\text{V·A} = 52.2\ \text{V·A}$$

可知变压器容量应大于 68.4 V·A。考虑到照明灯等其他电路附加容量，可选 BK-150 型变压器，电压等级：380 V/127-36-24 V，可满足控制回路的各种电压需要。

4. 制定电气元器件明细表

电器元器件明细表要注明各元器件的型号、规格及数量等，如表 8-1 所示。

表 8-1　CW6163 型卧式车床电器元件表

符号	名称	型号	规格	数量
M1	主电动机	Y160M-4	11 kW 380 V　1460 r/min	1
M2	冷却泵电动	JCB-22	0.125 kW 380 V　2790 r/min	1
M3	快速移动电动机	JO2-21-4	1.1 kW　380 V　1410 r/min	1
QF	断路器	DZ15-40/3	额定电压 380 V　脱扣器额定电流为 25 A　手柄操作	1
KM1	交流接触器	CJ10-40	40 A　线圈电压 127 V	1
KM2.KM3	交流中间继电器	JZ7-44	5 A　线圈电压 127 V	2
FR1	热继电器	JR0-40	额定电流 25 A　整定电流 19.9 A	1
FR2	热继电器	JR10-10	热元件 1 A　整定电流 0.43 A	1
FU1	熔断器	RL1-15	500 V　熔体 10 A	1
FU2、FU3	熔断器	RL1-15	500 V　熔体 2 A	2
TC	控制变压器	BK-100	1000 V·A，380 V/127 V-36 V-24 V	1
SB3，SB4，SB6	控制按钮	LA39	绿色	3
SB1，SB2，SB5	控制按钮	LA39	红色	3

续表

符号	名称	型号	规格	数量
SB7	控制按钮	LA39	黑色	1
HL1,HL2	信号指示灯	ND16－22DS	24 V,绿色 1,红色 1	2
A	交流电流表	62T2	0～50 A,直接接入	1

5. 绘制电气安装接线图

接线图是根据电气原理图及各电气设备安装的布置图来绘制的,图中标示出了各电气元件的相对位置及各元件的相互接线关系,因此要求接线图中各电气元件的相对位置与实际安装的位置一致,并且同一个电器的各组成部分画在一起。还要求各电气元件的文字符号与原理图一致。

为了看图方便,对导线走向一致的多根导线合并画成单线,可在元件的接线端标明接线的编号和去向。

接线图还应标明接线用导线的种类和规格,以及穿管的管子型号、规格尺寸。成束的接线应说明接线根数及其接线号,如图 8－8 所示。

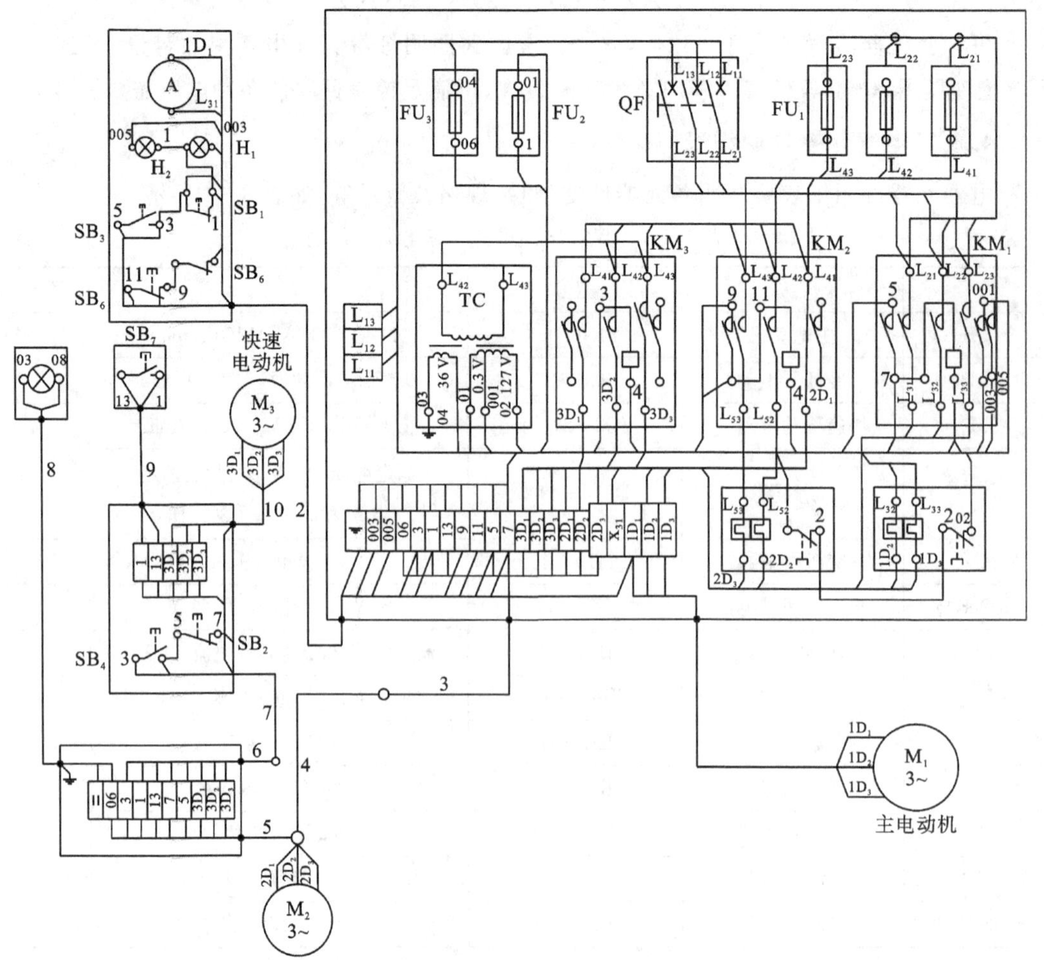

图 8－8　安装接线图和元器件布置图

至此,电气控制电路设计基本完成,后续还要根据安装接线图和元器件布置图,设计电气控制柜、控制面板和操作按钮板等工艺设计,最后编写设计说明书、使用说明书等技术资料。

交流与思考　查阅资料,说明目前继电器控制系统的应用领域。分析继电器控制系统设计内容中的哪些部分可以为 PLC 控制系统借鉴?

8.3.2　PLC 控制系统设计方法

1. 电路翻译法

PLC 控制系统设计时,如果是对继电控制系统进行 PLC 技术改造,可选用翻译法来完成电气系统的 PLC 设计。因为原有的继电器控制系统已经过长期使用和实践,可以满足系统的控制要求,而 PLC 梯形图与继电器控制电路图在表达方式和分析方法上都十分相似,因此可以将继电器控制电路直接翻译成相应功能的 PLC 硬件接线图和软件梯形图。

电路翻译法是一种简便、可靠的 PLC 控制系统设计方法,尤其是在用 PLC 对继电器控制系统进行技术改造时,应注意翻译法不是简单的代换,设计时也必须确保所获得的梯形图与原继电器控制电路图逻辑功能等效。下面以 PLC 实现两台电动机顺序控制为例描述电路翻译法设计过程。

守正创新　随着 PLC 控制技术的发展,传统的继电器控制系统逐步被 PLC 控制系统所代替,但继电器控制系统经过长期的实践检验,能够满足设备控制要求,传统的不等于过时,只要是精华,我们要在传统基础上不断发展,正所谓守正创新。中华文明历史上留下了许多经典的传统文化、传统工艺,为我们凝聚起文化自信、民族自信,我们应志存高远,紧跟时代,不畏艰险,脚踏实地,以蓬勃朝气投身于实现国家富强、民族振兴的伟大事业中去。

(1)任务描述。锅炉的鼓风机和引风机的作用是用来保障燃料充分燃烧的,并维持锅炉房卫生环境,因此鼓风机和引风机需相互配合以确保锅炉炉膛为微负压。以锅炉鼓风机和引风机的电气控制系统为例,完成两台电动机的顺序起动、逆序停止的控制。

控制要求:两台电动机手动启动时,先起动引风机,再起动鼓风机;手动停止时,先是鼓风机停止,再停止引风机。

(2)任务目标。原控制系统已经采用继电器控制方式,现要求采用 PLC 进行技术改造。继电器控制系统的主电路和控制电路如图 8-9 所示。

图 8-9(a)所示为主电路,其中 M1 为引风机拖动电动机,由接触器 KM1 控制;M2 为鼓风机拖动电动机,由接触器 KM2 控制;热继电器 FR1、FR2 为两台电动机的过载保护。

图 8-9(b)所示为控制电路,其中 SB1、SB2 是引风机拖动电动机的停止、启动按钮;SB3、SB4 是鼓风机拖动电动机的停止、启动按钮;两条控制支路都是简单的起保停控制电路,不同之处是鼓风机控制支路中,串联接入了引风机接触器 KM1 的常开触点,确保只有引风机电动机起动后,鼓风机才能起动;而引风机控制支路中,在停止按钮两端并联了鼓

风机接触器 KM2 的常开触点，保证鼓风机停止后，引风机才可手动停止；满足了实际控制要求。

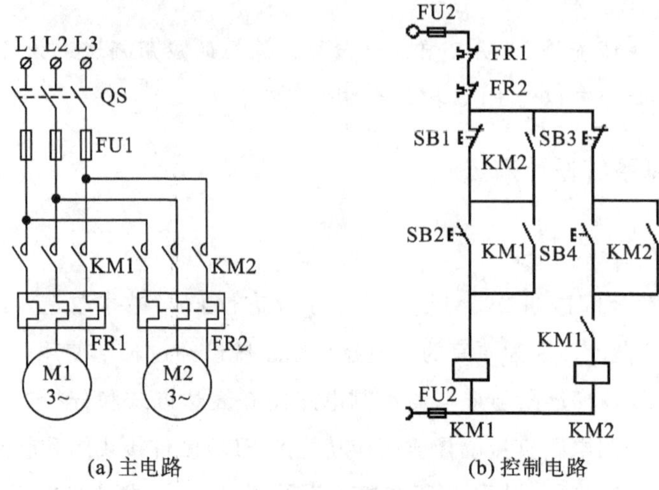

(a) 主电路　　(b) 控制电路

图 8-9　鼓风机和引风机顺序控制电路原理图

(3)设计步骤。采用翻译法进行设计时，原系统主电路保持不变，只需将控制电路替换为具有相应功能的 PLC 硬件接线图和梯形图即可。基本步骤如下：

①熟悉被控设备生产工艺和动作顺序，分析继电器控制电路工作原理。

②分析和统计输入/输出点数，完成 PLC 选型和 I/O 点的分配。

③绘制 PLC 外部接线图，并将原继电器控制电路转化为梯形图。

④验证并确保系统正常工作。

(4)任务实施。

①PLC 的选型和 I/O 点的分配。PLC 的选择主要从 PLC 的机型、容量、I/O 模块、电源模块、特殊功能模块、通信联网能力等方面加以综合考虑。

PLC 按照结构分为整体型 PLC 和模块型 PLC，一般系统工艺过程较为固定的小型控制系统选用整体型 PLC，其体积小、价格便宜，一般用于较复杂的中大型控制系统选用模块型 PLC，其配置灵活，可根据需要选配不同功能模块组成一个系统，在 I/O 点数等方面选择余地大，而且装配方便，便于扩展和维修。

I/O 点数确定，应在满足控制要求的前提下应尽量减少 I/O 点数，但 I/O 点数估算时还必须考虑适当的余量，以备今后系统改进或扩展时使用。通常根据统计后需使用的输入/输出点数，再增加 10％～20％的裕量。

存储器容量的估算：程序容量是存储器中用户应用程序使用的存储单元的大小，由于用户应用程序未编写，程序容量在设计阶段是未知的，需在程序调试之后才知道。为了 PLC 选型，可以根据 PLC 控制所需的 I/O 点数、模拟量输入/输出点估算，再考虑 20％～30％的余量。

其他控制功能选择包括对运算功能、控制功能、通信功能、编程功能、诊断功能和处理速度等特性选择。

根据以上 PLC 选型原则，通过对本例继电器控制电路分析，该控制系统只有开关量，其输入/输出信号如下。

输入点：引风机电动机的停止、启动按钮 SB1、SB2；鼓风机电动机的停止、启动按钮 SB3、SB4。在满足控制要求前提下，为节省输入点数，热继电器 FR1、FR2 触点不接入 PLC；共 4 个开关量信号，需要 PLC 4 点输入点。

输出信号：控制鼓风机和引风机的电动机工作的交流接触器线圈，共两个输出信号，需要 PLC 2 点输出点。

根据 I/O 点数，可选择三菱 FX_{5u}－32MR/ES CPU 模块，该模块采用交流 220 V 供电，提供 16 点数字量输入/16 点数字量输出，可以满足项目要求。PLC 的 I/O 点的地址分配如表 8－2 所示。

表 8－2　PLC 的 I/O 地址分配表

输入端			输出端		
输入软元件	连接外部设备	功能	输出软元件	连接外部设备	功能
X0	SB1	引风机电动机停止	Y0	接触器 KM1 线圈	控制机引风机运行
X1	SB2	引风机电动机起动	Y1	接触器 KM2 线圈	控制鼓风机运行
X2	SB3	鼓风机电动机停止			
X3	SB4	鼓风机电动机起动			

② PLC I/O 外部接线图。根据表 8－2，将 PLC 与外部设备连接起来，PLC I/O 外部接线图如图 8－10 所示。这里的按钮都用按钮的常开触点。

③程序的实现。采用移植法设计程序时，只需根据 I/O 分配情况将控制电路替换为梯形图即可。替换后的梯形图程序如图 8－11(a)所示；为了优化程序，减少程序步数，按照梯形图的编写规则，可将图(a)整理为图(b) 的形式。

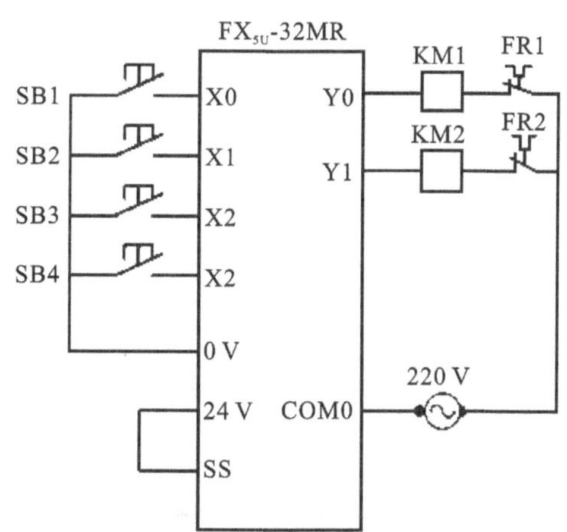

图 8－10　鼓风机和引风机顺序控制 PLC I/O 外部接线图

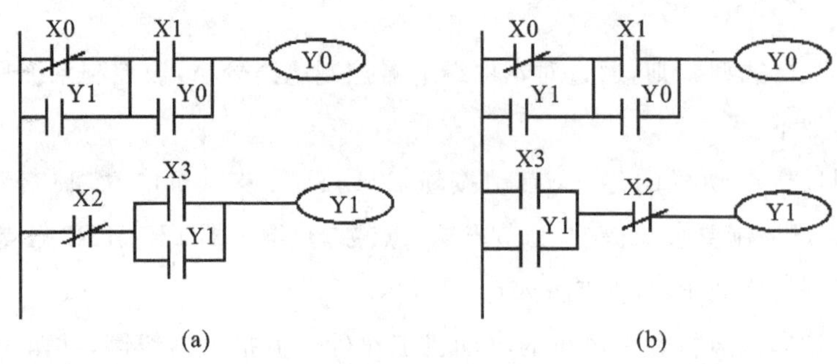

图 8-11　电动机顺序控制梯形图

2. 经验设计法

经验设计法是在一些典型控制电路的基础上，根据被控对象对控制系统的要求，不断地修改和完善梯形图，直至完全满足各项控制要求。经验设计法一般都需经过多次反复的调试和修改，最终才能得到一个较为满意的结果。这种设计方法没有普遍的规律可以遵循，设计所用的时间、质量与设计者的经验有很大的关系，它主要用于逻辑关系较为简单的梯形图程序设计。

(1) 设计步骤。经验设计法可按下面步骤来进行：

①分析控制要求，确定控制原则(时间控制原则、行程控制原则、速度控制原则)。

②按照操作要求、工作方式和控制要求，统计主令电器、驱动电器和检测元器件数量，确定输入/输出设备。

③分配 PLC 的 I/O 点及内部软元件资源。

④设计执行元件的控制程序。

⑤对照控制要求，调试、检查、修改和完善程序。

(2) 基于经验设计法实现异步电动机正反转控制。控制要求：采用 PLC 实现单台异步电动机正-反-停控制，主电路图参照第 4 章电动机正反转的图。

(3) PLC 的 I/O 外部接线图。根据表 8-3，将 PLC 与外部设备连接起来，接线图如图 8-12所示。

表 8-3　PLC 的 I/O 地址分配表

输入端			输出端		
输入软元件	连接外部设备	功能	输出软元件	连接外部设备	功能
X0	SB1	电动机停止	Y0	接触器 KM1 线圈	控制电动机正向运行
X1	SB2	电动机正向起动	Y1	接触器 KM2 线圈	控制电动机反向运行
X2	SB3	电动机反向起动			
X3	FR	电动机过载保护			

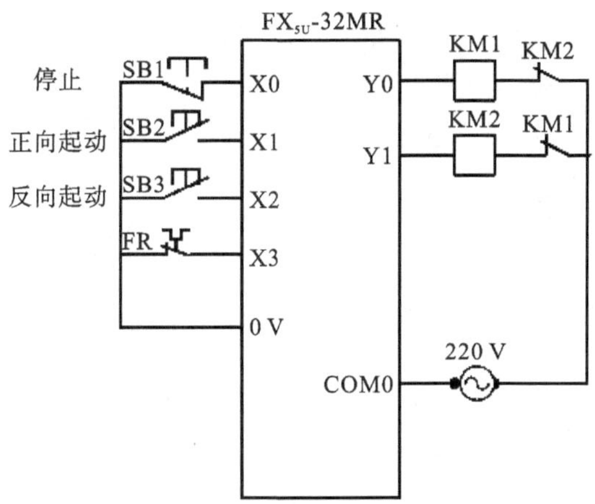

图 8-12　PLC 控制电动机正/反转/I/O 接线图

正反转控制用接触器 KM1 和 KM2 在切换通电过程中，可能会出现一个接触器还未断弧、另外一个却已合上的现象，从而造成瞬间短路故障；或者由于某一接触器的主触点被断电时产生的电弧熔焊而黏接，使其线圈断电后主触点仍然是接通的，这时如果另一接触器的线圈通电，会造成三相电源短路事故。为了防止这种短路故障的出现，在 PLC 外部设置了 KM1 和 KM2 的辅助常闭触点组成的硬件互锁电路，也称为 PLC 外部互锁。

(4)程序的实现。由于经验设计法没有固定的方法和普遍的规律可以遵循，所以设计程序时，应先从简单的典型控制电路入手，逐步添加并实现各项控制功能，其设计和完善过程如下。

①电动机正转停控制程序。电动机起保停电路是典型的控制电路，根据电动机起保停控制梯形图，设计的电动机正转起停控制梯形图如图 8-13 所示，当启动按钮 X1 持续为 ON 的时间一般都很短时，这种信号称为短信号，如何使线圈 Y0 保持接通状态呢？可以利用线圈自身的常开触点使线圈保持通电（即“ON”状态），这种功能称为自锁或自保持功能，即称为软件自锁。由于停止按钮的常闭触点接在 PLC 输入端子 X0，按钮未按下时 X0 状态为 1，故软元件 X0 常开触点接通，常闭触点断开。

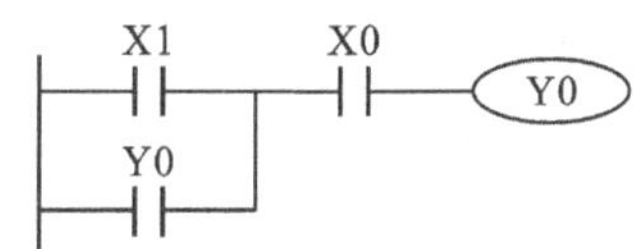

图 8-13　电动机机正转停控制梯形图

②电动机正/反转停控制程序。图 8-14 为电动机正转停和反转停控制梯形图，但电动机不能同时进行正转和反转，如图 8-15 所示，在图中将 Y0 和 Y1 的常闭触点分别与对方的线圈串联，可以保证它们不会同时为 ON，因此 KM1 和 KM2 线圈不会同时通电，这种安全措施在传统的继电器控制电路中称为“互锁”。由于实现互锁采用 PLC 内部软元件实现，因此称为软件互锁。

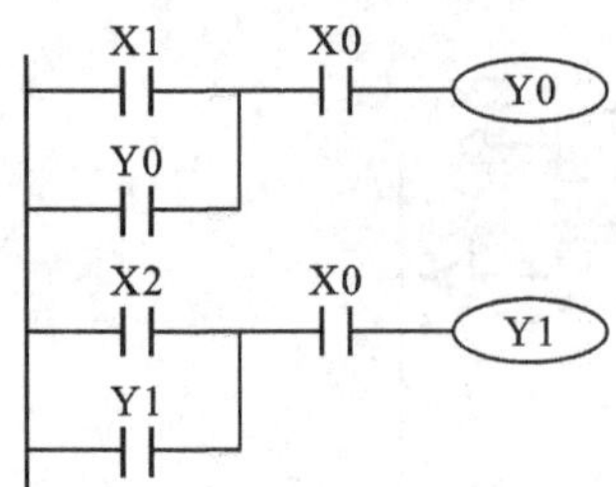

图 8-14　电动机机正/反转停控制梯形图

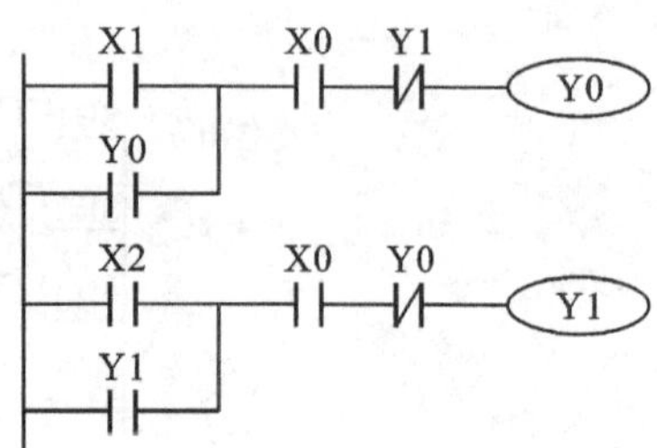

图 8-15　电动机机正/反转互锁控制梯形图

③电动机正/反转的切换程序。根据操作要求，按钮要求为双重连锁，即利用正转按钮切断反转的控制通路，利用反转按钮来切断正转的控制通路。按钮双重连锁的梯形图如图 8-16所示，这样就可以方便操作，当需要电动机正转时，无论在此之前电动机的运行状态如何，都可以直接起动电动机并正转运行；同理，当需要电动机反转时，无论在此之前电动机的运行状态如何，都可以直接起动电动机并反转运行；当需要电动机停止时，无论在此之前电动机的运行状态如何，按下停止按钮，都停止电动机的转动。利用停止按钮可同时切断正转和反转的控制通路。

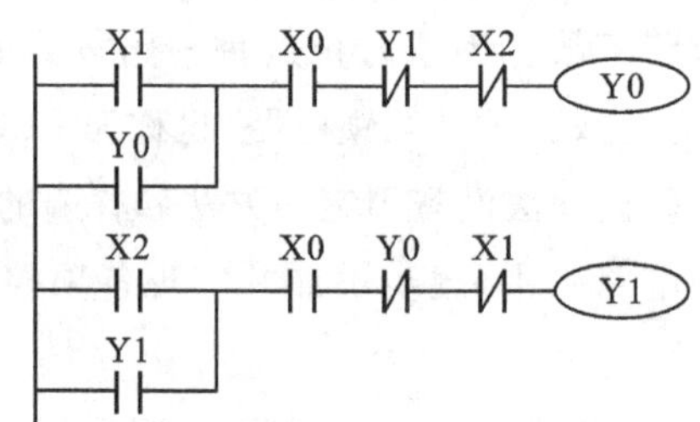

图 8-16　电动机机正/反转双重互锁控制梯形图

交流与思考　如果 PLC 输入端子 X0 连接的是停止按钮的常开触点，电动机正/反转停止程序如何实现？

⑤电动机正/反转完整程序。考虑电动机的过载保护，本系统采用热继电器的常闭触点作为过载时 PLC 的输入控制信号。电动机正常工作时，FR 常闭触点持续接通，通过 X3 连接到 PLC，X3 常开触点接通；当电动机处于过载状态时，热继电器 FR 动作，其常闭触点断开，PLC 的输入继电器 X3 将失电，将正/反转电路切断。图 8-17 所示的梯形图是实现所有控制功能的完整程序。

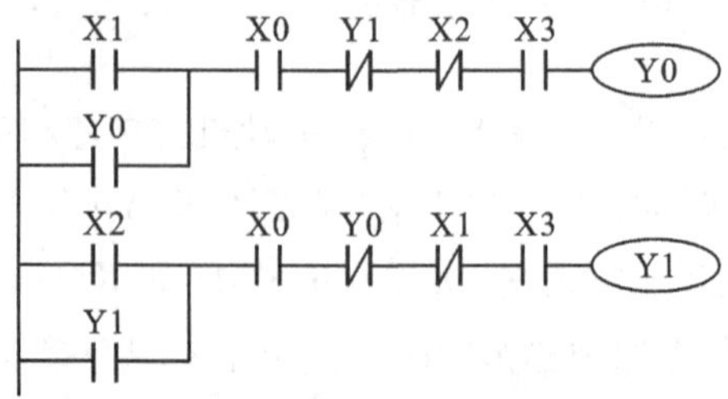

图 8-17　电动机机正/反转控制完整梯形图

3. 顺序控制设计法

经验设计法对于一些比较简单的程序设计还是比较见效的，但用经验设计法设计的梯形图，是按照设计者的经验和思维习惯进行设计的，因此没有一套固定的方法和步骤可以遵循，具有很大的试探性和随意性，一个程序往往需经多次反复的修改和完善才能满足控制要求，所以设计的结果也是因人而异。对一些复杂的程序设计，经验法难以达到理想效果，应考虑采用其他设计方法。

顺序控制设计法又称为顺序功能图法(Sequential Function Chart，SFC)，它是按照生产工艺预先规定的顺序，在各个输入信号的作用下，根据内部状态和时间的顺序，使生产过程中各个执行机构自动有序地进行操作。顺序功能图(简称功能图)又叫状态流程图或状态转移图，它是专门用于工业顺序控制程序设计的一种图形表达方法，能完整地描述控制系统的工作过程、功能和特性，是分析、设计电气控制系统控制程序的重要工具。这种设计方法能够清晰地表示出控制系统的逻辑关系，从而大大提高编程的效率。

下面以应用实例论述顺序控制设计法实现过程。

(1)顺序功能图。一个控制系统可以分解为几个独立的动作或工序，而且这些动作或工序按照预先设定的顺序自动执行，称为顺序控制系统，其特点就是一步一步按照顺序进行。这种控制系统在进行 PLC 程序设计时，可采用顺序控制设计法。根据系统工艺流程，绘制出顺序功能图，再根据顺序功能图画出梯形图。

顺序功能图主要由步、动作、转换条件组成。

①步。将系统的工作过程分为若干个顺序相连的阶段，每个阶段均称为“步”。每一步可用不同编号的步进继电器 S 或辅助继电器 M 进行标注和区分。

步可以根据输出量的状态变化来划分，如图 8－18 所示。步在控制系统中具有相对不变的性质，其特点是每一步都对应一个稳定的输出状态。

步的图形符号如图 8－19 所示，其中初始步对应于控制系统的初始状态，是系统运行的起点。一个控制系统至少有一个初始步，初始步可用双线框表示，如图 8－19(a)所示。中间步用矩形框表示，框中的数字是该步的编号，如图 8－19(b)所示。可采用 PLC 内部的通用辅助继电器 M 或步进继电器 S 来区分。

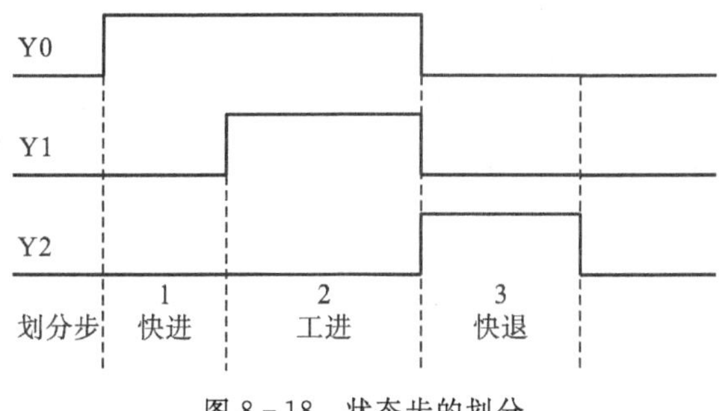

图 8－18　状态步的划分

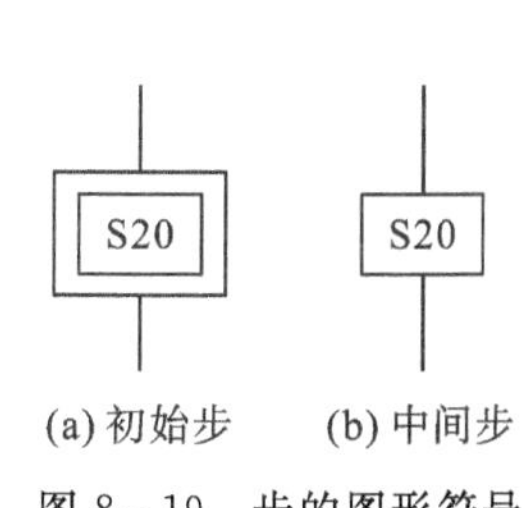

图 8－19　步的图形符号

②动作。一个步表示控制过程中的稳定状态，它可以对应一个或多个动作。可以在步右边加一个矩形框，在框中用简明的文字说明该步对应的动作，如图 8－20 所示。当该步被激活时(称其为活动步)，相应的动作开始执行。在图 8－20 中，图(a)表示一个步对应一个动作；图(b)和图(c)表示一个步对应多个动作，可任选一种方法表示。

③ 转换条件。步与步之间用一个有向线段连接，表示从一个步转换到另一个步。如果表示方向的箭头是从上指向下(或从左到右)，此箭头可以忽略。系统当前活动步切换到下一步，要满足信号条件，称之为转换条件。转换条件可以用文字、逻辑表达式、编程软元件等表示。转换条件放置在短线旁边，如图 8－21 所示。

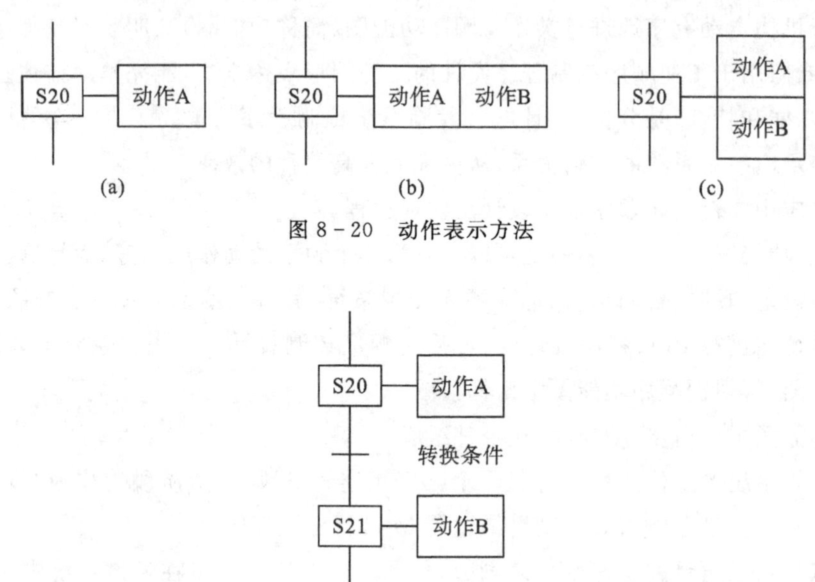

图 8－20　动作表示方法

图 8－21　转换条件和有向线段图形符号

(2)应用通用指令实现液压动力滑台运动控制系统程序设计。

①任务描述。液压动力滑台是组合机床用来实现进给运动的通用部件，通过液压传动可以方便地进行换向和调速工作。其液压原理图如图 8－22(a)所示、工作循环图如图 8－22(b)所示、元器件工作表见表 8－4。

表 8－4　元器件工作表

电磁阀滑台	$YV1_1$	$YV1_2$	$YV2_1$	转换主令
快进	+	—	+	SA
工进	+	—	—	SQ2
快退	—	+	—	SQ3
停止	—	—	—	SQ1

②设计任务。通过对液压动力滑台在实际工作时的运动过程分析，滑台的运动过程分为 3

步:快进→工进→快退。这 3 个运动过程通过 3 个电磁阀 $YV1_1$、$YV1_2$、$YV2_1$ 配合通电实现。

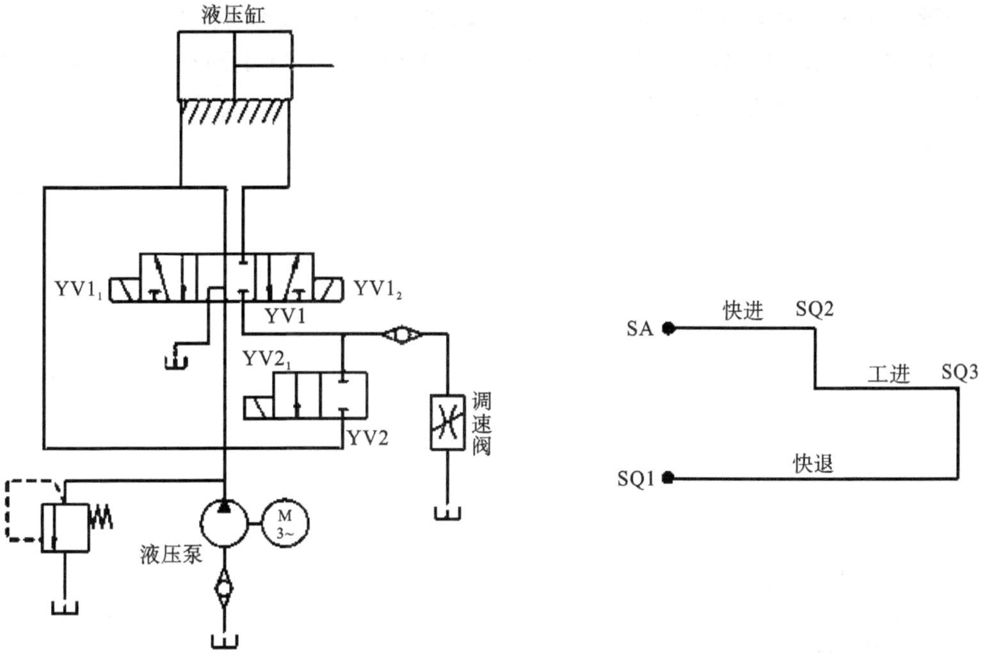

(a) 液压原理图　　(b) 工作循环图

图 8-22　液压滑台原理图

控制任务是采用 PLC 完成液压动力滑台在三个位置之间的运动控制,即在原点处(SQ1 处),开关 SA 扳到起动位置,滑台按照程序设计的顺序循环运行,直到 SA 扳到停止位置。

③任务实施。

(a) I/O 点的分配。液压动力滑台 PLC 控制系统中有输入点 4 个,输出点 3 个。PLC 的 I/O 地址分配见表 8-4。

表 8-4　PLC 的 I/O 地址分配表

输入端			输出端		
输入软元件	连接外部设备	功　能	输出软元件	连接外部设备	功　能
X1	SA	起动/停止滑台工作	Y0	电磁阀线圈 $YV1_1$	滑台快进+滑台工进
X2	SQ1	滑台在原点位置	Y1	电磁阀线圈 $YV1_2$	滑台快退
X3	SQ2	滑台运动到工进起点位置	Y2	电磁阀线圈 $YV2_1$	滑台快进
X4	SQ3	滑台运动到工进终点位置			

(b) 绘制顺序功能图。根据顺序功能图设计原则和被控对象工作内容、运行步骤和控制要求,将液压滑台工作过程划分为 3 步状态,这 3 步状态可以用辅助继电器 M 表示,如图 8-23 所示。

③程序的实现。根据顺序功能图,按照某种编程方式编写梯形图程序。

起保停指令是 PLC 中最基本的与触点和线圈有关的指令,如 LD、AND、OR、OUT 等。任何一种 PLC 的指令系统都有这一类指令,所以这是一种通用的编程方法,可以用于任意型号的 PLC。使用这种编程方法,关键是找出每一步的启动条件和停止条件,同时由于转换条件大多是短信号,因此需要使用具有保持功能的电路,如图 8-24 所示。

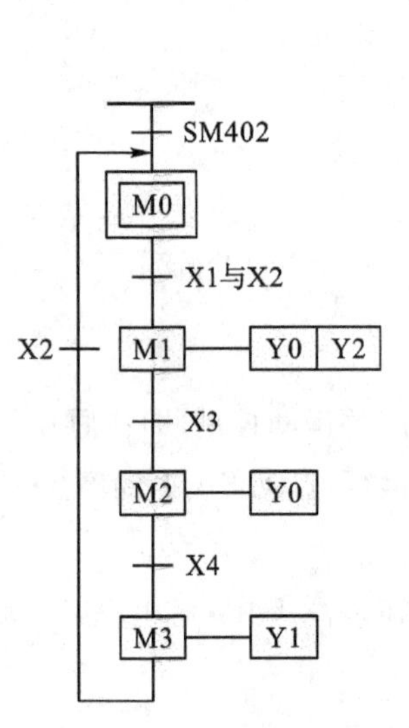

图 8-23 液压滑台运动顺序功能图

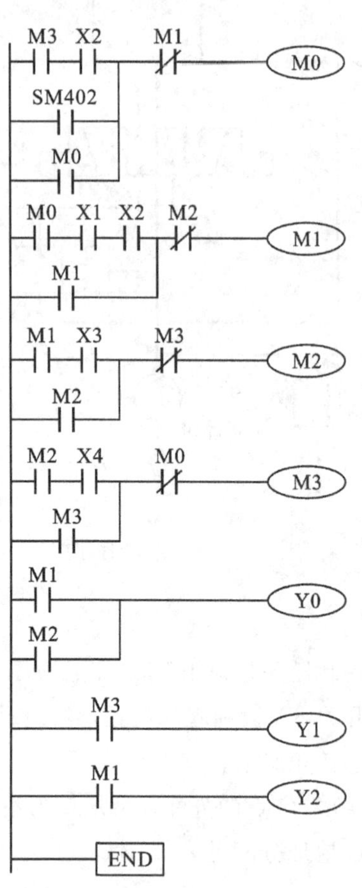

图 8-24 使用起保停指令编写的液压滑台运动控制梯形图

注意 顺序功能图可以双线圈输出,但梯形图不允许双线圈输出,编写梯形图时要特别注意。

也可以用 SET/RST 指令编写梯形图,这实际上是一种以转换条件为中心的编程方法。例如根据图 8-23 所示的功能图,M2 状态要想成为活动步,必须满足两个条件:一是它的前级步(即 M1)为活动步,二是转换条件(即 X3)满足。所以在图 8-25 所示的梯形图中,采用 M1 和 X3 的常开触点串联电路来表示上述条件。当这两个条件同时满足时,电路接通,此时完成两个操作,该转换的后续步 M2 通过 SET,M2 指令置位而变为活动步,前级步 M1 通过 RST,M1 指令复位而变为不活动步。每一步的编程都与转换实现的基本规则有严格的对应关系,程序编写简单,调试时也很方便、直观。

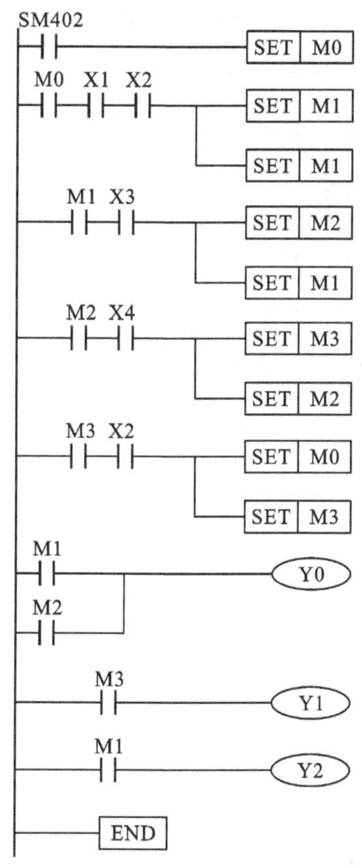

图 8－25　使用 SET、RST 指令编写的液压滑台运动控制梯形图

编写复杂顺序功能图的梯形图时，由于触点太多，采用这两种方法调试和查找故障时也显得较为麻烦和困难。

（3）使用步进指令实现液压动力滑台运动控制系统程序设计。许多 PLC 都有专门用于编制顺序控制程序的步进梯形（STL）指令及编程软元件（步进继电器 S）。

FX_{5U}系列 PLC 也有步进继电器 S，配合 STL 指令及复位指令 RETSTL，可以很方便地根据顺序功能图编制对应的梯形图程序。

步进指令 STL 只有与步进继电器 S 配合才具有步进功能。使用 STL 指令的状态继电器的常开触点称为 STL 触点，用步进继电器代表功能图的各步，每一步都具有 3 种功能：负载的驱动处理、指定转换条件、指定转换目标。顺序功能图如图 8－26(a)所示，梯形图如图 8－26(b)所示。当进入 S20 状态时，输出 Y0；如果 X1 条件满足，置位 S21，进入 S21 状态，系统自动退出 S20 状态，Y0 复位。

根据控制要求，其顺序功能图如图 8－27 所示，按照 STL 指令编程方式编写的梯形图程序如图 8－28 所示。

X0
S20
Y0
转换条件
X1
驱动处理
转换目标
S21
Y1
X0
SET S20
S20工序
SET S20
SM400
Y0
X1
SET S21
通过STL指令隔开的范围称为状态
SET S21
SM400
Y1
RETSTL

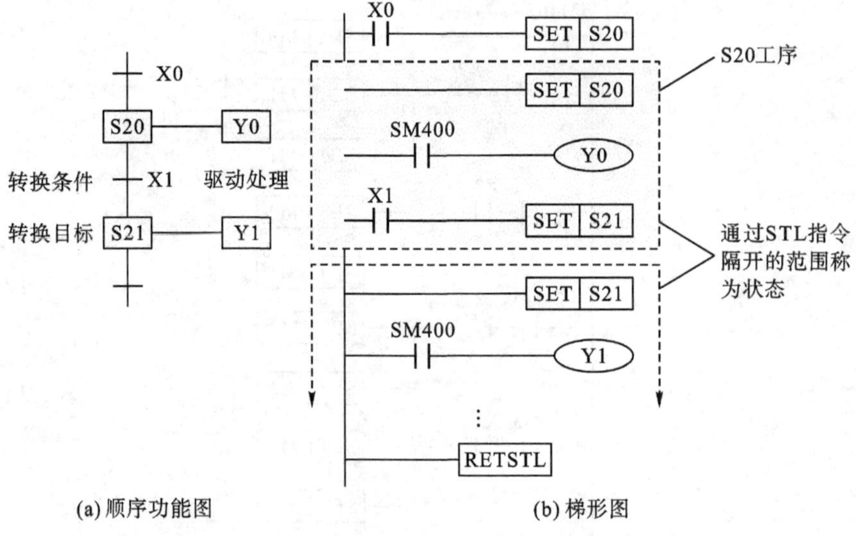

(a) 顺序功能图　　(b) 梯形图

图 8 - 26　使用步进指令将顺序功能图转换为梯形图

SM402
S0
X1与X2
X2
S20
Y0
Y2
X3
S21
Y0
X4
S22
Y1

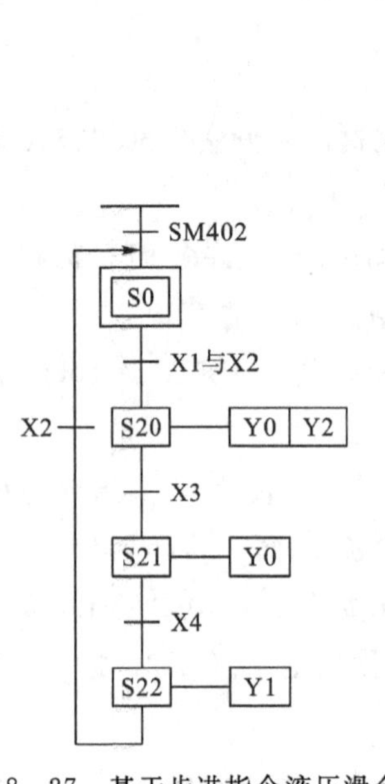

图 8 - 27　基于步进指令液压滑台运动顺序功能图

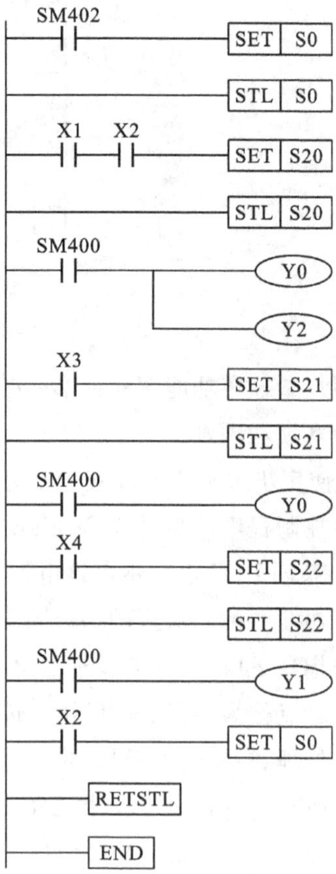

SM402
SET S0
STL S0
X1
X2
SET S20
STL S20
SM400
Y0
Y2
X3
SET S21
STL S21
SM400
Y0
X4
SET S22
STL S22
SM400
Y1
X2
SET S0
RETSTL
END

图 8 - 28　使用步进指令编写的液压滑台运动控制梯形图

从梯形图可以看出：

①STL 指令在梯形图中表现为从母线上引出的状态接点，STL 指令具有建立子母线的功能，以便该状态的所有操作均在子母线上进行。当步进顺控指令完成后需要用 RETSTL 指令将状态从子母线返回到主母线上。

②梯形图中同一软元件的线圈可以被不同的 STL 触点驱动，也就是说在使用 STL 指令允许双线圈输出。

③输出元件不能直接连接到左母线，即输出元件前必须连接触点(无驱动条件时，需要连接 SM400 触点）并在输出的驱动中对触点编程。

交流与思考　*顺序功能图转化成梯形图程序有几种方法？分别如何将顺序功能图转化为对应的梯形图。*

8.4　机电传动控制系统综合实例

在复杂的控制系统中，人机界面和变频器成为 PLC 控制系统中不可或缺的设备。本节在前面学习的基础上，根据实际工程控制要求，结合运用相关设备(如触摸屏、变频器、伺服驱动器等)，通过 PLC 控制系统设计实例，来和大家进一步深度学习机电传动控制系统的设计方法，以提高 PLC 控制系统综合应用能力。

8.4.1　全自动洗衣机 PLC 控制系统设计

在大多数情况下，参数设定和信息显示是控制系统最普遍的功能要求，即在 PLC 控制系统的运行过程中，操作人员需要实时改变某些系统参数，也需要了解和掌握控制系统中的一些实时信息。为实现这样的功能，就需要在“人”和“机器”之间架起一座桥梁，即需要一些设备来完成这些功能。这些能在“人”和“机器”之间实现数据交换的设备就是 HMI(Human Machine Interface)，即人机界面或人机接口。触摸屏几乎成为人机界面的代名词，它不仅可用于参数的设置、数据的显示和存储，还可以以曲线、图形等形式直观反映工业控制系统的流程，其稳定性和可靠性可以与 PLC 相当，能够在恶劣的工业环境中长时间运行，是现代工业自动化控制领域中不可或缺的辅助设备。

用 PLC、变频器和触摸屏设计一个全自动洗衣机的控制系统，阐述 PLC 与触摸屏以及变频器的在工程上的一些实际应用。

1. 洗衣机工作原理

图 8 - 29 所示为洗衣机实物示意图。洗衣机的洗衣桶(外桶)和脱水桶(内桶)是以同一中心安放的。外桶固定，用于盛水。内桶可以旋转，用于脱水(甩干)。内桶的四周有很多小孔，使内、外桶的水流相通。

洗衣机的进水由进水电磁阀来执行，进水时，通过控制系统使进水电磁阀打开，经进水管将水注入外桶；洗衣机的排水由排水电磁阀来执行，排水时，通过控制系统使排水电磁阀打开，将水由外桶排出机外。洗涤正转、反转由洗涤电动机驱动波盘正、反转来实现，此时脱水桶(内桶)并不旋转。脱水时,通过控制系统将离合器合上,由洗涤电动机带动脱水桶(内桶)正转进行甩干。高、低水位开关分别用来检测高、低水位;启动按钮用来起动洗衣机工作;停止按钮用来实现手动停止进水、排水、脱水及报警;排水按钮用来实现手动排水。

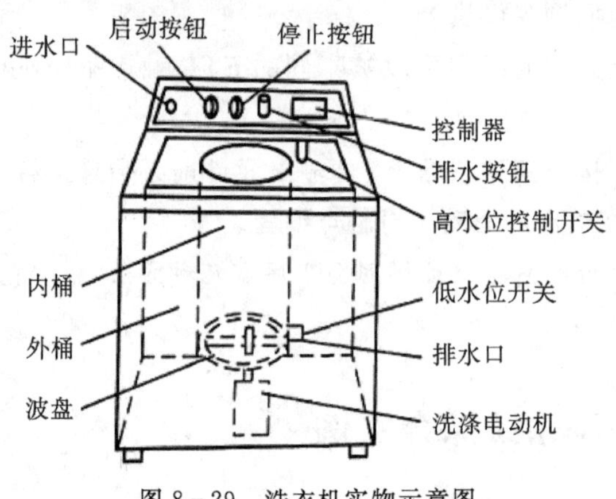

图 8-29　洗衣机实物示意图

2.控制要求与设计思路

控制要求如下:

(1)PLC一上电,系统进入初始状态,准备起动。

(2)按启动按钮则开始进水,当水位到达高水位时,停止进水,并开始正转洗涤。正转洗涤 30 s,暂停 5 s,反转洗涤 30 s,暂停 5 s,为一次小循环。若小循环次数不满 3 次,则继续正转洗涤 30 s,开始下一个小循环;若小循环次数达到 3 次,则开始排水。

(3)当水位下降到低水位时,开始脱水并继续排水,脱水时间为 20 s,20 s 时间到,即完成一次大循环。若大循环未满 3 次,则返回进水,开始下一次大循环;若大循环次数达到 3 次,则进行洗完报警。报警 15 s 后结束全部过程,自动停机。

(4)洗衣机"正转洗涤 30 s"和"反转洗涤 30 s"过程,要求使用变频器驱动电动机,且实现 3 段速运行,即先以 30 Hz 速度运行 5 s,接着转为 45 Hz 速度运行 5 s,最后 5 s 以 25 Hz 速度运行。

(5)脱水时的变频器输出频率为 50 Hz,设定其加速、减速时间均为 2 s。

(6)通过触摸屏设定启动按键、停止按键,显示正反转运行时间、循环次数等参数。

根据控制要求,其控制流程如图 8-30 所示。

设计思路:

(1)洗衣机正转洗涤 30 s 和反转洗涤 30 s 的过程,要使用 FR-A540 型变频器实现 3 段速运行。

(2)变频器正、反转运行信号通过 PLC 的输出继电器来提供(即通过 PLC 控制变频器的 RM、RH 以及 STF、STR 端子与 SD 端子的通断)。

(3)变频器的参数设定。根据控制要求,设定变频器的基本参数、操作模式,具体如下:

①上限频率 P1=50 Hz。

②下限频率 P2=0 Hz。

③基波频率 P3=50 Hz。

④加速时间 P7=2 s。

⑤减速时间 P8=2 s。

⑥电子过电流保护 P9 设为电动机的额定电流。

⑦操作模式选择(组合)P79=3。

⑧多段速度设定(1 速)P4=30 Hz。

⑨多段速度设定(2 速)P5=45 Hz。

⑩多段速度设定(3 速)P6=25 Hz。

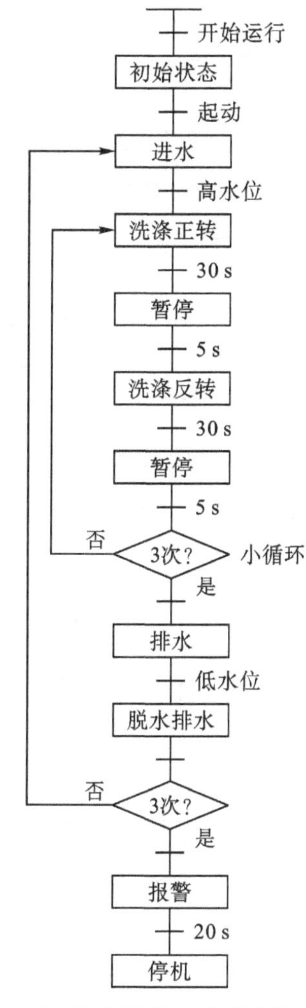

图 8-30　洗衣机 PLC 控制系统流程图

3. 设计实施过程

(1) PLC 与触摸屏的软元件分配。根据系统的控制要求、设计思路和变频器的设定参数，选择 PLC 型号为三菱 FX_{2N}-48MR，PLC 的输入/输出(I/O)端口分配见表 8-5。PLC、变频器和触摸屏的外部接线图如图 8-31 所示。

表 8-5　PLC 输入/输出(I/O)端口分配

输　入			输出		
设备名称/功能	代号	软元件编号	设备名称/功能	代号	软元件编号
Y0/M100	启动按钮	SB0	X0/M1	进水	
停止按钮	SB1	X1/M2	排水		Y1/M101
排水按钮	SB2	X2	脱水		Y2/M102
高水位	SQ1	X3	报警		Y3/M103
低水位	SQ2	X4	运行信号(正转)	STF	Y4
正转 1 段速运行时间		T0	运行信号(反转)	STR	Y5
正转 2 段速运行时间		T1	1 速	RH	Y6
正转 3 段速运行时间		T2	2 速	RM	Y7
反转 1 段速运行时间		T3	3 速	RL	Y10
反转 2 段速运行时间		T4	小循环次数		C0
反转 3 段速运行时间		T5	大循环次数		C1

(2)PLC 控制程序设计。该系统的程序设计既可采用基本指令，又可采用步进指令。

根据控制要求，设计出控制系统的顺序功能图，如图 8-32 所示，连接好通信电缆，将 PLC 程序下载到 PLC 中。

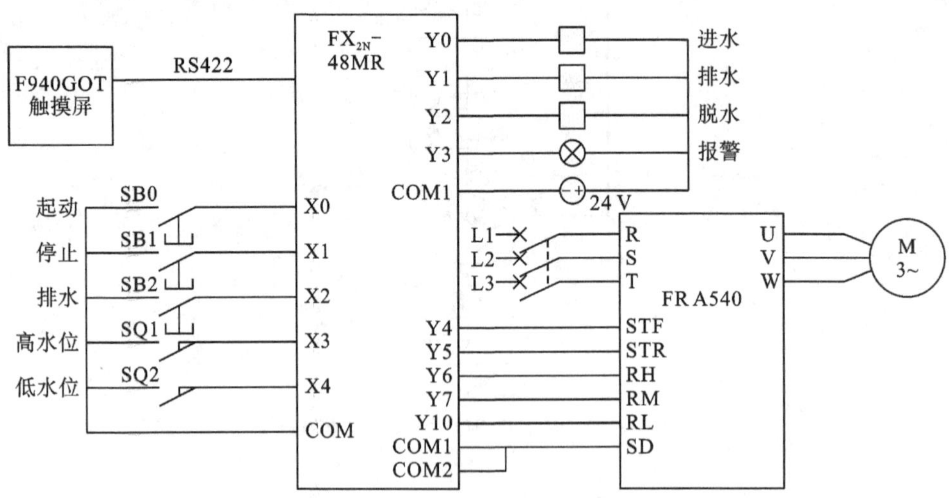

图 8-31　PLC、变频器和触摸屏的外部接线图

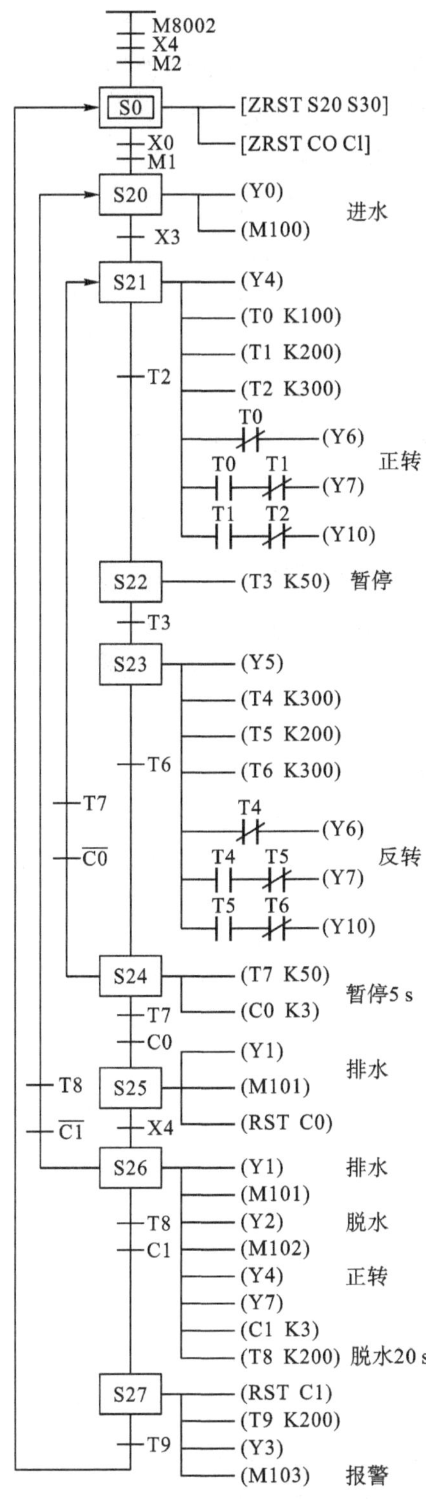

图 8－32　洗衣机 PLC 控制系统的顺序功能图

4. 程序调试过程

(1)PLC 模拟调试。按图 8－31 所示的系统接线图正确连接好输入设备,进行 PLC 的模拟调试,观察 PLC 的输出指示灯是否按要求指示。

按下启动按钮 X0,PLC 输出指示灯 Y0 亮,接通 X3,Y0 灭,Y4、Y6 亮,10 s 后 Y6 灭,Y4、Y7 亮,再过 10 s 后 Y7 灭,Y4、Y10 亮,再过 10 s 后,全部熄灭;暂停 3 s 后,Y5、Y6 亮,过 10 s 后 Y6 灭,Y5、Y7 亮,再过 10 s 后,Y7 灭,Y5、Y10 亮,全部熄灭 5 s。此为一个小循环,小循环满 3 次后,Y1 亮,当接通 X4 时,Y1、Y2、Y4、Y7 亮,过 20 s 后,只有 Y3 亮,再过 20 s 后,Y3 熄灭。

接通 X2 时,Y1 灯亮,模拟手动排水。

任何时候按下停止按钮 X1,Y0 至 Y10 全都熄灭,否则,检查并修改程序,直至指示正确。

(2)变频器参数设置。按上述变频器的设定参数值设定变频器的参数。

(3)空载调试。按图 8－31 所示的系统接线图,将 PLC 与变频器连接好,不接电动机,进行 PLC、变频器的空载调试,通过变频器的操作面板观察变频器的输出频率是否符合要求(即正、反转时,变频器输出是否依次为 35 Hz、45 Hz 和 25 Hz,电动机运行时,按下停止按钮 SB1,变频器在 2 s 内减速至停止)。否则,检查系统接线、变频器参数、PLC 程序,直至变频器按要求运行。

5. 编制触摸屏用户画面

使用 GT Designer 软件设计触摸屏的画面如图 8－33 所示,连接好通信电缆,写入用户画面程序。程序和画面写入后,观察显示是否与计算机画面一致。

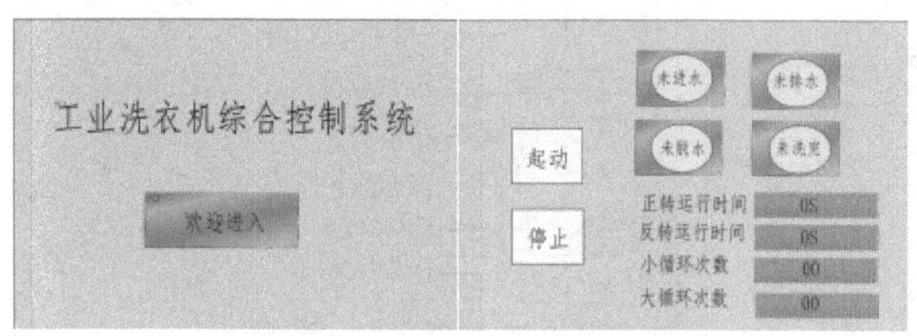

(a)用户画面　　(b)关机状态用户

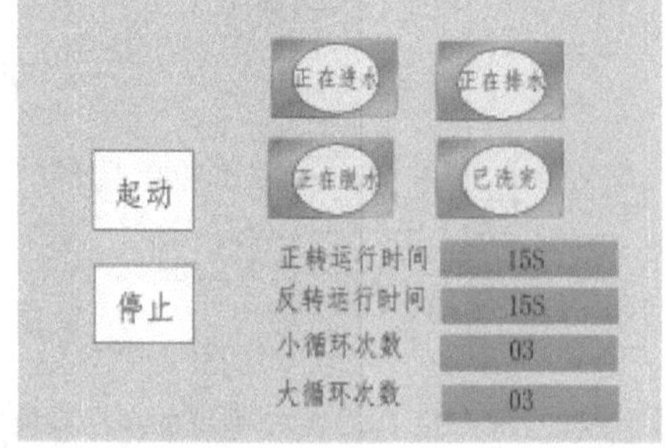

(c)开机状态用户

图 8－33　工业洗衣机控制系统触摸屏的画面

6. 系统调试

(1)按图 8－31 连接好触摸屏和 PLC 的外部电路,并正确连接好其他设备,对程序进行调试运行,观察程序的运行情况。

(2)观察电动机能否按控制要求运行(正转运行和反转运行时,电动机先以 30 Hz 运行,10 s 后转为 45 Hz 运行,再过 10 s 后转为 25 Hz 运行,按下停止按钮 SB1,电动机在2 s内减速至停止)。否则,检查系统接线、变频器参数、PLC 程序,直至电动机按控制要求运行。

(3)记录程序调试的结果,对不满足控制要求或显示不正确的情况,从硬件与软件两方面查找原因,修改程序或排除硬件接线故障,直到满足控制要求。

交流与思考　用基本逻辑指令编写洗衣机 PLC 控制梯形图。

8.4.2　步进电动机 PLC 控制系统设计

步进电动机控制要求有正反转控制,速度控制和步数控制,可以采用基本指令实现,也可以采用功能指令实现;脉冲分配器可以用软件实现也可以用硬件实现,最佳解决方案是,PLC＋步进电动机驱动器,符合步进电动机实际应用实例。下面以基于触摸屏的步进电动机 PLC 控制系统设计为例,介绍步进电动机 PLC 控制系统设计流程,希望读者能够进一步理解步进电动机的工作原理,举一反三,能够根据实际要求设计步进电动机 PLC 控制系统。

1. 设计任务和分析

以步进电动机驱动的位置伺服系统为例,其控制要求如下:要求丝杠移动距离为所设定距离,移动的距离可在触摸屏进行设定;可通过触摸屏或外部按钮来控制滑台的运动。已知滚珠丝杆导程 8 mm。图 8－34 所示为步进电动机驱动伺服系统原理图和位置控制系统接线图,控制系统根据触摸屏设定的移动距离,计算出 PLC 输出的脉冲个数,控制步进电动机的转向和步数,使滑台运动位移与设定位移一致。

本例采用硬件环形分配器,步进电动机采用脉冲＋方向控制方式。为了满足步进电动机速度调节对速度控制的要求,PLC 输出方式选用晶体管输出模式。

(1)转速控制:由 PLC 程序产生不同周期 T 的控制脉冲,通过输出端 Y0 的输出控制脉冲送给电动机驱动器,使电动机按照两相四拍的通电方式接通。

选择不同的脉冲周期 T,可以获得不同频率的控制脉冲,实现对步进电动机的调速。

(2)正反转控制:通过改变输出端 Y4 的输出状态,即改变电动机绕组接通的顺序,实现步进电动机的正、反转控制。

(3)步数控制:通过 PLC 控制脉冲的个数,实现对步进电动机步数的控制。

2. PLC 硬件部分设计

步进电动机为信浓步进电动机 STP－43D1034,步进角为 1.8°,选择 TB6600 步进驱动器，设置为 4 细分，即每发一个脉冲电动机走(1.8/4)°。因此电动机每转一周，PLC 要发出 800 个脉冲，因滑台滚珠丝杆导程 8 mm，所以每个脉冲滑台移动 0.01 mm，即每 1000 个脉冲滑台移动 1 cm。

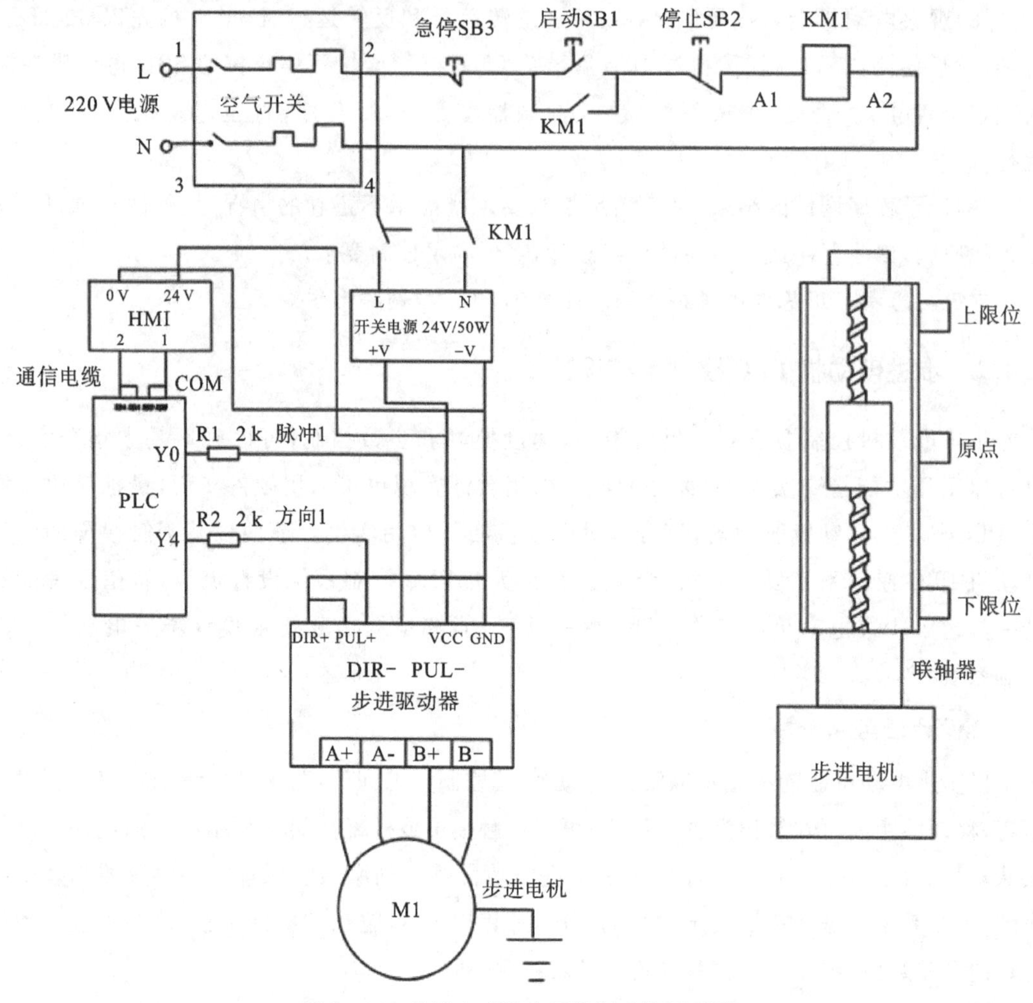

图 8-34 步进电动机位置控制系统原理图

(1)输入与输出点分配。在这个控制系统中，需要 4 个输入信号，对应是正向启动按钮 SB0、反向启动按钮 SB1、正向停止按钮 SB2 和反向停止按钮 SB3。另外需要两个输出信号，对应是脉冲输出 PUL -和脉冲方向 DIR -。

步进电动机 PLC 控制系统输入/输出(I/O)端口地址分配表见表 8-6。

表 8-6 PLC 输入/输出(I/O)端口地址分配表

输入			输出		
名称	外设符号	输入端编号	名称	外设端子	输出端编号
正转启动按钮	SB0	X0	驱动器的输脉冲入	PUL -	Y0

续表

输入			输出		
名称	外设符号	输入端编号	名称	外设端子	输出端编号
反转启动按钮	SB1	X1	驱动器的方向输入	DIR－	Y4
正转停止按钮	SB2	X2			
反转停止按钮	SB3	X3			

（2）PLC 外部接线图。要输出高速脉冲，需要选用晶体管输出的 PLC，PLC 选用 FX_{5U}-32MT－ES；触摸屏选用威纶通的型号为 TK6071ip 的触摸屏。根据步进电动机控制要求和驱动器工作原理，设计的步进电动机 PLC 控制系统接线图如图 8－34 所示，其中 PLC 与威纶通触摸屏的通信采用 RS485 串口方式实现，用通信电缆连接，采用 RS485－2W 的连接方式。

根据表 8－6，设计的控制按钮与 PLC 外部接线图如图 8－35 所示，可以通过按钮控制步进电动机运行。

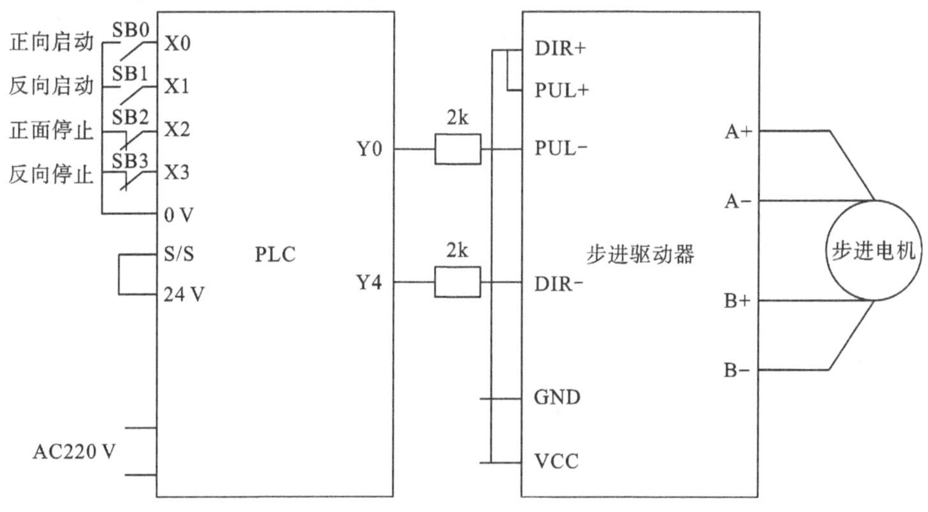

图 8－35　按钮控制步进电动机 PLC 外部接线图

3. PLC 控制程序设计

（1）触摸屏控制界面设计。触摸屏主要用于完成现场数据的采集与监测、前端数据的处理与控制，可运行于 Windows 7/8/10 等操作系统。

打开 utility 触摸屏模拟软件，启动程序编辑器，并打开新文件，选择 TK6071IP 型号，打开"系统参数设置"对话框，如图 8－36 所示。在"系统参数"选项卡中单击"新增"按钮，选择 PLC 类型为 FX_{5U}，并选择接线方式为 RS485－2W，并注意端口号设置，设置完成后单击"确定"按钮。

(a) 选择IP系列

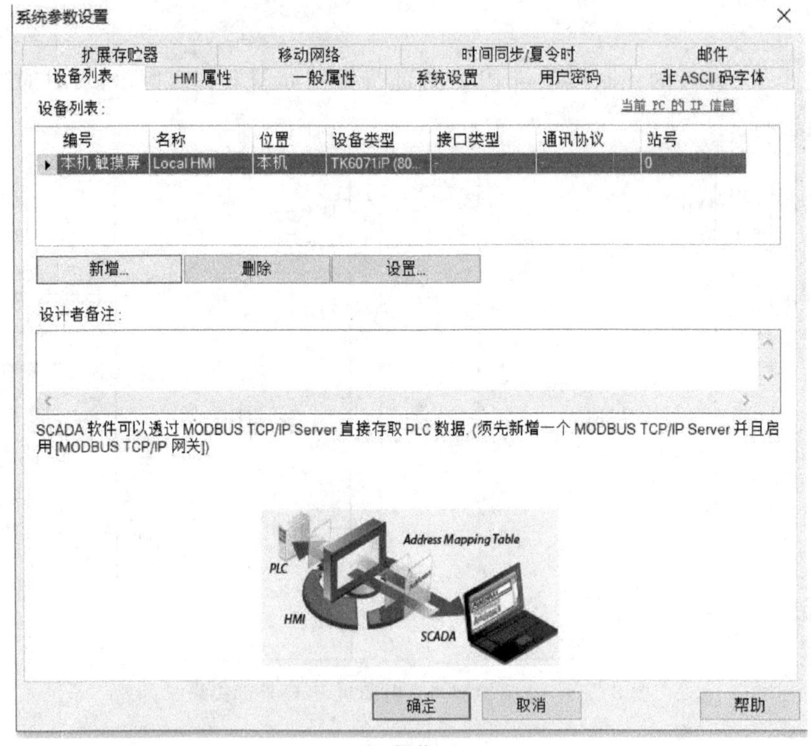

(b) 操作面

图 8－36　系统参数设置

在选项卡中可选择所需要的相应元件并进行对应的参数设置(展示元件地址切记与FX5U 程序中所需展示变量地址相同),如图 8－37 所示。

按照操作和监控要求,设计操作界面。界面设计完成后,保存工程;然后单击工具栏中的编译进行文件编译,编译完成后即可点击下载。工程下载成功后,便可在触摸屏上操作,触摸屏操作界面如图 8－38 所示,可以设定位移方向和位移距离。

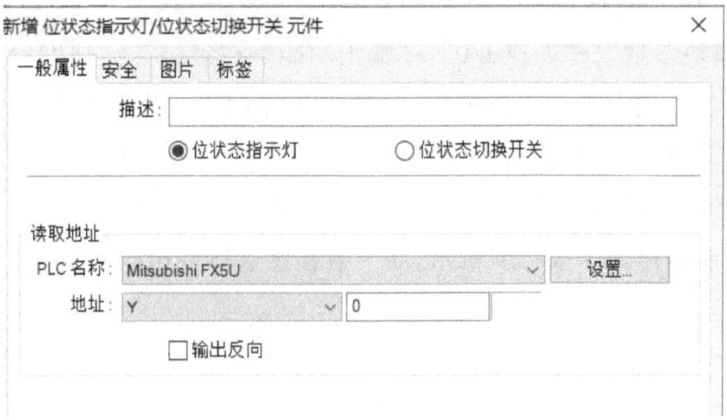

新增 位状态指示灯/位状态切换开关 元件

一般属性　安全　图片　标签

描述：

◉位状态指示灯　　○位状态切换开关

读取地址

PLC 名称：Mitsubishi FX5U　设置...

地址：Y　0

□输出反向

图 8－37　变量地址

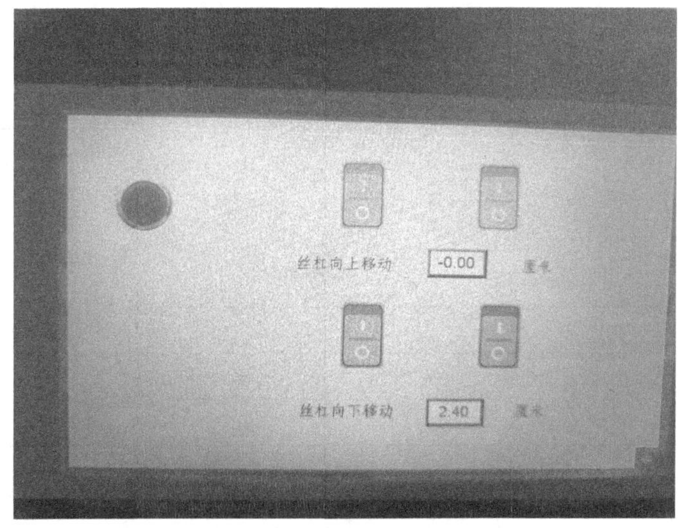

图 8－38　触摸屏控制界面

(2)控制软件设计。

① 485 串口参数设置。对 PLC 的串口设置时要保证通信参数与触摸屏的通信参数设置一致，否则无法通信。在 GX Works3 编程软件中，在“导航”窗口中依次选择“工程”→“参数”→“FXsuCPU”→“模块参数”→“485 串口”选项，设置协议格式为 MC 协议；详细设置中，数据长度为 7 位，停止位为 1 位，无校验；波特率为 9600 b/s，完成后单击“应用”按钮。

②PLC 控制程序设计。步进电动机采用高速脉冲进行控制，可使用恒定周期脉冲输出指令 PLSY(16 位指令)/DPLSY (32 位指令)，或变速脉冲输出指令 PLSV (16 位令)/DPLSV (32 位指令)输出高速脉冲，控制步进电动机运动。

本例采用恒定周期脉冲输出指令 PLSY(16 位指令)，工作轴为轴 1(Y0 端口)，脉冲数量设定范围为 1～65536，可根据任务要求，计算合适的脉冲数量，当设为 k0 时，表示无限制输出脉冲。

打开 GX Works3 编程软件，新建项目；然后在“导航”窗口下选择“工程”→“参数”→“FXsuCPU”→“模块参数”→“高速 I/O”→“输出功能”→“定位”→“详细设置”→“基本设置”选项，在表格中对轴 1 的脉冲输出模式（设为脉冲＋方向模式）、输出软元件（Y0 输出脉冲、Y4 控制方向）、旋转方向（可根据现场情况调整）、每转脉冲数（1000 p/r）等参数进行设置；其他参数保持默认值；完成后，单击“确认”和“应用”按钮后退出。

编写 PLC 控制程序如图 8-39 所示，并下载程序进行联机调试。

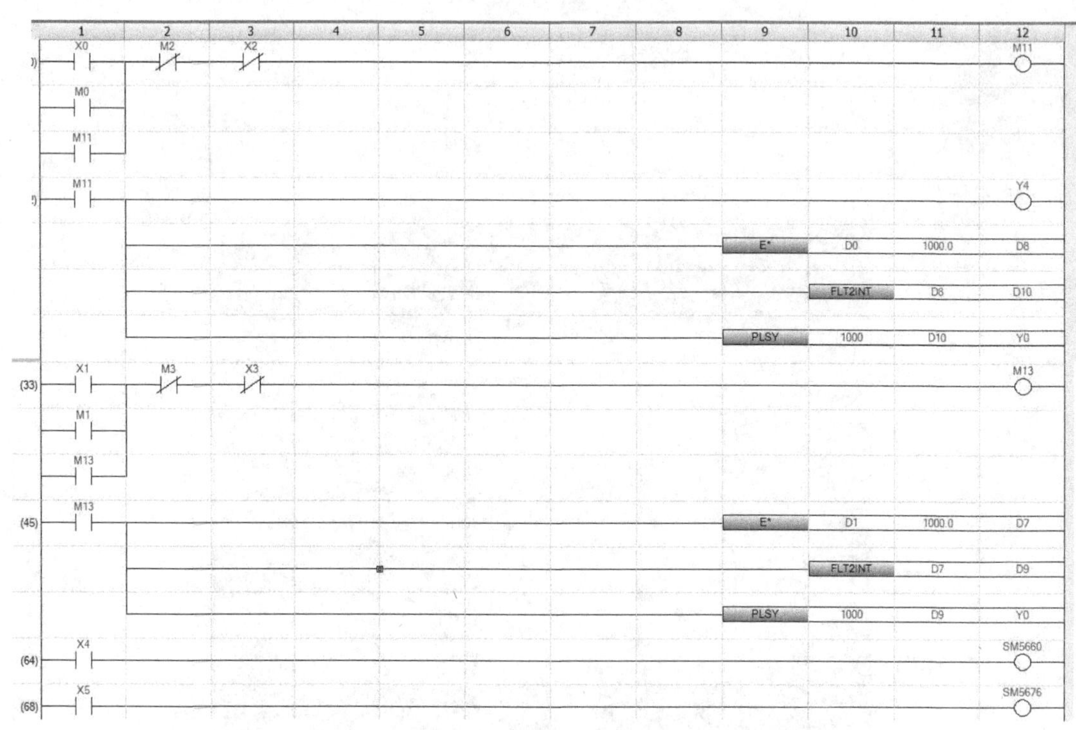

图 8-39 控制程序

4. 调试程序并运行

(1)在断电状态下，连接好 PC 电缆。

(2)将 PLC 运行模式选择开关拨到 STOP 位置(也可在 GX Work3 软件远程停止)，此时 PLC 处于停止状态，可以进行程序编写。

(3)在作为编程器的计算机上，运行 GX Work3 编程软件。

(4)将编好的梯形图程序转换后下载入可编程控制器中。

(5)将 PLC 运行模式的选择开关拨到 RUN 位置(通过 GX Work3 对 PLC 进行远程复位运行)，使 PLC 进入 RUN 方式。

(6)按下监视按钮，对程序进行实时监控运行，观察程序的运行情况。

正反转位置控制：

①双击程序中的 D0/D1 并更改数值为所需运动距离。

②更改常开触点 X0/X1 状态为闭合，M11 线圈带电且 M11 常开触点闭合。

③滑台运动相应的距离。

也可以在触摸屏上输入向上/向下移动距离，可实时观察到输入框地址处的寄存器数值，更改输入框的位移数字，点击左侧开始按钮，步进电动机运行带动滚珠丝杆运动，滑台运动到设置的位移量停止。

改变 PLC 的控制程序，可实现步进电动机不同转速下灵活多变的运行方式，也可以实现步进电动机驱动自动循环控制。

8.4.3 交流伺服电动机 PLC 控制系统设计

交流伺服电动机驱动系统由交流伺服电动机和驱动器组成，交流伺服电动机和驱动器构成一个速度闭环控制系统，采用光电编码器测量电动机的转速实现速度和位移的控制。在选型时，应考虑两个方面：一是满足机电设备精确定位控制和稳定低速运行的使用要求，同时编码器也要具备高分辨率，从而提高电动机速度控制的精确度。二是交流伺服电动机的功率要满足负载要求。交流伺服电动机型号很多，选择时要考虑电动机与驱动器的匹配。

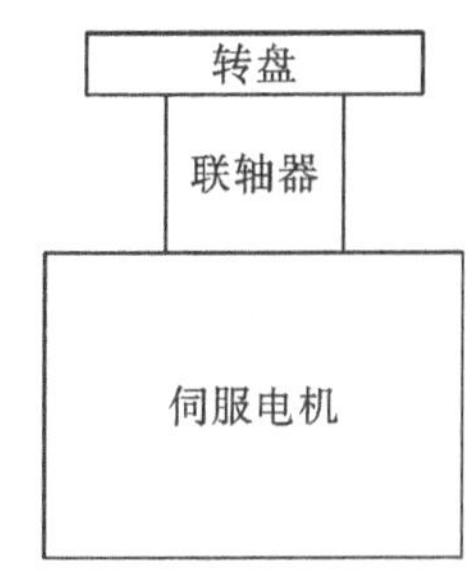

图 8－40 交流伺服电动定位系统组成

以交流伺服电动机定位控制为例，介绍基于 PLC 控制交流伺服电动机的方法，其定位系统构成如图 8－40 所示，交流伺服电动机通过联轴器驱动转盘旋转，转盘的旋转速度、旋转的角度可以通过控制交流伺服电动机的转速和转角来实现。

1. 设备型号与相关参数的设定

(1)选择 ECMA－C20401GS 系列交流伺服电动机，额定输出功率 100 W；电动机配套的是 ASDA－B2 系列伺服驱动器；编码器是 160 000 脉冲/转。其电动机和编码器技术参数、驱动器的使用方法可以参照产品用户手册。

(2)相关参数的设定。打开交流伺服驱动器，单击 MODE 切换至 P0－00 界面，通过按 Shift 键进行 P0 的变换；单击 Up/Down 进行后置位参数变更。

在这里，把 P1－44(电子齿轮分子)设置为 1600，P11－45(电子齿轮分母)设置为 10，则电子齿轮比为 160。故驱动器分辨率为 160 000，即每 1000 个脉冲电动机转盘转动一圈(即 360°)。

2. PLC 的选型与外部接线

(1)输入/输出信号：需要四个输入信息，即正向起动按键、正向停止按键和反向起动按键、反向停止按键；需要两个输出信号，即控制电动机的脉冲输出信号和电动机旋转方向信号。伺服电动机运行脉冲需要高速脉冲，就需要选晶体管输出型 PLC。故选择 FX_{5U}－32MT－ES 型 PLC，其 PLC 的 I/O 地址分配方式如表 8－7 所示，通过按钮控制的交流伺服电动机接线图如图 8－41 所示。

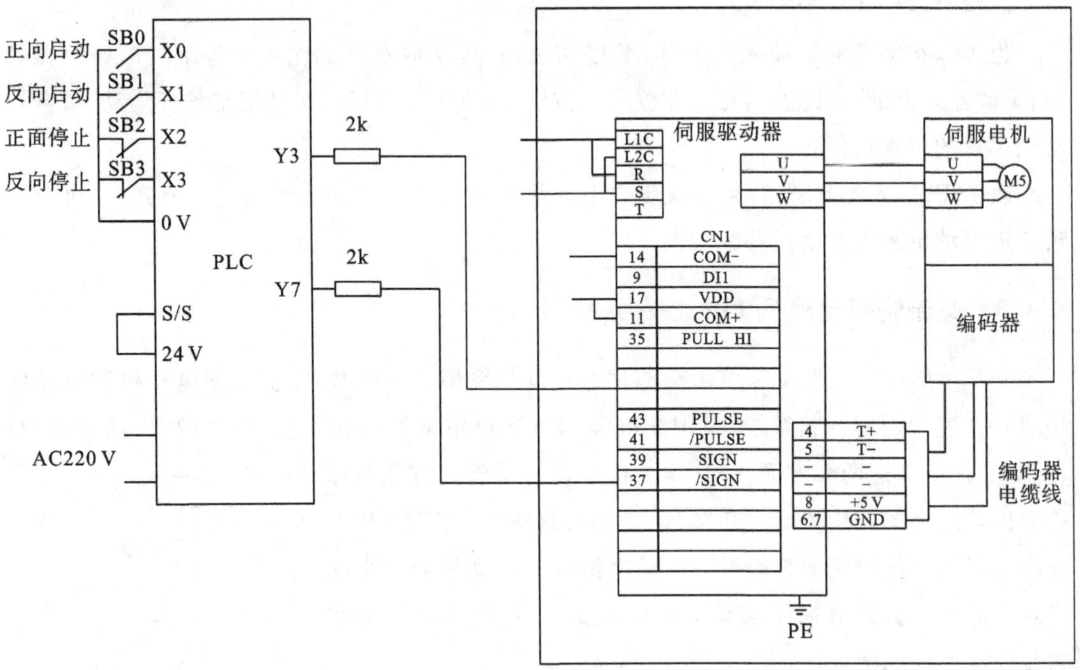

图 8－41 按钮控制交流伺服电动机接线图

表 8－7 PLC I/O 地址分配表

输 入			输 出		
名 称	外设符号	输入端编号	名 称	外设端子	输出端编号
正转启动按钮	SB0	X0	驱动器的脉冲输入	/PULSE	Y3
反转启动按钮	SB1	X1	驱动器的方向输入	/SIGN－	Y7
正转停止按钮	SB2	X2			
反转停止按钮	SB3	X3			

通过按钮控制交流伺服电动机可以实现电动机正转、反转，要监测电动机的运行状态和运行参数，还需要通过触摸屏实现。

(2)触摸屏控制交流伺服电动机：触摸屏控制交流伺服电动机接线图如图 8－42 所示，触摸屏通过 RS485 串口电缆与 PLC 连接通信。

触摸屏不但可以控制电动机运行，还可以监测电动机运行参数和设定定位参数。触摸屏监控界面如图 8－43 所示，通过触摸屏的组态设置可以参考相关组态软件设计资料。

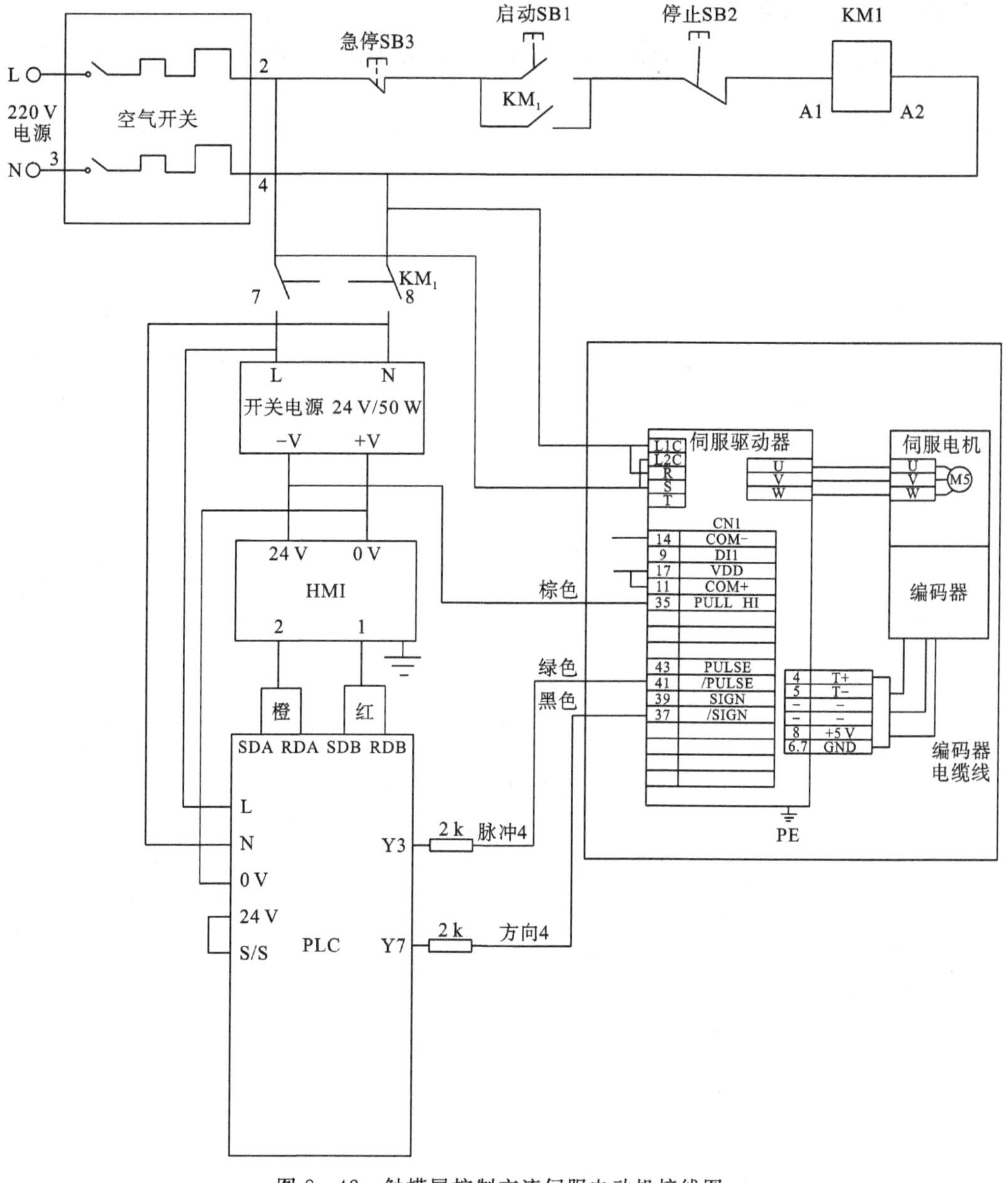

图 8 - 42　触摸屏控制交流伺服电动机接线图

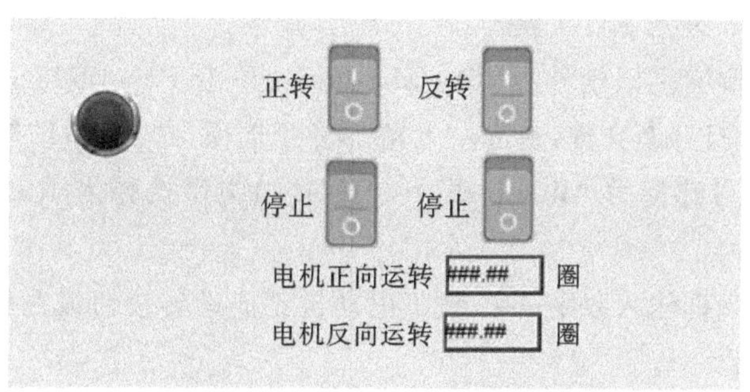

图 8 - 43　交流伺服电动机触摸屏监控界面

3. PLC 程序设计与调试

在计算机上的 GX Work3 程序软件下，编写控制梯形图，如图 8－44 所示。

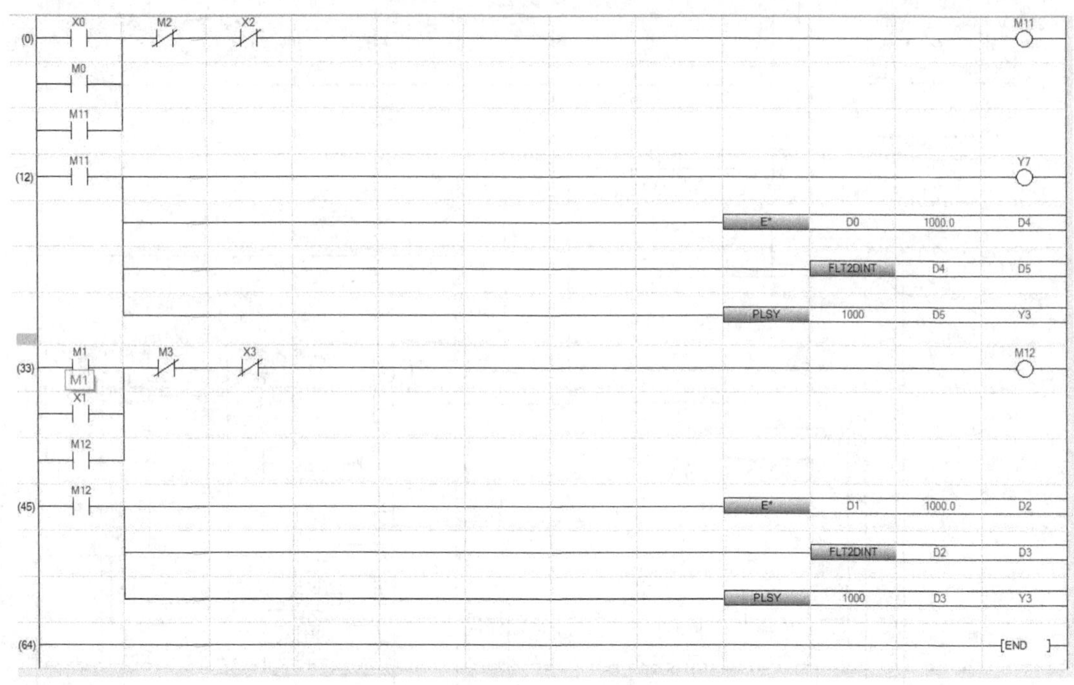

图 8－44　交流伺服电动机定位控制梯形图

采用 PLSY 指令产生为输出脉冲信号，X0 和 X2 控制电动机正转起停，正转定位的参数存储在 D4 寄存器中，M0 为触摸屏的正转开关。X1 和 X3 控制电动机反转起停，反转定位的参数存储于 D2 寄存器中，M1 为触摸屏的反转开关。

程序调试过程：

(1)在停电状态下，正确连接好 PC 电缆。

(2)将 PLC 执行模式选择开关拨到 STOP 位置(在 GX Work3 软件远程停止)，此时 PLC 仍处在停机状态。

(3)在计算机上把已编制好的梯形图，转换后下载到可编辑控制器中。

(4)将 PLC 模式的选择开关拨到 RUN 地址(也可通过 GX Work3 对 PLC 实现远程复位运行)，从而让 PLC 进入 RUN 模式。

(5)首先打开触摸屏模拟软件 Utility Manaager，单击 EasyBuilder pro 按钮，选择触摸屏型号 TK6071IP 并打开新文件，单击左上角“文件”选项，选择“系统参数设置”选项，单击“新增”按钮，PLC 型号选择为 Mitsubishi FX5U，接口类型选择为 RS485－2W，单击确定，完成触摸屏参数设置。

(6)在触摸屏输入框输入数字 4.0，按下电动机正向运转按钮或在触摸屏上合上电动机正转开关，按 Enter 键。

本章小结

本章根据已学习的机电传动控制基本知识，结合 PLC 控制系统综合应用所需的外围设备（如触摸屏、变频器、驱动器等），根据应用实例控制要求，帮助读者进一步掌握构建 PLC 控制系统的方法，以提高 PLC 控制系统综合应用能力。

具体包括以下内容：

(1)机电传动控制系统设计内容和设计步骤。

(2)机电传动控制系统的设计方法，包括继电器控制系统设计方法和 PLC 控制系统设计方法。

(3)机电传动控制系统设计综合实例，从应用实例出发，介绍人机界面、变频器、伺服驱动器等在 PLC 控制系统中的应用。

学习成果检测

一、习题

1. 机电传动控制系统设计包括哪几个阶段？各个阶段的主要设计内容是什么？

2. 在进行机电传动控制系统设计时，应如何减小环境因素的影响？

3. 在设计电气柜时，应如何布置柜内电气元器件的位置？

4. 机电传动控制系统设计有哪些应完成的技术文件？

5. 在寒冷地区使用的设备与在热带地区使用的设备，其电气系统设计有什么不同？

6. 将图 8－45 所示的顺序功能图转化成梯形图程序。

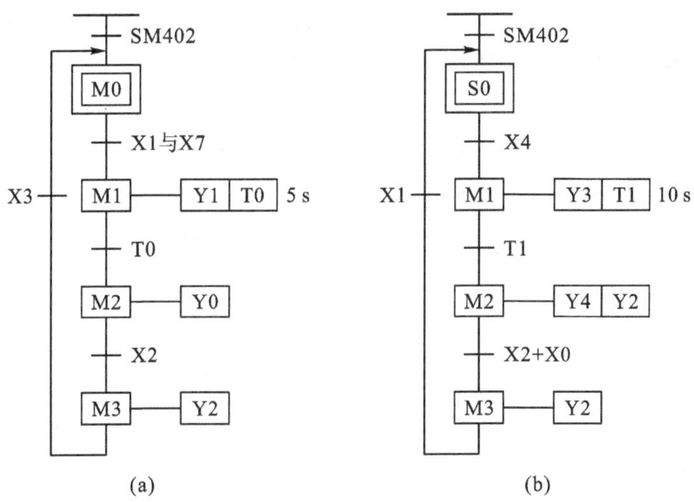

图 8－45　题 6 图

7. 设计一个以行程原则控制的机床控制线路。要求工作台每往复一次（自动循环），即发出一个控制信号，以改变主轴电动机的转向一次。

(1)设计主电路;

(2)设计继电器控制电路。

8.某异步电动机在生产过程中的控制要求如下:按下启动按钮,电动机以表 8-8 设定的频率进行 5 段速度运行,每隔 10 s 变化一次速度,按停止按钮,电动机即停止。试用 PLC 和变频器设计异步电动机 5 段速运行的控制系统。

表 8-8　5 段速度与设定频率对应关系

5 段速度	1 段	2 段	3 段	4 段	5 段
设定值/Hz	15	25	35	40	45

9.用 PLC 设计三相鼠笼式交流电动机高低速控制电路。

10.三个灯 A、B、C,要求上电后全亮,按下启动按钮后三个灯按照 A(2S)→AB(3S)→ABC(4S)→BC(3S)→B (2S)→AC(3S)→ABC(4S)→C (2S)→CA(3S)循环点亮,循环 3 次后全部灯熄灭。试编写 PLC 程序实现上述控制要求。

二、思考题

1.在布置操作台或操作面板上的按钮或指示灯时应如何考虑?

2.PLC 如何实现步进电动机的转速控制?

3.设计三层楼电梯 PLC 自动控制系统,控制要求为①当电梯停在一楼或二楼时,按三楼呼叫按钮,三楼指示灯亮,电梯上升至三楼按下 SQ3 后停止。②当电梯停在三楼或二楼时,按一楼呼叫按钮,一楼指示灯亮,电梯下降至一楼按下 SQ1 后停止。③当电梯停在一楼时,按二楼呼叫按钮,二楼指示灯亮,电梯上升至二楼按下 SQ2 后停止。④当电梯停在三楼时,按二楼呼叫按钮,电梯下降至二楼按下 SQ2 停下。⑤当电梯停在一楼时,在二楼、三楼均有人按呼叫按钮,电梯上升至二楼按下 SQ2 暂停 5 s 后,继续上升到三楼压下 SQ3 停止。⑥当电梯停在三楼时,在一楼、二楼均有人按呼叫按钮,电梯下降至二楼按下 SQ2 暂停 5 s 后,继续下降至一楼按下 SQ1 停止。⑦在电梯上升或下降途中,任何反方向的下降或上升呼叫均无效。⑧每层楼之间的到达时间在 20 s 内完成,否则电梯停机。

4.用 PLC、触摸屏和变频器设计一停车场控制系统,其控制要求如下:

(1)在入口和出口处装设检测传感器,用来检测车辆进出的数目。

(2)尚有车位时,入口栏杆才可以将门开启,让车辆进入停放,并有一指示灯表示尚有位。

(3)车位已满时,则有一指示灯显示车位已满,且入口栏杆不能开启。

(4)停车场共有 10 个车位,用触摸屏实时显示目前停车场已停车辆数和目前停车场剩余位数。

(5)栏杆电动机由变频器拖动,栏杆开启和关闭先以 20 Hz 速度运行 5 s,再以 30 Hz 的速运行,开启时到位和关闭时均有传感器检测。

(6)设有起动和系统关闭按钮(注:本系统不考虑车辆的同时进出)。

三、讨论题

1. 试设计专用机床的 PLC 控制系统，并选择并制订电器元件明细表。

本专用机床是采用的钻孔倒角组合刀具，其加工工艺是：快进→工进→停留光刀(5 s)→快退→停车。采用三台异步鼠笼电动机拖动，M1 为主运动电动机，型号 Y112M－4，容量 5 kW；M2 为工进电动机，型号 Y100L－4，容量 1.5 kW；M3 为快速移动电动机，型号 Y80L－2，容量 1 kW。

设计要求：

(1)工作台工进至终点或返回原位，均有限位开关使其自动停止，并有限位保护。为保证工进定位准确，要求采用制动措施。

(2)快速电动机要求有点动调整，但在加工时不起作用。

(3)设置紧急停止按钮。

(4)应有短路、过载保护。

其他要求可根据加工工艺需要自己考虑。

2. 用 PLC、变频器设计一个有 5 段速度的恒压供水系统。其控制要求如下：

(1)系统共有两台水泵，用水高峰时，1 台水泵工频全速运行，1 台水泵变频运行；用水低谷时，只需 1 台水泵变频运行。

(2)两台水泵分别由电动机 M1、M2 拖动，两台电动机用一台变频器调速，分别由变频接触器 KM1、KM3 和工频接触器 KM2、KM4 控制。

(3)电动机的转速由变频器的 5 段调速来控制，5 段速度与变频器的控制端子的对应关系见表 8－9 所示。

表 8－9　5 段速度与变频器的控制端子的对应关系

速度	1	2	3	4	5
触点	RH	—	—	—	RH
触点	—	RM	—	RM	—
触点	—	—	RL	RL	RL
频率/Hz	15	20	30	40	45

(4)变频器的 5 段速度及变频与工频的切换由管网压力继电器的压力上限触点与下限触点控制。

(5)水泵投入工频运行时，电动机的过载由热继电器保护，并有报警信号指示。

四、自测题(请登录课程网址进行章节测试)

参考文献

[1] 海心，蒋荣. 机电传动控制[M]. 2 版. 北京：高等教育出版社，2018.

[2] 凌永成. 机电传动控制技术[M]. 北京：机械工业出版社，2017.

[3] 张海根. 机电传动控制[M]. 北京：高等教育出版社，2001.

[4] 钱平. 伺服系统[M]. 2 版. 北京：机械工业出版社，2011.

[5] 王丰，杨杰，王鑫阁. 机电传动控制技术[M]. 2 版. 北京：清华大学出版社，2019.

[6] 张建民.《机电一体化系统设计》[M]. 4 版. 北京：高等教育出版社，2014.

[7] 寇宝泉，程树康. 交流伺服电动机及其控制[M]. 北京：机械工业出版社，2016.

[8] 王明武. 电气控制与 S7－1200 PLC 应用技术[M]. 北京：机械工业出版社，2020.

[9] 黄永红. 电气控制与 PLC 应用技术[M]. 3 版. 北京：机械工业出版社，2019.

[10] 范国伟. 电气控制与 PLC 应用技术[M]. 北京：人民邮电出版社，2013.

[11] 许翏、王淑英. 电气控制与 PLC[M]. 4 版. 北京：机械工业出版社，2017.

[12] 沈兵. 电气制图规则应用指南[M]. 北京：中国标准出版社，2009.

[13] 郭汀. 电气制图用文字符号应用指南[M]. 北京：中国标准出版社，2009.

[14] 三菱电动机(中国)有限公司. MELSEC iQ－F FX_{5U}用户手册(硬件篇)[Z]. 2017.

[15] 三菱电动机(中国)有限公司. MELSEC iQ－F FX_{5UC}PU 模块硬件篇手册 [Z]. 2017.

[16] 三菱电动机(中国)有限公司. MELSEC iQ－F FX_5 编程手册(程序设计篇) [Z]. 2015.

[17] 齐占庆，王振臣. 机床电气控制技术[M]，4 版. 北京：机械工业出版社，2011.

[18] 王永华. 现代电气控制及 PLC 应用技术[M]，4 版. 北京：北京航空航天大学出版社，2019.

[19] 曹菁. 三菱 PLC、触摸屏和变频器应用技术 [M]. 北京：机械工业出版社，2010.

[20] 姚晓宁. 三菱 FX_{5U}PLC 编程及应用 [M]. 北京：机械工业出版社，2021.